AF614102

A
B

BIBLIOTHÈQUE DE L'ENSEIGNEMENT TECHNIQUE

LES MACHINES

LEUR HISTOIRE

LEUR DESCRIPTION, LEURS USAGES

PAR

ÉMILE WITH

INGÉNIEUR CIVIL

PARIS

LIBRAIRIE POLYTECHNIQUE

J. BAUDRY, LIBRAIRE-ÉDITEUR

RUE DES SAINTS-PÈRES, 15

LIÉGE, MÊME MAISON

1870

LES MACHINES

LEUR HISTOIRE

LEUR DESCRIPTION, LEURS USAGES

PAR

EMILE WITH

INGÉNIEUR CIVIL

PARIS

LIBRAIRIE POLYTECHNIQUE

J. BAUDRY, LIBRAIRE-ÉDITEUR

RUE DES SAINTS-PÈRES, 15

LIÉGE, MÊME MAISON

1870

[illegible]

BIBLIOTHÈQUE DE L'ENSEIGNEMENT TECHNIQUE

LES MACHINES

LEUR HISTOIRE

LEUR DESCRIPTION, LEURS USAGES

PAR

ÉMILE WITH

INGÉNIEUR CIVIL

PARIS

LIBRAIRIE POLYTECHNIQUE

J. BAUDRY, LIBRAIRE-ÉDITEUR

RUE DES SAINTS-PÈRES, 15

LIÉGE, MÊME MAISON

1870

Paris. Typographie A. Hennuyer, rue du Boulevard, 7.

TABLE DES MATIÈRES.

CHAPITRE III.

MACHINES DE PRÉCISION.

CHAPITRE IV.

MACHINES A DÉPLACER LES FARDEAUX.

CHAPITRE V.

MACHINES DE COMPRESSION DES SOLIDES ET DE PERCUSSION.

CHAPITRE VI.

MACHINES A ÉLEVER LES LIQUIDES.

CHAPITRE VII

MACHINES A DILATER ET A COMPRIMER L'AIR.

CHAPITRE VIII.

MACHINES D'EXPLOITATION DES MINES.

CHAPITRE IX.

MACHINES-OUTILS.

CHAPITRE X

MACHINES D'AGRICULTURE.

CHAPITRE XI.

MACHINES MOTRICES A FORCES NATURELLES.

CHAPITRE XII.

MACHINES A VAPEUR

CHAPITRE XIII.

MACHINES MOTRICES A GAZ.

CHAPITRE XIV.

MACHINES A ÉLECTRICITÉ

CHAPITRE XV.

MACHINES DE TRANSPORT SUR LES CHAUSSÉES.

CHAPITRE XVI.

MACHINES DES CHEMINS DE FER.

CHAPITRE XVII.

MACHINES DE NAVIGATION SUR L'EAU.

CHAPITRE XVIII.

MACHINES DE NAVIGATION SOUS L'EAU.

CHAPITRE XIX.

MACHINES DE NAVIGATION DANS LES AIRS.

CHAPITRE XX.

MACHINES CHIRURGICALES.

CHAPITRE XXI.

MACHINES MANUFACTURIÈRES.

FIN DE LA TABLE.

LES MACHINES

INTRODUCTION

LE ROLE DES MACHINES DANS LA CIVILISATION

I

Les sciences n'étaient considérées dans l'antiquité que comme un moyen d'arriver à la philosophie, qui doit nous détourner des misères de la vie positive, pour nous conduire, par le labyrinthe des hypothèses, au bonheur d'une existence idéale.

Leur application à l'industrie était même considérée comme une occupation indigne de l'homme, de l'homme libre bien entendu, car elle le mettait au rang d'esclave.

Les philosophes ne se plaisaient dès lors qu'à élever sur la création du monde, sur les éléments, sur la formation du mouvement et des forces, des théories confuses, obscures, très-difficiles, sinon impossibles à interpréter ; aussi n'ont-elles pu enfanter que les sciences occultes du moyen âge.

Mais déjà l'humanité commençait à demander des applications à ces sciences, encore confondues ensemble comme un chaos, et qui étaient incapables de les donner; elle tournait donc ses regards impatients vers leurs promoteurs, qu'elle accusait d'impuissance, qu'elle considérait comme des égarés, et elle cherchait à sauver leur âme, en purifiant leur corps par le feu ; c'est ainsi que furent livrés aux flammes du bûcher les alchimistes et leurs disciples.

II

Cet état de choses dura tant que la science, qui est illimitée, et par conséquent perfectible, était dominée par la philosophie, qui est limitée et par conséquent imperfectible.

Ce fut donc un grand progrès celui que le savant anglais Roger Bacon réalisa en soustrayant la science à la spéculation abstraite, pour la placer sur le terrain de l'observation, de l'analyse et de la constatation des faits; il est devenu ainsi le chef de l'école moderne, qui seule a survécu aux écoles philosophiques. Cette école a eu pour adeptes Lavoisier, Davy, Cuvier, Humboldt, Arago, fondateurs à leur tour d'une science spéciale, claire et positive.

Autrefois le savoir était une conception vague qui représentait l'ensemble des connaissances théoriques et pratiques; il embrassait indistinctement la physique, la chimie, l'astronomie, les mathématiques, la géographie, la médecine, la mécanique, la théologie, la jurisprudence, enfin toutes les notions sur la nature et sur les institutions divines et humaines.

Huyghens, fils d'un ministre d'État, était philosophe et horloger-mécanicien; Papin guérissait les malades et construisait des appareils à vapeur.

Aujourd'hui nous sommes tous voués à une spécialité; aussi le soldat-laboureur n'est-il plus qu'un emblème de la vertu (*).

III

Les sciences s'étant classées et s'étant posé un but ont pu être facilement développées ; aussi elles prospèrent, mais à la condition de se prêter aux usages de la vie : il ne leur est plus permis de n'être uniquement qu'une splendide émanation de la pensée; elles doivent être un instrument de travail, dont on mesure la force et auquel on assigne sa tâche, afin qu'il ne s'émousse pas dans l'examen ingrat des mystères de la nature et dans les recherches inutiles de l'infini.

(*) Les grands mécaniciens se retrouveront dans ce livre, chacun à sa place ; nous esquisserons leur biographie quand le moment sera venu.

Effectivement, si nous permettons à l'astronomie de nous entraîner dans les espaces célestes et de nous laisser entrevoir la puissance divine dans ses manifestations les plus grandioses, nous exigeons aussi qu'elle dirige nos vaisseaux.

La chimie nous démontre l'organisme défini dans toute la création, les lois précises des équivalents, la rectitude géométrique des combinaisons, et elle nous offre ainsi les surprises les plus délicates dans les multiples transformations moléculaires; mais, d'un autre côté, elle nous apprend à décomposer les corps et à les recomposer pour les besoins de notre industrie.

Si la physique nous fait admirer les miracles de la création, elle nous apprend aussi à utiliser les forces que la nature met à notre disposition.

Et la mécanique, qui autrefois ne s'exerçait que sur des automates, faisant de la musique, ouvrant et fermant des portes, a-t-on besoin d'énumérer les services qu'elle nous rend? Le sifflet d'une locomotive avertirait bien vite ceux qui ne seraient pas assez prompts pour les découvrir.

De pareils aperçus peuvent être taxés de vulgarité, mais on ne peut leur dénier le mérite de signaler cette tendance pratique sans laquelle l'humanité descendrait de son rang, ne donnerait plus ces honorables fêtes du travail, les expositions de l'industrie, et retomberait dans le barbarisme, où l'ignorance et la paresse, ses inévitables compagnes, l'avaient plongée, et d'où la philosophie spéculative, avec tout son cortége de paradoxes et de satisfactions imaginaires, n'a pas su la tirer.

Pour faire un pas de plus dans cet ordre d'idées, on pourra démontrer que le progrès moral n'est qu'une conséquence du progrès matériel : *Mens sana in corpore sano* est une vérité que nous ont léguée les anciens, et les hommes qui vivent dans l'abjection ou ceux qui n'existent que par la vie spirituelle tout en conservant la pureté de leur âme et leur indépendance, sont des exemples fort rares dans le siècle présent, qui est le siècle industriel par excellence.

L'industrie, qui autrefois était l'attribut des classes déshéritées, jouit aujourd'hui de la considération publique, peut-être moins à cause des admirables résultats qu'elle donne, que par la protection lucrative qu'on lui accorde dans les premiers rangs de la société.

Elle améliore constamment l'humanité au point de vue moral et physique, car son développement est infini ; il repose sur l'emploi des machines, dont le perfectionnement n'a pas de limites, à en juger par leurs progrès journaliers.

IV

Les machines, pour être arrivées au degré de perfection où on les voit maintenant, ont dû passer par bien des phases.

Dans l'antiquité, des esclaves ou des bêtes de somme étaient les moteurs uniques; les seules machines importantes étaient des machines de guerre: les catapultes pour lancer des blocs de pierres; les balistes pour tirer les flèches; les béliers pour enfoncer des portes ou pour renverser des murs; les tortues, espèces de toits mobiles, pour permettre aux soldats de s'avancer contre les places assiégées.

Les machines productrices ont dû être très-rares. En dehors de celles qu'Archimède employait aux irrigations, il ne nous est arrivé que fort peu de notions à cet égard. On cite comme un événement curieux la trouvaille faite dernièrement d'une machine à épuiser les eaux des mines de cuivre à San Domingo, dans le royaume de Portugal, et qu'on attribue aux Romains.

L'histoire ne parle pas de l'industrie; elle ne s'occupe que des combats. La destruction avec son prestige de gloire a toujours exercé plus d'attrait sur la multitude que la production avec ses peines et ses labeurs.

Le moyen âge n'a pas apporté de grands changements dans la manière de procéder des anciens, si ce n'est par l'invention de la poudre à canon; les machines destructives sont devenues les armes à feu, mais les machines manufacturières n'ont pas surgi; il leur aurait d'ailleurs manqué l'auxiliaire indispensable, un moteur régulier par lequel on aurait remplacé la force irrégulière des hommes et des animaux.

V

Quelle que soit du reste la force, il faut, pour pouvoir l'utiliser, savoir la transmettre; c'est là le but des machines dont les multiples combinaisons, les unes plus merveilleuses que les autres, embrassent: le moteur (par exemple une chute d'eau, la vapeur); — le récepteur du moteur ou machine motrice (une roue hydraulique, une chaudière avec un cylindre) ; — les organes de transmission et de transformation du mouvement (les engrenages, les bielles) ; — enfin l'opérateur ou l'outil, qui fait le travail (une meule, une scie, une roue de locomotive).

De ces quatre parties, la première (le moteur) est donnée, puisque la force motrice est donnée ; la deuxième (le récepteur) dépend de la nature du moteur, elle est connue également ; la troisième partie (l'organe de transmission) seule est indéterminée ; la quatrième partie enfin (l'outil) est déterminée par le travail à exécuter.

C'est donc la transmission de la force et sa transformation qui préoccupent les inventeurs et qui donnent lieu à toutes ces nouvelles créations que nous admirons journellement.

Pour combiner divers organes et en obtenir une machine, il n'y a pas de règle fixe à poser. Il existe bien des antécédents applicables à la généralité des cas ; — car il y a aujourd'hui dans toutes les branches de l'industrie des machines bien construites qu'il ne s'agit que d'imiter et de perfectionner ; mais comment, par exemple, transmettre le fluide électrique à l'aiguille d'une horloge, ou à un poinçon qui gradue les cercles d'un instrument astronomique ? comment forcer un cours d'eau à tourner une tige d'acier munie de diamants pour perforer le rocher de granit d'un tunnel ? Le génie du mécanicien seul peut répondre à ces questions ; néanmoins on a catalogué un grand nombre d'inventions, et on est arrivé à certains préceptes qui peuvent servir de guide, quand on veut perfectionner des machines existantes ou en établir de nouvelles.

On a dès lors divisé tous les mouvements en mouvements rectilignes ou curvilignes (circulaires et d'après une courbe donnée), en mouvements continus ou alternatifs, et on a obtenu au delà de vingt combinaisons différentes, qui sont plus ou moins usitées. En général, on a toujours cherché à imiter les mouvements de l'homme, qui sont le point de départ de tous les mécanismes, car tout ouvrage produit par des machines a d'abord été essayé avec les mains.

VI

La tendance actuelle est d'exécuter tout travail à la mécanique ; mais il y aura lutte encore longtemps entre l'ouvrier et la machine. On transmet déjà la pensée par un appareil électrique, mais le pétrisseur mécanique pour préparer le pain est encore à l'essai. Une machine a donc résolu le problème le plus difficile, le plus noble : la communication intellectuelle, et une autre machine ne parviendrait pas à faire la besogne la plus vulgaire, qui reste au même point depuis le commencement du monde !

Ces contrastes sont nombreux.

Les cachemires des Indes sont toujours supérieurs à toutes les contrefaçons, et les mécanismes délicats des Européens rivalisent inutilement avec les appareils grossiers des parias. On ne s'est pas encore décidé entre la couture à la main et la couture mécanique. Qui oserait préférer à un tableau d'un grand maître une chromolithographie? ce serait un barbare; mais hésiter entre les peintures-tapis des Gobelins et certaines confections coloriées de nos salons modernes semble bien naturel.

VII

En dehors de pareils cas, les machines sont d'une très-grande utilité, souvent même elles sont indispensables. Considérons-les à un point de vue spécial :

Dans quelques localités, l'agriculture peut manquer de bras; erreur profonde !

Elle peut manquer de machines.

La moisson dans les États-Unis d'Amérique exige trois millions de bras. Où les trouver? Lors de la dernière guerre entre le Nord et le Sud, quand tous les hommes étaient sous les armes, les femmes, les filles, les sœurs des soldats ont conduit les machines à moissonner et ont sauvé la récolte. Plus de cent soixante-dix mille de ces engins ont coupé le blé sur une étendue labourée qui est grande comme l'Alsace. Ces champs cultivés s'étendent tous les ans, et tous les ans les Américains construisent cent mille moissonneuses dans cent soixante-dix grands établissements destinés à cette fabrication spéciale.

Considérons maintenant les machines au point de vue général :

La prospérité d'un pays ne peut être augmentée qu'à la condition de développer son industrie, et son industrie ne peut se développer qu'à la condition de multiplier les machines. Un métier à filer desservi par un seul ouvrier produit plus de fils que trente fileurs des plus exercés.

Pour multiplier les machines, que faut-il faire?

Instruire les ouvriers qui les créent et ceux qui s'en servent, afin de leur inspirer le désir de les perfectionner; instruire en même temps ceux qui n'en créent pas ou ne s'en servent pas, afin de leur inspirer le désir d'en créer ou de s'en servir.

Dans ce but, il faut commencer par vulgariser les éléments des sciences, qui sont la base de toutes les professions et qui trouvent leurs applications directes précisément dans les machines.

VIII

Il est incontestable que pour la popularisation des sciences quelques efforts très-louables ont été tentés dans ces dernières années, mais en vain, car c'est aux résultats définitifs qu'on s'était attaché et nullement aux bases sur lesquelles ces résultats reposent.

La clarté que la science projette n'a donc pas encore pu pénétrer dans les masses.

L'enseignement de ces principes a toujours été considéré par le public moins comme un plaisir qu'on lui préparait, que comme une peine qu'on lui infligeait; en outre, cet enseignement a paru si aride aux vulgarisateurs, qu'aucun d'eux n'a osé s'y aventurer ou s'y frayer une nouvelle voie dans laquelle il ne rencontrerait peut-être que l'indifférence de la multitude.

Mais en dehors des livres et de l'enseignement dans les écoles industrielles et dont nous n'avons pas à apprécier la valeur, il y a encore d'autres méthodes qui appartiennent à l'initiative privée et dont nous pouvons indiquer ici sommairement quelques spécimens, puisque l'occasion s'en présente.

Partout, dans les grands centres aussi bien que dans les petites localités, il y a des galeries de machines ou de modèles, ou en tout cas quelques machines isolées.

Partout aussi il y a des ingénieurs, des architectes qui sont employés dans l'industrie privée, dans les chemins de fer, dans les services du gouvernement, dans les mines, dans la construction des chemins départementaux ou vicinaux et des bâtiments. Les hommes qui connaissent les sciences pratiques ne manquent donc pas.

Il ne reste qu'à multiplier les occasions d'apprendre.

Ainsi, les jours de fête, toute personne de bonne volonté exerçant la profession d'ingénieur ou de constructeur, les élèves même se feraient inscrire dans les établissements publics pour accompagner les visiteurs et leur donner les explications voulues. A la fin de l'année, les instructeurs les plus zélés recevraient une récompense honorifique.

N'est-ce pas triste de voir que nulle part, dans aucune galerie, dans aucun musée, là où se pressent des milliers de curieux, il n'y ait pas un seul savant, un seul artiste qui serve de guide à ses concitoyens pour leur indiquer l'origine et l'usage des objets exposés, pour appeler l'attention sur la beauté et l'utilité des chefs-d'œuvre des arts et métiers, pour faire connaître, dans une rapide causerie, les grands maîtres qui les ont conçus et les grands ouvriers qui les ont exécutés?

Et les paysans peuvent-ils seulement se rendre compte de l'agencement de leurs machines, qu'ils cherchent peut-être, sinon à construire, du moins à réparer eux-mêmes?

Ils commencent à sentir que, sans les procédés mécaniques, l'agriculture deviendra bientôt impuissante à nous fournir notre nourriture. La moindre instruction qu'ils recevraient détruirait certes les derniers vestiges de leur préjugé contre la propagation d'un matériel perfectionné.

Le personnel technique de tout rang et de tout grade, par la nature même de ses fonctions, se trouve constamment en relation avec eux; il lui appartient donc de les éclairer, ne serait-ce que dans une conférence d'une demi-heure par jour.

On dira peut-être que les praticiens savent exécuter, mais ne savent pas enseigner.

Qu'ils ne savent pas! Eh bien! qu'ils retournent à l'école pour apprendre. Dans toutes les écoles, il doit se trouver un cours où l'on apprend la manière, très-difficile et très-délicate, à la vérité, d'enseigner les éléments des sciences aux ouvriers des campagnes. Si ce cours n'existe pas, l'école est mal organisée : il faut la bien organiser.

L'auteur prévoit les arguments que la routine ne manquerait pas d'opposer à de pareils projets; il se dispense de les réfuter.

Qui donc connaît une mission plus élevée que celle d'instruire le peuple?

IX

Le désir de coopérer à l'enseignement professionnel, qui est le point de départ de tout progrès, a donné naissance à cet ouvrage, dont le plan est très-simple.

L'auteur est convaincu qu'un sujet est facile à embrasser du moment qu'il est enfermé dans un cadre précis ; il s'est efforcé d'établir ce cadre de la façon la plus nette possible ; un coup d'œil jeté sur la table des matières l'indiquera suffisamment. On y verra que la partie de la théorie contient l'énoncé de certains principes de la mécanique et de la physique nécessaires à la compréhension des divers mécanismes, et que la partie de la pratique est consacrée à la description des machines, divisées par catégories suivant leurs usages dans les travaux publics, l'agriculture, les manufactures, les voies de transport et de communication.

Les lois de l'équilibre seront définies bien plus par l'indication des faits physiques avec lesquels elles ont de l'analogie, que par les démonstrations de l'analyse, qui prouvent la vérité, mais ne la font guère pénétrer dans l'esprit.

On conseille souvent au lecteur de se rendre compte des effets mécaniques sur les chantiers, au lieu de puiser ses convictions dans des livres. Dans ce but, il faut contracter l'habitude de l'observation et apprendre à questionner les ouvriers et les contre-maîtres qui donnent, sur leurs manœuvres, des explications beaucoup plus claires et plus simples que celles que l'on fait généralement au tableau.

Cette manière de voir cependant n'est pas absolue ; souvent aussi des démonstrations théoriques sont utiles, indispensables même ; utiles, parce qu'elles peuvent économiser du temps ; indispensables, parce que la complication de certains mécanismes en cache le principe.

L'auteur ne peut donc pas avoir la prétention de créer une nouvelle école scientifique, basée sur un système de recherches individuelles. Son but est plus modeste, et par cela même peut-être aussi plus pratique. Dans chaque cas particulier, il indiquera le chemin qui lui semble le meilleur à suivre.

Le lecteur qui se pénétrera des principes énoncés et qui en saisira les applications ne deviendra pas tout de suite apte à construire des machines ou à en inventer ; il faut encore d'autres qualités et d'autres études pour cela ; mais il sera mis à même, on peut l'espérer, de comprendre au moins les mécanismes qui lui sont présentés et sur lesquels il est appelé à donner son avis.

CHAPITRE I.

PRINCIPES DE LA MÉCANIQUE APPLIQUÉE AUX MACHINES.

La mécanique appliquée à la construction et au fonctionnement des machines est une combinaison de la mécanique rationnelle et de la physique.

La mécanique rationnelle, pure ou théorique, ou la science du mouvement et de l'équilibre, considère les corps comme des points immatériels ou comme des figures composées de lignes ou de surfaces; elle fait abstraction de leur essence.

La physique fait entrer la matière en compte; elle distingue les corps solides, liquides ou gazeux, et nous met à même d'examiner la nature des forces motrices et des moteurs.

Ces diverses considérations peuvent être exposées sous forme de principes.

On y distingue quatre groupes : — le premier renferme les principes de la mécanique des corps solides : mouvement, gravité, composition des forces, équilibre, pendule, force centrifuge, levier, pression, choc, frottement, plan incliné; — le second groupe contient les théorèmes de l'hydraulique, ou mécanique des liquides; — le troisième groupe indique les principes de l'aérodynamique, ou mécanique des corps gazeux; — enfin le quatrième groupe embrasse les applications des principes précédents aux forces motrices, au travail mécanique et à la résistance des matériaux de construction des machines.

Tous ces principes, que nous allons rappeler d'une manière très-sommaire, sont susceptibles d'un développement infini, surtout quand dans leur énoncé on emploie le langage algébrique; mais nous nous arrêterons aux démonstrations strictement nécessaires pour l'entente des faits qui doivent former l'objet de notre étude : la construction et l'usage des machines.

§ 1. PRINCIPE DE L'INERTIE ET DU MOUVEMENT DES CORPS SOLIDES.

Un philosophe de l'antiquité niait le mouvement ; un autre philosophe marchait devant lui et constatait le mouvement.

Un corps qui se déplace est en mouvement ; le mouvement lui est imprimé par une force. Si aucune force n'agit sur le corps, il est en repos ; il garde une position fixe dans l'espace.

Ce sont ces deux situations que nous allons considérer. Nous ferons observer toutefois que, si pour mettre un corps en mouvement il faut une force, il ne s'ensuit pas que les forces mettent toujours les corps en mouvement. Un corps qu'on place sur une table y exerce une pression qui est une force morte ; un corps est suspendu à un fil, il y exerce une tension, cette tension est une force morte ; enlevez la table, coupez le fil, ces corps se mettront en mouvement et les forces qui produiront alors ce mouvement seront des forces vivantes.

Inertie. — La propriété fondamentale de la matière de ne pas changer d'elle-même son état de repos ou de mouvement s'appelle l'*inertie*. On dit d'un individu qui ne sait rien faire par lui-même, qui ne sait jamais prendre l'initiative : « Il est comme une masse inerte. »

Cette inertie de la matière ou des corps inanimés est dans la nature ; elle ne peut être vaincue que par une force matérielle. L'inertie est une puissance passive, la force est une puissance active. La volonté seule de l'homme ne suffit pas pour mettre les objets en mouvement ; on n'a jamais vu un pavé quitter de lui-même, ou par une provocation, la chaussée et se placer sur le trottoir ; jamais une table ou un meuble n'a tourné, n'a changé de place de lui-même.

Keppler, le plus profond penseur que l'histoire des sciences connaisse, a bien entrevu les effets d'une action réciproque, mystérieuse, dont il a déduit les mouvements planétaires, mais il a cherché en vain l'explication de ces phénomènes célestes ; la nature de l'inertie était encore inconnue à cette époque ; il croyait que des bras invisibles partant du soleil tenaient les planètes dans leur orbite et les poussaient constamment dans la direction voulue. Il était réservé à Newton de découvrir la loi de l'inertie, en vertu de laquelle chaque corps suit la tangente du cercle de sa rotation ; et, comme seconde loi, l'attraction qui s'exerce dans la ligne du rayon et non dans celle de la tangente (*).

Nous ne pouvons nous faire une idée de l'attraction : elle est toujours une énigme pour nous ; peut-être un jour la comprendrons-nous.

Nous apercevons les effets de l'inertie et nous pouvons nous en rendre compte par des exemples vulgaires. Un boulet de canon traverse une porte, mais ne la ferme pas, car l'effet du boulet est tellement rapide que les parties enlevées n'ont pas le temps nécessaire pour propager leur mouvement dans toute la porte ; ou, en d'autres termes, quand les molécules dont se compose la porte seront disposées à se mettre en route, le boulet sera déjà loin ; une balle de fusil produit un trou dans le carreau d'une fenêtre et ne le brise pas. Dans une filature, la machine à vapeur ou la roue hydraulique marche déjà et la dernière bobine au fond de la salle ne tourne pas encore.

Au point de vue abstrait, le travail pour vaincre l'inertie d'un corps en mouvement est égal à la moitié du carré de la vitesse multiplié par la masse $= \frac{mv^2}{2}$.

Au point de vue physique, l'inertie est le frottement au départ ; si le frottement est petit, l'inertie est petite aussi ; un léger coup de vent fait marcher un convoi de chemin de fer sur des rails bien propres. Un enfant peut déplacer tout un rang de bateaux dans un port tranquille en les poussant avec son pied.

Mouvements. — Si les forces cessent d'agir, les corps ne prennent pas pour cela l'état de repos. Les corps, une fois en mouvement sur une ligne droite ou autour d'un axe de rotation, ne s'arrêtent que parce qu'ils rencontrent des obstacles, tels que le frottement ; dans les

(*) Isaac Newton est né en 1642 dans le comté de Lincoln, en Angleterre. On l'avait destiné à régir les propriétés de son héritage ; mais de bonne heure déjà il détacha ses regards de la terre et les reporta vers le ciel : les vérités mathématiques l'attirèrent. A l'âge de vingt-trois ans, il fit d'importantes découvertes dans les sciences exactes. Une pomme qu'il vit tomber lui révéla la loi de la gravitation universelle. On lui demanda un jour comment il procédait pour arriver à ses admirables résultats : « En y pensant toujours, » répondit-il simplement.

Keppler, célèbre mathématicien, né en 1571 dans le Wurtemberg, mort à Ratisbonne à soixante ans. De bonne heure déjà, il appela l'attention des savants sur ses ouvrages. Il eut la gloire de découvrir les lois sur lesquelles repose l'astronomie, lois qui portent son nom ; il devina l'existence de plusieurs planètes.

espaces célestes, les corps se meuvent éternellement. Souvent nous ne voyons pas les causes des forces : la végétation fait mouvoir les plantes dont les feuilles s'ouvrent, se ferment ; l'électricité exerce son action surprenante sur les nerfs des cadavres auxquels elle imprime un semblant de vie ; la chaleur dilate le mercure et le fait monter dans un thermomètre ; l'aimant fait mouvoir le fer ; mais, dans tous ces phénomènes, il y a toujours une force, souvent cachée, souvent mystérieuse.

Il y a deux espèces de mouvements quant à la direction que suit le corps :

Le mouvement *rectiligne*, ou en ligne droite ; une balle de plomb qu'on laisse tomber suit la verticale (le fil à plomb) ;

Le mouvement *curviligne*, si le corps suit une courbe, la trajectoire ; tel qu'un cheval dans un manége (mouvement circulaire), tel qu'un boulet ou une bombe qui suit la parabole (mouvement parabolique), tel qu'une comète qui parcourt une ellipse (mouvement elliptique).

Pour se rendre compte de la direction du mouvement, il faut avoir en vue un point fixe ; sans cela on perd le sens du mouvement. Si l'on ferme les yeux dans un bateau, dans une voiture, on ne sait si l'on va en avant ou en arrière. Dans une gare, nous ne savons pas si c'est nous qui marchons, ou si c'est l'autre convoi ; nous ne voyons pas de terme de comparaison. Aussi, dans un tunnel de chemin de fer, il nous semble souvent aller en sens opposé du train. Quand du haut d'un pont nous regardons dans l'eau, nous voyons qu'elle coule ; bientôt cette sensation change : l'eau semble immobile, et nous croyons aller en amont avec le pont. Cette impression s'efface aussitôt et l'eau coule de nouveau pour nous.

Relativement au temps et à la durée du mouvement, on distingue :

1° Le mouvement uniforme, tel que celui d'un cheval de manége, d'une roue de moulin ; ce mouvement est très-avantageux en mécanique, puisqu'il évite les transitions brusques et les chocs. La relation entre l'espace parcouru, la vitesse et le temps est

$$e = vt, \quad \text{d'où} \quad v = \frac{e}{t}$$

(e est l'espace parcouru, v la vitesse, t la durée du mouvement). Cette équation s'applique également au mouvement périodique uniforme, lorsque le mobile parcourt certains espaces égaux dans des temps égaux ;

2° Le mouvement varié, tel que celui d'une locomotive qui va d'abord lentement, puis est lancée à grande vitesse et qui enfin se ralentit; ce mouvement varie à chaque instant, ou dans des intervalles déterminés ;

3° Le mouvement uniformément accéléré, tel que celui d'un corps qu'on jette à terre du haut d'une tour ; il augmente à chaque instant, progressivement ou dans certains intervalles. La vitesse au bout d'un certain temps est égale à la vitesse primitive, plus le produit du temps en secondes par l'accroissement de vitesse par seconde ;

4° Le mouvement infiniment varié, tel que celui d'un corps parcourant dans des temps égaux des espaces qui augmentent ou diminuent toujours de la même quantité ; l'espace dans le mouvement uniformément varié est égal à la demi-somme des vitesses extrêmes multipliés par le temps en secondes.

Exemple. — Quel est l'espace x parcouru au bout de y secondes par un mobile dont la vitesse au point de départ est v et au bout du temps y est v'

$$x = (v + v')\frac{y}{2}$$

On voit, d'après cette formule, avec quelle facilité on peut déterminer une de ces quantités, les autres étant données ;

5° Le mouvement retardé, tel que celui d'un corps qu'on jette en l'air ; il diminue à chaque instant, progressivement, ou dans certains intervalles ; à conditions égales l'espace parcouru est le même que dans le mouvement accéléré. La vitesse que doit posséder un corps au bout d'un certain temps dans le mouvement uniformément retardé est égale à la vitesse au départ moins le produit du temps par la diminution de vitesse par seconde ;

6° Enfin le mouvement multiple, comprenant plusieurs mouvements à la fois, tels que ceux de la lune, qui, en tournant autour de son axe, tourne autour de la terre et avec elle autour du soleil, lequel probablement tourne avec toutes ses planètes autour d'un autre monde !

Vitesse. — La mesure du mouvement est la vitesse, ou le chemin parcouru dans une unité de temps ; cette unité nous est indiquée par la rotation des astres. Dans les machines, on adopte trois unités : — la seconde, un cheval élève dans une seconde tant de kilogrammes ; — la minute, une roue fait tant de tours à la minute ;—l'heure, une locomotive parcourt tant de kilomètres à l'heure.—(Le jour, le mois, l'année, le siècle sont des unités astronomiques ou historiques.)

Pour la vitesse des rotations, il y a encore une mesure spéciale, c'est la *vitesse angulaire*, ou l'angle dont le corps tourne dans l'unité de temps : la terre a une vitesse angulaire de 15 degrés par heure (puisqu'elle tourne dans les vingt-quatre heures autour d'elle-même et parcourt vingt-quatre fois 15 degrés, ou les 360 degrés de l'équateur, ou 40 millions de mètres). Cette vitesse angulaire cependant ne donne pas une idée bien nette de la rapidité de rotation, aussi n'est-elle guère usitée dans la mécanique pratique, dans les machines surtout, qui généralement ont des mouvements très-rapides.

La vitesse angulaire est aussi exprimée comme étant la vitesse d'un point distant de l'axe de rotation d'une longueur égale à l'unité ; cette vitesse étant donnée, on obtient la vitesse absolue en multipliant la vitesse angulaire par la distance à l'axe du point que l'on considère. Cette relation est très-simple :

$$v : w = l : 1, \qquad v = wl.$$

(v est la vitesse d'un point quelconque ; w, la vitesse angulaire ; l, la distance de ce point à l'axe de rotation).

Les vitesses des divers points sont en raison directe de leurs distances à l'axe.

Les vitesses communiquées à un même corps par deux forces sont proportionnelles aux grandeurs de ces forces. Ces forces sont entre elles comme les masses auxquelles elles impriment dans le même temps des vitesses égales. Si les forces agissent dans le même sens, elles s'ajoutent, et les vitesses s'ajoutent également. Si les forces agissent en sens directement opposé, elles se retranchent l'une de l'autre ; de même encore les vitesses. La théorie du parallélogramme et du parallélipipède des forces s'applique également aux vitesses ; si les côtés de ces figures représentent les vitesses, les diagonales en représentent les résultantes.

Ainsi, dans les machines, on peut considérer aussi bien les forces que les vitesses imprimées aux corps.

Le produit de la masse du corps m par sa vitesse v est la *quantité de mouvement* ou le *moment dynamique* $= mv$.

Le produit de la masse du corps par le carré de la vitesse est la force *vive du corps* $= mv^2$.

La somme des produits de la masse de chaque élément par le carré de la distance de cet élément à un axe fixe est le moment d'inertie.

Unité de la mesure des forces. — La mesure d'une force est une unité de poids; en France, c'est le kilogramme. Il ne faut pas confondre *force* avec *travail*; quand la force élève un certain poids, elle produit un certain travail. Une force de 20 kilogrammes exerce toujours un effort de 20 kilogrammes, soit qu'on les place sur un corps (pression), soit qu'on imprime à ce corps un mouvement (traction), en y attachant au moyen d'une ficelle 20 kilogrammes; cette ficelle passe sur un rouleau et descend avec son poids dans un puits.

On a discuté beaucoup autrefois, au dix-huitième siècle surtout, où la métaphysique était encore à la mode, sur la mesure des forces en général et principalement sur les corps en mouvement.

Des philosophes, entre autres Newton et Euler, mesuraient la force d'un corps en mouvement au moyen du produit de sa masse par la vitesse et appelaient cette mesure *impulsion*. Leibnitz prenait pour mesure le produit de la masse par le carré de la vitesse et donnait le nom de *force* à la quantité complexe que nous sommes maintenant convenus d'appeler *travail* (*).

A cette époque, on admettait aussi la *force instantanée*, à laquelle aujourd'hui on ne croit plus; elle n'avait pas de durée et cependant elle était capable de produire dans les corps des changements brusques de vitesse, sans les faire passer par des états intermédiaires. Cette force était le pendant de la génération spontanée, qui se passe également d'un état intermédiaire.

Ces discussions provenaient de ce que les géomètres ne parvenaient

(*) Euler, né à Bâle en 1707, célèbre mathématicien, professeur à Saint-Pétersbourg et à Berlin. A l'âge de soixante ans, il avait perdu la vue, mais il continua néanmoins ses études. Il publia un grand nombre d'ouvrages sur les sciences exactes, dans lesquelles il découvrit des principes fondamentaux.

Leibnitz, surnommé *le grand philosophe*, est né à Leipzig en 1646; il fut un savant universel. A vingt ans, il publia une nouvelle méthode d'étude des lois. Il s'occupa également des mathématiques pures et appliquées. C'était un des plus grands génies dont l'humanité puisse se glorifier.

pas à s'entendre sur la mesure des forces et qu'ils confondaient l'effet avec la cause, la force motrice avec son travail, et la force mouvante, vivante, avec la quantité de mouvement, qu'ils appelaient aussi la *force vive*. Tous les auteurs font usage de cette expression, car ils croient que c'est une manière commode de désigner ainsi une certaine grandeur numérique qui se présente souvent dans les calculs ; mais si les premiers savants avaient su à quelles interprétations forcées leur invention donnerait lieu, ils se seraient peut-être gardés de la faire.

Nos réflexions pourraient sembler aux mécaniciens classiques une espèce d'hérésie sortie d'une école ultra-positive ; qu'ils veuillent bien ne pas oublier que Poncelet taxait ces sortes de dissertations d'oiseuses et de parfaitement inutiles (*).

Nous admettons alors les propositions suivantes :

L'impulsion d'une force est le produit de son intensité par la durée de son action ;

Le produit de la masse par la vitesse est la quantité de mouvement ;

Le résultat de l'action d'une force qui imprime une certaine vitesse à un corps est la force vive mv^2 ;

L'effort qu'un corps en mouvement peut exercer sur un autre corps équivaut au produit de sa masse par sa vitesse $= mv$;

Les masses de deux corps sont égales, lorsque deux forces égales impriment le même mouvement à ces corps ;

Pour une même accélération de vitesse, les forces sont proportionnelles aux masses.

Nous verrons plus tard quel est le travail développé par la pesanteur. A titre de résumé, nous nous permettons de faire un pas en arrière vers le siècle dernier.

Voltaire a exprimé dans l'épître suivante adressée à Frédéric le Grand (en 1741) la théorie des forces et du mouvement, ainsi que le

(*) Poncelet, ancien général d'artillerie, né à Metz en 1788, décédé à Paris à l'âge de quatre-vingts ans. Il fut un des premiers à vulgariser l'enseignement professionnel, et il rendit ainsi de grands services à la classe ouvrière. Son livre intitulé : *Introduction à la mécanique* est un ouvrage très-estimé, qui se distingue par la clarté et la précision. Parmi les inventions de Poncelet, on peut citer un contre-poids mobile et une roue hydraulique qui portent son nom.

principe de la pression et de la contre-pression, ou de l'égalité de l'action et de la réaction :

Songez que les boulets ne vous respectent guère,
Et qu'un plomb dans un tube entassé par des sots
Peut casser d'un seul coup la tête d'un héros,
Lorsque, multipliant son poids par sa vitesse,
Il fend l'air qui résiste, et pousse autant qu'il presse.

§ 2. — PRINCIPE DE LA CHUTE DES GRAVES (*).

La physique démontre que tous les corps tombent avec la même vitesse. On fait le vide dans un tube en verre qui renferme des plumes, une balle de plomb, des morceaux de papier, un petit ballon aérostatique ; on renverse ce tube, et on voit tous ces corps tomber en même temps ; dans l'air, ils ne tombent pas également vite, par suite de la résistance qu'ils y rencontrent et de la différence de leur pesanteur comparative : le ballon qui descend dans le tube monte dans l'air libre ; dans la lune il n'y a pas d'air, les ballons resteront sur le sol. La résistance de l'air n'est donc pas la seule cause de la différence de la vitesse des chutes, comme on le dit toujours ; c'est aussi, répétons-le, la différence entre la densité de l'air et celle des autres corps.

Evaluation de la vitesse de chute des corps. — La machine d'Atwood, règle graduée, le long de laquelle on fait tomber des poids qui laissent une trace de leur passage, indique les hauteurs de chute, et un mouvement d'horlogerie marque le temps. Il résulte des expériences faites avec cette machine, ainsi que d'autres expériences du même genre, l'énoncé des lois suivantes (**) :

(*) Du latin *gravis* (lourd) ; cet adjectif s'applique aussi substantivement aux corps, quand on les considère sous le rapport de la pesanteur. Comme nous avons cité le mot *grave*, nous ne devons pas nous dispenser de mentionner également le mot *mobile*, qui s'applique à un corps entraîné. Ces termes *graves* et *mobiles* n'apprennent absolument rien ; malgré cela, on s'en sert, et alors nous en avons donné la définition. La science serait bien plus répandue si elle était débarrassée de ce langage inutile, de ces soi-disant abréviations qui n'en sont pas, puisque la plupart du temps elles exigent des commentaires.

(**) Atwood, physicien anglais, mort en 1807, professeur au collége de Cambridge. Il a laissé plusieurs écrits sur la mécanique rationnelle.

1° La vitesse de la chute des corps, après la première seconde, est de $9^m,8$, l'espace parcouru étant de $4^m,9$; après t secondes, de $(9,8)\ t=gt$. On a pris l'habitude de toujours désigner la quantité (9,8) par g. Il existe un moyen très-pratique de déterminer la quantité g ; on laisse tomber une pierre du haut d'une tour dont on a mesuré la hauteur et avec un chronomètre on compte le temps de la chute de cette pierre. On déduit l'espace parcouru dans la première seconde d'après la loi et la formule qui vont suivre. L'observation du pendule donne un résultat plus exact ;

2° Les espaces parcourus par un corps qui tombe librement sous l'action de la pesanteur, et mesurés depuis son point de départ, sont entre eux comme les carrés des temps employés par le corps à les parcourir.

Enoncé algébrique des lois de la chute des graves. — Ces deux lois peuvent être énoncées algébriquement par les notations déjà connues en partie :

v, la vitesse ; t, le temps ; h, la hauteur de chute ; g, la vitesse du corps après la première seconde de sa chute.

$$v=gt, \quad h=\frac{1}{2}gt^2, \qquad \text{d'où, en éliminant } t, \ v=\sqrt{2gh}.$$

Cette dernière formule est très-utile dans les applications de l'hydraulique, où il faut souvent déterminer la vitesse des liquides, la hauteur de chute étant donnée.

Le tableau ci-dessous résume les données de vitesse et d'espace pour les temps de 1 à 6 secondes. Il serait à désirer que le lecteur voulût, comme exercice, continuer ce calcul jusqu'à la dixième seconde.

1.	Temps d'observation en secondes		1	2	3	4	5	6
2.	Espaces en mètres parcourus	à la fin de chaque seconde.	4,9	19,6	44,1	78,4	122,5	176,4
		pendant chaque seconde.	4,9	14,7	24,5	34,3	44,1	53,9
3.	Vitesses en mètres correspondant au numéro 2.		9,8	19,6	29,4	39,2	49,0	58,8
4.	Nombres proportionnels	de la vitesse	1	2	3	4	5	6
		de l'espace parcouru	1	4	9	16	25	36
		de l'espace pour chaque temps	1	3	5	7	9	11
5.	Hauteur de chute en mètres		1	2	3	4	5	6
6.	Vitesses en mètres correspondant au numéro 5.		4,43	6,26	7,67	8,86	9,90	10,85

§ 3. — PRINCIPE DU CENTRE DE GRAVITÉ.

La force qui attire tous les corps vers la terre est la *gravité* ou la *pesanteur*; la quantité de cette pesanteur, appliquée à chaque corps, est son *poids*.

Gravité, pesanteur, poids, sont des données relatives; les autres astres attirent également les corps. Un aérolithe a une masse, mais pas de poids tant qu'il flotte dans l'éther, entre la terre et les astres.

Si l'équilibre de l'attraction lunaire et terrestre est rompu, et si cette pierre tombe, elle acquiert son poids, qui augmente de plus en plus, jusqu'à ce qu'il soit arrivé à son maximum, pour diminuer ensuite progressivement; il devient nul au centre de la terre. On sait qu'un chariot de mine est d'autant plus facile à manœuvrer, que le puits de mine est plus profond. On sait aussi qu'un poids qui fait équilibre sur un peson (balance à ressort, espèce de pèse-lettre) dans la plaine courbe davantage le ressort au haut d'une montagne. Où est la limite? Elle pourrait être indiquée expérimentalement, si les aéronautes voulaient emporter un peson avec eux et faire l'essai indiqué à diverses hauteurs dans l'atmosphère.

La gravité est une force à laquelle la cohésion fait équilibre; pour les liquides, la cohésion est produite par la congélation. Vers les pôles, les vagues de la mer restent debout; ce sont des montagnes de glace, des banquises.

Nous venons de dire qu'un aérolithe a une masse, mais pas de poids, puisqu'il ne pèse pas, tant qu'il flotte dans l'éther.

La masse d'un corps est la quantité de matière qu'il renferme; c'est la réunion des molécules dont il se compose. Le volume est la place qu'il occupe; le volume peut varier, car le corps peut être comprimé, mais sa masse ne varie pas.

Le poids d'un corps est la résultante des actions de la pesanteur sur toutes les molécules de ce corps. Ce poids est égal à la masse multipliée par l'accélération due à la pesanteur, ou $g = 9^{m},81$, qui est la vitesse acquise par le corps au bout de la première seconde de sa chute. Ne craignons pas ces répétitions.

La masse du corps est donc le poids du corps divisé par g. Une pierre pèse 49 kilogrammes. Sa masse est égale à 49 divisé par $g=5$.

Ainsi nous avons déjà dit que la force vive était représentée par la formule mv^2, et qu'elle était le double du travail développé par la pesanteur. Effectivement, si le corps p tombe de la hauteur h, il a acquis au bas de sa chute une certaine vitesse v, que dans le paragraphe précédent nous avons évaluée à $\sqrt{2gh}$.

Ainsi $h=\frac{v^2}{2g}$; le travail de la pesanteur est alors $\frac{pv^2}{2g}$; mais $p=mg$, donc $\frac{pv^2}{2g}=\frac{mgv^2}{2g}=\frac{mv^2}{2}$, ce qu'il fallait démontrer.

La pesanteur agit indistinctement sur toutes les particules matérielles d'un corps et tend à leur imprimer, dans un même lieu, la même vitesse. Mais cette pesanteur varie d'un lieu à un autre, tandis que la masse ne varie pas; la quantité p sur g reste la même. Il faudrait donc, pour être correct, déterminer g pour chaque lieu; mais cela n'aurait aucun intérêt réel. Un mécanicien qui aura construit une machine dans la plaine ne modifiera pas ses calculs quand il en établira une semblable sur une montagne. C'est donc une spéculation théorique, tout au plus bonne pour fixer les idées, mais rien de plus.

Effets de la gravité. — La gravité tire les corps en bas, et si la première impulsion cherche à les diriger en ligne horizontale, ils parcourent une courbe : la parabole; c'est la ligne que décrit une bombe; l'adversaire doit viser son ennemi au cou pour lui loger une balle dans le cœur.

Les corps décrivent donc la parabole, mais à une petite distance et avec une petite vitesse; car la terre, ayant une courbure plus prononcée, fuit sous la parabole, de manière qu'un boulet de canon lancé avec une certaine vitesse décrira une courbe autour du globe terrestre, sur lequel il ne tombera plus; pour cela, il suffit qu'il ne rencontre pas d'obstacles; la lune et la terre sont des boulets qui tournent autour du soleil.

Le lecteur pourrait se demander quel est le rapport entre la mécanique industrielle et ces sortes de spéculations théoriques, comme il va s'en présenter encore quelquefois dans ce chapitre. La réponse, qui du reste a déjà été indiquée dans l'introduction, est facile à donner : pour trouver l'explication des phénomènes dynamiques, il faut toujours les envisager dans leurs situations extrêmes ; l'esprit les embrasse ensuite avec plus de facilité dans un cas donné.

Un autre exemple pourra venir à l'appui de cet exposé. Tout corps a un poids ; ce poids est représenté par la force de gravité appliquée à son centre. Rien ne peut anéantir une force, on ne peut que l'équilibrer ; elle exercera toujours son effet par une pression ou une tension.

Fig. 1.

Supposons une corde attachée au point *a* (fig. 1), des ouvriers la tirent au point *b*. Quelque grandes que soient la force au point *b* et la résistance au point *a*, elles ne détruiront pas la force *p*, qui est le poids de la corde et qui agit à son centre de gravité. La corde ainsi sollicitée par son propre poids s'infléchira donc toujours, mais elle se rapprochera éternellement, si la force augmente, de la ligne droite *ab* sans jamais l'atteindre, et quand même le poids de la corde diminue indéfiniment. On voit donc qu'une force infiniment petite appliquée au point *n* peut tenir en équilibre des forces infiniment grandes, et on comprendra cette situation dès qu'on se sera fait une idée d'un infiniment grand et d'un infiniment petit, c'est-à-dire d'un but dont on se rapprochera toujours sans l'atteindre jamais.

Si l'on augmente la force au point *b*, il arrive infailliblement ou que la corde casse ou que le mur tombe ; c'est ce dernier effet qu'on cherche à obtenir, et c'est ce que les ouvriers parisiens appellent le *travail à la tire*.

Détermination du centre de gravité. — Ce qui vient d'être dit n'est qu'une considération théorique. Dans la pratique, il suffit de savoir que la gravité agit sur toutes les parties infiniment petites des corps, leurs molécules ; que cette gravité constitue donc une série de forces qui ont une composante, agissant sur un seul et même point, qui est appelé le *centre de gravité*.

Dans tous ces calculs, on a la faculté de considérer le poids d'un corps comme une force agissant à son centre de gravité ; s'il n'est pas soutenu, le corps perd son équilibre et tombe.

La mécanique ne s'occupe généralement que des corps homogènes, à forme régulière et symétrique. Dans la plupart de ces cas, l'instinct indique déjà la position du centre de gravité, et toute démonstration devient superflue. Le centre de gravité d'un cercle, d'une sphère, d'un anneau, d'un carré, d'un cube, etc., est au milieu de la figure. C'est le *centre de figure*.

Pour d'autres figures et corps, la recherche du centre de gravité demande quelque réflexion : ainsi, pour trouver le centre d'un triangle, il faut tirer du sommet *a* une ligne *af* au milieu de la base *bc*, et répéter cette opération pour le second sommet *c* ; le point d'intersection *n* des lignes *af*, *bd*, *cv* est le centre de gravité, placé au tiers de ces lignes, en partant de la base (fig. 2). Le centre de gravité d'une pyramide est au quart, à partir de la base, sur la ligne qui joint le centre de gravité de la base au sommet. Or, comme toutes les figures peuvent se décomposer en triangles et tous les corps en pyramides, on peut déterminer leur centre de gravité en combinant les centres de gravité des diverses parties dont ils se composent.

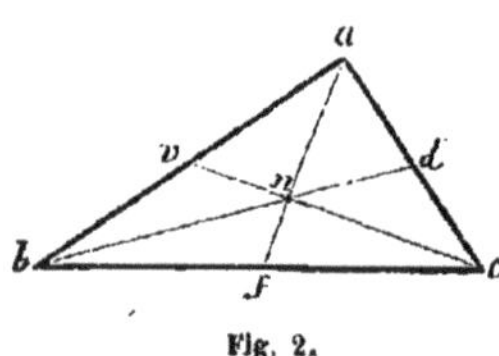

Fig. 2.

Si, par un procédé physique, l'on veut connaître le centre de gravité d'un corps irrégulier, on le suspend à un fil, et on y trace la direction de ce fil, qui est censé prolongé dans l'intérieur du corps ; puis on retourne ce corps dans diverses positions, on répète l'opération du fil, et le point où ces lignes se coupent est le centre de gravité cherché.

Pour trouver le centre de gravité d'un système de corps reliés entre eux, comme des boules attachées à un bâton, on considère ces corps deux à deux, et on procède comme pour la combinaison des forces, ainsi que nous allons le voir.

§ 4. — PRINCIPE DE LA COMPOSITION DES FORCES.

La composition des forces a pour but de réunir plusieurs forces (ou *composantes*) en une seule (ou *résultante*). Des enfants tirent à une corde ; les forces de ces enfants (les composantes) peuvent être remplacées par la force d'un homme (la résultante).

Les forces peuvent agir suivant trois directions : en ligne droite, parallèlement ou sous un certain angle. C'est dans ces trois positions que nous allons les considérer.

Forces agissant en ligne droite. — Les forces dirigées suivant une ligne droite qui agissent dans le même sens s'additionnent ; dans le sens contraire, elles se soustraient. Si la soustraction donne pour résultat zéro, ou, en d'autres termes, s'il y a autant de forces qui tirent d'un côté que de l'autre côté, il y a équilibre, à moins qu'il n'y ait rupture.

Cette résultante obtenue, il est indifférent à quel point de la direction elle agisse : en haut, en bas, au milieu ; quant à l'effet, il est aussi indifférent qu'on pousse ou qu'on tire un corps. Dans la pratique, ce sont des dispositions spéciales qui font adopter l'un ou l'autre des points d'attache des forces. Les chevaux tirent, les bœufs poussent, les hommes tirent ou poussent indifféremment ; mais à Paris il est défendu de pousser les voitures dans les rues.

Forces agissant parallèlement. — Si la composition des forces agissant en ligne droite est très-simple, il n'en est plus de même quand les forces agissent parallèlement (fig. 3) ; elles s'additionnent dans un sens : $v + s = r$; mais la position du point d'application b de leur résultante n'est pas indifférente, il a une position fixe ; il divise la distance des points d'application ac des composantes en deux parties ab et bc, qui sont en raison inverse proportionnelles aux grandeurs de ces composantes ; ou, en d'autres termes : le point d'application se rapproche de la force la plus grande. Il va sans dire qu'on combine toujours deux par deux les forces ; si elles sont

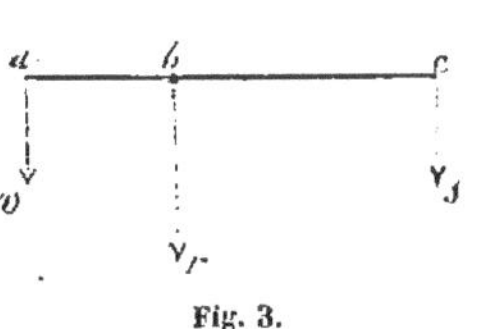

Fig. 3.

égales, parallèles et opposées, elles tendent à produire la rotation du corps : elles n'auraient pas de résultante. Elles constituent ce qu'on appelle le *couple* (fig. 4) ; si p est égal à r, ac est égal à cb et c est le point de rotation.

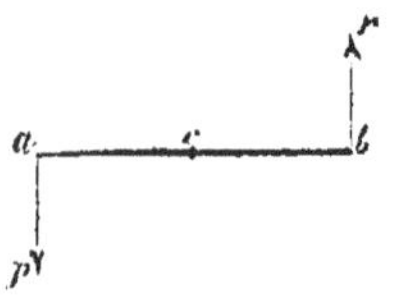

Fig. 4.

Mais si, tout en étant parallèles et opposées, elles sont inégales, leur résultante se trouvera encore d'après la méthode énoncée. On prendra deux de ces forces, dont on considérera la plus grande comme la résultante de deux forces dont l'une sera égale et contraire à la plus petite et dont l'autre sera égale à la différence entre la plus grande et la plus petite, et qui sera la résultante définitive. On déterminera son point d'application par le calcul de la distance en raison inverse de la grandeur de ces forces.

Il sera peut-être utile de rappeler l'application de ce principe par *un exemple*. Supposons une force de 6 kilogrammes qui tire en haut à la droite d'un corps, et une autre de 10 kilogrammes tirant en bas à gauche. Il est évident que cette force de 10 kilogrammes peut être considérée comme la résultante d'une force de 6 kilogrammes et d'une force de 4 kilogrammes. Appliquons cette force de 6 kilogrammes contre celle de 6 kilogrammes qui tire en haut, elles se neutraliseront et il ne restera que la force de 4 kilogrammes, qui est la résultante. Si la distance entre les points d'attaque des forces de 6 et 10 kilogrammes est de 3 mètres, la résultante de 4 kilogrammes est alors distante de la force de 10 kilogrammes vers la gauche de $4^{m},50$.

Autre exemple. — Voici deux boules a et e (fig. 5) ; la première pèse 20 kilogrammes, la seconde 50 ; la barre qui les relie, 10 kilogrammes qui agissent au point c. La résultante des forces qui remplace la petite boule et le bâton est de 30 kilogrammes et se trouve au point b à la distance d'un tiers de la boule a. La résultante qui remplace cette dernière et la boule e est de 80 kilogrammes appliquée au point d — centre de gravité de tout le système — qui divise la distance entre la force b et le centre de la boule e inversement dans le rapport de 30 et de 50.

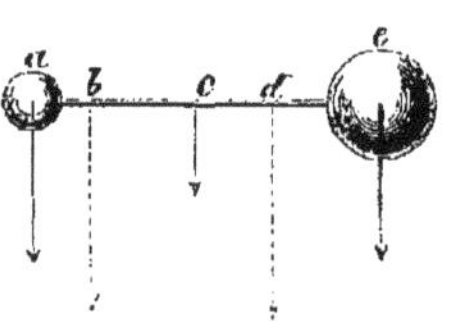

Fig. 5.

Ainsi, quel que soit le nombre des forces agissant de la sorte, on les combine deux par deux et on arrive à la détermination du point d'attaque de la résultante définitive.

Forces agissant sous un angle. — Maintenant si les forces p et s (fig. 6) agissent sous un certain angle sur un point a, si l'une tire vers la droite, l'autre vers la gauche, elles cherchent à se neutraliser en partie; leur résultante r ne peut donc pas être égale à leur somme : elle est proportionnelle à ces forces et se rapproche de la plus grande. Si ces composantes sont représentées par les côtés ab et ac d'un parallélogramme, la résultante est représentée par la diagonale de ce parallélogramme; si ces forces sont au nombre de trois, p, q, s (fig. 7), et ne sont pas dans le même plan, la résultante est la diagonale r d'un parallélipipède. Ces théorèmes sont appelés le *parallélogramme* et le *parallélipipède des forces.*

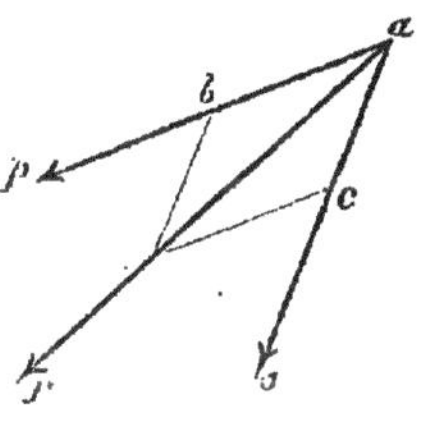

Fig. 6.

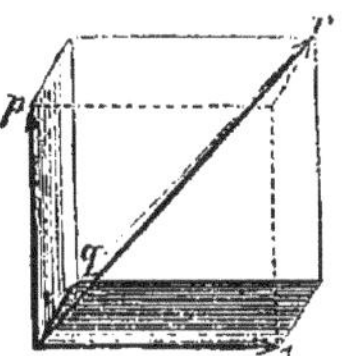

Fig. 7.

En résumé, quel que soit le nombre des forces, on en prend d'abord deux, et on en cherche la résultante; on efface alors les deux composantes, on combine cette résultante, qui devient une force ordinaire, avec la force suivante, on en cherche la résultante et on fait disparaître les trois forces, et ainsi de suite. On arrive toujours à avoir une force unique, qui devient nulle, si les résultantes sont égales aux composantes et agissent en sens contraire. En effet, la résultante est supérieure à la plus grande des composantes, si l'angle sous lequel ces dernières agissent est aigu ou droit ; elle se rapproche de l'égalité si l'angle devient obtus ; si l'angle est le tiers de la circonférence décrite autour du point où agissent les forces, et si les deux forces sont égales, la résultante devient égale à chacune de ces forces ; si l'angle augmente, la résultante devient de plus en plus petite jusqu'à ce qu'elle soit zéro et les deux composantes forment une ligne droite. Maintenant si cette résultante ne devient pas nulle, les deux composantes ne peuvent pas former une ligne droite. Or, comme une corde a toujours un poids, elle ne pourra jamais être tendue horizontalement quelque puissantes que soient les forces qui la tireront, ainsi que nous l'avons déjà dit.

Il faudra, quant à ces diverses situations, s'en référer moins à une démonstration par des signes algébriques qu'à un dessin qui devra être fait par le lecteur lui-même.

§ 5. — PRINCIPE DE L'ÉQUILIBRE DES CORPS SOLIDES.

Si un corps est soumis à des forces égales et contraires qui se neutralisent mutuellement, il est en équilibre et peut rester en repos ou changer de place ; une voiture est en équilibre aussi bien dans la remise, que traînée par des chevaux sur une route ; si elle perd l'équilibre, elle tombe, c'est-à-dire si elle marche sur un terrain trop incliné *ba*, ou encore s'il vient se joindre à la force des chevaux qui lui donnent un mouvement en ligne droite une autre force, par exemple celle d'une voiture venant en sens opposé, qui lui imprime un mouvement oblique. Ces deux mouvements combinés lui feront faire la culbute, dès que le centre de gravité n'est plus soutenu au point *h* (fig. 8). Il faut donc toujours bien distinguer le repos de l'équilibre.

Fig. 8.

Equilibre stable et équilibre instable. — Les corps peuvent se trouver en *équilibre stable*, comme un cône placé sur la base, ou en *équilibre instable*, comme un cône placé sur son sommet ; la moindre force suffit pour le renverser. Ainsi, pour reprendre l'exemple de la voiture, on voit que plus la charge devient haute, plus son centre de gravité *d* s'élève vers *c*, et plus il y a de chance que la voiture verse, ce qui arrive dès que son centre de gravité, nous le répétons, n'est plus soutenu. Aux points *b*, *h*, la vitesse et le mode de suspension jouent un certain rôle. Les voitures suspendues versent plus facilement que les voitures non suspendues, puisque les ressorts qui se détendent impriment une vitesse au centre de gravité et le déplacent.

Equilibre des corps suspendus. — Le problème de l'équilibre des corps suspendus à des cordes, traité *in extenso* dans tous les livres de mécanique rationnelle, a perdu aujourd'hui son importance dans l'industrie, depuis que les becs de gaz ont été substitués aux lanternes et depuis que les ponts suspendus sont, malgré des efforts persévérants, partout remplacés par des constructions plus solides. C'était à ces deux objets totalement passés de mode qu'on appliquait la théorie des corps suspendus.

Elle est, du reste, très-simple. Le poids r suspendu au point b (fig. 9) est considéré comme force verticale produisant la tension de la corde entre ces poteaux a et c. Cette force est une résultante opposée à r', qui, d'après le parallélogramme, indique les composantes p, s. On voit que, si les points de suspension forment une ligne horizontale, le corps suspendu se trouve au milieu du moment qu'il peut glisser sur la corde. La détermination des conditions de l'équilibre de ces diverses positions est un exercice simple et instructif. Avons-nous besoin d'ajouter que pour cela il faut mettre deux clous dans un mur, y attacher une ficelle avec un poids fixe ou mobile, changer de place un de ces clous, afin de pouvoir multiplier les diverses données du problème ?

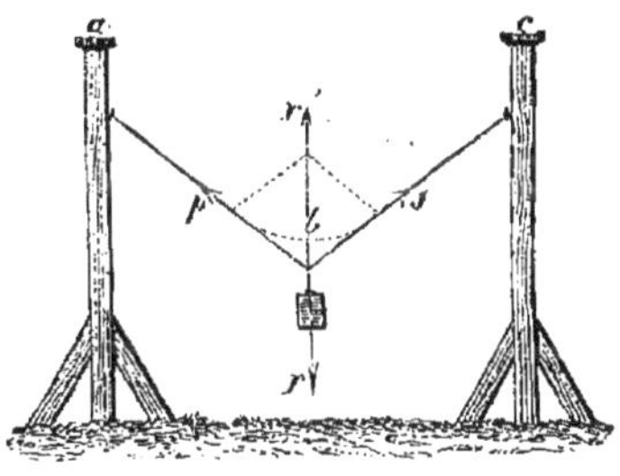

Fig. 9.

Equilibre des corps mobiles autour d'un axe. — Dans les machines, on a souvent à rechercher les conditions d'équilibre de corps tournant autour d'un axe horizontal. Si le centre de gravité est placé sur l'axe, le corps restera en repos, car l'action de la pesanteur est détruite par la fixité de l'axe.

Si le centre de gravité n'est pas situé sur l'axe de rotation, le corps ne pourra se maintenir en équilibre que si le centre de gravité est en haut ou en bas sur la verticale qui passe par l'axe. L'équilibre sera stable si le centre de gravité est en bas, instable s'il est en haut.

§ 6. — PRINCIPE DU PENDULE.

Le *pendule simple* est une ligne droite au bout de laquelle est un point pesant (un centre de gravité) ; c'est aussi le pendule idéal. Si cette ligne est un fil ou une barre rigide, et si le point est une balle de plomb, par exemple, le pendule s'appelle *pendule composé*.

Le pendule au repos suit la ligne verticale.

Comme c'est la gravité qui régit le pendule, on peut le définir ainsi : corps qui tombe d'une certaine hauteur, non pas en ligne droite, mais en courbe.

Oscillations du pendule. — Si l'on met le pendule en mouvement, il décrit un arc de cercle, qui s'appelle une *oscillation*, dont la grandeur (l'amplitude) devient de plus en plus faible, et l'oscillation finit par cesser; si l'air n'opposait pas sa résistance, si le frottement au point de suspension n'existait pas, le pendule oscillerait toujours et le mouvement perpétuel serait trouvé.

Au point de vue de la théorie, le mouvement du pendule est celui d'un corps qui glisserait sur une série infiniment grande de lignes droites infiniment petites dont se compose un arc de cercle.

Son oscillation a une durée $t = \pi \sqrt{\frac{l}{g}}$ (l, est la longueur du pendule).

L'inspection de cette formule fait voir que la durée de cette oscillation ou le temps t varie comme la racine carrée de la longueur du pendule.

Longueur du pendule à secondes. — De cette même formule on déduit la longueur d'un pendule dont les oscillations ont une durée connue, car $l = \frac{gt^2}{\pi^2}$; le pendule à secondes pour lequel $t^2 = 1$ a donc une longueur $= \frac{g}{\pi^2} = 0{,}994$, résultat déjà annoncé.

En développant l'équation première, on obtient $g = \frac{\pi^2 l}{t^2}$. On n'a donc qu'à chercher la durée d'une oscillation en faisant osciller un pendule pendant un certain temps, en comptant le nombre des oscillations, et on en déduit le temps d'une oscillation; π et l sont donnés, et on a $g = 9^m{,}81$, chiffre qu'on a déjà établi expérimentalement.

Partout on peut se procurer un fil d'une longueur de 1 mètre et une petite balle. Voilà le pendule construit : on n'a qu'à compter ses oscillations pour avoir la mesure du temps. Dans le paragraphe consacré à l'horlogerie, nous verrons les applications du pendule; la pendule en est une des plus connues.

§ 7. — PRINCIPE DES FORCES CENTRALES (CENTRIFUGE ET CENTRIPÈTE).

La tendance du mouvement libre est de se produire en ligne droite; donc, si l'on fait tourner un corps attaché à une corde, il tend à s'échapper suivant la tangente à son cercle; il exerce sur le centre de ce cercle, qu'il cherche à fuir, une tension qui est la *force centrifuge* (qui fuit le centre); la force qui retient le corps au centre est la *force centripète* (de *petere*, chercher); telle est l'attraction des corps célestes. Or l'attraction cherche à maintenir ces corps en place, la rotation tend à les éloigner, et l'équilibre de ces deux forces constitue le système solaire. Mais revenons à la corde. Si le corps s'en détache, il ira frapper en ligne droite un objet qu'on aura visé : c'est la fronde. Dans ce cas, on ne tient pas compte du poids de ce projectile; la ligne véritable est la parabole. Si l'on fait tourner avec la main rapidement un vase rempli d'eau attaché à une ficelle *ab*, l'eau fuit la main, elle presse sur le fond qu'elle cherche à percer. Le vase a décrit un cercle dont le rayon est *ac* (fig. 10).

Fig. 10.

De même qu'un corps fuit le centre autour duquel on le fait tourner, de même toutes les molécules d'un corps fuient l'axe autour duquel il tourne. Donc une sphère liquide qu'on fait tourner rapidement s'aplatit. La terre a dû être liquide, puisque intérieurement elle est encore molle; donc elle s'est aplatie aux pôles; elle n'a pas la forme d'une boule, mais d'une orange.

Que l'on réfléchisse un instant à ce phénomène de la force centrifuge, et on verra qu'un écuyer qui ne se pencherait pas dans le manége tomberait parmi les spectateurs. Si au lieu d'un cheval on faisait courir dans le cirque une locomotive express, le mécanicien et le chauffeur seraient obligés de rester couchés sur la plate-forme; au moindre mouvement qu'ils feraient pour se relever, ils seraient lancés par-dessus la balustrade.

Supposons que la force attractive de la terre, sa gravité, cesse; immédiatement un homme placé sur l'équateur serait projeté avec une vitesse de plus de 500 mètres par seconde (vitesse de rotation de la terre autour de son axe) dans les espaces célestes, et, nouvel Adam, tomberait peut-être dans un astre inhabité, si précisément il entrait dans son cercle d'attraction. Un autre homme placé au pôle assisterait impassible à ce spectacle, il étendrait ses bras en tournant une fois sur lui-même toutes les vingt-quatre heures.

Toujours les extrêmes! Il le faut bien, car si l'esprit ne s'exerce pas ainsi, comment peut-il arriver à comprendre qu'un linge mouillé sèche immédiatement quand on le fait tourner vite dans un tambour qui est percé de petits trous par lesquels s'échappent les gouttes d'eau?

C'est aussi pour éviter que la locomotive et les wagons ne fuient pas les rails qu'on surélève le rail extérieur dans les petites courbes, quand le terrain ne permet pas de tracer les chemins de fer en alignement ou avec des raccordements de grand rayon.

Détermination de la valeur des forces centrales.—Les forces centrifuge et centripète sont égales en vertu du principe que l'action est égale à la réaction. La force centrifuge fait éloigner un corps du centre de rotation avec la même intensité qui est employée par la force centripète pour le retenir.

Ces deux forces (f) ont pour expression commune $f = \frac{mv^2}{r} = \frac{pv^2}{gr}$; elles sont proportionnelles au carré de la vitesse et en raison inverse du rayon du cercle décrit.

(m, p, masse, poids du corps; r, distance du centre de mouvement au centre du corps; v, vitesse.)

Exemple. — Une sphère en métal du poids de 20 kilogrammes est placée à l'extrémité d'un rayon de 3 mètres et est animée d'une vitesse de 10 mètres par seconde. Quel est l'effet de la force centrifuge qui cherche à détacher cette boule de son rayon?

$$f = \frac{20 \times (10)^2}{9,81 \times 3} = 72 \text{ kilogrammes.}$$

§ 8. — PRINCIPE DU LEVIER.

De même que l'addition est le résumé de toutes les opérations mathématiques, le levier est le résumé de toutes les combinaisons mécaniques. Les ciseaux, les pinces, les serrures, les engrenages, les manivelles, les balanciers, presque toutes les pièces mouvantes des machines sont des leviers, que régit le principe fondamental suivant :

« Une barre rigide placée sur un appui et sollicitée aux extrémités par des forces constitue le levier. Le point d'appui divise le levier en deux parties ou bras; un poids faible (*puissance*) appliqué au grand bras fait équilibre à un poids plus fort (*résistance*) appliqué au petit bras. »

Equilibre du levier. — L'équilibre du levier est exprimé par la proportion suivante : La puissance p est à la résistance q comme la longueur du bras de levier de la résistance b est à la longueur du bras de la puissance a; $p:q=b:a$.

On voit par cet énoncé quel effet immense on obtient en donnant au bras de levier de la résistance une longueur très-petite comparativement à celle de l'autre bras. La limite pratique de cette proportionnalité se trouve dans la résistance de la matière : le levier se casse, ou il brise le corps résistant. On le sait, mais on ne continuera pas moins à soulever des couvercles avec la pointe des couteaux.

Si l'équilibre est rompu, le levier tourne autour de son point d'appui, et la puissance marche d'autant plus vite que la résistance est plus faible, et naturellement d'autant moins vite que la résistance est plus forte; ce qui fait dire : *On gagne en force ce qu'on perd en vitesse.*

Ce principe peut encore être exprimé ainsi : « Les espaces parcourus dans le même temps par les points d'application de la puissance et de la résistance sont en raison inverse de ces forces. »

Si l'on examine le mouvement du levier, on s'aperçoit que l'extrémité de son petit bras se soulève d'une faible quantité et l'extrémité du grand bras d'une quantité beaucoup plus forte; les chemins parcourus dans l'unité de temps, ou les vitesses, seront proportionnels aux longueurs des bras, qui eux-mêmes dans l'équilibre sont, nous le répétons, inversement proportionnels aux forces (puissance et résistance). On voit donc de nouveau que plus on augmente la résistance, plus il faut diminuer son bras de levier, ce qui est encore la preuve du même principe.

Tantôt on sacrifie la force à la vitesse, tantôt la vitesse à la force : pour couper les barres de fer avec des cisailles, on agit à un très-grand bras de levier; pour forger le fer, la roue à eau agit au petit bras afin de soulever rapidement le marteau. C'est suivant la nature du travail qu'il faut employer des mouvements brusques et saccadés ou des mouvements doux et lents.

Ainsi un ouvrier peut avec son levier soulever une grosse pierre de taille à la hauteur voulue pour y glisser un rouleau, et cela d'un seul coup de main ; tandis qu'Archimède, pour soulever la terre, si on lui avait donné un point d'appui, eût pesé sur son levier pendant des milliers d'années, et encore ce grand géomètre ne serait arrivé qu'à une hauteur égale à la dix-millionième partie de l'épaisseur d'une feuille de papier. C'est M. Babinet, l'illustre et populaire académicien, qui a indiqué ce beau calcul.

Leviers coudés. — Dans ce qui précède, nous avions supposé la barre droite : elle forme le levier droit ; si la barre n'est pas droite, le levier est coudé. Voici ses conditions d'équilibre :

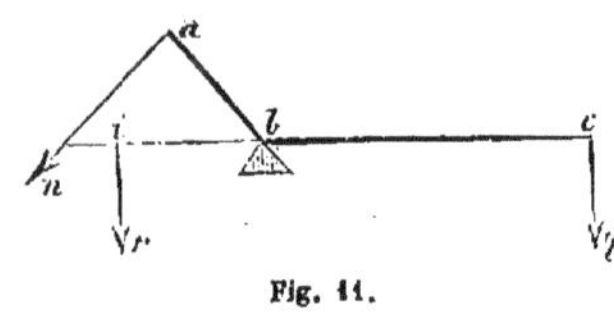

Fig. 11.

Dans le premier cas (fig. 11), si les forces *n* et *q* sont appliquées perpendiculairement aux bras du levier coudé *abc*, on peut supposer qu'on supprime le bras *ab* et qu'on le remplace par le bras *ib* de même longueur, et dans le prolongement de *cb*, la force $n=r$ y étant appliquée, le levier coudé est remplacé par le levier droit dans les conditions d'équilibre.

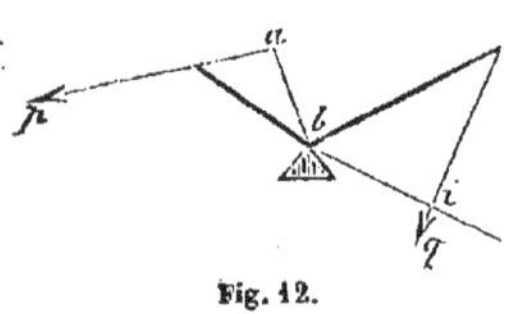

Fig. 12.

Dans le second cas (fig. 12), si les forces *p* et *q* ne sont pas appliquées perpendiculairement au bras du levier coudé (de même que s'il était droit), on les imagine comme agissant aux perpendiculaires *ab* et *bi*. Pour qu'il y ait équilibre, il faut que les forces *p* et *q* soit inversement proportionnelles à *ba* et *bi*.

Cette démonstration nous porte à généraliser le terme de *bras de levier* à l'extrémité duquel la force est appliquée : c'est la perpendiculaire abaissée du point d'appui sur la direction de cette force.

Point d'appui du levier. — Le point d'appui peut ne pas toujours être fixe comme dans une balance ; quand le levier est une barre de métal et quand le point d'appui se trouve aussi sur un métal ou une pierre, on intercale entre ces deux corps une pièce élastique, du bois, du liége, du caoutchouc, qui puisse céder à la pression ou prendre un certain mouvement sans néanmoins fuir tout à fait. La fixité du point d'appui n'est donc pas une condition essentielle dans l'équilibre du levier.

Si deux forces parallèles ont une résultante égale à leur somme et passant par le point d'appui, elle représente la pression sur ce point.

Fig. 13.

Dans ce cas, il y a équilibre et repos (fig. 13). Si la force *p* est égale à la force *q*, la distance du point d'application de ces deux forces au

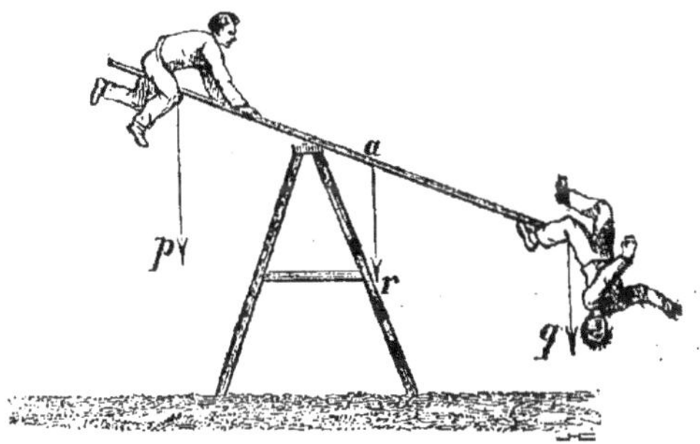

Fig. 14.

point *a* doit être la même. Si la force *r* (fig. 14), qui est la résultante, n'est pas soutenue, il y a rupture d'équilibre et chute. Si les forces sont parallèles et de sens contraire, la pression sur le point d'appui est égale à la différence entre les deux forces.

Si les forces agissant sur un levier coudé ou droit sont obliques, leur résultante est la diagonale du parallélogramme; mais si cette dernière ne passe pas par le point d'appui, le levier y glissera (fig. 15). *ab* repré-

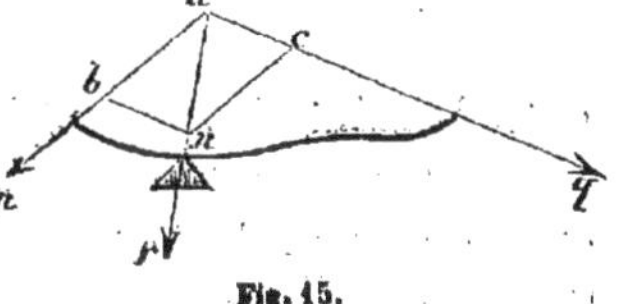

Fig. 15.

sente la force *p*; *ac*, la force *q*; *an* est donc la résultante *r* qui doit passer par le point d'appui.

Les divers genres de leviers. — On distingue trois espèces de leviers droits ou coudés :

Levier du premier genre ou levier intermobile : force *p* placée après

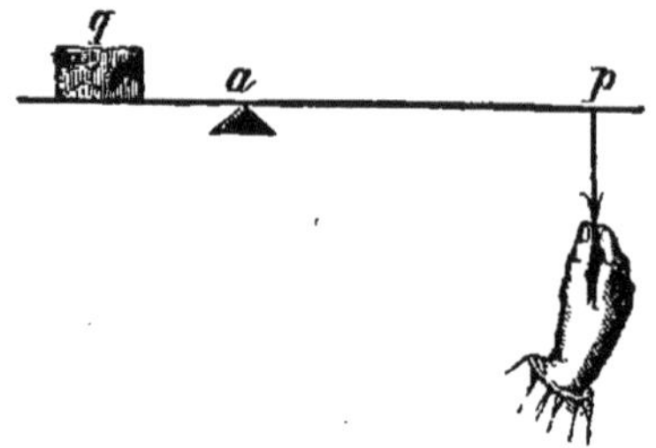

Fig 16.

la résistance *q* et le point d'appui *a* (fig. 16);

Levier du deuxième genre ou levier interrésistant : force *p* placée

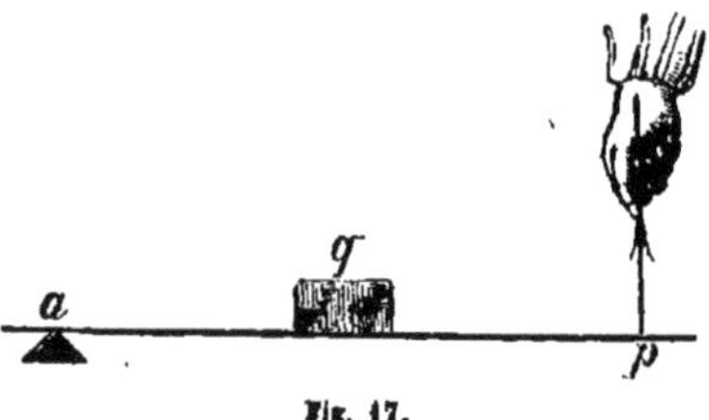

Fig. 17.

après le point d'appui *a* et la résistance *q* (fig. 17);

Levier du troisième genre ou levier interpuissant : force *p* placée

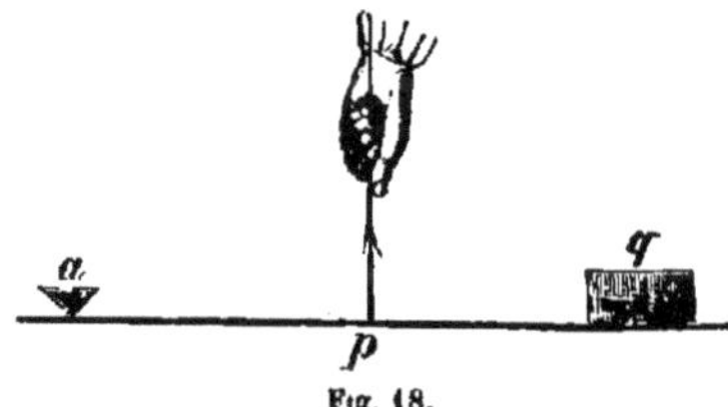

Fig. 18.

entre le point d'appui *a* et la résistance *q* (fig. 18).

Ces termes ultrascientifiques ne sont guère usités; mais s'il en était question, le lecteur connaîtrait au moins leur signification. Faire un choix judicieux dans ces diverses espèces de leviers, tel est en partie l'art du mécanicien.

§ 9. — PRINCIPE DE LA PRESSION, DE LA TENSION ET DU CHOC DES SOLIDES.

Le mouvement, ainsi que nous l'avons vu, ne peut être produit que par une force ; il ne s'ensuit pas qu'une force doive nécessairement produire le mouvement. En pressant sur une table, on ne la fait pas mouvoir, car le sol lui oppose une résistance ; la force s'appelle alors *pression*, elle produit la *compression*. En tirant sur une corde attachée à un mur, on ne le fait pas mouvoir, on tend la corde ; cette force s'appelle *tension*, elle produit l'*extension*.

Si la pression ou la tension est plus forte que la résistance du corps comprimé ou tendu, il y a *écrasement* ou *rupture*. Les limites entre lesquelles la matière fait équilibre à la force sont tracées par la partie de la physique qui s'occupe de la résistance des matériaux.

Pression. — La mécanique ne résout que le problème de la pression sur deux ou trois points d'appui ; un trépied est toujours en équilibre : une table à quatre pieds peut ne pas presser avec le quatrième pied. La mécanique ne détermine pas la pression de chacun des points ; tout ce qu'elle sait, c'est que la somme des pressions est égale au poids de la table, quel que soit du reste le nombre des appuis. Cette pression dépend de l'élasticité des supports.

Choc. — Quand deux corps se rencontrent, il y a choc. Le corps choqué peut être en repos ou animé d'une vitesse de même sens, mais moindre que celle du corps choquant, ou deux corps peuvent aller en sens contraire l'un contre l'autre. Dans la mécanique industrielle, la force qui donne le choc est la gravité ou la gravité ajoutée à la force de la vapeur (marteau pilon). Le choc se manifeste de diverses manières : il change la vitesse des masses et la direction du mouvement ; il déforme les corps, les divise ou les réunit.

En théorie, il y a de la ressemblance entre la pression et le choc : le choc est une pression dont la durée est très-petite, de même que la pression est un choc dont la durée est comparativement très-grande.

Le choc et la pression peuvent bien se remplacer mutuellement, mais aussi avec quelles difficultés pratiques ! Pour enfoncer un clou dans le mur par la pression, il faudrait un appareil spécial, par exemple une presse hydraulique agissant en ligne horizontale. Pour enfoncer un pieu, il faudrait y placer une maison ou le presser avec une vis fixée au sol d'une manière aussi solide que le pieu le serait lui-même dans la terre après l'opération ; il serait donc indispensable de produire d'abord un résultat égal à celui qu'on voudrait obtenir.

Dans l'industrie, l'emploi du choc ou de la pression est déterminé par des considérations locales et aucun précepte ne peut être indiqué à cet égard.

Quant à l'effet nuisible du choc dans les machines, il est diminué par l'interposition de corps élastiques.

A ces considérations pratiques, nous pouvons joindre quelques réflexions prises dans le domaine de la théorie.

Quand deux corps se rencontrent dans l'espace, ou quand ils sont arrivés à être en contact, ce qui est un terme plus savant, il y a choc, et leurs vitesses primitives se trouvent modifiées.

Si v et v' représentent les vitesses pendant le choc des corps m et m', u et u' les vitesses avant le choc, w la vitesse du centre de gravité du système, on a la relation : $mu + m'u' = mv + m'v'$.

Pendant le choc, il y a un instant où les centres de gravité des deux corps ont la même vitesse, qui est la vitesse du centre de gravité du système : $(m + m')w = mv + m'v'$, d'où $w = \frac{mv + m'v'}{m + m'}$.

Si l'un des corps est au repos, v' est zéro et $w = \frac{mv}{m + m'}$.

Ce qui vient d'être dit ne s'applique qu'aux corps qui sont élastiques ; s'ils ne le sont pas, ils se pénètrent et donnent lieu à la perte de puissance vive.

Cette perte doit avoir lieu, puisque pendant la compression des deux corps et jusqu'au moment où ils ont acquis la même vitesse, les molécules voisines en contact se sont rapprochées, et leurs actions répulsives ont donné un produit négatif ; il en résulte ainsi une diminution de puissance vive.

Pour simplifier le calcul qui s'y rapporte, supposons que l'un des corps reste en repos.

La force vive avant le choc est $\frac{1}{2}mv^2$; après le choc, $\frac{1}{2}(m + m')w^2$; la perte $K = \frac{1}{2}mv^2 - \frac{1}{2}(m + m')w^2$. En remplaçant w par la valeur ci-dessus, on a : $K = \frac{1}{2}\left(\frac{mm'v^2}{m + m'}\right)$.

§ 10. — PRINCIPE DU FROTTEMENT.

La surface des corps, quelque unie qu'elle soit, a des aspérités, petites dents invisibles, s'engrenant les unes dans les autres, comme des roues d'engrenages ; une certaine force est nécessaire pour briser ces dents, pour les aplatir et pour mouvoir les corps les uns sur les autres en les polissant; en un mot, la résistance qu'éprouvent les corps à glisser ou à rouler les uns sur les autres est le *frottement*.

Au delà de certaines limites de pression, le frottement se change en grippement; les surfaces en contact s'entament, se déchirent; les matières lubrifiantes sont expulsées et les corps frottent à sec.

D'après cette définition, il y a deux sortes de frottement : le frottement de *glissement* et le frottement de *roulement*. La résistance que ce dernier oppose provient de ce que les corps qui roulent se déforment, s'aplatissent, se dépriment et présentent à leur surface de contact des plans inclinés sur lesquels ils sont forcés de monter, soit qu'ils roulent sur un plan, comme les roues sur les rails, soit qu'ils roulent sur eux-mêmes, comme les cylindres d'un laminoir. Nous pouvons dire dès à présent que le frottement de roulement est presque nul en comparaison de celui de glissement, si les corps sont durs. De là le dicton populaire : *Cela marche comme sur des roulettes*.

On admet, comme point pratique essentiel, « que le frottement dépend de la pression et qu'il est indépendant de l'étendue des surfaces frottantes ».

Avec un peu de réflexion, on se rend compte de cet énoncé. Le raisonnement dit qu'il faut employer la même force pour vaincre le frottement d'un cône, qu'il soit placé sur son sommet ou sur sa base. En effet, tout le poids du cône presse sur la petite surface de sa pointe et y concentre son action ; renversez le cône, son poids restera le même, mais il s'étendra sur la grande surface et s'y exercera faiblement; les pressions sont égales dans les deux cas, puisque le poids ne change pas.

Pour comprendre le rôle important que joue le frottement dans la mécanique, comme dans toute la nature, on peut supposer un instant qu'il n'existe pas et peindre dans l'imagination l'état de notre existence. Un seul exemple peut servir à fixer les idées.

Sans le frottement on ne pourrait pas marcher; lorsque pour se mouvoir on pose le pied en avant, le second pied tend à faire le même mouvement en arrière et n'est retenu que par le frottement. De là provient, dans un salon, l'air gauche des personnes qui ne sont pas habituées d'aller ou plutôt de glisser sur des planchers bien cirés. Un embarras semblable peut être éprouvé par ceux qui perdent l'habitude de marcher sur les routes. L'empereur Napoléon Ier, dans les dernières années de son règne, s'était constamment tenu à cheval ou dans des palais; aussi, à son retour de l'île d'Elbe, se trouvant forcé d'aller à pied dans une montagne couverte de neige, il chancela à chaque pas; car alors il ne songea guère aux lois de l'équilibre dynamique et du frottement, et deux grenadiers furent obligés de le prendre sous les bras pour l'empêcher de tomber.

Effets du frottement. — Dans la mécanique, le frottement peut être utile, comme il peut être nuisible. Il est facile de le produire : on serre les freins et les vis des machines autant qu'on veut; on jette du sable sur le pavé, s'il devient trop glissant; on roule une corde plusieurs fois autour d'un arbre pour arrêter un bateau en dérive. La pratique indique ici les limites : les voitures n'avanceraient, par la traction animale, ni dans des rues en marbre ni dans des chemins effondrés.

Il est plus difficile de réduire le frottement; le réduire seulement, car il est impossible de l'anéantir. Les surfaces les plus unies que les hommes peuvent produire, acier, cristal, ne glissent pas sans usure l'une sur l'autre, et c'est précisément cette faculté qui est mise à profit pour polir les corps. Le frottement lent et continuel donne les plus belles surfaces; un tourillon acquiert, s'il est bien huilé, au bout d'un an, un poli qu'on n'obtiendrait par aucun autre travail; mais il ne viendra à l'idée de personne de frotter une surface métallique pendant une année uniquement pour la rendre luisante.

Les moyens employés dans le but de réduire le frottement sont le graissage ou plutôt la lubrification avec de la graisse ou de l'huile. L'eau, au contraire, augmente le frottement : voyez les ouvriers qui crachent dans leurs mains avant de saisir une pioche, une pelle ou une corde qu'ils veulent tirer. Tout le monde a remarqué à Paris cette singulière race d'hommes qui portent les sacs de farine chez les boulangers : ce sont les forts de la halle; ils ont soin de tremper leurs chapeaux à larges bords dans le ruisseau; sans cela le sac pourrait glisser de leur tête et tomber, et ils ne seraient pas à même de le relever, car ils n'ont pas d'outils.

Pour diminuer la quantité de frottement, on réduit le chemin que parcourt la surface frottante, on ajoute des tourillons aux arbres de couche ou axes. Si l'arbre a une circonférence égale à l'unité et le tourillon une circonférence égale à un dixième, la quantité de frottement de ce dernier n'est que d'un dixième de celle qu'eût produit l'arbre s'il avait reposé directement sur son palier. Si l'on pouvait construire des tourillons d'arbre ou des fusées d'essieu de la finesse d'une aiguille, les frottements deviendraient insensibles.

On réduit le frottement des engrenages en multipliant le nombre des dents. Enfin on a cherché à transformer le frottement de glissement en frottement de roulement. On ne ferait pas avancer une pierre de taille en la poussant sur le sol; on y interpose des rouleaux en bois. On a entouré les essieux d'un chapelet composé de petits rouleaux, de manière que les essieux roulent au lieu de glisser; mais ce moyen est compliqué, et, par conséquent, peu pratique; aussi préfère-t-on toujours un bon système de graissage.

Après avoir envisagé le frottement au point de vue de la mécanique, nous pouvons ajouter encore quelques réflexions sur ses effets physiques.

Le frottement est le moyen le plus vulgaire de produire de la chaleur. Robinson Crusoé frottait deux morceaux de bois sec l'un contre l'autre pour faire du feu à la manière des sauvages. D'après le langage scientifique, la chaleur est dégagée chaque fois qu'une résistance passive s'oppose à un mouvement quelconque et détruit la force destinée à produire ce mouvement. Suivant une théorie émise par d'illustres physiciens, la quantité de chaleur créée en pareil cas serait proportionnelle à la quantité de force détruite. On est donc ainsi conduit à admettre : que le mouvement et la chaleur sont deux représentations différentes d'un même principe, deux effets d'une même cause; que, suivant les circonstances, le mouvement se change en calorique ou le calorique en mouvement; enfin qu'il est possible de déterminer les quantités de ces deux effets qui se correspondent et s'équivalent.

Lors de l'exposition universelle à Paris en 1855, on a vu une machine à frottement qui y était connue sous le nom de *machine de chauffage sans combustible*. Dans un tube en fonte on avait introduit un second tube; l'intervalle était rempli d'eau; un piston enveloppé d'une tresse en chanvre tournait dans le second tube, qui s'échauffait et communiquait sa chaleur à l'eau, avec laquelle on préparait le chocolat. Une force gratuite était censée tourner ce piston.

On n'a pas trouvé que cette machine était bien pratique, car on n'a pas toujours une force gratuite à sa disposition. En outre, on a calculé qu'il fallait le travail de tout un régiment pour cuire la soupe d'une compagnie.

Coefficient du frottement. — Il y a plus d'un siècle que le physicien Coulomb s'est livré à de nombreuses expériences sur le frottement pour trouver *le coefficient du frottement*, lequel est le rapport entre la résistance qui s'oppose au mouvement et la pression qui s'exerce contre les surfaces de contact ; donc, en connaissant la pression, on n'a qu'à la multiplier par ce coefficient pour avoir la valeur du frottement. Il faut y distinguer les deux cas : quand les corps commencent à se mouvoir, ou le frottement au départ, et quand ils sont en mouvement. Néanmoins dans ces deux cas les frottements ne diffèrent pas d'une manière sensible, quand les corps qui glissent l'un sur l'autre sont durs, comme les métaux et les pierres.

Ces coefficients ont été vérifiés il y a une trentaine d'années par d'autres expériences de physique qu'on n'a pas encore contrôlées à leur tour ; on les emploie tels quels pour le fer, la fonte, le bois, le cuivre, les pierres, etc., toutes ces substances étant frottées les unes contre les autres dans toutes les combinaisons voulues.

Voici les coefficients de frottement dont on peut se servir dans le travail des machines :

I. — *Frottement de glissement.*

		Coefficient du frottement.	
		Au départ.	En mouvement.
1.	Bois de chêne sur bois de chêne à fibres parallèles sans enduit	0,62	0,48
2.	Bois de chêne sur bois de chêne à fibres perpendiculaires sans enduit	0,54	0,34
3.	Bois de chêne sur bois de chêne frotté de savon	0,44	0,16
4.	— — mouillé d'eau	0,71	0,25
5.	— sur fonte	0,65	0,38
6.	Bronze sur bronze	0,22	0,20
7.	— chêne	0,62	0,25
8.	— fer	0,20	0,18
9.	— fonte	0,24	0,22
10.	Corde sur chêne	0,62	0,52
11.	Cuir sur chêne	0,61	0,36

		COEFFICIENTS DE FROTTEMENT.	
		Au départ.	En mouvement.
12.	Cuir sur fonte mouillé d'eau	0,62	0,35
13.	— fonte avec graisse	0,15	0,12
14.	Fer sur bronze	0,20	0,18
15.	— calcaire	0,72	0,69
16.	— chêne sans enduit	0,62	0,49
17.	— chêne avec enduit	0,60	0,26
18.	— fer	0,17	0,16
19.	— fonte	0,19	0,18
20.	Fonte sur bronze	0,17	0,15
21.	— chêne sans enduit	0,61	0,49
22.	— — avec enduit	0,60	0,26
23.	— fonte	0,16	0,15
24.	Granit sur granit	0,72	0,66
25.	Surfaces planes lubrifiées au moyen d'huile ou de graisse de tous les corps précédents	0,15	0,08
26.	Essieux sur des coussinets bien huilés	0,07	0,05

II. — *Frottement de roulement.*

27.	Courroie sur poulie en fonte	»	0,003
28.	— tambour en chêne	»	0,004
29.	Voiture traînée sur le terrain naturel	»	0,250
30.	— — la terre ferme	»	0,040
31.	— — la chaussée en sable	»	0,130
32.	— — la chaussée en empierrement	»	0,080
33.	— — le pavé	»	0,030
34.	— — des dalles très-dures	»	0,010
35.	— — les chemins de fer	»	0,005

Exemple. — Quelle force faut-il employer pour pousser un wagon de 8 tonnes?

$$8\,000 \text{ kilogrammes} \times 0{,}005 \text{ (coefficient n}^\circ\text{ 35)} = 40 \text{ kilogrammes.}$$

Un ouvrier peut donc faire avancer un wagon.

Autre exemple. — Quelle est la force nécessaire P pour soulever dans un moulin à eau une vanne d'un poids de 30 kilogrammes, et contre laquelle s'exerce une pression de 500 kilogrammes?

$$P = 30 + 500 \times 0{,}71 \text{ (coefficient n}^\circ\text{ 4).}$$
$$P = 385 \text{ au départ.}$$

Pendant le mouvement, la force diminue, le coefficient colonne deuxième ou 0,25 lui est appliqué, et on a

$$P = 30 + 500 \times 0,25 = 155.$$

Autre exemple. — On veut connaître le travail absorbé par une roue hydraulique qui pèse 5 000 kilogrammes, qui fait 5 tours par minute, et dont les tourillons en fer ont 0m,10 de diamètre et reposent sur des coussinets en fonte.

Le coefficient de frottement est de 0,19 (nº 19) ; donc pour un poids de 5 000 kilogrammes le frottement est de 950 kilogrammes.

La vitesse par seconde égale 5 tours, multiplié par la circonférence ($2\pi r$ ou $3,14 \times 0,10$) divisé par 60 secondes ; soit 0,025.

Le travail absorbé par le frottement dans une seconde égale ($950 \times 0,025$) kilogrammètres, soit 23km,75, soit 0,31 chevaux-vapeur.

Règles du frottement. — L'importance de la question du frottement nous avait engagé à entrer dans des détails techniques, afin d'en faire comprendre le principe général. Après ces prolégomènes, nous pouvons exposer maintenant les diverses formules et données d'expériences qu'on applique dans la construction et l'entretien des machines, et qui peuvent être résumées ainsi qu'il suit :

1° Le frottement de glissement ou de roulement est proportionnel à la pression sur les surfaces frottantes ;

2° Le frottement varie selon la nature des corps et l'état des surfaces ;

3° Le frottement est indépendant de l'étendue des surfaces et de la vitesse ; cependant la question de la vitesse peut être réservée ; il semble, d'après des expériences récentes sur les chemins de fer, que dans les grandes vitesses le frottement diminue : on avait serré les freins d'un wagon, de façon à empêcher les roues de tourner, et le wagon a glissé comme un traîneau ; sa vitesse avait été portée à 22 mètres par seconde, près de 80 kilomètres par heure, ce qui est la vitesse de la malle-poste de l'Inde qui traverse la France ; le dynamomètre avait indiqué une diminution de pression ;

4° La résistance au roulement, à poids et à diamètres égaux, augmente quand la largeur de contact des rouleaux diminue et lorsque le roulement se fait sur des corps compressibles ; par conséquent, la largeur des jantes des roues doit être grande, si la route n'est pas suffisamment dure ;

5° Quand on dépasse une certaine limite dans les pressions, le frottement se change en grippement, c'est-à-dire les surfaces s'entament, se déchirent et finissent par se détruire;

6° Quand le graissage est fait avec soin, on peut donner aux surfaces frottantes une pression de 30 kilogrammes par centimètre carré;

7° Les surfaces qui ont été en repos et en contact pendant quelque temps donnent un frottement plus considérable au premier instant (frottement au départ); les vibrations suffisent pour le vaincre dans beaucoup de cas; ainsi on a vu des maisons s'écrouler tout à coup par le passage d'une voiture;

8° Les formules suivantes peuvent servir pour déterminer la valeur du frottement dans les trois cas spécifiés :

$F = fpe$, pour un corps qui se meut sur une surface plane;
$F = fp2\pi r$, pour un axe qui tourne dans un coussinet;
$F = \frac{fp4\pi r}{3}$, pour un pivot vertical qui tourne dans son coussinet (crapaudine).

(F, le travail absorbé par le frottement; f, le coefficient de frottement; p, la pression exercée sur les surfaces frottantes; e, l'espace parcouru; r, le rayon du tourillon);

9° Le frottement de glissement a lieu : quand un corps se déplace sur une surface (pierre poussée sur le sol, roue enrayée sur une chaussée); quand un corps tourne sans se déplacer sur une surface fixe (une roue de locomotive qui patine, un essieu tournant dans un coussinet); quand un corps se déplace et tourne en sens inverse de son déplacement (une roue de locomotive marchant à contre-vapeur); quand deux corps tournent dans le même sens (deux cylindres d'un laminoir qui tourneraient ainsi à la suite d'une fausse manœuvre. Voir fig. 19). Les flèches a et a', b et b' se dirigent dans le même sens; donc entre les deux cylindres il y aura un glissement, et, si l'on intercale entre b et a' une feuille de papier, elle sera déchirée, puisque la flèche b la tire en bas et la flèche a' en haut.

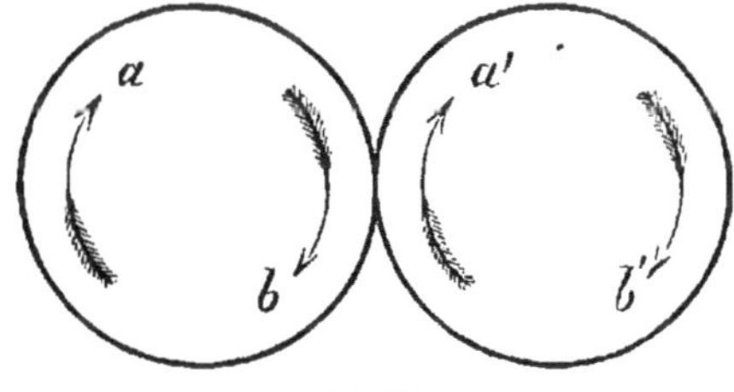

Fig. 19.

10° Le frottement de roulement a lieu : quand un corps tourne sans se déplacer sur une surface qui se déplace (une poulie tournant dans une courroie) ; quand un corps se déplace et tourne dans le même sens de son déplacement (une roue de locomotive marchant à toute vapeur) ; quand deux corps tournent en sens opposé (deux cylindres de laminoir). Ce serait le cas représenté par la figure 20. Les pendants des flèches a et b sont les flèches a' et b' qui tournent en sens opposé. Donc les surfaces de contact entre b et a' se fuient et roulent l'une sur l'autre ; une feuille de papier intercalée entre b et a' ne serait pas déchirée, elle serait comprimée, satinée.

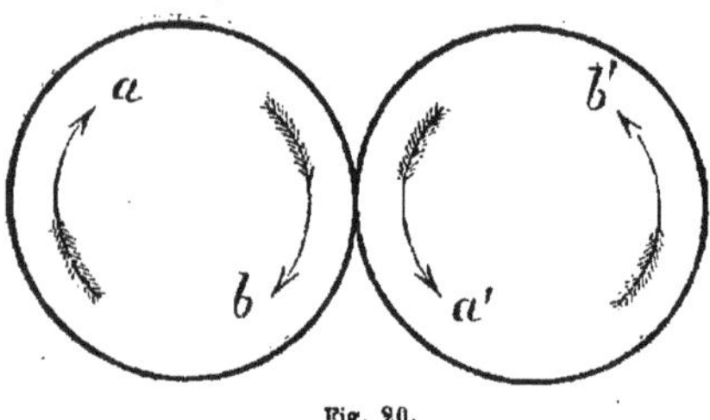

Fig. 20.

11° Le frottement simultané de glissement et de roulement a lieu dans la circonstance suivante : supposons une roue de locomotive marchant sur un rail ; si un point du pourtour de la roue avance autant sur son pourtour que sur le rail, il n'y a que frottement de roulement, ainsi que nous l'avons vu. Mais si le trajet de ce point sur son pourtour n'est pas égal à celui qui est effectué sur le rail, il y a à la fois glissement et roulement.

Ce cas se présente quand on serre les freins, dont le but est de transformer le roulement en glissement, et cette transformation est complète dès que les roues sont enrayées ou fixes, comme on le voit quand un train entre en gare.

Dans ce cas, on dit qu'il y a glissement sur une étendue égale à la différence des chemins parcourus et roulement sur le plus petit de ces chemins.

Exemple. — La circonférence d'une roue parcourt 10 mètres autour de son axe et elle n'avance que de 7 mètres ; il y a alors glissement sur 3 mètres et roulement sur 7 mètres.

§ 11. — PRINCIPE DU PLAN INCLINÉ.

Si l'on soulève légèrement une table sur laquelle est posé un objet, il reste en place, et si l'on incline davantage la table, il commence à glisser, puis finit par tomber à terre. C'est un fait bien vulgaire qui semble ne pas devoir être cité ; mais dès qu'il est traduit en langage mécanique, il acquiert son importance : le frottement qu'un corps exerce sur un *plan incliné* est opposé à la direction du mouvement que provoque la gravité ; si cet équilibre est rompu, le mouvement a lieu. Si le frottement n'existait pas, aucun corps ne pourrait se tenir sur un plan incliné, car la gravité r se décompose en deux forces : l'une q, normale au plan et neutralisée par ce plan ; l'autre p, parallèle, qui fait descendre le corps et à laquelle le frottement résiste (fig. 21). Quelque faible que soit l'inclinaison du plan, cette force p subsiste toujours. En envisageant les triangles du parallélogramme et le triangle *abc* du plan incliné, on voit que, les côtés étant proportionnels aux forces, la résistance au glissement ou le frottement est au poids du corps comme la hauteur du plan incliné est à sa longueur, ce qui n'a pas besoin d'être démontré, vu que le lecteur connaît bien la géométrie.

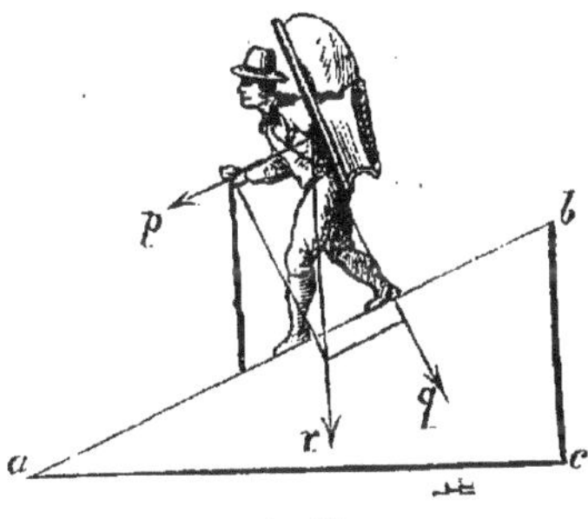

Fig. 21.

On a alors la relation

$$p \sin \alpha = fp \cos \alpha,$$

d'où

$$f = \frac{\sin \alpha}{\cos \alpha} = \text{tang } \alpha.$$

(f est le coefficient, α l'angle *bac* ou angle d'inclinaison.)

Ainsi la tangente est le coefficient de frottement ; de là résulte un moyen de déterminer le coefficient pour deux corps : l'un est le plan, l'autre le mobile glissant ; sur ce plan, soit une table, on peut clouer des planchettes de toutes espèces de bois, des plaques de métal, et on incline cette table, comme nous l'avons dit au commencement. Connaissant l'angle auquel le mobile se met à descendre, on connaît la tangente.

Conditions d'équilibre du plan incliné. — La condition fondamentale est celle-ci : la puissance est à la résistance comme la hauteur du plan incliné est à sa longueur. Le rapport entre la longueur et la hauteur donne l'avantage à la puissance. Il en résulte :

1° La résistance multipliée par la hauteur et divisée par la longueur du plan égale la puissance nécessaire pour maintenir le corps en repos sur le plan incliné ;

2° La puissance multipliée par la longueur du plan et divisée par la hauteur égale la résistance ;

3° La résistance multipliée par la base du plan incliné et divisée par la longueur équilibre la pression sur ce plan.

On a considéré jusqu'ici les plans inclinés comme des supports sur lesquels glissent des corps ; mais il arrive également qu'on fait passer ces plans inclinés sur des corps en repos ; le coin et la vis, machines simples dont nous allons bientôt nous occuper, rentrent dans ce cas.

Pour bien faire comprendre cette relation d'équilibre, nous allons l'appliquer à un exemple.

Quelle est la force nécessaire pour contre-balancer un poids de 1 000 kilogrammes sur un plan incliné de 100 mètres de longueur et de 5 mètres de hauteur ?

$$\frac{1\,000 \times 5}{100} = 50 \text{ kilogrammes.}$$

Si ce poids de 1 000 kilogrammes était une voiture sur une chaussée en pente à 5 pour 100, ces 50 kilogrammes ne seraient probablement pas nécessaires pour la tenir en place, elle y resterait d'elle-même, sinon on mettrait un sabot aux roues afin de transformer le frottement de roulement qui pourrait se produire en frottement de glissement, et lequel aurait une valeur de 50 kilogrammes.

Nous avons fait intervenir le frottement dans les conditions d'équilibre du plan incliné : c'est l'équilibre pratique.

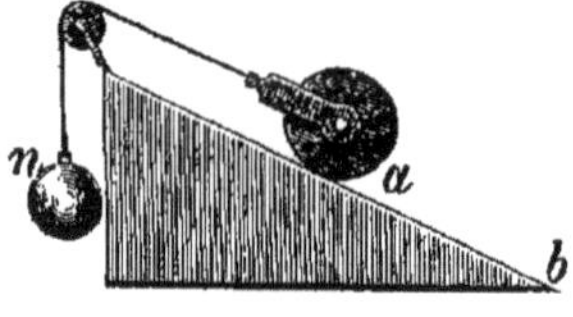

Fig. 22.

Quant à l'équilibre théorique, déjà déterminé algébriquement, la figure 22 en doit donner une idée. On voit que le corps *a* peut être tenu en équilibre par un corps *n* d'un poids moindre ; que ce poids peut devenir de plus en plus petit, à mesure que la ligne *ab* se rapproche du niveau.

Est-ce bien nécessaire de dire que, si la ligne *ab* est horizontale, le poids *n* devient zéro, et si elle est verticale, ce poids doit être égal au poids *a* ; ou, en d'autres termes, si une route est horizontale, un cheval n'a qu'à vaincre le frottement pour traîner une voiture, et si la route est inclinée, il faut en même temps qu'il soulève ce véhicule?

Vous voyez, par cet exemple, que le frottement est la question capitale dans les machines, et qu'il faut s'exercer à l'envisager sous toutes les faces.

§ 12. — PRINCIPE DE L'ÉQUILIBRE DES LIQUIDES.

L'hydrostatique (des mots grecs ὕδωρ, *eau ;* et στάω, *s'arrêter*) s'occupe de l'équilibre des liquides. Cette science, fondée par Archimède, est restée stationnaire jusqu'au seizième siècle, où Stevin, ingénieur flamand, consacra un ouvrage spécial à la démonstration des principes fondamentaux établis par ce grand géomètre. Vers la même époque, Torricelli (*) fit la découverte de la pression de l'air sur les liquides. Ces lois de l'équilibre une fois reconnues, quoique d'une manière empirique, on chercha à les développer et à en tirer des conséquences. C'est à ces importants travaux que tous les mathématiciens du dix-septième siècle se sont appliqués, et ils portèrent l'hydrostatique à un point très-élevé.

Compressibilité des liquides. — La mécanique appliquée considère les liquides comme incompressibles. On a donc adopté la distinction de *fluides incompressibles* ou liquides et *fluides compressibles* ou gaz. Par une expérience de physique, assez délicate du reste, on a démontré la compressibilité de l'eau et on est arrivé à ce résultat, qu'une capacité de 1 million de litres d'eau est comprimée de 48 litres par la pression de 1 atmosphère, et on en a conclu que pour 2 atmosphères ce serait deux fois 48 litres, pour 3 atmosphères trois fois 48 litres, et ainsi de suite; mais les physiciens n'en ont pas indiqué le terme extrême.

(*) Stevin était ingénieur des digues en Hollande ; il est mort en 1635. Il détermina la pression des fluides contre des parois ; on lui attribue la découverte de la pesanteur de l'air.

Torricelli, né en 1608 à Fayence (Faenza) en Italie, est l'inventeur du baromètre. Après la mort de Galilée, son maître, il fut nommé professeur à Florence. Il est mort à l'âge de trente-neuf ans. La science de l'ingénieur lui doit beaucoup.

Niveau des liquides. — Le niveau d'un liquide renfermé dans des vases ou réservoirs qui communiquent ensemble se trouve sur une seule et même ligne horizontale *nb* (fig. 23). C'est sur ce principe que

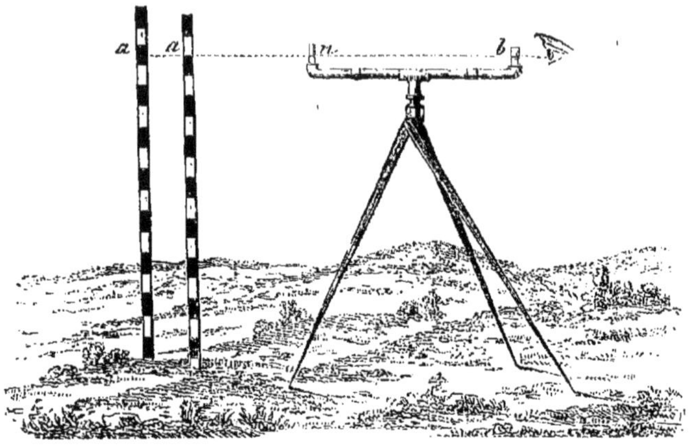

Fig. 23.

repose la construction des niveaux d'eau. En visant par le point *b* plusieurs points *a*, *a* sur des mires ou échelles marquées, on trouve les différences des hauteurs du sol ou le nivellement ; il faut placer dans cette opération les échelles bien verticalement sur les points dont on veut connaître les différences de hauteur. Mais si la distance de visée devient tant soit peu considérable, il faut se servir de lunettes afin de pouvoir lire les chiffres ou degrés sur ces échelles. A cet effet, on place le télescope horizontalement au moyen d'un niveau à bulle d'air, qui est un tube en verre recourbé en partie rempli d'eau.

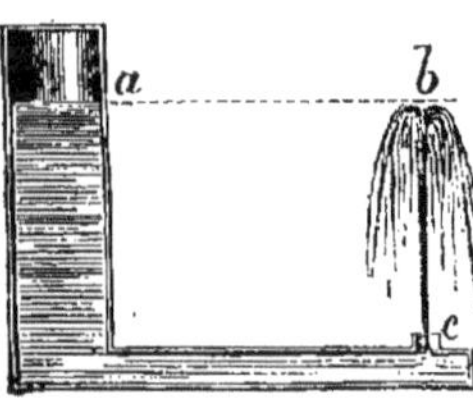

Fig. 24.

Si la bulle se trouve au milieu de ce tube, renfermé dans une petite caisse en laiton, il est horizontal et la lunette l'est également. La ligne de niveau *nb* est figurée dans la lunette au moyen de fils de toile d'araignée placés devant les verres.

En enlevant le tube *bc* et en versant toujours de l'eau dans le tube *a*, on obtient un jet d'eau au point *c*, qui atteindrait la même hauteur du niveau *ab*, si la résistance de l'air n'y existait pas (fig. 24).

C'est sur ce fait que repose le principe des *puits artésiens*, dont les premiers ont été forés dans l'ancienne province d'Artois. En jetant les yeux sur la figure 25, on voit que l'eau tombée du ciel passe à travers le sol au point *o* dans les fissures du terrain, rencontre des couches perméables *ovb*, serrées entre des couches imperméables. L'eau filtre et se ramasse dans des cavités où elle forme des nappes souterraines. On n'a qu'à y forer un trou de sonde *d*, l'eau y monte comme dans les vases communiquants et jaillit à une hauteur plus

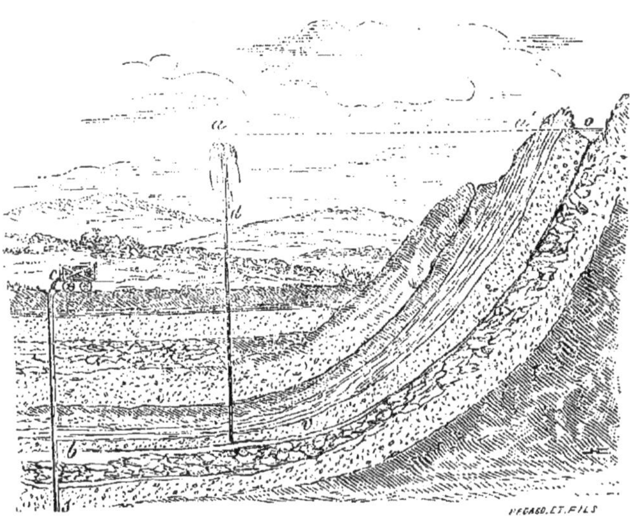

Fig. 25.

ou moins grande *d* pour atteindre le niveau *a a'*. Il peut arriver qu'un puits *cs* traverse la nappe d'eau *bv* et s'arrête à une autre couche de terrain perméable, vers *s* ; si l'on verse de l'eau dans ce puits au point *c*, elle est absorbée, s'écoule dans des couches inférieures pour alimenter les sources des fleuves et de la mer. Ces derniers puits qui absorbent l'eau sont appelés *puits absorbants* ou *boitouts*. La quantité d'eau absorbée dépend de la perméabilité de la couche aquifère. Dans plusieurs carrières on a pu se débarrasser ainsi des eaux. On rencontre souvent de ces nappes superposées et séparées par des couches imperméables, principalement dans les terrains calcaires.

Deux liquides de densité différente *ab*, *bc*, communiquant ensemble dans des réservoirs, se maintiennent à des hauteurs qui sont en raison inverse de leur densité (fig. 26). L'un des liquides est de l'eau; l'autre, du mercure.

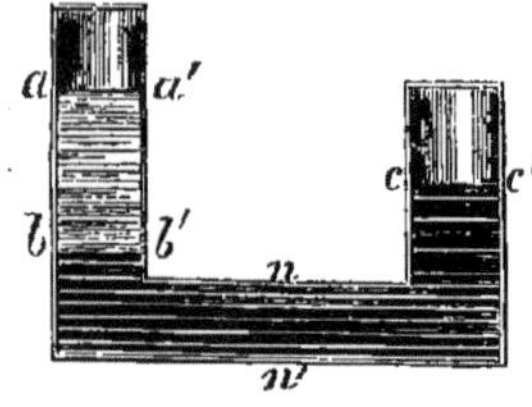

Fig. 26.

Si l'on enlevait l'eau, le niveau *cc'* descendrait, celui de *bb'* monterait, et tous les deux se trouveraient sur la même ligne, quelle que soit la forme du tube communiquant *nn'* Le volume d'eau *ab'* pèse donc autant qu'un volume ou cylindre de mercure, limité par les lignes *bb'* et *cc'*. Ce serait donc un bon exercice pour un élève que de vérifier si dans notre dessin la ligne *aa'* est bien placée, la ligne *cc'* étant considérée comme fixe et égale à *aa'*.

Un exemple très-curieux de l'équilibre des liquides se trouve dans le siphon; il fait descendre les liquides et sert ainsi pour les transvaser à différentes hauteurs. On aspire l'air à la grande branche, l'eau monte dans la petite branche et s'écoule par la grande. Au lieu d'aspirer, on n'a qu'à fermer l'ouverture d'en bas et verser du liquide dans le siphon par un entonnoir qu'on bouche après coup; dès que le siphon est plein, on ouvre les deux branches et l'écoulement a lieu. Mais, pour cela, il faut toujours que la branche d'écoulement soit plus grande que l'autre, sans quoi le liquide ne sortirait pas.

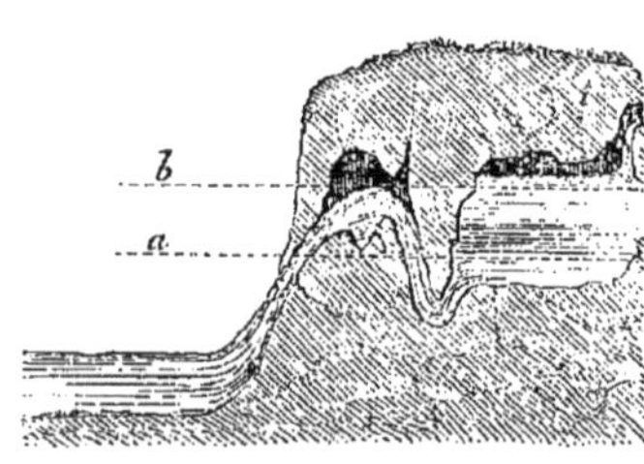

Fig. 27.

Il y a dans les rochers souvent des *fontaines intermittentes*, véritables siphons. Si le niveau de l'eau descendait à une certaine limite, par exemple vers la ligne *a*, la fontaine ne coulerait plus, elle serait tarie. Si l'eau afflue vers *b*, le siphon est amorcé et la fontaine recommence à couler (fig. 27). Près de Vesoul (département de la Haute-Saône), il y a une pareille fontaine à écoulement périodique; on l'appelle *le Frais-Puits*.

Application du niveau des liquides aux flotteurs. — On a besoin de reconnaître le niveau de l'eau qui est renfermée dans les machines; quand on ne peut pas le voir ouvertement dans les tubes indicateurs qui communiquent avec l'intérieur des récipients, on a recours aux flotteurs, corps flottant sur la surface, et qui, au moyen de mécanismes très-ingénieux, indiquent la montée ou la descente de l'eau.

Voici maintenant le problème inverse, c'est l'application du flotteur pour indiquer la montée ou la descente d'un corps dans l'eau.

On se rappelle avoir vu, en 1867, au palais de l'Exposition, galerie des machines (secteur américain), un petit bateau avec un flotteur qu'on a intitulé *balance* ou *échelle hydrostatique*, destiné au jaugeage des bateaux et navires. On aurait pu nommer cet appareil *flotteur de jaugeage;* mais ne cherchons pas à critiquer le nom, bornons-nous à décrire la chose et à en faire ressortir l'utilité.

Le fond d'une embarcation est percé d'un trou, dans ce trou est vissé un tube de quelques centimètres de diamètre, ouvert en haut et en bas. Le niveau de l'eau dans ce tube est donc le même que celui qui entoure le bateau. Sur ce niveau flotte une petite capsule en fer-blanc munie d'une tige; c'est là le flotteur, qui reste toujours au même point; il ne monte pas, quand on augmente la charge du navire; c'est le navire qui descend dans l'eau, et avec lui un deuxième tube fixé sur le pont et dans lequel glisse la tige graduée du flotteur.

Supposons que ce navire soit vide, et coupons la tige juste à la hauteur du tube, nous aurons le point zéro de l'échelle; chargeons 10 tonnes, la tige dépassera le tube; faisons une marque, ce sera le premier degré; chargeons encore 10 tonnes, faisons une nouvelle marque, ce sera le deuxième degré, et terminons ainsi la tare jusqu'à l'enfoncement du navire à la limite voulue.

Telle est la théorie; pour qu'elle soit applicable, il faut mettre le chargement toujours à la même place, afin que la position du centre de gravité ne change pas; mais cela n'arrive pas ainsi dans la pratique. Le navire penche tantôt à l'avant, tantôt à l'arrière, à gauche ou à droite. Aussi M. le docteur Reim, de Springfield, dans l'Etat d'Ohio, l'inventeur de cet appareil, a-t-il divisé ces quatre positions en deux groupes et a-t-il placé un flotteur vers l'avant, à gauche, et un deuxième flotteur vers l'arrière, à droite. La ligne qui joint ces deux flotteurs forme la diagonale du bateau, et en prenant la moitié de la somme des chargements indiqués par les deux flotteurs, on a le chargement réel.

Cette méthode n'est pas d'une précision rigoureuse; pour s'en convaincre, on n'a qu'à dessiner le navire dans une situation extrême;

tel serait le cas si tout le chargement n'était posé que d'un côté. Mais dans l'usage cela ne peut guère avoir lieu, et du reste une approximation à quelques dizaines de kilogrammes près est bien permise, quand il s'agit de quelques centaines de tonnes.

Outre ce chargement, qu'on a la faculté de mesurer au port de départ et au port d'arrivée, il y a un chargement intermédiaire : c'est l'eau qui s'infiltre par les joints de la carcasse du navire et par des voies d'eau.

Découvrir en tout temps et à toute heure, et au moyen d'un mécanisme d'alarme qu'il serait facile d'appliquer, ces voies d'eau, pour pouvoir les fermer, les aveugler instantanément, est un avantage précieux que procure ce flotteur ; car il indique la moindre immersion avec une exactitude mathématique. Le principe sur lequel il repose est connu, mais son application spéciale au jaugeage des bateaux est nouvelle.

Quant à la question de l'opportunité de la substitution de ce système au mode actuel de jaugeage avec règles et fils à plomb, elle ne rentre pas dans le cadre de ce livre ; nous ne pouvons que la recommander à l'étude des personnes qui voudraient introduire en Europe un appareil consacré par l'expérience et adopté officiellement dans l'Etat de New-York.

Egalité de pression des liquides. — Elle se manifeste dans un vase à plusieurs goulots et entièrement rempli de liquide. Si l'on presse sur le bouchon ou piston d'un de ces goulots, les autres bouchons sortent du vase ; ou, en d'autres termes, la pression exercée sur le liquide se transmet d'une égale façon sur toute la surface du vase, en haut, en bas, de côté. Cela a lieu également pour toutes les pressions, car la pression est toujours égale à la contre-pression.

Veuillez imaginer une balance. Sur l'un des plateaux se trouve un homme avec une presse ; sur l'autre plateau sont des poids qui maintiennent l'équilibre. Si l'homme met sa machine en action, il exerce une pression sur le fond aussi bien que sur le couvercle ou plateau de cette presse. La balance ne bougera pas, puisque la pression d'en haut est équilibrée par la pression d'en bas.

Dans une masse liquide en repos, la pression est la même pour tous les points situés sur un plan horizontal *aa'* (fig. 28) ; donc la pression sur une surface quelconque *ii* est celle d'une colonne d'eau ayant pour base cette surface *ii* et pour hauteur la distance au niveau.

Si la surface est inclinée ou verticale, le centre de pression ou point d'attaque de la résultante doit être plus bas que le centre de gravité, puisque les colonnes d'eau augmentent de hauteur ; par conséquent, les forces qui les représentent augmentent dans la même proportion.

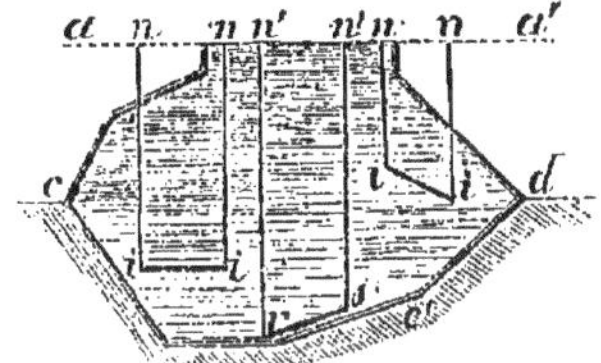

Fig. 28.

Ce raisonnement s'applique à tout plan immergé, quelles que soient sa position et son inclinaison.

Ainsi la pression sur la surface à gauche horizontale *ii* est égale à un cylindre ayant pour base la surface *ii* et pour hauteur la ligne *ni*. Pour la surface *ii* à droite, la hauteur sera plus grande que *ni* à gauche et plus petite que *ni* à droite ; elle partira du centre de pression. Ce raisonnement s'applique au cylindre *n'n'rs* quand même *rs* serait sur le fond et que la base s'étende sur tout le pourtour *cc'd*.

Ce principe de l'égale transmission des pressions dans tous les sens, appelé *principe de Pascal*, reçoit une de ses plus surprenantes applications dans la presse hydraulique.

Il n'est peut-être pas sans intérêt de connaître les termes exacts dans lesquels Pascal (*) a exprimé sa découverte :

« Si un vaisseau plein d'eau, clos de toutes parts, a deux ouvertures, dont l'une soit centuple de l'autre, en mettant à chacune un piston qui lui soit juste, un homme poussant le petit piston égalera la force de cent hommes qui pousseront celui qui est cent fois plus large et en surmontera quatre-vingt-dix-neuf. Quelque proportion qu'aient ces ouvertures, et quelque direction qu'aient les pistons, si les forces qu'on met sur ces pistons sont comme les ouvertures, elles seront en équilibre. »

Poussée des liquides. — Archimède a découvert certaines conséquences du fait de l'égalité de la pression d'un liquide sur toutes les parties d'un corps plongé dans ce liquide ; toutes ces pressions ont

(*) Pascal, né en 1623 à Clermont, mort à trente-neuf ans, fut un des premiers philosophes de son siècle. Il fit des découvertes dans les sciences mathématiques et physiques. Il inventa la presse hydraulique, la brouette, le haquet.

une résultante, dirigée de bas en haut par le centre de gravité du corps immergé et égale au poids du liquide que ce corps déplace. Cette résultante, qu'on appelle *la poussée du liquide*, tend à faire monter ce corps; son poids cherche à le faire descendre; si ces deux forces sont égales, le corps reste en repos. Donc un corps plongé dans un liquide perd de son poids; cette perte, répétons-le, est égale au poids du liquide déplacé.

Avec un appareil spécial (fig. 29), la *balance hydrostatique*, on démontre ce théorème, auquel le raisonnement peut également conduire. Au moyen de poids, la balance est en équilibre; dès qu'on plonge le cylindre inférieur *a* dans l'eau, l'équilibre est rompu; pour le rétablir, il faut remplir d'eau le cylindre supérieur *c*, qui est creux et peut renfermer exactement l'autre cylindre. Cette balance, soit dit en passant, sert à déterminer la pesanteur spécifique des corps.

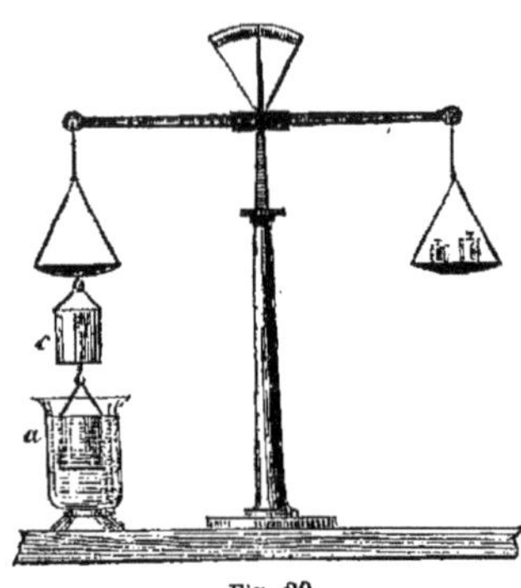

Fig. 29.

Un corps peut donc monter ou descendre suivant que son volume augmente ou diminue. C'est ainsi que nagent les poissons au moyen de leur vessie natatoire. Si l'on injecte trop d'air dans un scaphandre, on le gonfle, et si le plongeur ne peut pas ouvrir, par suite d'accident, les soupapes d'échappement, il monte à la surface et peut se heurter contre le fond d'une embarcation qui arriverait mal à propos.

On voit des morceaux de sucre monter et descendre alternativement dans un verre d'eau. Veuillez observer ce singulier phénomène : il se forme des bulles d'air autour du sucre, qui augmente de volume et monte ; arrivées à la surface, les bulles crèvent et le sucre redescend ; il vient de nouvelles bulles, le jeu recommence et dure jusqu'à ce que le sucre soit entièrement fondu.

Pour qu'il y ait équilibre dans un corps flottant, il faut que son centre de gravité et le centre de gravité du liquide déplacé soient sur une seule et même ligne verticale, sinon le corps fait un mouvement et se redresse.

§ 13. — PRINCIPE DU MOUVEMENT DES LIQUIDES.

Quand on ouvre le robinet d'une fontaine remplie jusqu'au bord, l'eau semble hésiter à quitter son état d'inertie, puis elle s'écoule avec véhémence, ensuite sa vitesse diminue petit à petit jusqu'à ce que la dernière goutte soit sortie.

Ce phénomène vulgaire ne semble être ni curieux ni utile, mais son analyse approfondie indique trois ordres de faits de la plus haute importance dans les machines, ce sont : la variation de la vitesse et du débit de l'eau, ainsi que la pression qu'elle exerce pendant son mouvement.

L'examen de ces faits constitue l'*hydrodynamique* ou science du mouvement des liquides ; elle est souvent confondue avec l'*hydraulique*, qui est l'art de diriger, de retenir, d'élever, de distribuer les eaux avec des engins pour les divers besoins de l'industrie, de l'agriculture, pour les usages domestiques et pour les forces motrices des manufactures, des mines et des travaux publics.

L'histoire de l'hydrodynamique se confond avec celle de l'hydrostatique ; ces deux sciences sont intimement liées entre elles, et il n'y a même aucune utilité pratique à les séparer, car l'eau en mouvement s'était trouvée à l'état de repos et y retourne. L'hydrostatique est donc un cas particulier de l'hydrodynamique, comme la statique est un cas particulier de la mécanique.

Vitesse de l'eau. — La vitesse de chaque molécule du filet d'eau ou veine liquide est la même que cette molécule eût acquise en tombant d'une hauteur égale à la différence entre le niveau de l'eau et l'orifice ou plutôt le point de l'orifice que l'on considère.

Les orifices sont les ouvertures par lesquelles s'opère l'écoulement de l'eau, et dont il y a trois sortes en usage dans les usines :

Les orifices qui débouchent dans l'air libre ;

Les orifices noyés qui débouchent dans un réservoir inférieur ;

Les orifices en déversoir dans lesquels l'eau passe par-dessus une vanne ou un barrage, dont la crête s'appelle *seuil*.

L'orifice est en mince paroi si la veine fluide se détache de cette paroi ; si la veine fluide suit les parois, ou si l'orifice est muni d'un tube additionnel, d'un ajutage, on dit que le liquide s'écoule à *gueule-bée* ou à plein tuyau.

Cette loi de la vitesse d'écoulement, connue sous le nom de *théorème de Torricelli*, se vérifie dans toutes les positions de l'orifice, que l'écoulement ait lieu de haut en bas (douche), de bas en haut (jet d'eau) ou de côté (tonneau). Les lignes *aa* (fig. 30) sont les hauteurs de chute; la différence *c* entre le niveau du bassin et le niveau *c* du jet d'eau peut représenter la grandeur de la résistance que l'air oppose à l'écoulement.

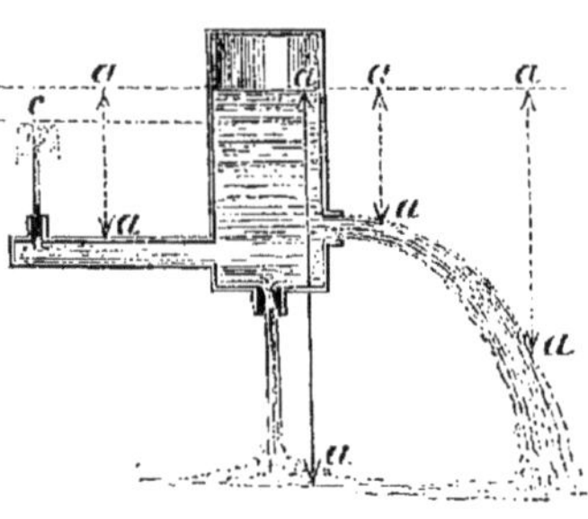

Fig. 30.

Il résulte de ce théorème que la vitesse d'écoulement pour tous les liquides indistinctement dépend de la profondeur de l'orifice au-dessous du niveau. Les vitesses d'écoulement sont donc comme les racines carrées des profondeurs des orifices au-dessous du niveau.

Si h est la hauteur de la charge au milieu de l'orifice, la vitesse $= \sqrt{2gh}$.

Le principe de la hauteur de chute s'applique à tout liquide en mouvement, en théorie, par exemple sur des rivières qui coulent dans les cabinets de physique, dans un lit de porcelaine. Il est évident qu'un vaisseau à l'embouchure d'un fleuve n'a pas la vitesse qu'il eût acquise en tombant d'une hauteur égale à la différence de niveau de la source et de la mer, loin de là. Dans son voyage, ce vaisseau, ou plutôt la goutte d'eau qui l'accompagne, a eu à combattre bien des obstacles; elle a perdu d'abord sa vitesse en passant peut-être par une cataracte, puis elle s'est heurtée constamment contre les parois du canal *aaa* (fig. 31) (*le périmètre mouillé*), contre le sol du lit, dont l'inclinaison change si souvent; le vent contraire tend à la repousser; l'air calme même lui oppose une certaine résistance; de façon qu'elle ralentit sa course tout en coulant, sauf à l'augmenter quelquefois et à la ralentir de nouveau. Dans cette circonstance, l'application du principe de la chute des graves ne peut pas avoir lieu.

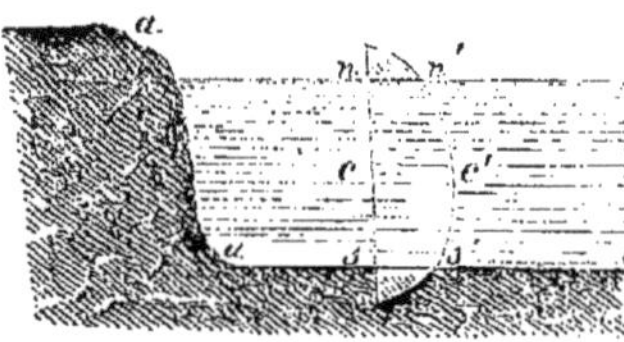

Fig. 31.

La vitesse de l'eau dans un profil normal de rivière n'est même pas uniforme; faible à la surface par suite de la résistance de l'air, elle augmente vers le milieu et diminue vers le fond (fig. 31); elle est représentée à peu près par les ordonnées d'une ellipse : la vitesse au point n est représentée par la ligne nn', au point c par la ligne cc', et au fond par la ligne ss'. Il s'agit de savoir où commence la première ordonnée de cette ellipse et où finit la dernière. On a cherché à les déterminer par le calcul, mais on n'est jamais arrivé à un résultat acceptable.

Dans la pratique, il faut procéder avec des instruments spéciaux à des mesurages directs, dans les rivières surtout qui sont alimentées par des sources souterraines, dont le niveau et le volume d'eau changent à chaque profil, qui s'élargissent ou se rétrécissent souvent, qui ont des hautes eaux et des basses eaux très-variables, en un mot les rivières dont le régime n'est pas constant.

On admet que la vitesse vers le fond d'un canal est égale à la double vitesse moyenne, moins la vitesse à la surface. L'expérience a établi la corrélation suivante entre les différentes vitesses ; pour obtenir la vitesse moyenne, il suffit de mesurer la vitesse à la surface et de la multiplier par le coefficient suivant :

Vitesse à la surface par seconde. (En mètres.)	Coefficient de réduction pour obtenir la vitesse moyenne.
0,40	0,76
0,50	0,79
1,00	0,81
1,50	0,83
2,00	0,85
3,00	0,87
4,00	0,89

On déduit aussi de la pente, de la surface mouillée et du périmètre mouillé la vitesse moyenne, au moyen de la formule

$$v = 57\sqrt{\frac{is}{vl}}$$

(v, vitesse moyenne; i, pente; s, surface mouillée; p, périmètre mouillé; l, longueur du cours d'eau.)

La vitesse de l'eau dans les canaux et les rivières a des limites que la nature a assignées ; le fond serait emporté s'il n'était pas assez résistant, aussi la vitesse ne dépasse-t-elle pas les chiffres suivants :

Nature du fond.	Vitesse au fond et vers les parois par seconde.
Terre	0m,08
Argile ramollie	0 ,15
Sable	0 ,30
Gravier	0 ,60
Cailloux	0 ,62
Pierres cassées	1 ,20
Schistes	1 ,50
Roches	3 ,00

La vitesse de l'eau dans les conduites circulaires en ligne droite ou raccordées avec des courbes de grand rayon est

$$v = 27\sqrt{di} - 0^{m},03.$$

(d est le diamètre de la conduite; i, la pente par mètre courant $= \frac{h}{l}$; h est la hauteur de pression, et l, la longueur sur laquelle elle s'exerce.)

Dépense d'eau. — Le volume du liquide écoulé, ou le débit, est égal à la surface de l'orifice multipliée par la vitesse. Pour que cette dépense puisse augmenter, il faut ou que la surface devienne plus grande et que la vitesse reste la même, ou encore que la vitesse augmente, la surface ne changeant pas. Si l'un de ces facteurs s'accroît et que l'autre diminue en proportion, il y a égalité. En effet, dans une rivière, par une section donnée, il s'écoule pendant une seconde une même quantité d'eau. Si l'on rétrécit cette section en y plaçant les piles d'un pont, il faut que ce soit la vitesse qui augmente, et, pour qu'elle puisse augmenter, il faut que la chute devienne plus grande ; en effet, le niveau de l'eau se surhausse en amont au point a, ce qu'on peut vérifier en regardant une rivière par-dessus le premier parapet venu (fig. 32). Mais il y a encore

Fig. 32.

un autre fait qu'on ne vérifie malheureusement pas assez : c'est que le niveau surhaussé *a* produit cette grande vitesse en aval vers le point *i* qui est la cause permanente d'un affouillement à la partie faible des ponts, c'est-à-dire à leurs fondations. Cet affouillement entraînait presque toujours la chute de ces ouvrages d'art, à l'époque où les lois de la rupture d'équilibre des fluides n'étaient pas assez connues et où les travaux hydrauliques n'étaient pas encore arrivés au point de perfection où ils sont aujourd'hui.

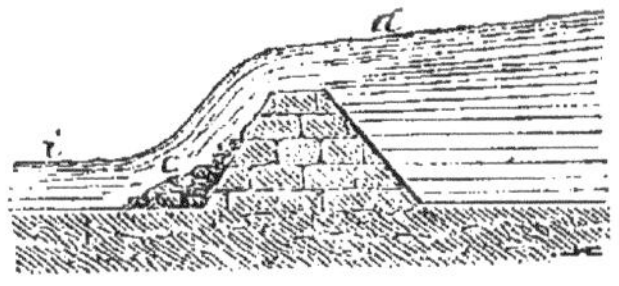

Fig. 33.

Ce même phénomène se présente dans tous les barrages (fig. 33) ; le niveau de l'eau est surhaussé au point *a* ; la vitesse de l'eau augmente donc considérablement vers *i*. C'est donc *c*, la base du barrage, qui est l'endroit faible et qu'il faut renforcer par un solide enrochement.

L'exposé que nous avions fait avant cette digression était relatif à la *dépense théorique*.

Dans la nature, les faits ne se passent pas ainsi ; la *dépense réelle*, *effective* est soumise encore à d'autres influences qui modifient le libre écoulement. Dans les orifices, la veine liquide se contracte (phénomène appelé *contraction de la veine liquide*), ce qui était déjà connu dans l'antiquité. Les Romains, qui puisaient l'eau aux fontaines publiques, prenaient, pour en augmenter le débit, le soin d'entourer les orifices d'un ajutage ou bout de tuyau ayant la même section que ces orifices. Ces contractions s'expliquent par le choc des molécules d'eau contre les parois et entre elles, choc qui entraîne des changements brusques de la vitesse au moment de l'écoulement. Dans toutes les distributions d'eau, on voit de nombreux exemples de ces filets qui, à leur sortie des tuyaux, ou des vannes, ou des robinets, se contractent, se tordent, se rétrécissent, ensuite s'élargissent, s'effilent et finalement se divisent en gouttes. La plus belle veine fluide qu'on puisse voir est cette parabole de cristal qui sort d'un tonneau de porteur d'eau. Les ajutages augmentent la dépense réelle, et suivant leur bonne disposition font qu'elle se rapproche de la dépense théorique ; si cette dernière est 100, la dépense effective est 85. Cette contraction ou étranglement, l'eau l'éprouve aussi dans les tuyaux, surtout dans les coudes ; son frottement contre les parois est la cause de ce que le débit dans les tuyaux de conduite est faible. Souvent aussi il est nécessaire de diminuer ce débit, et on y arrive au moyen de robinets, opération élémentaire.

Dans le calcul de la dépense théorique, il se présente trois cas :

1° Si l'orifice est en mince paroi,

$$D = le\sqrt{2gh}.$$

(l, largeur de l'orifice ; e, sa hauteur ou épaisseur de la lame d'eau ; h, charge d'eau sur le centre de l'orifice ; D, dépense.)

2° Si l'orifice est noyé, il faut déduire de la hauteur h la hauteur inférieure h' ; on a alors

$$D = le\sqrt{2g\,(h - h')}\,;$$

3° Si l'orifice est en déversoir, on a

$$D = lh\sqrt{2gh}.$$

Dans ce dernier cas, l'épaisseur de la lame d'eau devient égale à la charge d'eau, qui n'est plus comptée au centre de la lame, mais jusque sur le seuil, et mesurée en un endroit où la dénivellation, qui se produit près du seuil, n'est pas encore sensible.

Pour obtenir la dépense réelle ou effective, il faut multiplier la dépense théorique par un coefficient appelé *coefficient de contraction*, qui est en moyenne de 0,6, quand l'orifice est éloigné des côtés et du fond du réservoir ; ce coefficient est de 0,4 si le déversoir a la même largeur que le canal.

Cette question du débit de l'eau a une grande importance quand il s'agit de conduire les eaux d'une source ou d'un bassin à de grandes distances et pour la distribuer par petites masses. A cet effet, on se sert de tuyaux cylindriques en terre cuite, en mortier, en plomb, en bois, en fonte ou en tôle. Les surfaces de ces matières, ainsi que le mode de jonction des tuyaux entre eux, offrent à l'écoulement des eaux une résistance qu'il est indispensable d'apprécier.

Le débit de l'eau par les conduites est souvent encore mesuré par le *pouce d'eau des fontainiers*, qui est la dépense d'eau par un orifice de 1 pouce carré. Les fontainiers mesuraient autrefois les petits cours d'eau en les barrant avec des planches percées de trous de 1 pouce, et ils en bouchaient un certain nombre jusqu'à ce que le niveau se maintînt à une ligne constante.

L'équation qui donne la relation entre la dépense, la vitesse et le diamètre de la conduite est

$$D=\frac{d^2v}{1,27}$$

v est la vitesse ci-dessus :

$$v=27\sqrt{di}-0,03.$$

Application du principe du mouvement des liquides à la distribution de l'eau. — Une des applications les plus importantes de ce principe est la distribution des eaux ; nous la connaissons déjà en partie, et nous allons la compléter par quelques renseignements pratiques.

Une borne fontaine dépense 8 pouces de fontainier ou $1^l,80$ par seconde. La perte de charge éprouvée à la suite des frottements, par mètre courant, est de $0^m,003$ pour un diamètre de $0^m,30$ et de $0^m,001$ pour un diamètre de $0^m,60$. La résistance ou la perte de charge croît rapidement avec la vitesse, avec le nombre des coudes et avec les rétrécissements.

On fixe alors la vitesse de $0^m,10$ à 3 mètres par seconde ; la perte par les coudes $=h(0^m,004+0^m,02r)\frac{l}{r^2}$

(h, la hauteur de chute due à la vitesse moyenne ; l, longueur développée du coude ; r, rayon de raccordement.)

Enfin, dans le rétrécissement, il faut calculer la charge consommée par chaque partie de conduite séparément, afin de pouvoir obtenir la hauteur suffisante pour l'écoulement total. Si les conduites ont des diamètres de $0^m,05$ à $0^m,25$, les rayons de raccordement sont de $0^m,50$ à $1^m,50$.

Pression de l'eau en mouvement. — Les liquides exercent des pressions non-seulement quand ils sont en équilibre, mais aussi quand ils sont en mouvement. Si l'on place une surface courbe ou plane devant un orifice d'écoulement, le liquide se heurte contre cette surface et cherche à lui imprimer un mouvement. Cette pression est produite par la réaction qu'exercent les veines liquides dont l'écoulement est contrarié ; elles sont forcées de changer de direction.

Si la surface *b* est grande comparativement à l'orifice, le liquide tombe devant elle et les gouttes ne se rejoignent plus (fig. 34). Si la surface *a* est petite comparativement à l'orifice, les filets liquides se rejoignent derrière elle.

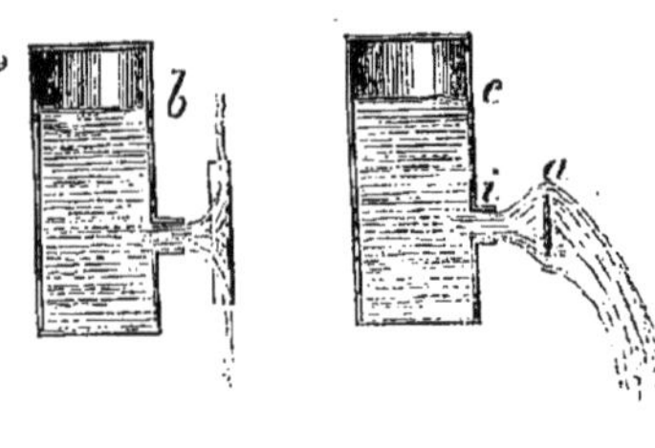

Fig. 34.

L'intensité des mouvements dépend de la hauteur de chute *ci*.

Il y a donc là une limite que l'expérience seule a pu déterminer; en effet, elle nous apprend que la pression atteint son maximum si la surface est huit fois plus grande que l'orifice.

L'expérience nous dit encore que cette pression peut être représentée par un cylindre de liquide dont la base serait l'orifice et la hauteur le double de la hauteur de chute. Il n'est question que d'une surface plane et perpendiculaire à la section de la veine fluide. Si la surface est courbe ou inclinée, ces conditions changent évidemment.

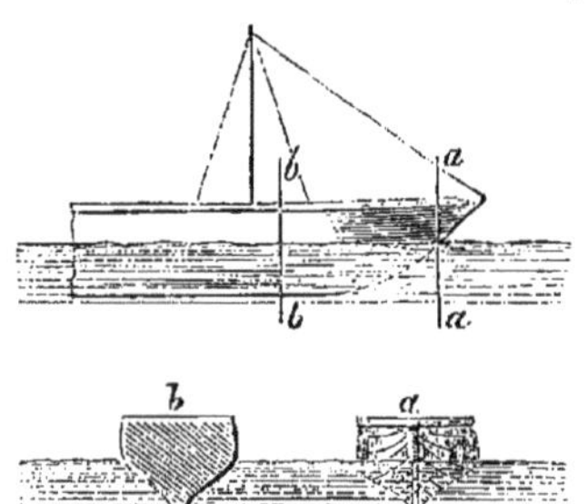

Fig. 35.

Ce que nous dirons au sujet de l'influence de la surface d'un corps en mouvement dans l'air s'applique également au liquide. On connaît l'effet d'un coup de sabre à plat ou par le tranchant dans l'eau. Donner une forme convenable aux corps en mouvement dans l'eau constitue l'art de la construction des vaisseaux : un navire qui présenterait au courant sa coupe du milieu *bb* au lieu de la proue (pointe) *aa* éprouverait une résistance cinq fois plus grande (fig. 35).

La force des courants est utilisée au mouvement des roues hydrauliques; elle est égale à $\frac{1\,000dh}{75}$ (en chevaux-vapeur).

(d, dépense en mètres cubes par seconde; h, hauteur de chute.)

§ 14. — PRINCIPE DE L'ÉQUILIBRE DES GAZ.

La partie de la mécanique qui s'occupe de l'équilibre de l'air et des gaz en général s'appelle l'*aérostatique*.

Dans les gaz, on distingue les vapeurs et les gaz permanents. Les vapeurs sont des gaz coërcibles qu'on peut liquéfier ou solidifier, telles que la vapeur de l'eau, de l'acide carbonique, de l'esprit-de-vin, du mercure, d'autres métaux, etc. Les gaz permanents sont des gaz incoërcibles, qu'on n'a pas encore obtenus à l'état liquide ou solide, tels que l'air atmosphérique, l'oxygène, l'hydrogène, l'azote, l'oxyde de carbone.

La qualité caractéristique des gaz, découverte par van Helmont, est leur dilatabilité, leur tendance à toujours s'étendre. Supposons un globe grand comme la lune ou le soleil entièrement vide; on y coulerait un litre, un millilitre de gaz qu'au bout de quelque temps, de quelques siècles peut-être, ces globes seraient entièrement remplis. Pensez-vous qu'il résultera de cette expérience qu'une quantité infiniment petite d'air remplira un espace infiniment grand?

Pression atmosphérique. — La pression naturelle de l'air s'appelle *la pression atmosphérique* (*atm*) ou simplement *atmosphère*, qui est adoptée comme unité de pression dans les machines. La hauteur de notre atmosphère est près de 48 kilomètres. La pression dans les machines est la pression absolue ; retranchons-en la pression atmosphérique, et nous avons la pression effective.

On ne sait trop pourquoi on a adopté précisément comme unité cette force, qui est variable, qui dépend du climat, de la situation du lieu, etc., etc. Il eût été peut-être difficile de trouver dans la nature une unité de poids. On a bien le kilogramme, mais il est le produit d'une longue série de combinaisons ; on a mesuré le quart du méridien, on a obtenu le mètre, dont on a cubé la dixième partie, qui a formé le litre ou décimètre cube, qu'on a rempli d'eau distillée, et on est arrivé enfin au kilogramme, qui en est le poids. Ainsi, pour trouver, soit dit en passant, la capacité d'un vase, on n'a qu'à le peser. Il pèse 1 kilogramme ; on le remplit d'eau, alors il pèse 10 kilogrammes : donc sa capacité est de 9 litres ou de 9 décimètres cubes.

Cela peut servir quand on n'a pas un litre à sa disposition, et *vice versa,* si l'on a un litre et pas de poids.

Une colonne d'eau de 10^{m},33 de hauteur est équilibrée par la pression atmosphérique. Il est évident que plus on monte dans les airs, plus l'atmosphère devient rare et moins elle pèse. Là elle presse donc moins sur le mercure d'un baromètre ; le mercure descend dans la grande branche du tube et monte dans la petite branche, et c'est cette descente qui indique alors la hauteur à laquelle on s'est élevé. C'est ainsi qu'on mesure l'élévation des montagnes, en tenant compte toutefois de la raréfaction des couches d'air, de la chaleur qui dilate le mercure ; le coefficient de rectification est assez compliqué ; mais pour des montagnes, quelques mètres de plus ou de moins n'ont pas la moindre importance.

Il est évident aussi que l'eau ne peut pas monter au-dessus de ces 10^{m},33 et remplir l'espace vide, et que le mercure ne peut dépasser 76 centimètres, puisque alors le poids plus grand du liquide serait tenu en équilibre par le poids plus petit de l'atmosphère, ce qui serait un non-sens, et la nature a horreur d'un non-sens ; c'est ce que les anciens appelaient *l'horreur de la nature contre le vide ;* ils n'en connaissaient pas l'explication réelle ; ils ne savaient pas que l'air est un corps dont la physique détermine le poids et la chimie la composition ; ils disaient, comme aujourd'hui encore beaucoup de personnes dont l'instruction laisse à désirer : « L'air ce n'est rien, c'est du vent ; c'est la respiration ; on fait de l'air avec un éventail. »

Tel est le principe de l'horreur de la nature contre le vide. La Providence avait jugé convenable de le cacher à l'humanité pendant des siècles, et s'il lui avait plu de ne pas encore nous le révéler, il est probable qu'aucune machine à vapeur ni aucun chemin à locomotives ne serait encore construit.

La haute importance de la pression atmosphérique étant reconnue, il doit sembler naturel de rechercher l'origine de cette découverte.

Les fontainiers du grand-duc de Toscane, ayant établi des pompes de 40 pieds de hauteur, s'aperçurent que l'eau n'y montait qu'à une distance de 30 pieds.

Galilée, auquel on demanda la raison de ce fait, ne pouvait plus y appliquer l'horreur absolue de la nature contre le vide ; il modifia donc cette explication en disant que l'horreur de la nature avait une certaine limite qui s'arrêtait précisément à la hauteur de 30 pieds. Les fontainiers, ayant vu ce phénomène se répéter invariablement, se contentèrent de la démonstration sommaire de l'illustre savant (*).

Mais son disciple Torricelli ne partagea pas cette opinion ; il savait que l'air était pesant, et il fut ainsi conduit à la découverte de la pression atmosphérique.

Peut-être eut-il connaissance de l'écrit publié en 1630 par Jean Rey, pharmacien, ayant pour titre : *Recherches sur la cause par laquelle le plomb et l'étain augmentent de poids quand on les calcine*. « Ce poids, dit l'auteur, provient de l'air que le métal a absorbé. »

L'absorption de l'air par la calcination une fois reconnue, il aurait pu sembler naturel de rechercher quelle est la qualité de cet air qui se combine si facilement avec les métaux, mais il a fallu plus d'un siècle encore pour découvrir l'oxygène. Comme cette découverte, due à Lavoisier, a produit dans la chimie une révolution semblable à celle de Torricelli dans la physique, nous nous sommes permis d'établir ici ce parallèle.

Force élastique des gaz. — La pression de l'air et des autres gaz est, comme celle des liquides, en raison directe de la surface sur laquelle cette pression s'exerce. S'il faut placer 1 kilogramme sur un piston pour que de l'air comprimé ne le chasse pas au dehors, il faut mettre 2 kilogrammes sur un piston d'une surface double. Les liquides pressent par leur poids, les gaz pressent par leur force d'expansion ; leur poids est tellement petit en comparaison de leur force d'expansion, qu'il peut toujours être négligé dans les machines.

La force élastique des gaz varie en raison inverse des volumes dans lesquels on les comprime, bien entendu, à égalité de température. C'est la *loi de Mariotte*. On produit les forces motrices au moyen d'un changement de la température des gaz, ou de la vapeur d'eau ; telle est la base des machines à vapeur (**).

A égalité de température, la dilatation est la même pour tous les gaz, ce qui est la *loi de Gay-Lussac*, loi qui, d'après des expériences

(*) Galilée, né à Pise (Italie) en 1564, mort à soixante-dix-huit ans, sous la surveillance du saint office, qui avait condamné ce grand astronome pour avoir démontré le mouvement de la terre. Galilée est l'inventeur du thermomètre et de la balance hydrostatique.

(**) Mariotte, physicien, né en Bourgogne, mort en 1684 ; il a confirmé par des expériences la théorie du mouvement des corps établie par Galilée. Par la découverte du principe ci-dessus énoncé, il a notablement perfectionné l'hydrostatique.

récentes, ne serait pas rigoureusement exacte. Cette inexactitude n'a pas d'importance dans la mécanique industrielle (*).

Du moment que dans une masse d'air une partie en change de température, elle devient plus légère ou plus lourde que la partie restante ; l'équilibre est rompu, il y a mouvement ; l'air se meut et loge ses molécules dans les pores dilatés de l'air chaud, et réciproquement. Explication risquée ; il en est de même pour les liquides ; c'est le mélange : les couches froides descendent, les couches chaudes montent ; il y a là un mouvement continu de circulation. Dans les fluides chauffés par en haut, la chaleur ne s'équilibre que très-lentement. Ainsi, pour les baquets de bains de pieds destinés aux personnes délicates, on ajoute l'eau chaude dans un canal de côté ; elle va au fond et sort par de petits trous pour monter de suite. On fait deux airs en ouvrant la fenêtre et la porte. Dans cette circonstance, l'air à la fenêtre est plus chaud ou plus froid qu'à la porte ; la communication étant ouverte, l'équilibre cherche à s'établir à son tour, et il y a un courant d'air ; le courant d'air active l'évaporation, l'évaporation entraîne le refroidissement, cause ordinaire de nos maladies.

Ce principe de l'équilibre des couches fluides trouve de nombreuses applications dans l'industrie : séchoirs, ventilateurs, aérage des puits de mines, calorifère, chauffage à l'eau, etc., etc. Presque toujours il s'agit d'établir l'équilibre par le mélange de couches d'air de densité ou plutôt de température différente. L'exemple le plus frappant de cette théorie est le tirage des cheminées, qui joue un si grand rôle dans l'économie domestique, dans les machines à vapeur, dans les hauts fourneaux. L'explication en est très-simple : quand on allume du feu dans une cheminée ou dans un poêle, l'air contenu dans la cheminée ou dans le tuyau se dilate, et l'équilibre tend à se rétablir par l'introduction de l'air froid.

Plus une cheminée est élevée, plus le courant d'air devient fort, puisque la force ascensionnelle de l'air augmente ; mais aussi plus la cheminée est haute, plus le frottement de l'air augmente. L'expérience indique ici les limites entre la hauteur et la section des cheminées.

(*) Gay-Lussac, physicien, né en 1778 à Saint-Léonard (Haute-Vienne), mort à soixante-douze ans. Il fit ses premières ascensions en ballon dans un but scientifique. On lui doit des découvertes importantes dans le domaine de la physique et de la chimie.

Souvent aussi la cheminée seule ne suffit pas pour obtenir le tirage, par exemple dans les locomotives ; on a recours alors à certains artifices, qui constituent le *tirage artificiel ;* le précédent est le *tirage naturel.*

§ 15. — PRINCIPE DU MOUVEMENT DES GAZ.

La partie de la mécanique qui s'occupe du mouvement de l'air est l'*aérodynamique.*

Comme on n'a pas encore trouvé un moyen direct d'apprécier par le calcul le mouvement de l'air et sa vitesse, on a assimilé ce fluide élastique à un fluide incompressible, liquide imaginaire de même densité.

Cette hypothèse conduit à la démonstration suivante : pour que l'air puisse sortir d'une enveloppe, il faut qu'il soit plus comprimé que l'atmosphère ; l'air resterait éternellement dans une bouteille débouchée ; mais il s'échapperait d'une vessie trouée, puisque la vessie s'affaisse sur elle-même et exerce ainsi une pression, par son poids.

Vitesse des gaz. — La vitesse d'une colonne de liquide dépend de sa hauteur ; il en est de même d'un gaz ; si on la mesurait ainsi, on obtiendrait des chiffres trop élevés ; on prend donc pour contre-poids le mercure, dont la densité est 10 500 fois plus grande (à peu près en moyenne). La colonne atmosphérique pèse, le lecteur le sait, autant qu'une colonne de mercure de $0^{m},76$ de hauteur ; donc elle aurait, si la densité ne diminuait pas, une hauteur de 7 980 mètres.

Une bien faible pression suffit alors pour déterminer une grande vitesse. Aussi les pressions dans les gazomètres se mesurent par millimètres de mercure. On peut donc évaluer la vitesse énorme de la vapeur du sifflet d'une locomotive, qui sort de la chaudière sous une pression de 7 à 8 atmosphères ; elle est de 21 000 mètres par seconde, 40 fois la vitesse de la rotation de la terre autour de son axe. Ce qui vient d'être dit ne sert que pour fixer les idées. Dans la pratique, il faut avoir égard à la nature des gaz, à leur température, à leur mode d'introduction dans les récipients, à leur mode d'échappement ; il faut sortir de l'abstraction ; une molécule d'air ne tombe pas, elle ne fait que se dilater suivant la pression ; ici la liquéfaction supposée aide au raisonnement, comme la solidification des liquides dans les circonstances analogues. Pour bien se rendre compte de cette augmentation de vitesse, il faut surtout prendre en considération la petite masse qu'offre un grand volume d'air.

Ainsi nous voyons que le gaz tend à s'échapper d'une enveloppe fermée du moment que sa pression est plus grande que celle de l'air extérieur. Si l'on pratique une ouverture dans cette enveloppe, le gaz sort avec une vitesse résultant de l'excès de la pression intérieure sur celle de l'extérieur, ce qui peut être démontré ainsi qu'il suit :

Si un vase fermé contient un gaz dont la pression est équilibrée par une colonne de liquide, la vitesse d'écoulement de ce gaz est due à la hauteur de la colonne liquide ; admettons de l'air et du mercure, la densité de l'air à la pression ordinaire de hauteur barométrique est 10 472 fois plus petite que celle du mercure ; supposons que l'air soit comprimé de manière à faire équilibre à une colonne de $0^m,77$, soit une colonne $0^m,01$ en plus, et cherchons la vitesse d'écoulement.

D'après la loi de Mariotte, la densité de l'air à la nouvelle pression a augmenté en raison directe de cette pression ; elle n'est plus que 10 336 fois plus petite que celle du mercure. Or, comme à une colonne de mercure de 1 mètre de hauteur il faudrait opposer une colonne d'air de 10 336 mètres de hauteur (à $0^m,77$ de pression), il s'ensuit que pour $0^m,01$ de mercure il faudrait employer $103^m,36$ d'air ; or cette dernière hauteur correspond à une vitesse de 45 mètres par seconde, qui sera la vitesse d'écoulement de l'air.

On voit, par ce qui précède, combien la vitesse d'écoulement des gaz est grande, même avec une très-faible pression, laquelle est la différence entre la pression atmosphérique et la pression dans le récipient. L'écoulement du gaz d'éclairage, pour citer un exemple, correspond à la pression d'une colonne d'eau de $0^m,25$; on peut par cela se faire une idée des formidables vitesses dans les explosions.

La formule qui indique la relation de la vitesse d'écoulement est

$$v=\sqrt{2g\left(\frac{p'-p}{d}\right)}.$$

Nous pouvons répéter les notations :

v, la vitesse ;
p', la pression intérieure ;

p, la pression atmosphérique ;
d, la densité du gaz par rapport à l'eau.

Si nous exprimons les pressions $p'-p$ par la hauteur manométrique (h) ou la différence de niveau entre les deux colonnes de mercure (voir le paragraphe *Manomètres*, dans le chapitre III), nous avons :

$$v=\sqrt{\frac{2g\times 13,60\,h}{d}},$$

puisque 13,60 est la densité du mercure.

Débit des gaz. — La dépense d'air effective est un peu plus de la moitié de la dépense théorique ; la veine gazeuse se contracte comme la veine liquide ; soufflez de la fumée de tabac dans une bouteille percée de petits trous et vous verrez les effets de la contraction bien mieux que sur des dessins ; mettez ensuite des ajutages à ces orifices et vous arrondirez la veine gazeuse, ce qui la rapprochera de la dépense théorique. Ces réflexions s'appliquent aussi au mouvement des gaz dans les conduites. Pour connaître l'évaluation numérique de ces faits, il serait utile de s'en référer aux formules et aux données d'expérience qui vont suivre.

Le coefficient de contraction est de 0,6 si la contraction est complète, de 0,8 si l'orifice a un ajutage cylindrique ; il atteint son maximum quand l'ajutage est une base conique, ainsi que cela a lieu dans les souffleries des hauts fourneaux.

$$\text{La dépense}=cs\sqrt{\frac{266,76\,h}{d}}.$$

s est l'ouverture par laquelle le gaz s'échappe ; le coefficient de contraction est c ; h, la hauteur de pression ; et d', la densité du gaz ;

$$2g\times 13,60=266,76.$$

Le mouvement des gaz dans les tuyaux éprouve une résistance proportionnelle à l'étendue de la surface et au carré de la vitesse ; c'est par un excès de pression sur les gaz, comme dans les gazomètres, qu'on arrive à vaincre ces résistances ; il faut en outre donner aux conduites des diamètres aussi grands que possibles, diminuer la longueur des conduites et éviter les rétrécissements et les coudes.

Pression des gaz en mouvement. — C'est suivant la surface qu'il présente à l'air qu'un corps en mouvement éprouve une résistance ou une pression plus ou moins grande; de même, s'il est en repos et si c'est l'air qui se meut. Faites tomber une feuille de papier horizontalement ou verticalement et vous pourrez vérifier ce fait; c'est sur ce principe que sont basés les moulins à vent et les parachutes.

Dès qu'un corps tombe, sa vitesse s'accroît; mais la résistance de l'air augmente également, et il arrive un moment où la vitesse n'augmente plus: c'est, quand la résistance devient égale au poids du corps; alors la vitesse devient uniforme.

Le *cerf-volant* peut servir de démonstration à la pression de l'air en mouvement; la décomposition des efforts auxquels ce jouet est soumis a lieu d'après le parallélogramme des forces.

Le vent frappe le cerf-volant en ligne oblique sur sa surface et

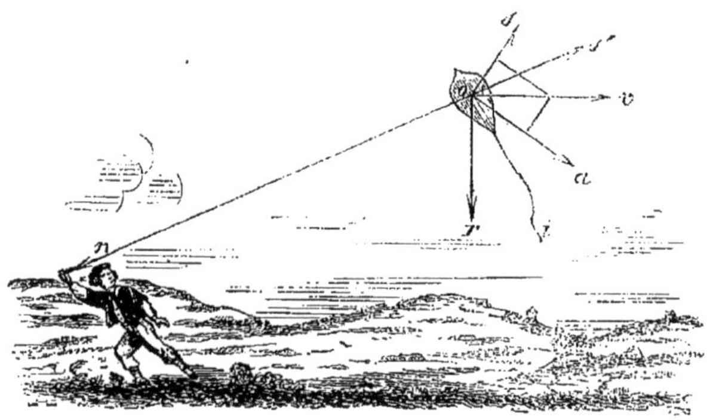

Fig. 36.

cherche à le pousser vers *v* (fig. 36). Ces forces du vent sont parallèles et peuvent être représentées par une force unique *v* qui se décompose en deux forces: l'une perpendiculaire, *s*, qui tend à faire monter le cerf-volant; l'autre, *a*, qui glisse sans effet sur la surface. Cette force *s* est diminuée, soit dit en passant, par une autre force, très-petite, *r*, qui est le poids du cerf-volant. Elle se combine avec la force *s* et devient *s'*, laquelle se rapproche d'autant plus de *s* qu'elle est plus petite. La force *n* est la tension exercée sur la ficelle *no* qui est fixée au centre de pression *o* du cerf-volant. On y attache une queue *i*, afin qu'il ne prenne pas une position horizontale; sans cela, il ne volerait pas et l'effet serait manqué.

La pression que l'air en mouvement, ou le vent, exerce sur une surface dépend de sa vitesse; elle est déterminée ainsi qu'il suit :

	Vitesse par seconde.	Pression sur 1 mètre carré.
Vent	1m,00	0k,20
Brise	6 ,00	4 ,00
Vent des moulins	7 ,00	5 ,00
Vent, marche en mer	9 ,00	11 ,00
Tempête	25 ,00	100 ,00
Ouragan	40 ,00	250 ,00

La pression produite par l'écoulement de l'air chaud d'une cheminée est estimée par une colonne d'air chaud $= hq(t'-t)$.

h est la hauteur de la cheminée de 15 à 30 mètres; q est le coefficient de dilatation de l'air $= 0{,}004$; t, la température moyenne de l'air atmosphérique $=$ 12 degrés ; t', la température dans la cheminée $=$ 300 degrés.

§ 16. — PRINCIPE DES FORCES MOTRICES ET DES MOTEURS.

Les forces qui produisent des effets dans l'industrie sont au nombre de quatre : la force vitale, la gravité ou pesanteur, la chaleur, l'électricité. Elles peuvent résider dans des corps, qui sont des magasins de force et qui s'appellent des *moteurs;* ils sont au nombre de huit : les hommes, certains animaux, les chutes d'eau ou courants d'eau, le vent, la vapeur, l'air chaud artificiel, certains gaz composés, enfin les électro-aimants.

Ces moteurs agissent directement, ou par l'entremise d'une machine, qui est la machine motrice ; elle ne peut marcher sans l'intervention d'un des huit moteurs, puisque tout mouvement résulte d'une force; et si ce moteur doit agir constamment, il faut qu'il soit renouvelé, dès qu'il a produit son effet ; sans cette condition, ce serait le moteur éternel, dont la construction est impossible.

Dans les cabinets de physique ou dans les salles de machines, on voit parmi les objets de curiosité quelquefois de ces soi-disant mouvements perpétuels avec leurs balanciers, leurs roues, leurs engrenages, leurs tiges, leurs pistons, leurs poids et contre-poids, qui montent, qui descendent, qui se croisent et qui sont bien l'image d'un cervèau détraqué ; ils se distinguent des autres machines en ce qu'ils n'ont jamais marché et qu'ils ne marcheront jamais.

Par suite d'une aberration d'esprit difficile à expliquer, de grands philosophes s'étaient aussi adonnés à cette chimère.

Mais, comme la nature cache encore bien des secrets, on veut chercher à les pénétrer, et on espère y trouver de nouvelles puissances, car on craint déjà de perdre les anciennes.

Les alchimistes de cette pierre philosophale moderne ou force motrice à bon marché étant très-nombreux, nous allons à leur intention préciser l'état actuel de la question et examiner quel pourra être son avenir.

La force vitale. — Elle réside dans tous les êtres. Un noyau enterré derrière un mur deviendra arbre et renversera ce mur. La force de végétation est lente ; elle n'a jamais été employée dans les travaux publics et l'industrie. Il en est de même de la capillarité qui fait monter l'eau dans les plantes et qui dilate les corps.

La force vitale pratique, ou force animale, appartient aux hommes et aux animaux ; les anciens n'en connaissaient pas d'autre, et ils en abusaient. Le roi égyptien Céops fit travailler cent mille hommes pendant trente ans à la construction de la pyramide qui devait lui servir de tombeau et perpétuer sa mémoire.

Presque tous les hommes fournissent un travail manuel ; s'ils mettent des mécanismes en mouvement, ils servent des machines motrices ; s'ils traînent des fardeaux, ils sont des machines de transport ; s'ils confectionnent des ouvrages, ils deviennent des machines manufacturières.

L'homme offre certains avantages sur les autres moteurs : il est locomobile par excellence, c'est-à-dire il se déplace facilement. Mais, d'un autre côté, il n'a pas beaucoup de vigueur et de régularité dans son action ; ensuite sa nourriture par kilogramme coûte trente fois plus qu'un kilogramme de houille et produit moins d'effet. L'homme accumule avantageusement sa force pour la dépenser au gré des besoins ; il remonte des poids, il comprime des ressorts et de l'air, afin de permettre à la gravité et à l'élasticité d'agir en temps et lieu.

L'homme agit aussi par son poids dans les roues à chevilles, ou dans les roues à marcher, qui, fuyant sous ses pieds, tournent, comme la cage d'un écureuil; cette méthode lui permet de changer de travail.

Mais utiliser la créature qui est faite à l'image de Dieu uniquement par son poids est absurde, parce qu'un bœuf rend dans ces conditions plus de services et coûte moins, et parce qu'il ne faut pas avilir son semblable, même à titre de correction. Il faut l'améliorer, et ce n'est pas en le traitant avec dureté, comme un esclave ou un animal, qu'on y arrive. Autant vaudrait lui imposer un travail inutile, qui est le plus pénible de tous. Le rocher de Sisyphe et le tonneau des Danaïdes en sont les exemples les plus frappants.

L'auteur a dû se servir de termes énergiques pour caractériser cette proposition reproduite malheureusement dans des livres sur la mécanique : que la meilleure façon de se servir de l'homme consisterait à l'employer comme masse.

Parmi les animaux qui nous aident dans notre travail, nous remarquons d'abord le cheval comme machine de transport, comme moteur de manége, comme remorqueur de charrues ou d'autres instruments agricoles.

Au même usage sont destinés les bœufs, les ânes, les mulets, les buffles, les dromadaires et les éléphants. Les chiens ne s'emploient que pour porter les fardeaux de contrebande, pour tirer des charrettes, ou pour tourner la roue du soufflet de forge chez les maréchaux ferrants.

Les chiens des Esquimaux parcourent avec leurs traîneaux les déserts de glace et de neige, et la poste aux chiens est organisée dans le Groënland et le Canada comme l'était chez nous autrefois la poste aux chevaux.

Quelque précieux que soient pour certains travaux les quadrupèdes, ils ne pourront jamais être réunis en nombre suffisant quand il s'agit d'opérer sur de grandes masses. Une compagnie de chemin de fer devrait, pour effectuer sa traction, disposer de plus de 100 000 chevaux de manége sur un parcours de 100 lieues, et avec un trafic tant soit peu actif.

Comme poissons moteurs, on ne connaît encore que les dauphins qui tirent la conque de Vénus sur l'onde de la mer.

Les oiseaux nous rendent des services plus réels. En Amérique il y a des oiseaux bergers qui gardent les troupeaux. Les pigeons voyageurs transportent des lettres. Qui n'a pas vu dans quelque campagne de petits berceaux à deux roues que traînent des oies escortées par les enfants du village ?

Comme les aigles sont très-forts, qu'ils tuent un homme, et qu'ils emportent aussi une brebis dans leurs griffes, il n'y a rien de bien surprenant qu'on ait songé à apprivoiser les rois des airs pour leur confier la conduite des ballons.

En attendant que ce curieux problème soit résolu, nous allons nous occuper d'une force plus positive, qui est simple, commode, qui ne coûte rien, qui est toujours prête, qui se trouve partout, nous avons nommé la gravité ou pesanteur.

La force de la pesanteur. — C'est la puissance inconnue qui attire les corps terrestres ou *graves* vers le centre de notre globe. Elle est utilisée par les chutes d'eau, mais dont il n'est pas toujours facile de se servir. Dans les montagnes, où ces moteurs abondent, l'installation de machines manufacturières est fort dispendieuse, puisque les populations y sont clair-semées ; aussi n'y voit-on que des scieries ou des engins d'exploitation des mines.

Pour ne pas laisser perdre ces forces motrices gratuites, on a proposé de bâtir près des chutes du Niagara une ville industrielle centrale qui fournirait ses produits au monde entier.

Le Niagara, situé à la limite des Etats-Unis d'Amérique et des possessions anglaises du Canada, est une rivière que forme la chute du lac Huron dans le lac Erié ; elle a 50 mètres de hauteur sur 200 mètres de largeur. Avec ces données, on peut se rendre compte de l'immense force motrice que ces cataractes pourraient développer.

Cette proposition n'a rien que de très-naturel ; il y a des exemples de pareilles accumulations, même dans des contrées où il n'existe aucun élément de fabrication. Mulhouse et ses environs n'ont ni houille ni coton, c'est-à-dire ni moteur ni matières premières ; ils sont néanmoins un centre de filatures.

Puisqu'il faut rapprocher ces deux facteurs de la production industrielle, on a conçu le projet de placer dans les rivières des roues dont le mouvement serait transmis au loin par des arbres de couche et des engrenages, ou par l'air comprimé dans des réservoirs et qui serait ensuite distribué à domicile par un système de canalisation pareil à celui des eaux ou du gaz d'éclairage. On a aussi songé à la marée montante qui chasserait l'air dans des bassins pour le comprimer.

La gravité dans la mécanique industrielle n'est pas toujours une force utile, bien au contraire ; c'est elle principalement qu'il faut vaincre, c'est une résistance : il s'agit d'élever les corps avant de les laisser retomber ; ainsi on enlève les marchandises avec des grues à une hauteur considérable, puis arrivées près de la voiture qui doit les emporter, on les laisse doucement descendre. Sur un trajet de $0^m,50$ la gravité rend un service ; sur 5 mètres, il faut lui opposer une autre force. Dans les constructions, on monte péniblement les pierres, et la gravité ne sert que dans les démolitions. La gravité laisse descendre les mineurs au fond du puits, mais par une force artificielle on les remonte ensuite avec le produit de leurs recherches. Le mouton qui donne le choc aux pilotis doit également être soulevé.

La force de la chaleur. — La chaleur naturelle, celle du soleil, produit le vent par la dilatation de l'air ; mais l'extrême irrégularité de sa durée et de sa force est la cause qu'il n'est employé que pour les travaux qui n'ont pas une limite fixe, tels que ceux des moulins à vent, qui sont les machines des irrigations, des épuisements, de la mouture du blé ; la navigation à voiles rentre également dans cette catégorie de travaux.

On a donc recours à la chaleur artificielle, que l'on peut maîtriser ; elle provient des combustibles ou des réactions chimiques ; elle se loge dans la vapeur, dans l'air chaud et les gaz qui agissent par l'expansion résultant d'un changement de température.

Huyghens avait eu l'idée de se servir comme moteur universel de la poudre à canon, qu'il voulait enflammer dans un cylindre muni d'un piston ; mais cet effet instantané et périlleux ne pouvait convenir à un usage constant ; aussi la poudre n'est employée que pour des explosions de mines et carrières, en dehors de son emploi dans l'art militaire (*).

L'usage de la vapeur d'eau n'est venu qu'en deuxième lieu ; elle est plus maniable que la poudre, mais elle exige trop de combustible, et c'est pour économiser ce dernier qu'on a cherché d'autres conducteurs du calorique.

(*) Huyghens, fils d'un ministre de Guillaume III, de Hollande, né en 1629 à la Haye, mort à l'âge de soixante et dix ans. Il fut nommé membre de l'Académie de Paris par le roi Louis XIV. Il fit des découvertes en astronomie ; il inventa le ressort en spirale et appliqua le pendule au mouvement des horloges. Huyghens était un des esprits les plus élevés de son époque ; mais imbu des idées de ses contemporains, il s'occupa trop de choses abstraites ; il chercha à combiner un moteur universel.

L'air chaud, au point de vue physique, ne diffère pas beaucoup de la vapeur, mais il n'a pas assez d'énergie, ses molécules ne se prêtent pas suffisamment à la transmission de la chaleur ; on l'a donc abandonné, dans l'espoir d'obtenir de meilleurs effets avec l'éther sulfurique et le chloroforme, qui doivent être volatilisés par la vapeur d'eau après son action dans les machines. C'est ce restant de chaleur qu'on cherche à gagner.

On combine l'action de la vapeur d'eau avec celle de l'éther dans des machines à double moteur, appelées des *machines combinées.*

Mais la pratique a fait ressortir les inconvénients de l'emploi de l'éther, substance éminemment inflammable. Un bateau à éther s'est embrasé en pleine mer, ce qui ne pouvait pas manquer d'arriver. On a donc substitué le chloroforme à cette dangereuse matière.

Une fois entré dans la voie des essais, on a recherché les corps pouvant passer, sans trop de dépense de chaleur, de l'état solide ou liquide à l'état gazéiforme.

A cette catégorie appartiennent l'acide carbonique et l'ammoniaque.

Quant au gaz d'éclairage, on le mélange avec l'air atmosphérique et on combine ainsi un gaz détonant qui est le grisou des mines de houille. Son explosion modérée est produite par une flamme ou par une étincelle électrique ; c'est à cause de ce dernier mode d'inflammation que les machines à gaz d'éclairage ont été appelées improprement *moteurs électriques.*

La force de l'électricité. — Tous les regards se tournent actuellement vers ce fluide mystérieux dont les effets sont si surprenants, si imprévus : l'électricité, la quatrième et dernière puissance motrice. Elle aimante le fer, qui alors attire un autre fer, et c'est par une attraction intermittente qu'on réalise le mouvement, qui est la manifestation et le résultat définitif de la force.

Mais produire cette électricité dans des conditions pratiques, en abondance et à bon marché, et fournir par les réactions chimiques de la pile des substances qui aient une certaine valeur commerciale, tel est le problème qui préoccupe vainement encore le monde scientifique et industriel.

Peut-être en quittant les chemins frayés et en suivant une voie toute nouvelle, les inventeurs pourront-ils trouver une solution et puiser ce fluide dans l'atmosphère, où il est inépuisable.

La force motrice de l'avenir. — En résumé, les moteurs connus sont insuffisants pour répondre aux exigences toujours croissantes de l'industrie, et quelques-uns vont bientôt nous faire défaut.

Les hommes ne veulent plus servir de machines, et ils ont parfaitement raison. Il n'y a déjà plus beaucoup de bois; en outre, l'Europe entière serait couverte de forêts qu'elle ne donnerait pas l'équivalent de la houille dépensée annuellement dans les fonderies, les chemins de fer et les bateaux à vapeur. Le charbon de terre diminue tous les jours et l'époque de sa disparition est facile à calculer, à quelques lustres près. Le pétrole, qui doit le remplacer, s'épuisera bientôt aussi; ses gisements ne sont pas aussi considérables qu'on le suppose. Les gaz offrent des dangers, ou ils sont trop coûteux. Le magnétisme est encore enveloppé d'une impénétrable obscurité; espérons qu'il se fera bientôt connaître.

Il faut donc diriger, en attendant, nos investigations vers le vaste champ de l'inconnu.

Le soleil a dû produire la végétation qui s'est convertie en houille, et la houille nous restitue actuellement par sa combustion la chaleur de l'astre du jour qu'elle avait absorbée pendant des milliers d'années.

Les cataclysmes terrestres ont cessé; aucune forêt n'est plus engloutie dans les profondeurs des bassins géologiques, et celle qui pousse est coupée immédiatement.

Mais Phœbus opère toujours ses circonvolutions et répand avec la même largesse ses lueurs bienfaisantes.

Il s'agit donc d'en profiter directement, pour réduire l'eau en vapeur; ou indirectement, pour décomposer l'eau et les carbonates de chaux, qui nous donneraient de l'oxygène et du carbone, ces deux éléments du calorique artificiel.

Aussi l'idée de concentrer les rayons solaires a souvent été émise, et pour la réaliser on a répété la célèbre expérience d'Archimède. On sait qu'il avait su disposer des miroirs ardents de manière à diriger le feu céleste sur la flotte ennemie, qui fut brûlée à Syracuse. Buffon enflamma du bois à une distance de plus de 100 pieds avec de pareils réflecteurs.

On ne sait pas encore d'une façon bien nette par quels moyens cette chaleur, une fois concentrée, pourrait être utilisée.

Les philosophes de l'antiquité s'étaient déjà occupés des machines solaires, dans lesquelles l'eau était refoulée au moyen de l'air chauffé par le soleil et d'un jeu de soupapes, dans un tube où elle devait monter pour servir ensuite de chute d'eau.

Les frais de premier établissement de pareilles machines, le peu de soleil dont on jouit dans nos climats du nord, où se trouvent les fabriques, opposent de graves obstacles à ce projet. Pourrait-on espérer les surmonter?

C'est précisément la découverte qui est à faire, et elle se fera. Mais jusque-là la vapeur d'eau gardera son rang et continuera à rendre d'immenses services à l'humanité.

On ne peut donc prévoir que d'une manière vague le terme de la carrière de ce moteur si docile dans son état normal et si terrible dans son égarement.

§ 17. — PRINCIPE DU TRAVAIL MÉCANIQUE.

Le travail mécanique est le résultat de l'action d'une force sur un corps ; il est égal au produit de cette force, évaluée en poids, par le chemin que son point d'application aura parcouru. On donne à ce travail plusieurs dénominations, au choix du lecteur : *puissance mécanique*, *moment d'activité*, *effet dynamique*, *quantité d'action*, *quantité de travail*, *quantité de mouvement dynamique*.

C'était autrefois surtout, quand les hommes ne savaient encore rien produire de bien merveilleux en fait de machines, qu'ils se plaisaient dans d'interminables discussions au sujet des définitions, et ils arrivaient toujours et forcément au coq déplumé du sage de la Grèce, qui après de longues études et de profondes réflexions avait défini l'homme : un bipède sans plumes.

Quelle que soit la nature de l'agent mécanique, quel que soit son mode d'action, son effet produit ou le travail mécanique reste toujours le même. Ces agents mécaniques ou machines n'augmentent pas la force du moteur, donc ils n'augmentent pas le travail, qui est fixe ; ils approprient seulement ce travail aux circonstances.

Nous avons déjà dit et nous répétons, afin que les lecteurs soient bien convaincus, et ils ne le sont pas tous, le principe fondamental en mécanique est : « Quelle que soit la machine, simple ou composée, que cela soit la machine humaine ou la machine à vapeur, elle a sa force déterminée et aucune combinaison de ses organes ne l'augmentera, car ce serait alors la machine à mouvement perpétuel. »

Ajoutons que les divers mécanismes transmettent la force avec plus ou moins de délicatesse, de frottement, d'usure, de perte ; ils produisent un travail auquel on est convenu d'appliquer, comme unité de mesure, un certain poids élevé à une certaine hauteur, et cette unité est exprimée par le kilogrammètre et le cheval-vapeur.

Le travail produit par une force est égal au poids du corps multiplié par la hauteur correspondant à la vitesse qui a été communiquée à ce corps. Il est donc égal au travail produit par le poids de ce corps tombant d'une certaine hauteur, ou au travail qu'il faudrait produire pour élever ce poids à la même hauteur. C'est cette considération qui a conduit à l'établissement des unités suivantes.

Le kilogrammètre. — L'unité française de ce travail mécanique est 1 kilogramme élevé à 1 mètre : elle s'appelle *unité dynamique ;* elle est représentée par *km* ou *kilogrammètre.* Si un ouvrier porte une pierre de 10 kilogrammes en haut d'un édifice, il fait le double du travail d'un autre ouvrier qui porte une pierre de 5 kilogrammes à la même hauteur, ou une pierre de 10 kilogrammes à la moitié de la hauteur, et ainsi de suite.

Cette unité dynamique représente donc le travail exécuté.

Le cheval-vapeur. — Pour évaluer la force qu'un moteur est capable d'employer afin d'exécuter un travail, il faut prendre le temps ou la durée de ce travail en considération. En effet, si l'ouvrier qui porte cette pierre met douze minutes pour arriver au haut de l'édifice, un autre ouvrier qui n'y mettrait que six minutes ferait le travail double, car il porterait deux de ces pierres dans les douze minutes.

Comme on a pris la seconde pour unité de temps, il eût été simple de prendre aussi pour unité de la mesure de la force 1 kilogramme élevé à 1 mètre dans la seconde. Mais on a jugé convenable de prendre pour unité 75 kilogrammes élevés également à 1 mètre dans une seconde, parce qu'à l'époque où l'on s'occupait de l'établissement de ces principes, les moteurs des machines étaient des chevaux de manége, et qu'un cheval, en moyenne, en travaillant pendant la journée de dix heures, élève précisément ces 75 kilogrammes à 1 mètre dans une seconde, et on a appelé ce travail *force de cheval.* Quand plus tard les machines à vapeur sont venues se substituer aux manéges, on a gardé

l'expression de *force de cheval* et on y a ajouté celle de *vapeur*, donc *force de cheval-vapeur*.

Ainsi, quand une roue à eau, une machine à vapeur possède une force de neuf chevaux, cela exprime l'idée de neuf chevaux dans un manége exécutant le même travail ; ils élèveront 675 kilogrammes à 1 mètre dans une seconde.

Cette mesure de cheval-vapeur est acceptée partout ; elle est conventionnelle, mais nullement fictive.

En effet, une machine locomotive, d'une force supposée de 100 chevaux, remorque un train de Paris à Strasbourg en douze heures ; il est évident que si on y attelait 100 chevaux, ils mettraient comme autrefois deux jours et deux nuits pour parvenir à leur destination, parce que les chevaux, quel que soit leur nombre, ne marcheraient pas plus vite ; mais si l'on attachait à ce convoi, partant de Paris, une corde de 500 kilomètres de longueur et qu'à Strasbourg on établissait un treuil ou tambour de 14 mètres de circonférence (à peu près), faisant un tour par seconde, on aurait enroulé cette corde au bout de douze heures, et le convoi serait arrivé.

Maintenant, pour tourner ce tambour avec cette vitesse et tirer ce train, il faudrait ces 100 chevaux travaillant à un manége avec des engrenages qui transformeraient une partie de leur force en vitesse. Dans cette supposition, les locomotives deviendraient inutiles ; en effet, on a déjà établi de ces manéges, mais où la vapeur remplace, par mesure d'économie, les chevaux ; ce sont les machines fixes sur les plans inclinés des chemins de fer, qui tirent les convois avec des câbles.

L'introduction du terme *cheval-vapeur* dans le langage technique a rencontré à l'origine de grandes difficultés. Des savants ont proposé, bien entendu, des expressions grecques : la dyname, la dynamie, l'unité dynamique, etc., et dont le multiple, c'est-à-dire la force, était la dynamode ; elles représentaient 1 000 kilogrammes par seconde à 1 mètre ; ou suivant d'autres 1 000 mètres cubes d'eau ou 1 million de litres par vingt-quatre heures, et ainsi de suite. Les hommes pratiques n'en ont pas voulu, et si nous en parlons, c'est uniquement à l'intention des personnes qui veulent tout savoir.

La force de cheval exprimée ainsi n'est pas représentée par les mêmes chiffres dans tous les pays ; elle dépend de l'unité de poids et de mesure ; l'unité de temps, la seconde, est la même partout.

ÉQUIVALENT DU CHEVAL-VAPEUR.

Angleterre	550 livres-pieds.
Autriche	430 —
Bade	500 —
France	75 kilogrammètres.
Hanovre	516 livres-pieds.
Prusse	510 —
Russie	15 pouds-pieds.
Suisse	500 livres-pieds.

Travail de l'homme et des animaux. — La force moyenne de l'homme et des animaux, ou leur travail mécanique, a été évaluée d'après des expériences directes ou d'après leur travail fourni dans des ateliers; il a été très-facile de le transformer en kilogrammètres.

Désignation du travail exécuté pendant une journée ou 24 heures, y compris les heures de repos.	Nombre de kilogrammes élevés à 1 mètre dans une seconde.
L'homme qui marche sur un chemin horizontal, sans fardeau, fait avancer son propre poids (14 heures de repos).	9
L'homme qui marche sur un plan incliné fait avancer son propre poids (16 heures de repos)	10
Un manœuvre qui élève des fardeaux (18 heures de repos).	4
Un terrassier qui jette des déblais à 2 mètres de hauteur (14 heures de repos)	2
Un tourneur de roue (16 heures de repos)	10
Un cheval-vapeur (sans repos)	75
Un cheval allant au trot fait avancer son propre poids (19 heures de repos)	87
Un cheval au trot, travaillant à un manége (19 heures de repos)	54
Un cheval attelé à une voiture (14 heures de repos)	60
Un cheval traînant une charrette (14 heures de repos)	77
Un bœuf travaillant dans un manége (14 heures de repos).	30
Un âne travaillant dans un manége (14 heures de repos).	10

L'effort de l'homme est de 60 kilogrammes, c'est-à-dire que, s'il tirait sur un ressort, il le fléchirait autant que le ferait un poids de 60 kilogrammes qu'on y suspendrait. L'homme porte 150 kilogrammes sur ses épaules. Il pèse 70 kilogrammes en moyenne ; il s'élève en quatre heures sur une montagne de 2 000 mètres de hauteur suivant un chemin en état de viabilité.

L'effort d'un cheval est de 500 kilogrammes.

Il est bon de se rappeler, en consultant le tableau ci-dessus, que le cheval vivant travaille huit heures dans la journée de vingt-quatre heures et que le cheval-vapeur travaille constamment ; donc le cheval-vapeur fournit trois fois plus de travail que le cheval vivant.

Travail des machines. — Une scie à la mécanique trouve dans la dureté du bois une certaine résistance qu'il lui faut vaincre ; c'est là son travail, c'est la *résistance utile*. La lame de la scie, au lieu de glisser facilement dans le trait de scie, éprouve une résistance au glissement ; le chariot qui porte le tronc d'arbre, au lieu d'avancer sans effort, éprouve aussi une résistance dans les roulettes, c'est le frottement de roulement ; la corde qui tire le chariot n'est pas bien flexible ; elle oppose également une résistance qu'on appelle la *roideur des cordes ;* enfin la scie, qui doit marcher très-vite dans l'air, rencontre une nouvelle résistance, connue sous la dénomination de *résistance des fluides*.

Ces quatre résistances : frottement de glissement, frottement de roulement, roideur des cordes et résistance des fluides, sont les *résistances passives et inutiles*, que les machines sont obligées de surmonter accessoirement. Je ne sais pas trop pourquoi on y a introduit précisément la roideur des cordes ; cet objet est insignifiant, on peut l'omettre. Les cordes et courroies neuves offrent toujours une certaine roideur ; les vieilles cordes seraient préférables, si elles étaient assez solides. Il en est à peu près de même de la résistance de l'air dans le mouvement des mécanismes. La pratique ne s'en occupe pas et il serait même superflu de l'introduire dans les calculs comme résistance passive. L'air ne joue un rôle important que quand il sert de point d'appui dans la navigation aérienne, dans les mécanismes régulateurs de vitesse, etc.

Il est bien entendu que nous ne confondons pas l'air et l'eau comme moteurs avec les fluides résistants dans les machines.

Il résulte des considérations précédentes l'énoncé suivant : « Le travail d'une machine qui marche uniformément est égal au travail utile augmenté du travail des résistances. »

La formule générale des machines en mouvement est donc, nous pouvons le répéter : « Force motrice = résistance utile + résistance nuisible. » Ainsi, pour qu'une machine marche, il faut que la force motrice soit plus grande que la résistance utile, à moins que la résistance nuisible ne devienne nulle ; dans ce cas, la force est égale à la résistance. Mais comme on ne peut pas construire des machines dont la résistance nuisible soit nulle, la machine à mouvement pérpétuel devient impossible.

Quoique les machines absorbent une quantité notable de la force motrice, elles sont toujours utiles quand il s'agit de mouvoir ou de tenir en équilibre des poids considérables avec peu de force, ou quand il s'agit de transmettre ou de transformer des mouvements.

Le travail des machines est mesuré directement avec des instruments spéciaux, qui sont les dynamomètres.

§ 18. — PRINCIPE DE LA RÉSISTANCE DES MATÉRIAUX DE CONSTRUCTION DES MACHINES.

Toute machine en mouvement agit par contre-coup sur ses organes, qui ne doivent être ni trop faibles ni trop forts. Trop faibles, ils ne pourraient plus exécuter le travail qui leur est demandé. Trop forts, ces organes emploieraient une partie de la force motrice pour se mouvoir. Une scie trop mince casserait dans le bois ; une scie trop épaisse marcherait difficilement et couperait une tranchée dans le bois, qui serait perdu. Un mouton trop léger n'enfoncerait pas les pieux ; trop lourd, il les fendrait.

Il faut donc obtenir une juste proportion entre la force et la résistance.

La force dans les machines n'agit pas d'une manière unique, mais elle peut agir de quatre manières différentes sur un corps :

« Premièrement, elle le tire, l'étend et cherche à le déchirer ; deuxièmement, elle le presse, le comprime et cherche à l'écraser ; troisièmement, elle le fléchit et cherche à le rompre ; quatrièmement enfin, elle le tord. »

Extension, compression, flexion et torsion sont les quatre forces principales dont s'occupe la mécanique. Il y a bien encore d'autres forces, telles que la dilatation des corps par la chaleur, le cisaille-

ment, etc., etc.; mais pour ne pas compliquer cette question assez compliquée déjà, on classe ces forces secondaires dans l'extension.

A ces efforts, les corps résistent en vertu de leur masse et de leur élasticité, qui tend à les faire retourner à leur état primitif, à les redresser, et la physique a démontré que les allongements et les rétrécissements sont proportionnels aux actions qui les produisent.

Module d'élasticité. — On mesure la valeur de l'élasticité au moyen d'une unité qu'on appelle *module* ou *coefficient* de l'élasticité, qui est la force capable d'allonger de 1 mètre une tige ou barre de 1 mètre carré de section et de 1 mètre de longueur.

Par exemple, pour allonger de 1 mètre la tige de fer, il faudrait placer — si cela était possible mécaniquement — sur le plateau un poids de 20 milliards de kilogrammes (20 millions de tonnes ou tonneaux); il faudrait 1 milliard de kilogrammes si la tige était en bois de sapin. Généralement on juge du grand au petit, mais ici on a procédé d'une façon inverse : on a allongé un fil de fer, qui avait peut-être une section de 1 millimètre carré, et on s'est dit : Si ce fil s'allonge de tant, sous le poids de tant de kilogrammes, avant de se rompre, une barre de 1 mètre de section s'allongera de..., etc.

Du reste, ces nombres qui représentent les modules d'élasticité, et dont les derniers six chiffres sont presque toujours des zéros, ne sont pas précisément incommodes pour le calcul des résistances; ils ont l'avantage de se rapporter à l'unité de mesure dans les machines, qui est le mètre. Pour justifier cette espèce de pléonasme, que l'unité linéaire est le mètre, on se rappellera que dans les chemins de fer c'est le kilomètre, dans les pressions de mercure le millimètre, etc.

On a donc évalué par de nombreux essais, d'après ces principes, l'élasticité de tous les corps employés dans les travaux et les machines : fonte, fer, tôle, bois, etc., mais la pratique est venue modifier les chiffres de la théorie. On a vu que, par suite du manque d'homogénéité de la matière, il y a presque toujours des flexions, des déformations, des allongements permanents, c'est-à-dire que, si la charge est enlevée, le corps ne rentre plus exactement dans la position primitive; la longueur des pièces et leur propre poids influent également sur leur résistance, enfin des surcharges imprévues compromettent quelquefois leur stabilité.

Pour se mettre à l'abri des accidents qui peuvent résulter de ces perturbations et modifications accessoires, mais souvent dangereuses, on a réduit ces coefficients d'un dixième, d'un quart et même de moitié, et on a calculé des tableaux indiquant les poids et efforts que les pièces peuvent supporter en toute sécurité.

La figure 37 peut donner une idée de la manière dont on mesure la résistance des métaux. Une tige de métal *ab* est fixée au point *a* par un écrou ; au point *b* il y a un anneau dans lequel passe un plateau qu'on charge de poids qui sont augmentés jusqu'à ce que la rupture arrive dans la partie *c*, dont la section est uniforme ; par exemple, 1 millimètre carré ou 1 centimètre carré.

Fig. 37.

Généralement on emploie des procédés mécaniques : les barres de métal sont tirées au moyen de presses dont on connaît la force.

Les pierres, qui ne sont soumises qu'à l'écrasement, sont essayées avec des leviers auxquels on suspend un poids, comme dans la balance romaine.

Le bois est essayé de la même façon et en plus on le tire également comme les métaux, ou avec une presse hydraulique.

Ce coefficient d'élasticité ou module d'élasticité est donc la force imaginaire de la traction longitudinale capable d'étendre du double un corps. Si un corps d'une section a et d'une longueur l est soumis à un effort de traction p, il s'allonge d'une quantité l' proportionnelle à la longueur totale ; le rapport $\frac{l'}{l}$ est une quantité constante i, qui représente l'allongement par mètre courant. Si p ne dépasse pas certaines limites, la valeur i varie proportionnellement au rapport $\frac{p}{a}$, qui est la charge par unité de section ; le rapport de $\frac{p}{a}$ à i, ou $\frac{p}{ai}$ est constant pour une seule et même matière ; c'est le coefficient d'élasticité qu'on désigne toujours par la lettre E. La valeur du module d'élasticité n'est constante, nous le répétons, qu'entre les limites où les changements sont proportionnels aux charges.

Pour déterminer ce coefficient, on procède par voie d'analyse d'après l'équation $E=\frac{p}{ai}$; on suppose la surface de la section égale à 1 mètre carré, et l'allongement égal à 1 mètre courant.

Ces principes étant admis, nous pouvons maintenant les traduire en langage algébrique.

Extension. — Les conditions d'équilibre des corps soumis à des efforts de traction, devant produire l'extension, reposent sur des considérations très-simples ; la résistance qu'un corps présente à la traction est d'autant plus grande, que la section transversale de ce corps présente plus de surface, ou en d'autres termes, la résistance des corps étendus est proportionnelle à leur section transversale.

Nous pouvons rappeler que les allongements sont proportionnels aux forces qui les produisent.

Le module d'élasticité est :

Pour le bois de chêne......................	999 000 000
Pour le bois de sapin......................	1 113 000 000
Pour le fer................................	20 000 000 000
Pour la fonte..............................	9 096 000 000

L'altération de l'élasticité étant produite, les allongements croissent beaucoup plus rapidement par rapport aux charges qu'avant cette altération et, par conséquent, il importe de connaître la limite des charges à laquelle cette altération commence à se produire.

Afin de déterminer les charges limites ou l'effort de traction qu'on peut faire supporter aux corps d'une manière permanente, il ne suffit pas d'appliquer la limite de la charge qu'une pièce peut supporter par chaque unité de section ; il faut se mettre à l'abri de l'effet des surcharges et des efforts accidentels. Il est donc prudent de veiller que la charge permanente soit telle, que l'allongement ne dépasse pas la moitié de celui qui correspond à la limite d'élasticité, et pour que cet allongement n'atteigne pas cette limite, on calcule la charge en conséquence. Généralement on admet pour la sécurité voulue $\frac{1}{6}$ de la charge de rupture dans les métaux et $\frac{1}{10}$ de la charge de rupture dans les autres corps.

Ainsi, pour citer un exemple, nous disons que dans le fer forgé les allongements croissent en raison directe des charges jusqu'à la charge de 15 kilogrammes par millimètre carré, et qu'au delà de cette charge les allongements croissent très-rapidement et plus que proportionnellement aux charges.

C'est d'après de pareilles expériences que le relevé suivant a été établi :

Matériaux soumis à l'extension.	Charge qu'on peut faire supporter avec sécurité par un mètre carré de section.	
Chêne	200 000	kilogrammes.
Sapin	800 000	—
Cordages	2 200 000	—
Courroies en cuir	250 000	—
Acier (suivant sa nature)	6, 12, 17 000 000	—
Arcs en fer ou en fonte	4 200 000	—
Bronze	4 000 000	—
Câbles en fil de fer	5 000 000	—
Chaînes en fer	4 500 000	—
Cuivre rouge	4 200 000	—
Fer en barres	7 000 000	—
Fer forgé et le plus fort	10 000 000	—
Fil de fer	14 000 000	—
Fil de platine	19 000 000	—
Fonte	2 100 000	—
Tôle tirée dans le sens du laminage	7 000 000	—
Tôle tirée dans le sens perpendiculaire	6 000 000	—

Un exemple va nous faire comprendre l'utilité de ces chiffres.

L'effort de traction qui romprait une tige de fer de 1 mètre carré de section est égal à un poids de 30 millions de kilogrammes qui serait suspendu à son extrémité. Ce poids est égal à une tige de fer de 1 mètre carré de section et d'une hauteur (x) à déterminer; comme le poids du mètre cube de fer est de 7 700 kilogrammes, on a l'équation

$$x \times 7\,700 = 30\,000\,000;$$
$$x = 3\,896 \text{ mètres.}$$

On peut employer avec sécurité des tiges de fer de section uniforme d'une longueur de 1 039 mètres; elles se rompraient avec une longueur de 3 896 mètres, car leur propre poids agirait comme charge. Il faut tenir compte du poids des tiges dans les sondages et les pompes; l'épaisseur de ces tiges peut être calculée d'après la formule suivante :

$$d = \sqrt{\frac{1{,}273\,P}{8\,000\,000 - pl}}$$

(d est le diamètre en mètres; P, la charge ou la tension; p, le poids du mètre cube de fer; l, la longueur.)

Compression. — Les conditions d'équilibre des corps soumis à la compression sont déterminées par les principes suivants :

La résistance contre l'écrasement est proportionnelle à la section du corps comprimé, à charge égale ; les effets de la compression sont proportionnels aux charges.

Le dernier effet de la compression ou l'écrasement dépend de la nature des corps et de leur forme ; ainsi, dès que les limites de l'élasticité sont dépassées, les cubes se divisent en pyramides, la fonte se fendille, les bois se déchirent, les métaux, par de fortes compressions, diminuent de volume.

La résistance des pyramides tronquées est proportionnelle à leurs bases. La résistance des rouleaux et des sphères est proportionnelle au carré du diamètre.

Le module d'élasticité relativement à la compression est :

E (fer) = 16 300 millions. E (fonte) = 8 800 millions.

Pour les autres corps, on applique à la compression les modules de l'extension. Mais, comme précédemment, on prend une faible partie de la charge de rupture pour charge de sécurité.

Les chiffres qui vont suivre servent à titre de comparaison ou d'appréciation dans les projets. Chaque fois qu'on procède à une construction de quelque importance, on répète les expériences avec les matières qu'on se dispose d'employer avec des pièces d'un centimètre carré ou d'un calibre appliqué dans la construction respective.

Matériaux soumis à la compression.	Charge qu'on peut faire supporter avec sécurité par un mètre carré de section.	
Bois de chêne	380 000	kilogrammes.
Sapin	370 000	—
Cuivre rouge	7 000 000	—
Fer	6 000 000	—
Fonte	12 000 000	—
Plomb	500 000	—
Basalte	2 000 000	—
Béton	40 000	—
Brique dure	150 000	—
Calcaire	310 000	—
Grès	900 000	—
Mortier	35 000	—

La résistance d'une pièce contre l'écrasement dépend aussi de sa longueur ; car si un cube de 1 mètre supporte une charge déterminée, il n'est pas dit qu'un poteau de 100 mètres de hauteur, mais également de 1 mètre de section, supporte ce même poids ; on a donc introduit dans la formule de résistance la hauteur, et on a obtenu la formule pratique

$$P = \frac{256\, b^4}{l^2}$$

(P est le poids en kilogrammes dont un poteau en bois peut être chargé avec sécurité ; c'est la dixième partie du poids qui produirait l'écrasement ; b est le côté de la base carrée ; l, la longueur du poteau ; le chiffre 256 est applicable au bois de chêne fort ; il devient 180 pour le chêne faible, 210 pour le sapin fort et 160 pour le sapin faible.)

Si la base du poteau est rectangulaire, et si a est le grand côté, b le petit côté, la formule devient :

$$P = \frac{256\, ab^3}{l^2}$$

Dans les pièces de support des machines on emploie généralement aujourd'hui des colonnes en fonte, dont la résistance est proportionnelle à la quatrième puissance du diamètre et en raison inverse du carré de la hauteur. Le renflement du diamètre vers le milieu n'augmente la résistance que d'un huitième.

En soumettant au calcul les règles qui viennent d'être annoncées, on obtient, pour la détermination des dimensions des piliers, les formules suivantes :

$$P \text{ (fonte)} = \frac{Rs}{1,45 + 0,0037 \left(\frac{h}{d}\right)^2}$$

$$P \text{ (fer)} = \frac{Rs}{1,55 + 0,0005 \left(\frac{h}{d}\right)^2}$$

(P en kilogrammes est la charge par centimètre carré ; R est la résistance à la rupture par compression au centimètre carré ; s la section en centimètres carrés ; h, la hauteur du pilier ; et d, son diamètre.)

En substituant dans cette formule la valeur de R,

R (fonte rupture) = 7 500 kilogrammes,
R (fer rupture) = 2 500 kilogrammes ;

et en exprimant la section s en fonction du diamètre,

$$s = \frac{\pi d^2}{4} = 0,78\,d^2$$

donc :

$$\text{P (fonte rupture)} = \frac{5\,850\,d^2}{1,45\,d^2 + 0,0037\,h^2}$$

$$\text{P (fer rupture)} = \frac{1\,950\,d^2}{1,55\,d^2 + 0,0005\,h^2}$$

Pour obtenir la valeur correspondant à la sécurité 1 250 (fonte) et 600 (fer), il faut substituer ces derniers chiffres dans les deux équations ci-dessus.

Flexion. — Si l'on pousse à la limite de rupture la flexion d'un solide placé sur deux appuis, la partie inférieure, devenue convexe, se déchire ; la partie supérieure, devenue concave, s'écrase. Ces deux parties, l'une allongée, l'autre comprimée, sont séparées par un plan qui ne s'allonge ni ne se comprime, et qui est le plan des fibres invariables ou la *fibre neutre ;* elle passe par le centre de gravité de figure. Quand on fléchit un solide encastré par une de ses extrémités, sa partie inférieure s'écrase et sa partie supérieure se déchire.

C'est sur l'existence de cette fibre neutre que repose la théorie de la résistance des solides à la flexion.

Parmi les sections d'un solide, il s'en trouve une pour laquelle la charge produit le maximum d'effet ; et qui est appelée *la section dangereuse ;* on la désigne aussi dans la pratique sous le nom de *plan de rupture.* La section d'encastrement est toujours la section dangereuse.

Pour faire disparaître cette section dangereuse, on n'a qu'à donner au solide une forme telle que toutes les sections présentent une résistance égale ; c'est ainsi qu'on constitue les solides d'égale résistance.

Un solide fléchi jusqu'à la dernière limite, où l'élasticité commence à s'altérer, prend une courbure qu'on appelle *la courbure élastique* ou simplement *l'élastique.*

Ces définitions étant adoptées, nous pouvons énoncer les conditions d'équilibre des corps soumis à la flexion ; elles sont déterminées par les principes suivants, basés sur des expériences et contrôlés par l'analyse :

1° Dans la flexion on admet l'égalité de la résistance à l'extension et à la compression ; l'élasticité de l'allongement est sensiblement la même que celle de la compression et de la tension. On se contente de former une moyenne entre les deux premiers coefficients d'élasticité et on l'applique à la flexion.

2° Dans un solide encastré ou reposant librement sur deux appuis et fléchi, les raccourcissements sont égaux aux allongements.

3° La flexion d'une pièce chargée à l'extrémité et encastrée à l'autre extrémité est proportionnelle à la charge et au cube de la longueur, laquelle est la portée ou le bras de levier. Si la charge était uniformément répartie, elle ne produirait qu'une flexion égale aux $\frac{3}{8}$ de celle qu'elle produirait si elle agissait comme précédemment à l'extrémité.

4° La flexion d'une pièce posée sur deux appuis et chargée au milieu est proportionnelle aux charges et aux cubes des demi-portées (distance entre les appuis). La flexion produite par une charge uniformément répartie est les $\frac{5}{8}$ de celle qui est due à la même charge placée au milieu de la longueur.

5° La flexion d'une pièce encastrée aux deux extrémités et chargée au milieu, est proportionnelle à cette charge et au cube de la moitié de la portée.

6° Les flexions à portées égales, s'il s'agit de pièces prismatiques, sont en raison inverse des largeurs et des carrés des épaisseurs, quel que soit le mode d'encastrement et de chargement, pourvu qu'il soit le même dans les solides comparés.

7° La résistance des pièces fléchies est en raison inverse de leur longueur et directement proportionnelle à leur largeur et au carré de leur épaisseur verticale. Cela prouve que les poutres doivent être placées de champ, c'est-à-dire sur leur petite base.

8° Les charges que peuvent supporter les pièces fléchies dans les limites de l'élasticité sont les suivantes :

Matériaux soumis à la flexion.	Charge qu'on peut faire supporter avec sécurité par 1 mètre carré de section.	
Acier	19 000 000	kilogrammes.
Arbres en fonte des roues hydrauliques	3 000 000	—
Bois de chêne	7 000 000	—
Fer forgé	8 500 000	—
Pièces de fonte pour machines	7 000 000	—

Quand les solides ne doivent prendre que des flexions très-petites, il faut, suivant les cas, diminuer encore les chiffres précédents. Les considérations locales sont presque toujours déterminantes pour le choix de la matière d'où dépend la flexion ; ainsi les planchers, les supports peuvent quelquefois fléchir sans de graves inconvénients ; les arbres des roues, les tourillons ne doivent jamais fléchir.

9° La charge à supporter dans les machines étant généralement donnée, de même que l'espacement des points d'appui, il s'agit de trouver pour le prisme fléchi la surface de la section. Cette section est dans la plupart des cas un rectangle (bh), La résistance maxima du rectangle est donnée par le rapport de $b : h :: 5 : 7$.

Voici les équations pour les deux cas du chargement à l'extrémité et du chargement uniformément réparti :

Notations. — b et h sont la base et la hauteur de la section ; P, la charge ; p, le poids du mètre courant du solide y compris le chargement uniforme ; l, la longueur du solide en dehors de l'encastrement.

SOLIDE ENCASTRÉ PAR L'UNE DE SES EXTRÉMITÉS (I).

Chargement à l'extrémité en négligeant le poids du solide :

$$bh^2 \text{ (fonte)} = \frac{Pl}{1\,250\,000}$$

$$bh^2 \text{ (fer)} = \frac{Pl}{1\,000\,000}$$

$$bh^2 \text{ (bois)} = \frac{Pl}{100\,000}$$

Chargement uniforme y compris le poids du solide :

$$bh^2 \text{ (fonte)} = \frac{pl^2}{2\,500\,000}$$

$$bh^2 \text{ (fer)} = \frac{pl^2}{2\,000\,000}$$

$$bh^2 \text{ (bois)} = \frac{pl^2}{200\,000}$$

$$\frac{bh^3 - 2b'h'^3}{h} = \frac{pl}{1\,250\,000}$$

(Fonte à double T ; $b'h'$ sont les dimensions de la nervure.)

$$\frac{bh^3+b^3h-b^4}{h}=\frac{pl}{1\,250\,000}$$

(Fonte ayant la section d'une croix ou solide à double nervure.)

$$h^3=\frac{pl}{192\,000}$$

(Balanciers en fonte qui ont une hauteur égale à douze ou seize fois l'épaisseur. Les nervures ont une largeur $\frac{1}{4}$ de la hauteur du balancier.)

SOLIDE ENCASTRÉ AUX DEUX EXTRÉMITÉS (II).

La résistance des corps encastrés aux deux extrémités est deux fois plus grande que quand ils reposent librement ; ce cas ne se présente que pour les pièces scellées dans les murs ; il faut alors que l'encastrement soit solide et qu'il ait au moins 1 mètre de portée.

A conditions égales, une pièce encastrée à ses extrémités supportera un effort quatre fois plus grand que dans le cas où elle n'est encastrée que par une de ses extrémités et chargée à l'autre ; cela provient de ce que la longueur du levier n'est que de la moitié dans l'encastrement aux deux extrémités et de ce qu'il y a deux surfaces d'encastrement et par conséquent une résistance double.

SOLIDE REPOSANT SUR DEUX APPUIS (III).

Chargement au milieu, en négligeant le poids du solide :

$$bh^2 \text{ (fonte)}=\frac{Pl}{4\,(1\,250\,000)}$$

$$bh^2 \text{ (fer)}=\frac{Pl}{4\,(1\,000\,000)}$$

$$bh^2 \text{(bois)}=\frac{Pl}{4\,(100\,000)}$$

Chargement au milieu, y compris le poids du solide :

$$bh^2 \text{ (fonte)}=\left[\frac{\frac{P}{2}+pl}{1250000}\right]\frac{l}{2}$$

$$bh^2 \text{ (fer)}=\left[\frac{\frac{P}{2}+pl}{1\,000\,000}\right]\frac{l}{2}$$

$$bh^2 \text{ (bois)} = \left[\frac{\frac{P}{2} + pl}{100\,000}\right]\frac{l}{2}$$

Chargement uniforme, y compris le poids du solide :

$$bh^2 \text{ (fonte)} = \frac{pl^2}{4\,(2\,500\,000)}$$

$$bh^2 \text{ (fer)} = \frac{pl^2}{4\,(2\,000\,000)}$$

$$bh^2 \text{ (bois)} = \frac{pl^2}{4\,(200\,000)}$$

Chargement à des distances inégales des points d'appui :

Si v et v' sont les distances de la charge à chacun des appuis, on substituera dans les formules précédentes à l la valeur $\frac{vv'}{l}$.

SOLIDE REPOSANT EN SON MILIEU ET CHARGÉ A SES EXTRÉMITÉS (IV).

Cette pièce résistera à un effort double de celui qu'elle eût supporté si elle avait été encastrée à une extrémité et chargée à l'autre, parce que chacun des poids placés aux extrémités n'agit que sur un levier égal à la moitié de la longueur de la pièce.

10° Les équations qui précèdent sont établies pour le cas également où l'on ne connaît pas le poids de la pièce. Ce poids ne peut être calculé que quand les dimensions en sont données ; mais ce sont précisément celles-ci qu'il s'agit de trouver. On y arrive par un artifice : on les calcule d'après ces formules, sans y faire entrer le poids ; on obtient ainsi les premières dimensions, et par conséquent le poids; on recommence ces calculs en ajoutant la moitié du poids qu'on vient de trouver à la charge, et on calcule de nouveau ces dimensions, qui alors sont assez exactes pour la pratique. Du reste, toutes ces fautes se corrigent d'elles-mêmes par le coefficient de sécurité qu'on prend égal à $\frac{1}{10}$ ou à $\frac{1}{12}$, etc. La pratique seule peut trancher ces questions, et elle les a tranchées effectivement dans le sens indiqué.

11° Les pièces qui offrent la même résistance dans toutes leurs sections sont appelées *solides d'égale résistance*. La section ou le profil est déterminé par la relation suivante :

$$y = h\sqrt{\frac{x}{l}}$$

(y, est l'ordonnée; x, l'abscisse de parabole, à compter du point d'attaque de la force; h, la hauteur et l la longueur de la pièce encastrée).

12° Pour qu'un solide fléchi ne dépasse pas les limites d'élasticité, et pour qu'il supporte avec sécurité les charges, il est utile de déterminer *à priori* la flèche de flexion qu'on peut donner et de calculer les dimensions du solide en conséquence. La formule générale qui exprime la grandeur de la flèche d'un solide prismatique encastré à une extrémité est :

$$f = \frac{P \frac{3}{8} pl^4}{Ebh^3}$$

(f, flexion avec la charge à l'extrémité.)

$$f' = \frac{pl^4}{Ebh^3}.$$

(f', flexion avec la charge uniformément répartie.)

(P est la charge; p, le poids du mètre courant de la pièce; l, la longueur; b, la base et h la hauteur de la section; E est le coefficient d'élasticité).

13° Le mouvement de la charge influe sur la flexion d'un solide. L'influence de la vitesse s'explique par la transformation de la force centrifuge en pression, car le poids se meut dans une courbe, qui est produite par la flexion. Mais comme cette flexion ne se développe que pendant le passage, il est évident que si la charge passe très-rapidement, cette flexion ne peut pas se manifester, et elle diminue au lieu d'augmenter, à partir d'une certaine vitesse. C'est ainsi qu'un patineur glisse sur la glace qu'il romprait s'il y passait lentement ou s'il y stationnait.

Torsion. — Les pièces des machines destinées à tourner opposent au mouvement une résistance dont l'effet est la torsion; on voit, lors de la mise en train de mécanismes, les roues motrices marcher quand les pièces éloignées sont encore au repos. Le mouvement fait donc faire un certain chemin à ces pièces, et comme elles sont fixes relativement au point où agit la résistance, le chemin est décrit autour de l'axe, et les pièces sont tordues. Cet effet a lieu dans les arbres de couche, dans les essieux, dans les tiges de sonde.

Voici les principales conditions de l'équilibre des corps soumis à la torsion :

1° Les déplacements absolus de chaque section du corps tordu sont proportionnels à leur distance de l'axe de rotation ;

2° Toutes les molécules qui se trouvaient sur une même ligne ou rayon, passant par l'axe avant la torsion, se retrouvent sur le même rayon après la torsion ;

3° Les pièces soumises dans les machines à la torsion ont aussi à résister à la flexion ; on calcule séparément les dimensions relatives à chacune de ces forces, et on en adopte naturellement la plus grande ;

4° Les équations d'équilibre des corps tordus sont les suivantes :

$$d^3 = \frac{Pm}{c}.$$

(d est le diamètre d'un arbre ; P est la force en kilogrammes agissant au bras de levier m; c, le coefficient (fonte ou fer) = 30 000 à 250 000 ; (bois) = 20 000 à 40 000.)

Dans les arbres creux, le diamètre intérieur est égal aux $\frac{3}{5}$ du diamètre intérieur.

Tourillon en fonte des roues hydrauliques (diamètre) :

$$d^2 = \frac{P}{736\,000}.$$

Tourillon en fer des machines à vapeur (diamètre) :

$$d^2 = 06\sqrt{P}.$$

Pour les essieux, on admet (fer de première qualité) :

$$d^3 = \frac{pl}{700\,000}.$$

(p est la charge qui pèse sur l'essieu et l sa longueur.)

Finalement, si l'on veut exprimer le diamètre du tourillon en fonction de chevaux-vapeur, on a :

$$d^3 = \frac{tc}{n}.$$

(t est la force en chevaux, c le coefficient et n le nombre de révolutions de l'arbre par minute.)

Généralement le diamètre des tourillons est égal à leur longueur.

CHAPITRE II.

ORGANES DES MACHINES.

Les divers organes des machines ont pour but :

De transmettre le mouvement afin de l'utiliser dans un lieu déterminé (une courroie qui transmet le mouvement d'une machine à vapeur à un tour) ;

De transformer les mouvements pour exécuter un travail donné (un rouleau sur lequel on fait rouler une pierre en la poussant) ;

De diriger, de guider les mouvements, de manière qu'ils ne s'écartent pas de la route tracée (un rail qui dirige une locomotive) ;

Enfin de régulariser l'action des moteurs, pour opérer d'une manière correcte et économique (un frein qui arrête un wagon).

D'après cette définition, ces organes se trouvent classés en quatre catégories. Afin que l'on puisse bien s'en rendre compte, nous en donnerons ici le tableau synoptique :

Organes de transmission des mouvements.

Axes ou essieux, balancier, pédale et touche, coin, vis, poulies, moufles, corde ou courroie sans fin, câbles télodynamiques, engrenages, chaînes, joint hollandais, embrayages, décliquetages, cylindre et piston (pour mémoire).

Organes de transformation des mouvements.

Roues et rouleaux, manivelle et bielle, cames, excentriques.

Organes de direction des mouvements.

Charnières, bandes à rebords (rails), coussinets ou paliers, glissières ou guides, galets, secteurs, parallélogramme de Watt (pour mémoire).

Organes de régularisation des forces motrices.

Volants, régulateurs, frein.

Quelques ingénieurs comprennent sous le titre d'*organes de réaction* les ressorts qui réagissent par leur élasticité et produisent des effets en sens inverse du premier mouvement. Nous ne partageons pas cette manière de voir. Les ressorts ne sont pas des organes de transmission, mais des accumulateurs de force; l'homme tend ces ressorts comme la vapeur recueille la force de la chaleur, qui a vaporisé l'eau. Leur place n'est donc pas ici.

Les divers organes dont nous aurons à parler ne sont pas toujours construits d'un seul morceau de fonte, de fer ou de bois; mais de plusieurs pièces qu'on doit assembler avec le plus grand soin. Le bon assemblage distingue la bonne machine. Cet assemblage s'opère sur deux pièces fixes, ou sur une pièce fixe avec une pièce mobile, ou sur deux pièces mobiles, ou sur des pièces déjà assemblées avec d'autres pièces. Généralement, pour l'assemblage de barres de fer, ou de plaques de tôle, on superpose les pièces à assembler sur une longueur suffisante. On les perce de trous dans lesquels on passe des rivets, des boulons. L'expression ordinaire de ce travail est la chaudronnerie; un atelier spécial, qui porte ce nom, se trouve dans tous les grands établissements de construction, tels que les dépôts de chemins de fer, les fabriques de machines.

Pour assembler des tiges cylindriques situées dans la même ligne, on emploie les douilles, qui sont de petits cylindres creux avec des pas de vis, ou simplement creusés et percés latéralement pour recevoir des clavettes.

Quand les barres de fer ne peuvent pas être assemblées par superposition, le problème alors devient très-difficile, comme cela a lieu pour la jonction des rails. Les ingénieurs dans tous les pays se préoccupent de cette grave question que nous aurons à examiner dans le chapitre des machines de chemin de fer.

Pour que ces mouvements aient lieu d'une manière uniforme, il faut que les machines reposent sur des appuis inébranlables et rigides, nommés *supports*, *bâtis* ou *châssis*, en fer, en fonte, en pierre des taille, ou en maçonnerie; on exclut autant que possible le bois, à cause de sa flexibilité.

§ 1. — ORGANES DE TRANSMISSION DES MOUVEMENTS.

Parmi les organes de transmission des mouvements, nous en rencontrerons plusieurs qui, au nombre de six ou de sept, étaient autrefois appelés les *machines simples* et comprenaient : le levier ou balancier, le coin, la vis, le plan incliné (auquel nous avions consacré le paragraphe 11 des principes de mécanique), la poulie, le treuil, qui est la combinaison de la poulie avec le levier ; la septième machine simple était la corde, ou plutôt un assemblage de cordes dit *machine funiculaire* (du latin *funis*, corde), dont plusieurs points sont sollicités en divers sens par des puissances et des résistances ; telles sont les cordes qui étendent les voiles des vaisseaux.

Mais on n'aimait pas compter cette machine, uniquement parce qu'on n'aimait pas le nombre sept, qui est un nombre cabalistique ; six, au contraire, était considéré comme un nombre heureux promettant bonheur.

Axes ; essieux ; arbres de couche. — On donne au prisme ou au cylindre de métal ou de bois qui traverse les roues divers noms : le nom d'*axe*, quand il s'agit de théorie ; le nom d'*essieu*, quand deux roues égales y sont attachées, et le nom d'*arbre*, ou d'*arbre de couche*, quand il est placé horizontalement dans les machines fixes.

On distingue dans les essieux ou les arbres deux parties : *le corps*, partie du milieu ; *les fusées* ou *tourillons*, leurs extrémités qui reposent sur les paliers ou coussinets. Ils sont raccordés avec le corps de l'essieu au moyen du *congé* (petit plan incliné), pour ne pas déterminer un plan de rupture. Afin que l'essieu reste en place, on munit les fusées d'un rebord, appelé *collet*. Si l'essieu est vertical, le tourillon se nomme *pivot*.

La section des essieux est tantôt circulaire, tantôt polygonale ; quand on peut donner un grand diamètre aux arbres de couche, on peut les couler creux, s'il s'agit de fonte. Le fer est préféré pour les petites forces à transmettre, parce que l'essieu est petit aussi ; on emploie également le fer, si les essieux ont des chocs à supporter. Nous reviendrons souvent sur ces définitions, que des dessins nous feront alors mieux comprendre.

Balancier (fig. 38). — C'est une des formes les plus simples du levier; il oscille autour de son axe *cs*, et transmet un mouvement rectiligne de va-et-vient; quand le point *b* descend, le point *c* monte. La section *aa* placée au-dessous du point *m* est faite suivant *nm*. Il y a aussi un balancier à trois branches qui ne sert que dans les mines; à son centre s'élève verticalement une branche à laquelle la machine motrice à action horizontale imprime un mouvement de va-et-vient; par l'une des extrémités du balancier est mise en mouvement une pompe; à l'autre extrémité est placé un contre-poids.

Considéré au point de vue de la statique, le balancier est un solide chargé aux deux extrémités et appuyé en son milieu; sa forme *cab* est parabolique; son épaisseur, non compris les nervures, est uni-

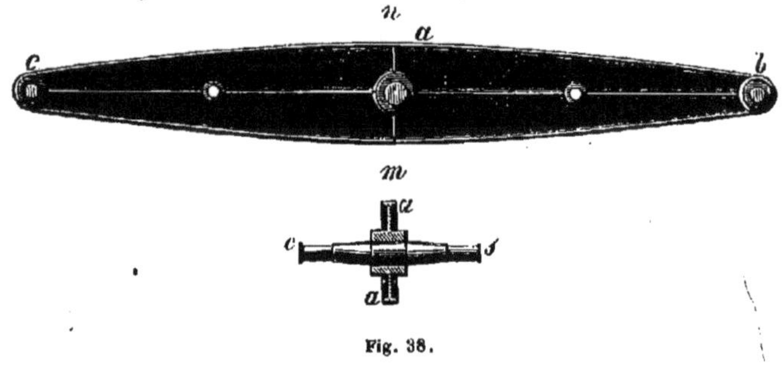

Fig. 38.

forme; elle est égale à un douzième de la hauteur; si les nervures sont supprimées, on aura un sixième. Il s'agit du balancier en fonte; si la puissance de la machine dépasse 150 chevaux, il faut le construire en fer.

Dans les machines à vapeur, la longueur du balancier est égale à trois fois le diamètre du cylindre.

Les bielles et les manivelles, appendices du balancier, sont également des organes de transmission, mais qui transforment aussi le mouvement; il en sera donc question au paragraphe suivant.

Pédale et touche. — Ces deux organes primitifs sont destinés à transmettre délicatement la force de l'homme (fig. 39 et 40).

La *pédale ao* est fixée à son support *da* par une charnière au point *a*; du moment que le pied presse, la tige *s* descend et transmet ainsi le mouvement.

Avec la *touche* (fig. 40), la transmission a lieu d'une manière pareille. C'est aussi un levier dont le point d'appui est en *a*; si la main presse, la tige *sb* descend.

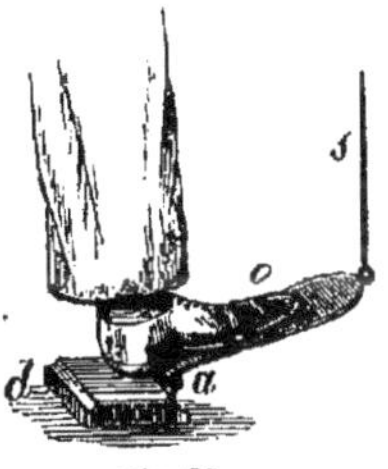

Fig. 39.

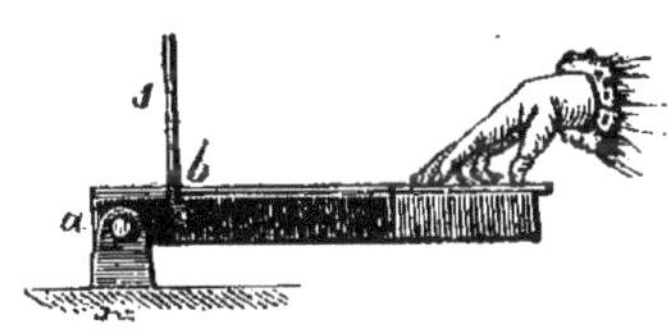

Fig. 40.

Par suite de la disposition de ses muscles, l'homme fournit à fatigue égale plus de travail sur une pédale que sur une touche. Mais là n'est pas la question; il ne s'agit que d'obtenir une très-grande rapidité des mouvements, comme dans les machines à coudre par des pédales, ou dans les pianos avec les touches. Ce n'est nullement la force, mais l'habileté qui est en jeu. Un Hercule ne toucherait pas comme un Listz vingt mille notes dans une heure, ou vingt notes pendant que vous comptez un, deux, trois.

Le coin. — Le coin (du mot grec κῶνος) est un prisme triangulaire isocèle en bois ou en fer sur la barre duquel agit la puissance par choc ou par pression; la ligne *ar* est la tête du coin, l'angle *c* en est le tranchant (fig. 41).

Fig. 41.

Pour établir les conditions d'équilibre du coin, on cherche à déterminer la valeur de la puissance *p* nécessaire à contre-balancer les pressions *s*,*s'* qui se font sentir sur les bords de la fente. Ces pressions sont perpendiculaires aux faces *ac*, *rc*. Si on représente ces pressions par les lignes *c'i* et *c'i'*, on construit aisément le parallélogramme [*ii'*; la diagonale *c'* est donc la résultante ou la force *p*. Les Δ du coin et du parallélogramme sont semblables (comme ayant leurs côtés perpendiculaires les uns sur les autres). On en déduit que le rapport de la force *p*, à la pression latérale *s*, est le même que celui de la ligne horizontale *ar* à la ligne *ac*; donc, plus l'angle *c* sera aigu, plus la force nécessaire pour produire l'écartement sera faible. On voit aussi que plus le tranchant est aigu, moins les déplacements des parties *s*, *s'* sont grands pour un même chemin parcouru par le coin; donc les résistances *s*, *s'* peuvent être très-grandes pour une même puissance *p*.

On se sert du coin pour écarter deux corps l'un de l'autre, ou pour fendre un seul et même corps, ainsi que les bûcherons ont l'habitude de diviser les troncs d'arbres en bûches.

Le coin a de nombreuses applications dans l'industrie; tous les outils à couper, à fendre, sont des coins qu'une force, agissant d'une manière continue, cherche à faire pénétrer dans les corps.

On connaît le proverbe : « Démontrer la vérité à certains hommes, c'est leur enfoncer dans la tête un coin par le gros bout. »

Fig. 42.

La vis. — Géométriquement, la vis se forme par la rotation d'un point autour d'un cylindre, tout en s'élevant d'une petite quantité; la courbe décrite est l'hélice (fig. 42). Mécaniquement, les vis se fabriquent au moyen de machines-outils spéciales, espèces de filières.

La vis ou l'hélice joue aujourd'hui un grand rôle dans les bateaux à vapeur.

La ligne qui tourne autour d'un cône est la spirale, qui donne également une vis : c'est la *vrille* le *tire-bouchon*, le *pieu à vis* des fondations (fig. 43) ou le *screwpile ab*, qui tend à remplacer le pieu battu; au moyen de cabestans, on l'enfonce dans le sol en le tournant comme dans le bouchon d'une bouteille.

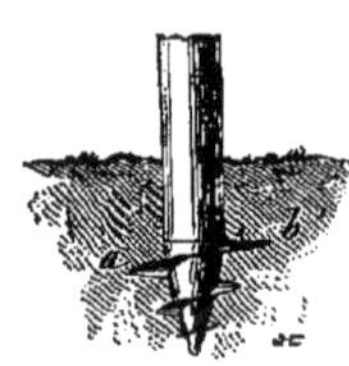

Fig. 43.

La vis n'est souvent qu'un clou tourné qu'on fait entrer dans le bois ou le métal, et qui y tient mieux qu'un clou uni ordinaire; qui ne sait pas cela?

La vis est une application du plan incliné, dont la longueur est représentée par la circonférence du cylindre sur lequel elle est formée et dont la hauteur est le pas de vis; donc, plus la circonférence de la vis sera grande, comparativement à la hauteur du pas, plus l'avantage sera grand; si la force agit à un levier, l'avantage mécanique sera exprimé par le rapport entre la circonférence extérieure du levier et la hauteur du pas.

Le pas d'une vis est la distance entre le milieu des filets, qui sont carrés ou triangulaires suivant qu'ils sont engendrés par un triangle ou un rectangle se mouvant autour d'un cylindre. S'il y a plusieurs filets, le pas est la hauteur dont s'élève la courbe pour un tour de vis (fig. 44), la vis *a* est triangulaire, le vis *b* est carrée, *aa'* et *a'b* sont les écrous.

Fig. 44.

Dans le cas où la vis sert à transmettre de grandes pressions, elle se compose de deux parties : du cylindre et de l'écrou, qui est la pièce fixe ou de résistance. Cet écrou ou moule est revêtu dans sa surface concave d'un autre filet qui remplit exactement les intervalles que laissent entre eux les filets de la vis ; la tête de la vis, ou l'écrou, est tournée au moyen d'un tournevis.

Nous verrons de nombreuses applications de la vis. En attendant, nous appelons l'attention sur la *vis sans fin*, *ab* ; elle tourne par la manivelle *bc* dans un engrenage *gg* (fig. 45) qui cède; donc elle tourne constamment sur elle-même, de là son nom. On l'emploie à transmettre des mouvements très-doux, presque insensibles, dans les instruments de précision surtout.

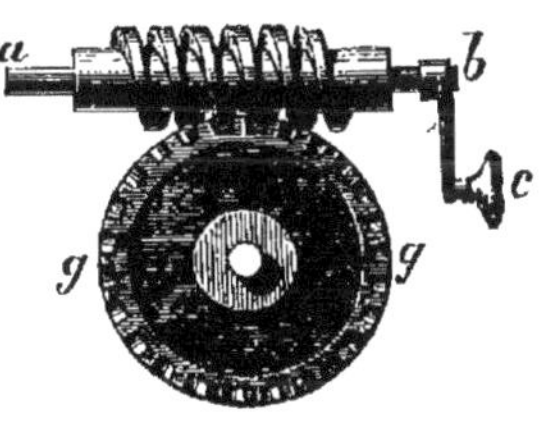

Fig. 45.

La vis sans fin peut également servir à élever des fardeaux, du moment qu'une corde s'enroule sur l'arbre de la roue d'engrenage ; une très-petite force appliquée à la manivelle suffit pour enlever un fardeau considérable ; mais il faudrait trop de temps pour cette vulgaire opération.

La relation d'équilibre d'une vis peut être exprimée ainsi qu'il suit :

L'effort exercé sur le bras de levier attaché à une vis, pour vaincre le frottement et pour produire une pression donnée, est déterminé par l'équation :

$$P = \frac{rQ}{m} \left(\frac{h + 6fr}{6r - fh}\right).$$

(P, est l'effort ; Q, la pression à produire ; *m*, le bras de levier ; *r*, le rayon du filet de la vis ; *h*, le pas de la vis ; *f*, le coefficient de frottement.)

Si l'on veut se contenter d'une approximation, on n'a qu'à appliquer la règle suivante : Multiplier la pression à produire par le pas de vis et diviser par la circonférence décrite par le levier.

Exemple. — Quelle puissance faut-il appliquer à un levier de $0^m,40$ et sur une vis d'un pas de $0^m,02$, pour produire une pression de 7 000 kilogrammes ?

Il faudrait $\frac{7\,000 \times 2}{\text{circ } 251} = 56$ kilogrammes.

L'avantage mécanique serait 7 000 divisé par 56 ou 125, c'est-à-dire avec la force on a un effet 125 fois plus grand. Il ne faut pas oublier que ces 56 kilogrammes n'expriment qu'un effort théorique, un équilibre idéal. Dans la réalité, la vis exerce un très-grand frottement sur l'écrou ; il faut donc doubler ou tripler la force pour obtenir un effet réel.

Les poulies. — Un disque en bois ou en métal, tournant autour de son axe, constitue la poulie ; elle peut tourner librement avec son axe ; si l'axe est fixe, elle tourne dans une chape ; on creuse alors le bord de la poulie *o*, et on fait passer une corde dans sa gorge. Si la poulie devient très-grande, si le disque se change en cylindre, elle prend le nom de *tambour*, sur lequel s'enroule la corde ou le câble. Il y a des poulies taillées en cône, dont chacune de ses sections a un diamètre différent ; on les appelle aussi *poulies à diamètre variable* (fig. 46 et 47).

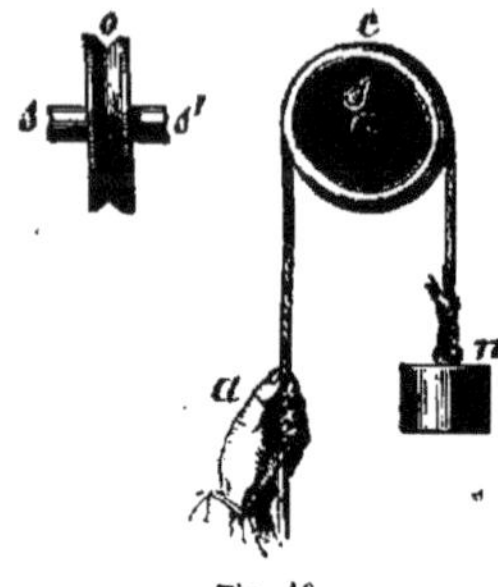

Fig. 46.

Les poulies petites sont pleines, les poulies grandes sont évidées ; ce sont alors des bras, des rayons ou rais, qui soutiennent le pourtour d'un cercle.

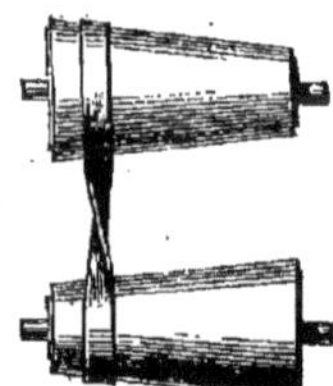
Fig. 47.

Ainsi, nous avons à envisager deux espèces de poulies : les poulies fixes et les poulies mobiles.

Les premières tournent autour de leur axe sans changer de place, et servent, au moyen de cordes, de chaînes ou de courroies, à changer la direction de la force motrice sans aucun avantage mécanique ; la force reste égale au fardeau ; néanmoins elles facilitent le mouvement en ce sens qu'en tirant de haut en bas, on ajoute le poids du moteur à la puissance, — avantage purement théorique. — L'axe *ss'* est fixe (fig. 46). Au moyen de la corde *acn* on soulève le poids *n*, qui est égal à la force *a*.

Les secondes poulies — ou poulies mobiles — roulent sur leur corde et agissent comme des leviers. Avec une seule poulie mobile, on double l'effort de la puissance. A l'extrémité de la corde, on applique une force de 10 kilogrammes, elle équilibre une charge de 20 kilogrammes; cet avantage résulte de ce que la poulie mobile, se trouvant soulevée par les cordons, ne s'élève que d'un espace égal à la moitié de l'espace parcouru par la puissance; or, si la puissance avance de $0^m,06$, la charge ne s'élève que de $0^m,03$, et $10 \times 6 = 20 \times 3$.

Cette condition cependant n'est remplie que si les cordes sont perpendiculaires; si elles sont inclinées, la force est la composante d'un parallélogramme dont la diagonale est le fardeau; si la corde est horizontale, les forces sont infinies, ou, en d'autres termes, aucune force n'est capable de tirer un fil horizontalement.

Nous l'avons déjà dit: ce fil a un certain poids qui agit verticalement et ne peut pas être annulé par une force horizontale.

Les poulies servent principalement à élever ou à traîner des fardeaux, ainsi qu'à transmettre des forces sur des courroies et des câbles.

Dans les manufactures, les poulies sont calées sur un seul et même arbre, qui s'étend d'une extrémité de l'atelier à l'autre; des courroies vont de ces poulies à celles qui font marcher les instruments des divers établis.

Nous ferons remarquer encore que la poulie fixe, qui ne peut donner aucun avantage mécanique, est néanmoins très-utile pour les changements de direction. Ainsi les mineurs l'emploient pour sortir d'un puits peu profond. La poulie est fixée en haut du puits et la corde pend des deux côtés; le mineur attache à sa ceinture un des bouts pendants, s'accroche à l'autre bout, qu'il tire avec force, et finit par se hisser lui-même jusqu'à la sortie du puits.

La moufle (de l'allemand « moffel ») (*). — Plusieurs poulies réunies dans la même chape, mais indépendantes les unes des autres, constituent la moufle, qu'on appelle *palan* dans la marine.

Les dimensions des pièces composant les moufles sont déterminées par la résistance de la matière; l'épaisseur de la corde détermine l'épaisseur de la poulie, dont la grandeur est indifférente quant à l'équilibre. — L'agencement des cordes et des poulies, dont les moufles se composent, présente encore assez de difficultés, lorsque le nombre des poulies devient tant soit peu considérable. On peut distinguer deux

(*) Le moufle (au masculin) est un four en usage chez les essayeurs de métaux.

systèmes : les moufles dont les poulies ont des axes différents et celles dont les poulies ont le même axe.

Dans le premier système, chacun des équipages supérieur et inférieur a deux rangs de poulies ; le supérieur est fixe, les poulies d'en haut y sont plus grandes que celles d'en bas ; dans le rang inférieur, c'est l'inverse.

Fig. 48. Fig. 49.

Cette moufle (fig. 48), appelée aussi *mouflette*, est attachée au point *c* ; au crochet *l* est suspendu le fardeau. La corde *abc* passe sur la poulie *d* et sous la poulie *i*, remonte sur la poulie *e*, passe sous la poulie *h*, sur *f*, sous *g* et se fixe à la chape supérieure sous *f* ; le poids *l* est remonté. C'est très-simple. Si maintenant on lâche la corde, elle remonte de *a* vers *b* ; toutes les les poulies tournent en sens inverse, et les poulies *i*, *h* et *g* descendent.

Le deuxième système comprend des poulies qui sont creusées dans une même pièce ; leurs diamètres ont été calculés de telle sorte, que pour un câble d'une grosseur déterminée les vitesses de rotation de toutes les poulies doivent être les mêmes ; cette disposition offre l'avantage d'éviter les frottements multiples qui résultent de l'emploi d'un grand nombre d'axes séparés. Par l'inspection de la figure 49, on se rend compte de cette manœuvre.

L'avantage mécanique de la moufle résulte de ce que l'espace parcouru par la puissance dans un temps donné est égal à la somme des raccourcissements des cordons enroulés sur les poulies mobiles, tandis que la résistance ne s'élève ou ne parcourt que le quotient de l'espace divisé par le nombre des cordons.

Les tensions de la corde sont partout les mêmes ; s'il y a cinq cordons de chaque côté, dix en tout, ils tiennent en équilibre un poids dix fois plus grand.

L'homme, dont l'effort en tirant est de 60 kilogrammes, peut tenir en équilibre 600 kilogrammes ; avec une moufle, il peut soulever un cheval.

Ainsi, pour calculer soit la puissance, soit la résistance, on a les règles suivantes :

Divisez le poids à élever par deux fois le nombre de poulies, le quotient exprimera la puissance nécessaire pour contre-balancer cette résistance.

Multipliez deux fois le nombre de poulies par la puissance, vous aurez la résistance.

Au moyen de ces deux règles, on calcule les conditions d'équilibre ; pour produire le mouvement, il faut employer un excès de force, lequel dépend du frottement.

Corde ou courroie sans fin. — (Fig. 50) *a*, corde ; *b*, courroie. Une courroie sans fin, *n'n* (fig. 51), est une courrroie dont les deux bouts sont fixés l'un contre l'autre avec des pointes en métal, si elle est en cuir ; ou ils sont cousus, si elle est en toile. Cette courroie roule sur une poulie dont le pourtour est bombé, de $\frac{9}{10}$ de la largeur. Afin que la rotation puisse avoir lieu, il faut que la courroie soit suffisamment tendue et que l'adhérence l'empêche de tomber. Il faut ensuite qu'un des brins (les deux parties opposées d'une courroie s'appellent *les brins*) soit plus tendu que l'autre ; celui qui donne le mouvement est le brin moteur. En d'autres termes, la force à transmettre doit être supérieure à la résistance, sinon la courroie glisse sur la poulie.

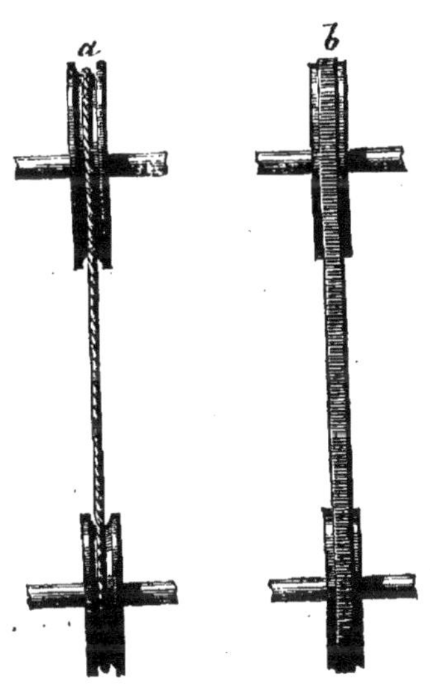

Fig. 50.

Si la tension d'une courroie est insuffisante, on emploie le *rouleau de tension*, *c*, qui produit la pression voulue. Mais cette tension ne doit pas être poussée au point d'étendre la courroie, car on augmenterait sans nécessité les frottements sur les coussinets, dans lesquels tournent les axes *aa* (fig. 51).

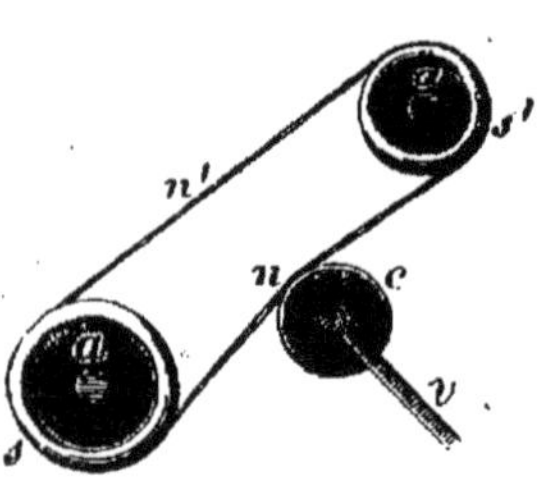

Fig. 51.

Pour arrêter le mouvement, on fait glisser, au moyen d'une fourchette, la courroie sur un tambour qui n'est pas fixé à l'arbre et y tourne librement : c'est la *poulie folle*. Pour continuer le mouvement, on repousse la courroie en place. Pour empêcher autant que possible les courroies de glisser d'elles-mêmes, on les croise. Figure 52, la courroie *rsc* retournée sur les deux brins se trouve croisée au point *x*.

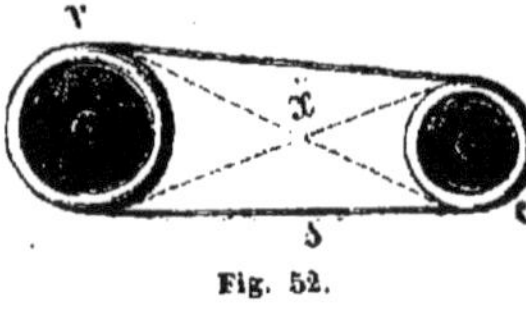

Fig. 52.

Les courroies à surface lisse sont préférables aux courroies rayées. Les courroies doivent être flexibles ; il faut donc graisser de temps en temps les courroies en cuir, afin qu'elles ne se dessèchent pas.

Ces organes sont destinés à transmettre des mouvements très-rapides et à de grandes distances, par exemple dans les filatures ; la force souvent y est pour peu de chose, puisque le travail à effectuer n'est que délicat et doit être fait vite : tourner des bobines, etc.

On se sert également des courroies dans les machines-outils des grands ateliers, où il faut donner la force motrice à plusieurs machines à la fois. Si une courroie rencontre des résistances anormales, elle glisse sur la poulie et il n'arrive aucun accident ; tandis que d'autres organes de transmission dans ces circonstances peuvent se casser ou briser quelques pièces de la machine motrice.

Les courroies ne transmettent pas toute la force ; le déchet qui dépend de leur élasticité est de 2 pour 100 du nombre des rotations des poulies.

Pour déterminer l'épaisseur et la largeur des courroies, on peut se guider d'après les règles suivantes : Les courroies doivent supporter une tension de $0^k,25$ par millimètre carré de section ; une courroie de $0^m,08$ de largeur et douée d'une vitesse de 160 mètres par minute peut transmettre la force de 1 cheval.

La formule la plus usitée pour calculer la largeur des courroies, qui est également l'épaisseur de la poulie, est :

$$b(\text{largeur en centimètres}) = \frac{128p}{dne}$$

(p est la force en chevaux ; d, le diamètre de la poulie ; n, le nombre des tours par minute ; e, l'épaisseur de la courroie en centimètres.)

Il existe encore une deuxième formule pour déterminer cette largeur b en mètres.

$$b = \frac{p}{v} f$$

(p est la force en chevaux ; v, la vitesse de la courroie ; f, le coefficient $= 0,15$ pour les arbres de couche et $= 0,20$ pour les pivots.)

La largeur des courroies doit être en raison directe des puissances à transmettre, la vitesse restant la même.

Pour un même travail, les largeurs des courroies sont en raison inverse des vitesses avec lesquelles elles se meuvent.

Les forces et les résistances dans ce système sont proportionnelles aux rayons des poulies ou tambours sur lesquels agissent ces courroies.

Quand une fois on est engagé dans les équations, il est difficile d'en sortir, parce que l'une conduit à l'autre ; ainsi on a calculé la pression du rouleau de tension, et on l'a trouvée égale à :

$$p = 2q \cos \frac{1}{2}\alpha$$

(q est la tension du brin sur lequel agit le rouleau ; α, l'angle ou l'inflexion de ce brin au point n, fig. 51.)

A moins de considérer cette formule comme un exercice mathématique, nous n'en voyons pas trop l'utilité, car dans la pratique on ne s'en préoccupe pas. Quand l'ouvrier, qui surveille les machines et la mise en train des courroies, veut rapprocher ou éloigner ces courroies, il presse doucement sur le rouleau ou sur la manette v qui le commande, et il arrive par le tâtonnement à obtenir la pression voulue, qu'il sent déjà dans sa main.

Câbles télo-dynamiques. — Ce sont des câbles ou cordes qu'on emploie pour la transmission des forces motrices, si la distance entre le moteur et la machine-outil devient considérable; car, dans ce cas, les courroies en cuir, qui s'étendraient ou s'allongeraient trop, ne pourraient plus opérer cette transmission.

D'autres organes de transmission, tels que des arbres reliés par des engrenages, seraient impraticables; ils absorberaient en frottement, en vibrations, en résistances de toutes sortes une part importante du travail moteur, dont on ne trouverait plus qu'une fraction minime à une distance de 300 mètres seulement.

Ces câbles télo-dynamiques (de τῆλε, loin, et δύναμις, force) sont composés de trente-six fils de fer ou d'acier, assemblés en six torons, avec une âme en chanvre; on les couvre tous les mois d'une légère couche de goudron pour les préserver de la rouille. On s'occupe beaucoup de les perfectionner; on a même offert, lors de l'Exposition universelle de 1867, de les utiliser comme ornementation dans les appartements, — espèces de guirlandes métalliques.

Les poulies sur lesquelles glissent les câbles doivent avoir au moins 1 mètre de diamètre; la gorge doit être profonde de $0^m,05$ et large de $0^m,04$. Le fond de la gorge est garni d'une bande de cuir ou de caoutchouc; les poulies doivent marcher avec la plus grande vitesse possible. Avec des câbles en fil de fer d'une section totale de $0^m,01$ de diamètre, on peut transmettre la force d'une locomobile qui se trouve à 150 mètres du chantier. Dans les distances considérables, on soutient ce câble de 100 mètres en 100 mètres par des poulies de support.

La grande facilité d'installation de ce système et son bon marché l'ont rapidement vulgarisé. Avec ces câbles on peut franchir les jardins, les hangars, les routes, les canaux, et chercher loin des fabriques la force motrice dans les rivières, les chutes d'eau, et, chose très-avantageuse, plus la distance est grande, plus le mouvement est doux, moelleux.

On peut aussi éloigner le moteur du lieu des travaux; on n'aime pas les locomobiles près des granges. Pour les poudrières, il est à conseiller d'espacer les bâtiments. Au moyen du câble télo-dynamique, ils se trouvent reliés entre eux et sont ainsi soustraits sinon à leur triste sort de sauter, au moins de sauter tous à la fois.

Cette transmission à grande distance repose sur ce principe connu: Le travail mécanique est mesuré par le produit de la force multipliée par la vitesse. Au départ, la force transmise par le câble est convertie en vitesse, et à l'arrivée la vitesse en force.

Cette invention n'est pas le résultat du hasard. Des tentatives infructueuses avaient été faites avec plusieurs substances, telles que des bandes d'acier, et on s'est arrêté à ces câbles. Je ne veux pas me donner la peine de descendre au fond d'anciennes mines pour retrouver l'application des cordes métalliques à la manœuvre des chariots sur les plans inclinés; le nouvel inventeur, M. Hirn, de Logelbach (Haut-Rhin), aurait pu les faire breveter et encaisser, en attendant le bénéfice résultant de ce mode de transmission de la force motrice; il ne l'a pas fait et a abandonné son procédé au public. J'adresse donc à M. Hirn, que je ne connais pas, mes compliments, et je lui demanderai la permission de visiter ses premiers câbles télo-dynamiques qu'il a établis à Colmar, si jamais mes pérégrinations s'étendent dans cette partie industrielle de l'Alsace.

Engrenages. — Les Egyptiens du temps de Ptolomée, et plus tard les Grecs, opérèrent des prodiges mécaniques au moyen des engrenages. A Rome, ces organes furent en usage déjà avant Jésus-Christ. Au dix-huitième siècle, on perfectionna les engrenages, qu'on tailla au moyen de machines.

Dès que le travail à exécuter exige soit une grande précision, comme dans les montres, soit une grande force, comme dans un laminoir, soit une transmission de force à petite distance, comme dans les deux cas, on emploie les engrenages.

L'engrenage *ab* droit s'appelle *crémaillère*. La petite roue *v* est le *pignon;* on la tourne avec la manivelle *cv;* le point *v* est fixe (fig. 53).

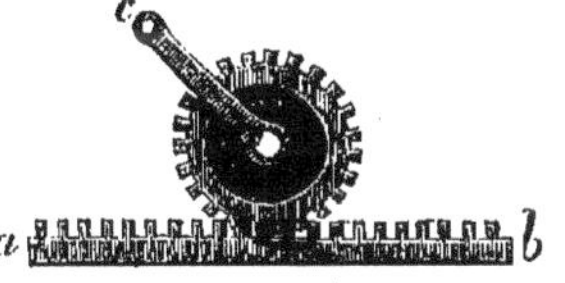

Fig. 53.

L'engrenage circulaire s'appelle *roue dentée*.

Les engrenages s'engrènent, c'est-à-dire ils font passer successivement les dents dans les *creux a*, qui sont les intervalles entre les dents.

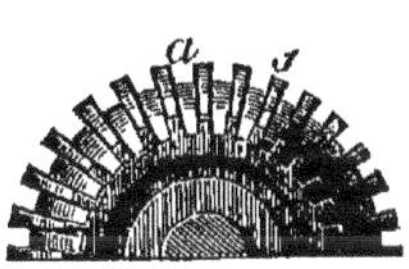

Les cercles sur lesquels les dents sont placées s'appellent *cercles primitifs* (circonférences primitives, rayons primitifs).

Fig. 54.

L'épaisseur des dents *s* (fig. 54) est leur dimension sur la circonférence; la longueur est leur dimension sur le rayon; la largeur est celle dans le sens de l'axe.

Si les roues ne sont pas situées dans un même plan, on les taille obliquement, coniquement, et on les appelle *roues d'angle* ou *roues coniques* (fig 55).

On voit que le mouvement vertical *aa*, *bb* est transmis en ligne horizontale *ab*, et réciproquement.

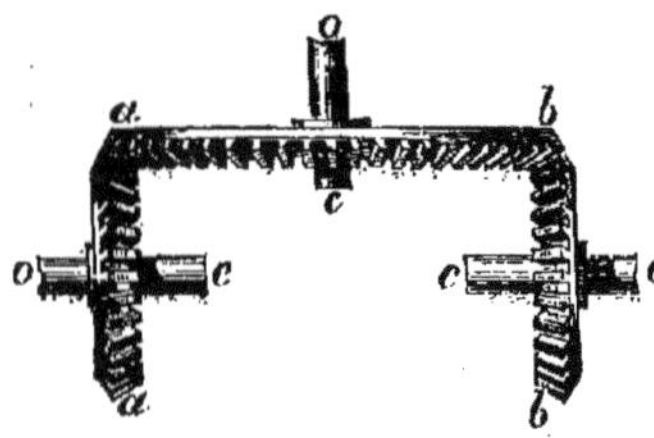

Fig. 55.

Les roues d'engrenage sont fixées (*calées*, c'est le terme technique) sur des arbres, essieux, axes, *oc*. Elles sont formées de toute espèce de matière : bois, cuivre, acier, fer, fonte. Les dents d'engrenage sont aussi en bois dur, et placées dans des cercles en fonte. Ces dents en bois font peu de bruit et donnent des mouvements très-doux, mais elles s'usent très-vite; aussi faut-il les remplacer quelquefois, ce qui peut se faire très-aisément; on n'a qu'à les sortir de leur alvéole en desserrant la clavette.

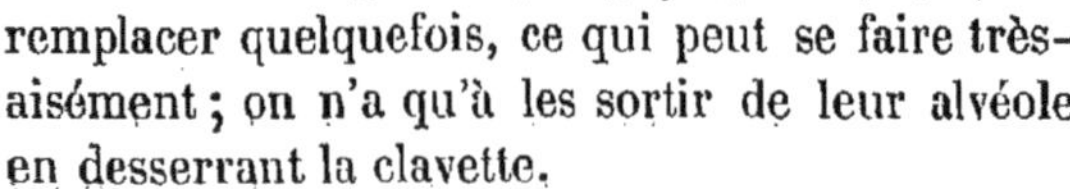

Fig. 56.

Au lieu d'une deuxième roue, on emploie souvent l'*engrenage à lanterne ;* ce sont deux plateaux en bois, réunis par des fuseaux également en bois ; en tournant la roue *b*, on fait tourner la lanterne *a*, dont l'axe *c* est parallèle à *b*, et par conséquent perpendiculaire à l'axe de la roue *b* (fig. 56).

L'*engrenage hélicoïdal*, ayant les dents dirigées obliquement au plan des roues, a l'avantage d'éviter les intervalles entre les emboîtements des dents, et dès lors les soubresauts et le bruit que font les engrenages droits disparaissent.

Tracé des engrenages. — Cette opération n'offre pas de difficultés du moment qu'on ne perd pas de vue les points suivants.

Pour arriver à la perfection dans tout système d'engrenages, il faut tailler les dents aussi nombreuses, et par conséquent aussi petites que possible. En multipliant les dents à l'infini, on n'a plus que deux surfaces en contact. L'adhérence suffit alors pour produire le mouvement de rotation, si les roues sont garnies de drap ou de cuir dans les mécanismes délicats dont la marche doit être très-douce.

Les arêtes des dents sont parallèles dans les roues droites ou cylindriques ; dans les roues coniques, ces arêtes convergent vers un seul et même point, centre des cônes, où se rencontrent les axes.

Suivant le soin avec lequel on veut exécuter les engrenages métaltiques, l'intervalle entre deux dents consécutives est égal à l'épaisseur de la dent, plus $\frac{1}{20}$ à $\frac{1}{40}$ pour le jeu. Dans les dents en bois, ce jeu monte à $\frac{1}{6}$.

Pour que la marche des engrenages soit douce, il faut tailler les surfaces de contact en courbe développante de cercle. Cette courbe est l'*épicycloïde*, qui est une modification de la *cycloïde*, laquelle est la courbe que décrit un clou fixé contre la roue d'une voiture lorsqu'elle marche. C'est à peu près comme une série de demi-cercles posés les uns à côté des autres, à l'instar des feuilles d'une rose.

Mais cela n'est qu'une considération théorique. Dans la pratique, on arrondit les dents avec une lime, et on ne saurait préciser, même au moyen d'un microscope, si ces courbes sont des arcs de cercle ou des épicycloïdes ; du reste, si les dents sont tant soit peu grandes, on taille les chablons d'après le procédé rigoureux. Donc il faut en revenir au dessin ; toujours dessiner, c'est notre constante recommandation ; un mois de lecture ne remplace pas un jour de dessin. Je conseille d'avoir pendant cette étude toujours un crayon à côté de soi, afin de traduire par de simples croquis ces démonstrations, qui alors se gravent bien mieux dans l'esprit. James Watt ne connaissait pas l'algèbre et n'a jamais voulu lire un livre de mécanique abstraite, mais il a continuellement dessiné.

Le dessin exerce le raisonnement autant que peut le faire le langage algébrique ; en plus, le dessin est compréhensible pour tout le monde ; aussi préfère-t-on généralement une image à une description.

Conditions d'équilibre des engrenages. — Ces conditions peuvent être exprimées ainsi qu'il suit :

1° Comme toutes les dents doivent être égales, sans cela elles n'engréneraient pas, il en résulte que les roues, qui sont entre elles comme leurs diamètres ou leurs rayons, sont aussi entre elles comme le nombre de leurs dents, et que les forces sont inversement proportionnelles au nombre des dents des roues;

2° Le rayon du pignon est au rayon de la roue comme l'unité est au nombre de tours que le pignon doit faire par tour de roue ;

$$r : r' = 1 : n.$$

(r et r' sont les rayons des cercles ; n, le nombre de tours que doit faire le cercle dont le rayon est r'.)

3° La grandeur des rayons est :

$$r = \frac{nd}{n+1}, \quad \text{et } r' = \frac{d}{n+1}.$$

($d = r + r'$, ou la distance entre les centres des rayons de ces cercles primitifs.)

4° Le nombre des dents, qui sont toujours égales dans un système d'engrenage, nous l'avons dit, est dans le même rapport que les circonférences des roues, et, par conséquent, dans le même rapport que leurs rayons ;

5° L'effort qu'une dent doit supporter dans la pratique est égal à la quantité maximum de travail transmis par la roue, divisé par la vitesse de la circonférence du cercle primitif ;

6° Les dimensions (en centimètres) des dents d'engrenage se mesurent ainsi :

(a est la largeur des dents parallèlement à l'axe de la roue ; b, l'épaisseur mesurée sur la circonférence du cercle primitif ; s, la saillie des dents sur l'anneau de la roue ; p la charge.)

$a = 4b$ (engrenage graissé marchant d'après la vitesse du cercle primitif au-dessous de $1^m,50$ par seconde.)

$a = 5b$ (engrenage graissé marchant d'après la vitesse du cercle primitif au-dessus de $1^m,50$ par seconde.)

$$b \text{ (fonte)} = 0,105\sqrt{p},$$
$$b \text{ (cuivre, bronze)} = 0,131\sqrt{p},$$
$$b \text{ (bois)} = 0,145\sqrt{p},$$
$$s = 1,5b.$$

7° Il résulte des conditions précédentes, que l'effet des roues dentées peut être calculé d'après le principe du levier, quant à la force et

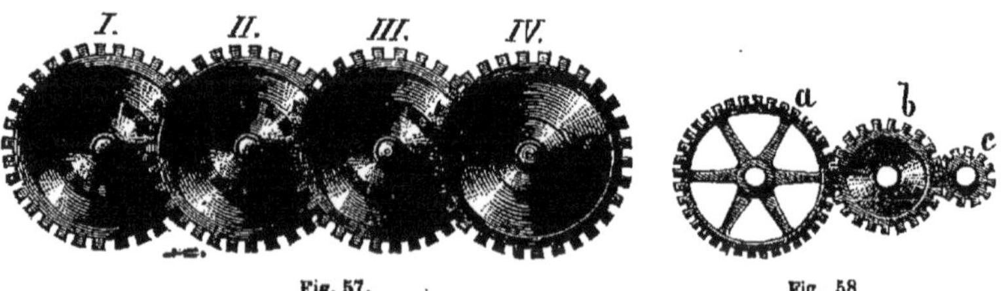

Fig. 57. Fig. 58.

à la vitesse ; ce que nous allons voir clairement sur un *train d'engrenages*, qui est une réunion de roues dentées avec leurs pignons, ayant leurs arbres parallèles (fig. 57), ou une série de roues dentées simples, mais de rayons différents *abc* (fig. 58). On voit que l'effet dans ces deux cas est le même; que le pignon de la roue I fasse tourner la roue II dont le pignon tourne la roue III qui à son tour soulève un poids attaché à l'axe de la roue IV.

Donc, si la première roue a quatre ou dix fois plus de dents que la seconde, la seconde quatre ou dix fois plus que la troisième, et cela indéfiniment, la force pourra soulever un poids quatre fois quatre fois, dix fois dix fois, etc., plus considérable, puisque le rapport des longueurs des manivelles ou du rayon des pignons est le même que le rapport des rayons des roues et celui du nombre de leurs dents.

Ainsi on n'a qu'à multiplier les engrenages, et avec une force minime on peut soulever un poids immense, mais naturellement avec une grande lenteur. Si l'on ôte la manivelle qui est censée travailler à la roue I et qu'on laisse tomber le poids qui est censé attaché à la roue IV, il imprimera, dès qu'il aura vaincu les frottements, une vitesse telle à la première roue, qu'on ne la verra plus, on n'apercevera qu'une lueur indécise. C'est au moyen d'une semblable série de roues qu'on démontre la réunion des rayons du soleil ; au-dessus de la roue I, on fixe un disque sur lequel on figure les couleurs de l'arc en ciel ou du spectre solaire, dans les proportions voulues ; chaque couleur occupe la place d'un secteur. On fait tourner la roue IV, qui est la dernière d'une grande série de roues ; les couleurs du disque disparaissent, et on ne voit plus qu'une lueur blanchâtre, qui se rapproche d'autant plus de la clarté du soleil que les couleurs composantes sont plus pures et que la vitesse de rotation est plus grande.

Frottement des engrenages. — Dans les engrenages, le frottement de roulement se confond avec le frottement de glissement. Pour simplifier nos recherches, nous pouvons négliger le frottement de roulement, qui est toujours très-faible. Voici la relation entre le travail et le frottement :

$$T = t + t\left(\frac{fa}{2}\right)\left(\frac{1}{r} + \frac{1}{r'}\right).$$

(T est le travail moteur dépensé par la roue qui conduit;

t est le travail utile qu'on peut prendre sur l'arbre de la roue conduite ;

f, le coefficient de frottement ;

a, le pas de l'engrenage ou la distance d'axe en axe de deux dents consécutives prise sur la circonférence primitive ;

r et r' sont les rayons des circonférences primitives.)

La quantité $\frac{fa}{2}\left(\frac{1}{r}+\frac{1}{r'}\right)$ est le travail absorbé par le frottement.

Ce travail peut aussi être exprimé par la quantité

$$0{,}33\,nfqr\left(\frac{s+s'}{ss'}\right).$$

(n est le nombre de tours de roue dans une seconde; q, l'effort transmis à la roue; s et s' sont le nombre des dents des roues.)

La discussion de la formule T, nous apprend :

Que pour des roues de rayons donnés le travail absorbé par le frottement est proportionnel au pas, lequel doit être aussi petit que possible ;

Que le rapport entre le travail moteur et le travail utile est le même, quelle que soit la roue qui commande, toutes choses égales d'ailleurs ;

Que le travail absorbé par le frottement est le minimum quand les rayons des cercles primitifs sont égaux.

Ce que nous venons de dire se rapporte aux engrenages droits; dans l'examen des engrenages coniques, il faut faire intervenir l'angle que font les roues entre elles.

$$T=t+t\left(\frac{fa}{2}\right)\sqrt{\frac{1}{r^2}+\frac{1}{r'^2}+\frac{2\cos\alpha}{rr'}}.$$

(r et r' sont ici les rayons moyens, c'est-à-dire, ils sont pris au milieu de la dent sur la génératrice de contact.)

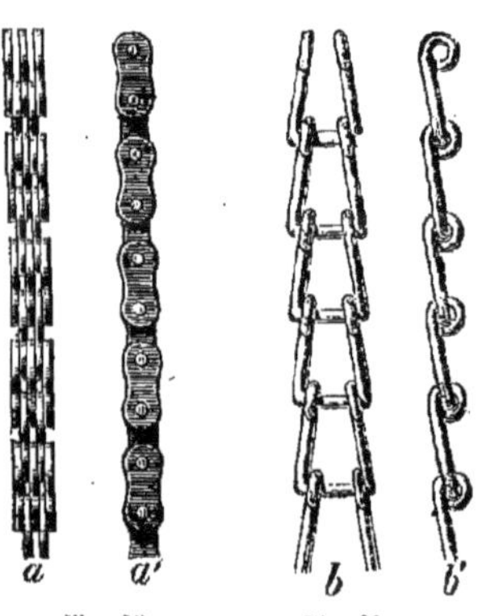

Fig. 59. Fig. 60.

Les chaînes. — Les chaînes sont très-usitées pour transmettre les forces en ligne droite et autour de deux axes. Dans ce dernier cas, elles s'enroulent sur des poulies ou sur des tambours. Il y a diverses espèces de chaînes; les chaînes communes ont des maillons mobiles dans tous les sens. Les chaînes dites *mécaniques* ont leurs chaînons dans un même plan; elles sont représentées dans les figures 59 et 60.

La première aa', dite *chaîne de Gall*, est composée de maillons en fils métalliques qui s'agrafent les uns dans les autres et dans lesquels peuvent passer les roues d'engrenage ; elle est pour ainsi dire une combinaison des roues dentées avec les courroies. Cette chaîne, quand il s'agit de transmettre des efforts tant soit peu grands, n'offre pas toute la solidité voulue ; les fils se distendent et se déforment ; les maillons ne correspondent plus aux engrenages et le travail n'avance pas.

La seconde chaîne *bb'* est celle qui porte le nom du célèbre mécanicien Vaucanson, qui l'a inventée ; elle se compose de petites tringles en fer, articulées ensemble par des goupilles rivées sur leur face extérieure ; c'est dans les intervalles de ces goupilles que passent les engrenages.

Malheureusement ces chaînes donnent lieu à des frottements considérables, elles s'usent très-vite et cassent facilement si la vitesse augmente d'une manière intempestive.

Le joint hollandais, genou de Cardan ou charnière universelle. — Comme on le voit, les noms ne manquent pas à cet organe de transmission, qui sert à communiquer le mouvement d'un arbre à un autre arbre. Mais ce deuxième arbre se trouve incliné par rapport au premier et le genou fait l'office de roue d'angle. Les deux arbres sont terminés

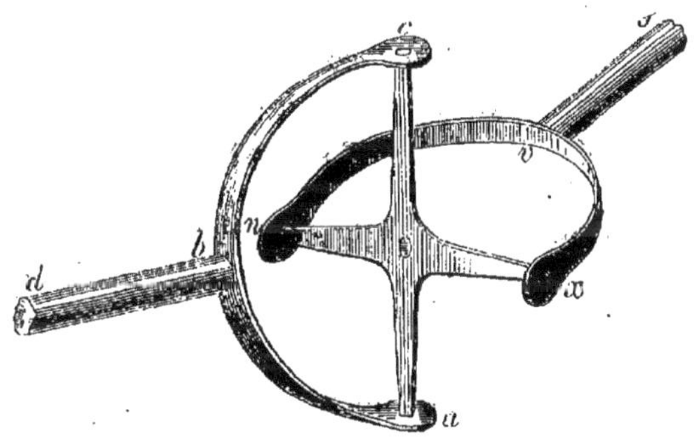

Fig. 61.

par des fourchettes, comme la bielle (fig. 61) ; deux demi-circonférences sont terminées par leurs diamètres, qui se traversent l'un l'autre. Ces deux diamètres forment alors un croisillon. Quelle que soit l'inclinaison qu'on donne à l'arbre passif par rapport à l'arbre moteur, les deux diamètres tournent librement sur leurs pivots, et le mouvement se transmet sans qu'il y ait torsion de la charnière, comme si les deux arbres étaient placés sur le même axe.

Cette transmission cependant n'est uniforme que dans le cas où l'angle des deux axes est suffisamment ouvert, c'est-à-dire où les deux axes se rapprochent davantage de la ligne droite.

La figure 61 représente ce joint universel. Son jeu est très-simple : quand l'arbre *db* tourne, la fourche *bca* tourne également et avec elle le croisillon *ca*, qui communique son mouvement par le croisillon *nx* à la fourche *nxv*, et l'arbre *vs* tourne alors de la même façon. Ce n'est qu'un dessin de démonstration ; dans les machines, les fourches ont des formes sphériques et sont plus solides que ces faibles branches.

Embrayages ou enclanchements.— Ces organes servent à mettre les machines en mouvement ou à interrompre leur marche. La courroie qu'on fait glisser sur sa poulie nous a déjà offert un exemple de l'embrayage et du désembrayage.

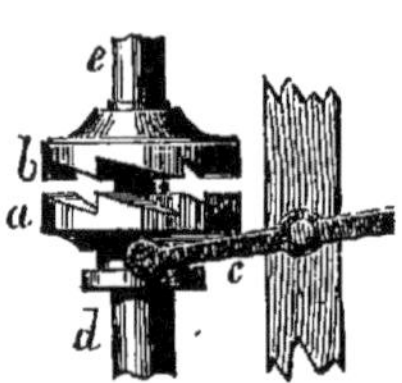

Fig. 62.

La figure 62 présente le dessin d'un embrayage. L'arbre de couche est divisé en deux parties distinctes, qu'on réunit ou que l'on sépare au moyen d'une disposition très-simple. Sur la partie inférieure *a* de l'axe se trouve un manchon dentelé, dont la dentelure correspond à celle de l'arbre supérieur *b* et s'y adapte exactement. Le manchon *a* est mobile ; au moyen du levier *c*, on peut le faire avancer pour embrayer ou le faire reculer pour désembrayer ou déclancher. La fourchette du levier s'engage dans la gorge creusée autour de la pièce *d*, ainsi que le dessin l'indique. Ce manchon *a* a une cavité prismatique ; il tourne donc, avec son arbre, dont l'extrémité est taillée en prisme, de manière qu'il peut y glisser dans le sens de l'axe.

Fig. 63.

Quand l'embrayage doit être permanent entre plusieurs arbres, il devient alors un accouplement complet, définitif ; c'est le *manchon d'accouplement*. C'est la réunion des deux pièces *aa* au moyen de boulons qui embrassent les deux extrémités des arbres *e* et *d* (fig. 63). On emploie ce manchon quand il existe dans un atelier une longue file d'arbres qu'on supporte par une série de coussinets, dans le genre de celui représenté par cette figure, afin que l'arbre ne fléchisse pas dans l'intervalle, et on en réunit les bouts, ainsi qu'on vient de l'indiquer.

Décliquetages. — La *roue à rochet* (fig. 64) est le type des organes de décliquetage qu'on retrouve dans les machines à soulever les corps, dans l'horlogerie et dans beaucoup de mécanismes délicats. Elle se compose d'une roue avec dents pointues, d'un doigt ou déclic *axn*, qui tourne autour du point *x*; un ressort presse ce déclic au point *n* en haut et l'empêche de sortir de la dent en *a*. On voit, par l'inspection de la figure, que si le poids descend la roue tourne à gauche et le déclic passe successivement dans chacune des dents.

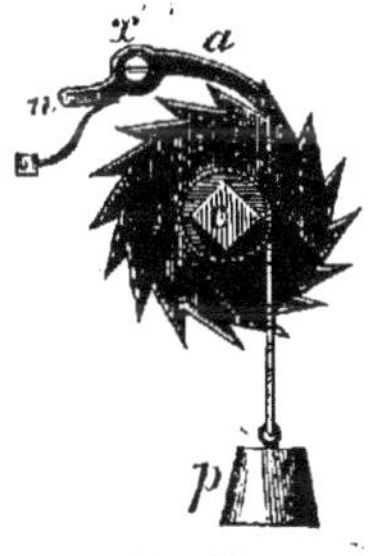

Fig. 64.

Si la corde s'enroule de droite à gauche, ou si le poids *p* est pendu du côté droit, on peut le monter en tournant l'axe *c* avec des leviers; pour empêcher que le poids ne retombe à chaque fin de course des leviers, on a ce déclic qui entre au point *a* dans la roue à rochet et l'empêche de tourner en sens opposé.

Cette roue peut aussi servir à transmettre le mouvement; à cet effet, le levier tourne librement sur l'axe *c*; il est muni d'un crochet articulé qui mord sur les dents. Si l'on soulève le levier, il glisse sur les dents; en l'abaissant, il y mord, la roue tourne alors d'un certain nombre de dents. Cette transmission est avantageuse pour l'homme, car il profite de son poids en pesant sur le levier.

Ces organes de décliquetage, qui permettent le mouvement dans un sens et l'empêchent dans le sens inverse, sont toujours d'un usage dangereux; car la cessation brusque du mouvement d'une machine, comme sa mise en train instantanée, peut produire la rupture de ces pièces et occasionner des accidents.

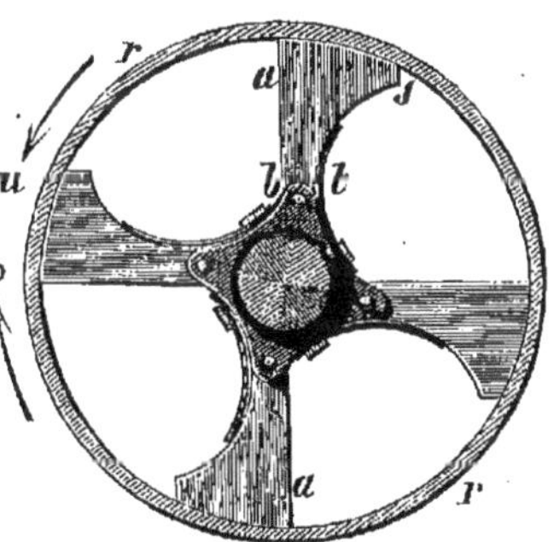

Fig. 65.

Voici le *décliquetage Dobo*, qui opère à frottement, sans choc et par une douce transition (fig. 65). Quand la roue *r* tourne dans le sens de la flèche *u*, les ailes *a*, mobiles autour de leur centre *b*, sont pressées par le ressort *t* contre le rebord de la roue; le point *s* butte contre la roue, et l'essieu tourne, parce que cet arc-boutement produit une solidarité entre la roue et les ailes.

Maintenant la roue tourne dans le sens de la flèche *v* ; sa circonférence frotte contre les ailes, le ressort fléchit et l'essieu reste immobile.

Cylindres et pistons (*pour mémoire*). — Nous verrons, dans le chapitre des *Machines à vapeur*, la description détaillée de ces organes.

§ 2. — ORGANES DE TRANSFORMATION DES MOUVEMENTS.

Le mouvement une fois transmis par les moteurs, il s'agit de le transformer d'après les exigences du travail qu'il doit fournir. C'est là que commence l'étude du constructeur et de l'inventeur, car les variations des mécanismes imaginés à cet effet vont à l'infini.

Dans toute transformation, il faut obtenir, autant que cela peut se faire, des mouvements continus. On arrive à ces changements par la combinaison des divers organes de transmission entre eux ; une roue dentée horizontale s'engrène dans une roue dentée verticale (roue d'angle) et transforme sa force horizontale en force verticale, comme nous l'avons déjà vu ; un poids attaché à un arbre au moyen d'une corde enroulée descend et fait tourner l'arbre : transformation de mouvement rectiligne en mouvement circulaire, et réciproquement, car on fait tourner l'essieu pour remonter le poids. Un piston agit en ligne droite horizontale et fait tourner par une manivelle un essieu avec ses roues (dans une locomotive) et le mouvement droit alternatif est transformé en mouvement circulaire, ayant pour effet la marche du train qui prend un mouvement rectiligne horizontal continu.

Il n'est guère possible de donner ici la définition ni même la nomenclature de ces diverses combinaisons ; c'est plutôt une question de géométrie qu'une question de mécanique.

Nous ne nous occuperons donc que de quelques organes de transformation directs, et nous prendrons pour exemples les roues et rouleaux, les bielles et manivelles, les cames et les excentriques.

Les roues et les rouleaux. — Ce sont les organes de transformation de mouvements les plus anciens, leur invention se perd dans la nuit des temps ; les plus utiles, toute la locomotion sur terre repose sur eux ; les plus vulgaires, il en existe chez tous les peuples.

On distingue deux espèces de roues : celles qui sont libres et qui tournent autour d'un essieu fixe (roues de charrette), et celles qui sont fixes, qui font corps avec un essieu libre et tournent avec lui (roue de wagon, roue hydraulique).

Leur but est de transformer le mouvement droit en mouvement de rotation, et de diminuer la surface du frottement de glissement, en ce sens qu'au lieu de glisser sur le sol, une voiture par son essieu ne glisse plus que dans le coussinet ; en outre, la roue roule sur le sol. Supposons que la roue ait 4 mètres de circonférence, et qu'elle avance de 4 mètres ; il n'y aura eu de glissement que sur quelques centimètres, et encore sur une surface graissée.

Plus les roues sont hautes et plus l'essieu est étroit, moins le tirage est grand ; les roues hautes franchiront les aspérités d'après un plan incliné plus long. Portons les choses à l'extrême ; si des roues sont petites comme une montre, un caillou les arrêtera dans leur course. A charge égale, les voitures à deux roues donnent moins de résistance que celles à quatre roues, puisqu'elles ont moins de frottement ; mais la pratique renverse immédiatement cette théorie ; avec des voitures à deux roues on multiplie les attelages et par conséquent le nombre des conducteurs.

Si cette explication ne paraissait pas suffisante, on pourrait avoir recours à la démonstration que voici :

Soit r le rayon de la roue,

r', le rayon de la fusée de l'essieu,

α l'angle de rotation,

t la traction parallèle au sol et rapportée à l'essieu,

f, le frottement sur l'essieu,

f', le frottement de roulement,

F le travail exécuté par suite de la traction.

On a : $F = tr\alpha$; ce travail est égal au frottement exercé sur l'essieu, donc :

$F = ff'r'\alpha$, par conséquent,

$tr\alpha = ff'r'\alpha$; il a déjà été dit qu'on peut négliger ce frottement de roulement ; on a alors :

$$t = \frac{fr'}{r};$$

d'où résulte que t devient d'autant plus petit que r est plus grand, etc.

Les *rouleaux,* espèces de roues longues, sont construits en bois, en pierre, en fonte. A longueur égale et à poids égaux, les rouleaux offrent d'autant plus de résistance que leur diamètre est moindre. Aussi les rouleaux en fonte sont creux ; pour qu'ils puissent se retourner, on les forme de plusieurs anneaux tournant autour d'un axe commun. On emploie ces rouleaux dans les machines-outils agricoles, pour comprimer, pour étendre, pour laminer, etc., etc.

Une dernière remarque sur les roues et les rouleaux. Ces organes, comme indistinctement tous les corps qui tournent autour de leur axe, doivent avoir, s'ils sont bien construits, leur centre de gravité exactement dans le centre de l'axe ; autrement il y aura usure et perte de force. Ce serait un défaut capital ; pour le reconnaître, on tourne plusieurs fois de suite la roue ; si au repos elle se place toujours dans la même position, le vice existe.

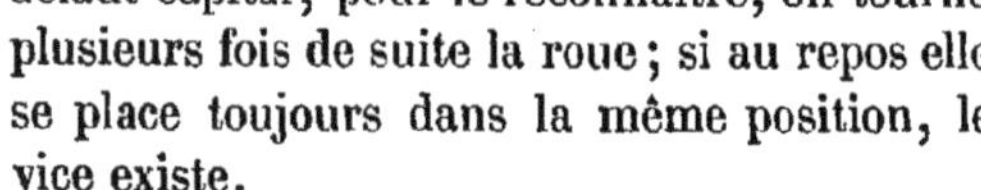

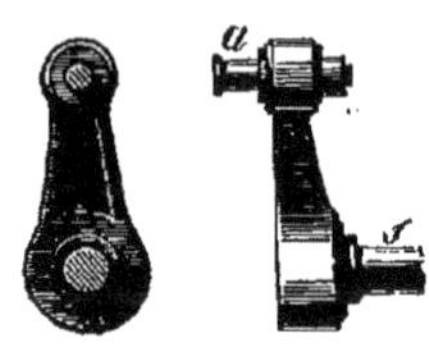

Fig. 66.

Manivelle et bielle. — La manivelle (fig. 66), que nous connaissons déjà, est un appendice fixé par le point *s* à la roue ou à l'essieu qu'il s'agit de tourner ; elle s'attache à la bielle par le point *a*. La bielle (fig. 67) est une verge inflexible soumise alternativement aux efforts d'extension ou d'écrasement dans le sens de la longueur ; on la construit en fonte pour les machines à balancier ; dans les autres cas elle est en fer ; elle est reliée au balancier ou à la tige de piston par la fourchette *ab*.

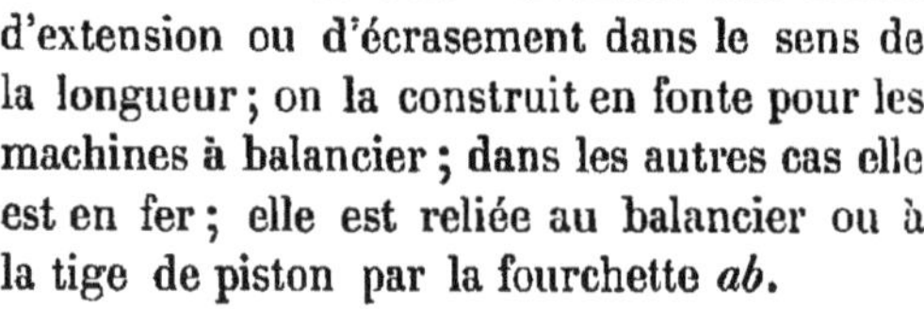

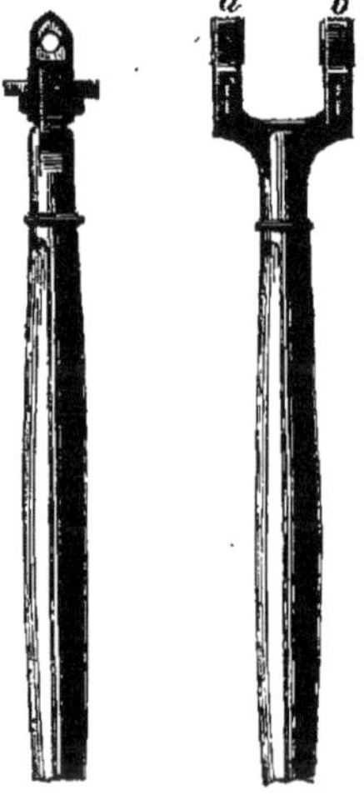

Fig. 67.

Ces organes servent à transformer un mouvement rectiligne de va-et-vient, ou un mouvement circulaire alternatif, en un mouvement circulaire continu, comme celui d'une tige, d'un balancier ou d'une pédale. C'est surtout dans les machines à vapeur que nous reconnaîtrons l'importance de cette transformation du mouvement rectiligne du piston en mouvement de rotation. Aujourd'hui ce problème nous paraît très-facile, puisque nous en avons la solution constamment sous les yeux ; mais à l'époque de Watt il n'en était pas ainsi. Watt songea bien à la bielle et à la manivelle, mais un autre ingénieur y songea aussi et la fit breveter. Watt dut alors attendre l'expiration du brevet pour se servir de la manivelle et de la bielle.

En attendant, il inventa la *roue planétaire*, qui engrène dans une roue fixée sur l'arbre de couche. Cette roue fixe est alors une espèce de manivelle dont la bielle serait cette roue planétaire attachée à une tige.

Mais cette solution ne valait pas la simple manivelle, car les engrenages sont des organes délicats, faciles à rompre, et ne conviennent pas beaucoup aux grandes vitesses. Aussi a-t-on partout abandonné cette roue planétaire, qui tournait autour de la roue de l'essieu comme une planète autour du soleil.

Il existe une certaine relation entre les dimensions de la bielle et de la manivelle. La longueur de la bielle doit être de cinq à six fois le rayon de la manivelle.

Le travail (t) absorbé par le frottement du bouton de manivelle est exprimé par la formule suivante :

$$t = 2\pi r p f.$$

(r est le rayon du bouton de manivelle ; p, la pression constante de la bielle sur ce bouton de manivelle ; f, le coefficient de frottement.) Cette formule fait voir que le travail absorbé est proportionnel au rayon ; il faut donc prendre ce rayon le plus petit possible.

Cames. — La roue à cames db (fig. 68) soulève un balancier cx à

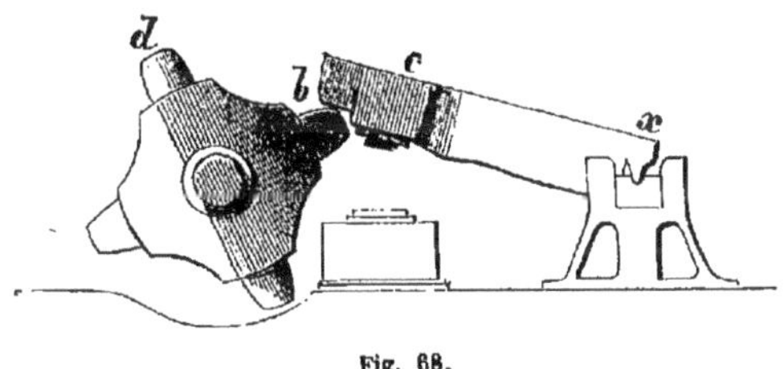

Fig. 68.

une certaine hauteur, puis le laisse retomber et transforme le mouvement continu en mouvement alternatif. Ce balancier pivote sur le poteau au point x.

Il faut que les cames soient espacées de manière qu'elles ne se gênent pas mutuellement dans leur action ; que la came b n'agisse pas avant que le marteau soit descendu sur l'enclume. La roue à cames, dans les machines métallurgiques, soulève verticalement un pilon, puis le laisse également retomber, pour le soulever de nouveau : exemple d'une transformation du mouvement circulaire en mouvement rectiligne.

Excentriques. — Un disque calé sur l'essieu moteur *p* et entouré d'un collier mobile *aa*, ou anneau, est appelé *excentrique* (fig. 69). Son centre n'est pas le même que celui de l'essieu. La distance qui sépare ces deux centres s'appelle aussi *excentrique*. Le collier qui entoure le disque ne tourne pas avec lui; il est indépendant, on le nomme aussi le *collier d'excentrique ;* il forme le commencement d'une bielle *ccc* (*barre d'excentrique*) qui commande le mouvement. Cette barre d'excentrique était terminée autrefois par une fourchette (*pied de biche*) ; maintenant cette extrémité est libre et glisse dans une coulisse (*coulisse de Stephenson*, voir *Locomotive*).

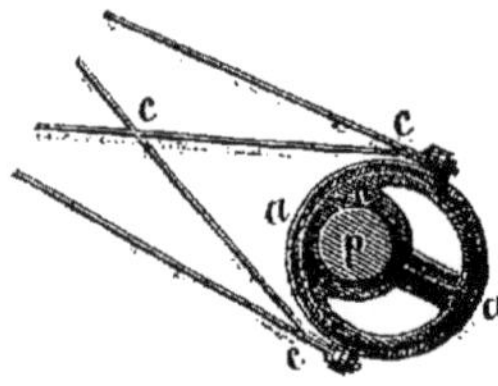

Fig. 69.

Il y a aussi des excentriques doubles, dits en *cœur*, ou *excentriques de Vaucanson.* — Le dessin (fig. 70) en offre un exemple. C'est également l'excentrique à double spirale d'Archimède. On voit que la tige *si* s'éloigne ou se rapproche du centre *o* d'après le mouvement de l'excentrique. Cette tige glisse contre l'excentrique; pour diminuer le frottement de cette tige, on y attache un galet qui reste en contact avec la courbe. Si l'essieu tourne dans la direction *dr*, la tige est soulevée jusqu'à ce qu'elle ait atteint son maximum au point *c*, puis elle redescend.

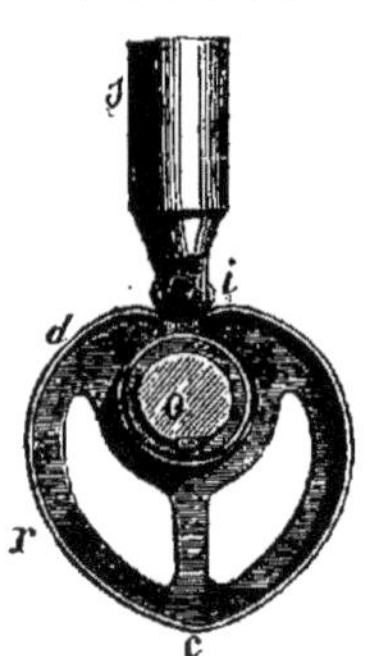

Fig. 70.

Les courbes *drc*, de quelque manière qu'on les trace, ont toujours pour objet de transformer un mouvement circulaire continu en un mouvement rectiligne alternatif. Ces sortes d'excentriques peuvent varier à l'infini, car il n'est pas nécessaire que la courbe du disque soit un cercle.

Les excentriques donnent une des transformations les plus fertiles en mécanique, celle du mouvement circulaire en mouvement rectiligne alternatif (de va-et-vient), dont nous verrons des exemples importants dans les machines à vapeur.

Les excentriques peuvent être aussi employés pour les transmissions, mais seulement dans de faibles efforts, à cause des frottements considérables qu'ils développent.

La relation d'équilibre de l'excentrique peut être exprimée ainsi :

Soit p la puissance qui agit sur l'arbre de l'excentrique ;

b, le bras de levier de la puissance ;

q, la résistance appliquée à la bielle qui met l'excentrique en mouvement ;

l, la distance du centre de rotation au centre de figure de l'excentrique ;

f, le coefficient de frottement ;

r, le rayon de figure de l'excentrique ;

$p \times 2\pi b$ est le travail dépensé par la puissance pour une révolution de l'excentrique ;

$4ql$, le travail utile produit pour une révolution ;

$fq \times 2\pi r$ est le travail absorbé par le frottement.

$$p \times 2\pi b = 4ql + fq \times 2\pi r.$$

§ 3. — ORGANES DE DIRECTION DES MOUVEMENTS.

Les diverses pièces d'une machine, par suite de leur jeu et de leur flexibilité, s'écarteraient facilement de la route qui leur est tracée, s'entre-choqueraient et finiraient par se détacher les unes des autres, si elles n'étaient maintenues à leur place par des organes spéciaux, qui sont les organes directeurs du mouvement, et dont voici les principaux.

Charnières. — C'est un assemblage de deux pièces destinées à tourner ensemble en ligne droite sur un axe. La charnière se compose de la fourchette simple, pièce percée d'un trou ; de la fourchette double, dans laquelle entre la fourchette simple ; du goujon, qui passe dans le joint laissé par les deux fourchettes.

Bandes à rebords (rails). — Ces bandes massives de fer guident les roues dans les chemins de fer. Ces rails sont creux dans les chemins de fer des rues ou chemins américains, où ils forment des rainures. Pour mémoire, voir *Chemins de fer*.

Coussinets ou paliers. — Les extrémités des axes (les tourillons ou fusées) reposent sur des coussinets ou paliers qui doivent adoucir le mouvement de rotation et supporter tout le poids de la machine et toute la pression de la force; une roue hydraulique pèse sur les paliers par son poids et par l'eau qu'elle reçoit. Les coussinets des arbres verticaux s'appellent des *crapaudines*. Nous en donnerons le dessin plus loin.

Les coussinets sont en acier, en onte, en bronze. Le bronze est la matière la plus usitée. Journellement on cherche de nouveaux alliages qui doivent ne pas s'user et ne pas user les essieux. On voit par ces deux conditions, dont l'une exclut l'autre, que ce problème, facile en apparence, doit être difficile en réalité.

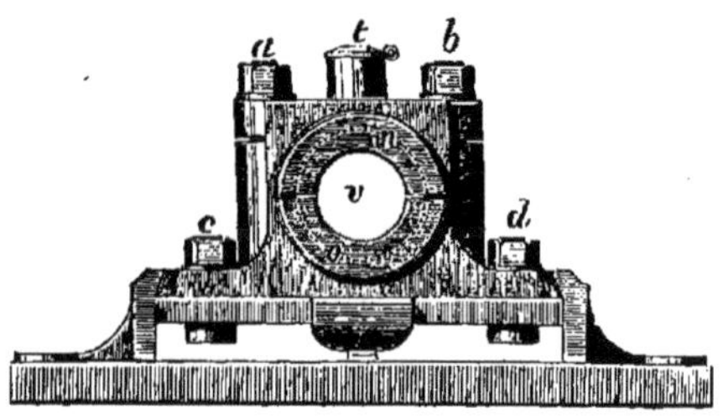

Fig. 71.

Dans le dessin figure 71, on voit un palier avec son appareil de graissage; l'essieu passe par l'ouverture *v*, où il est serré entre les colliers *n* et *o*. *abcd* sont les boulons qui fixent les diverses parties du coussinet sur ses supports. *t* est la boîte à graisse; cette boîte est aussi remplacée par un petit globe en verre traversé par un tube vissé sur le coussinet; un petit robinet ouvre plus ou moins ce tube. Au fur et à mesure que l'huile est consumée, une nouvelle goutte tombe, et une bulle d'air la remplace dans ce *régulateur de graissage*; c'est le nom qu'on a donné à ce globe. L'huile, n'étant pas en communication avec l'air extérieur, ne s'altère pas; elle ne manque jamais, car son niveau est toujours apparent et peut être maintenu à la même hauteur.

Voici encore une autre disposition adoptée dans beaucoup d'établissements; ce sont les *paliers graisseurs*. Les fusées tournent dans un palier ou baquet dont la partie inférieure est remplie d'huile; la fusée est entourée d'un disque ou rondelle qui ramasse l'huile et la remonté vers la partie supérieure, pour la répandre sur l'arbre. Il n'y a ni frottement ni usure sensibles; la vitesse peut donc être accrue indéfiniment, ce qui est le résultat capital de l'invention. Ces paliers peuvent fonctionner pendant des mois, sans qu'on ait à s'en occuper.

Ce palier est représenté par la figure 72. *gd* est l'essieu, *ab* le disque dont la partie *b* plonge dans l'huile.

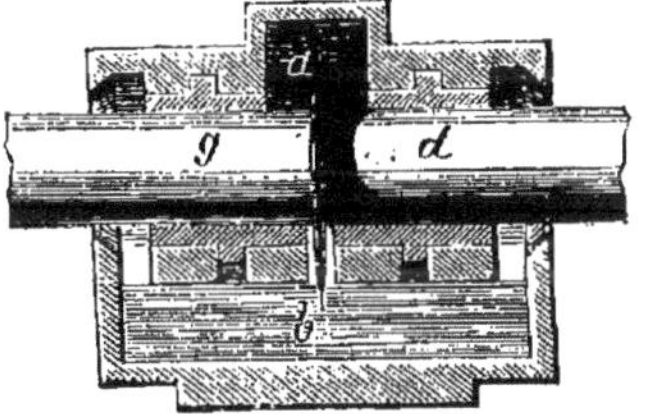

Fig. 72.

On emploie aussi de l'eau à la place de l'huile, et on appelle ces paliers des *hélicoïdes à eau*. La lubrification dans les paliers a pour but de diminuer le frottement de glissement. On se rappelle que le palier restant fixe, l'essieu quoiqu'il tourne, glisse, mais ne roule pas sur les surfaces de contact.

Le graissage est une opération très-délicate; il est soumis à bien des influences; la qualité de l'huile, la température y jouent un grand rôle. Citons un exemple : il y a dans une filature de coton cinquante mille broches, qui se meuvent avec une vitesse de quatre à cinq cents rotations par minute. Quand il fait froid dans les salles, l'huile se fige; la machine motrice marcherait lentement si l'on n'augmentait pas sa force. On est donc entraîné à une dépense d'eau ou de combustible, suivant qu'on emploie des roues hydrauliques ou des machines à vapeur. Mais le soir, où le gaz est allumé dans les salles des ateliers, la température s'élève, la fluidité de l'huile augmente, et la réduction de plusieurs chevaux en est la conséquence.

La *crapaudine* ou palier vertical, que nous avons déjà annoncée, est représentée par la figure 73.

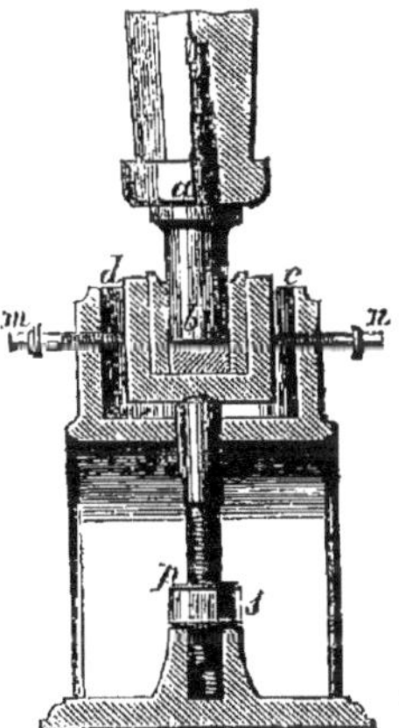

Fig. 73.

dbc est la boîte de la crapaudine dans laquelle passe le pivot *ab* qui s'appuie sur le grain ou culot. Le pivot *ab* est entouré de son coussinet cylindrique en bronze; il est maintenu à la hauteur voulue au moyen de l'écrou *ps* qui permet de monter ou de descendre la boîte *db*. Cette boîte est maintenue par quatre vis de rappel dont nous ne voyons que deux sur le dessin *m* et *n*.

Glissières ou guides (fig. 74). — Ce sont des appareils destinés à maintenir en ligne droite le mouvement d'une tige. On peut distinguer plusieurs espèces de glissières.

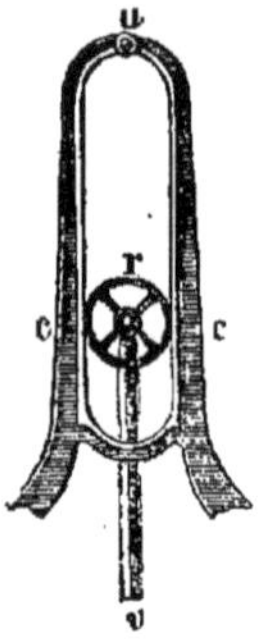

Pour les petites pièces, par exemple les tiges de soupapes, le guide est un petit manchon, souvent aussi une pièce de cuivre percée simplement d'un trou par lequel passe la tige.

Pour une simple tige, on emploie deux coussinets qu'elle traverse dans son mouvement de va-et-vient.

Quand une bielle *vr* est attachée à la tige, cette dernière est munie d'un galet ou petite roulette *r* qui glisse dans des coulisses, glissières ou barres parallèles *cc*, reliées à leur extrémité par une traverse, ou simplement arrondies en *u*.

Fig. 74.

Cette roulette est aussi remplacée par un bloc ou *crosse*, dont nous verrons quelques exemples dans les machines à vapeur.

Les galets directeurs. — (Pour mémoire; voir *Chemins de fer.*)

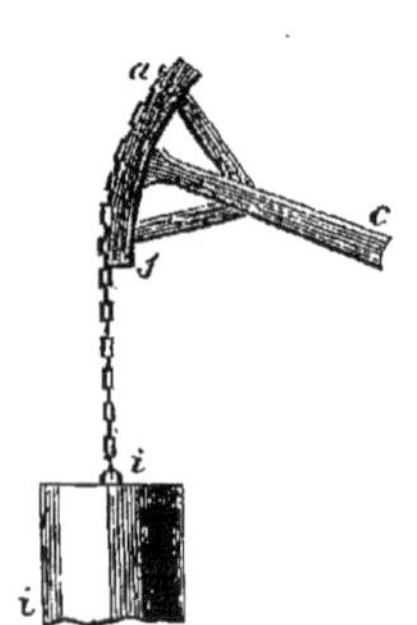

Fig. 75.

Le secteur (fig. 75). — C'est un fragment de roue ou arc de cercle *as*, charpente qui tourne autour du centre vers *c*, et sur lequel s'applique une chaîne *ai*. Il est destiné à maintenir dans une position verticale le corps *ii*, qu'il doit soulever: un piston, un couvercle de chaudière, un contre-poids, etc.

Le parallélogramme Watt (pour mémoire). — Même destination que les organes précédents; voir les *Machines à vapeur*.

§ 4. — ORGANES DE RÉGULARISATION DES FORCES MOTRICES.

Il ne suffit pas, pour obtenir un travail convenable, qu'une machine ait à l'essai une marche géométrique et normale ; il faut aussi qu'elle fonctionne avec la vitesse voulue, qu'elle ne s'arrête pas si la résistance augmente accidentellement, et qu'elle n'aille pas trop vite, c'est-à-dire qu'elle ne dépense pas la force en pure perte, si la résistance décroît. Il faut que la force soit toujours proportionnelle au travail à faire. Il est inutile dans une scierie que toute l'eau d'une chute tombe sur la roue, quand il n'y a plus qu'une petite planche de sapin à débiter, et il ne faut pas non plus qu'il n'y ait pas assez d'eau, s'il y a un gros tronc de chêne à entamer, parce qu'alors la machine s'arrêterait.

En d'autres termes, il faut que la force puisse être emmagasinée, au moyen de volants, si la résistance décroît ; que le moteur soit empêché, au moyen de régulateurs, d'agir intempestivement si la résistance décroît, et qu'il soit obligé d'agir à propos si la résistance s'accroît ; enfin il faut que la résistance puisse être augmentée artificiellement, ou être arrêtée graduellement, au moyen de freins si la force est produite et si la machine est lancée.

Le volant (fig. 76). — Le volant est une grande roue appliquée contre une machine et cachée en partie dans une fosse *a ;* son but est d'emmagasiner la force du moteur qui n'est pas utilisée momentanément et de restituer cette partie dans le moment nécessaire, afin de régulariser la marche des mécanismes. Exemple : une roue hydraulique donne l'impulsion à un laminoir ; le fer est mis sous les cylindres lamineurs ; immédiatement la résistance augmente, la roue tourne moins vite ; le fer est fini, et la roue motrice accélère son mouvement. A côté du laminoir, on a donc calé sur l'arbre moteur un volant en fonte qui tourne par suite de l'accélération ou vitesse acquise. Si la machine ne lamine pas, elle emploie sa force à tourner cette roue, qui accumule une partie de cette force, qu'elle restitue quand on présente de nouveau une loupe à laminer.

Fig. 76.

Au pourtour de ce volant *nn*, on place des blocs de métal ; on peut même supprimer ce pourtour et ne garder que les blocs.

Le moteur doit être plus puissant pour faire marcher une machine avec un volant qu'une machine sans volant. Comme il augmente les résistances, car il presse sur les paliers, on a cherché à diminuer son poids, en réduisant ses dimensions.

Les effets d'un volant bien établi et d'une grandeur suffisante sont de permettre à un moteur d'une énergie convenable de vaincre des résistances très-grandes et très-variables et d'obtenir la régularité des mouvements, ainsi que l'uniformité de la vitesse. Le volant produit un deuxième effet : il fait franchir à la roue motrice les *points morts*. On appelle ainsi les points d'une ligne droite formée par la bielle et la manivelle ; ou en d'autres termes : ce point mort est le point où le mouvement change de direction. Jetez une pierre en l'air ; au moment où elle commence à tomber elle est à son point mort.

On donne généralement au volant une vitesse qui ne dépasse pas 25 mètres par seconde et on le place le plus près possible de la pièce dont le mouvement est variable.

La recherche du poids du volant est le point capital dans cette question, qu'on simplifie en négligeant le poids des bras et en ne considérant que celui de l'anneau. Cette dernière valeur peut être exprimée en fonction de la force de la machine et en fonction des dimensions de l'anneau.

Voici ces deux équations pour un volant en fonte :

p (exprimé en fonction de la force de la machine) $= c\frac{n^2}{v^2}$;

p (exprimé en fonction des dimensions de l'anneau) $= 45\,240\ a.b.r.$

(p est le poids du volant en fonte ; v, sa vitesse par seconde en mètres à la circonférence ; n, le travail en chevaux-vapeur ; c, le coefficient $= 7\,500$ en moyenne pour une machine de 30 chevaux qui ne donne pas de chocs ; a, la largeur de l'anneau parallèlement à l'axe ; b, son épaisseur en prolongement du rayon ; r, le rayon moyen de l'anneau.)

Le volant absorbe par son frottement une quantité importante de travail, laquelle est par chaque tour du volant : $T = p\,2\pi r f$.

(p est le poids du volant ; r, le rayon du tourillon ; f, le coefficient de frottement.).

Exemple. — Soit $p = 2000$ kilogrammes ; $r = 0^{m},01$; $f = 0,1$; $T = 126$ kilogrammètres $= 1,7$ chevaux-vapeur.

Le travail absorbé par le volant est proportionnel à son poids, qui doit être d'autant plus grand que la force motrice est plus irrégulière dans son action.

Quant à la construction de ces organes, on distingue les volants établis d'une pièce et ceux de plusieurs pièces.

Les premiers s'appliquent aux machines qui ont une force de 12 chevaux; ils ont 2 mètres de diamètre. Les seconds sont attachés aux machines au-dessus de 12 chevaux ; pour pouvoir les transporter sans embarras, on les construit en trois morceaux : à cet effet, après les avoir moulés en entier, on fait trois séparations dans la fonte encore liquide ; l'assemblage a ensuite lieu sur place très-facilement avec des tirants et des clavettes.

Les volants ne sont pas indispensables pour arriver à la régularisation de la vitesse d'une machine. Si les changements de force et de résistance sont trop prononcés, s'ils donnent lieu à des chocs, on a recours aux régulateurs.

Les régulateurs. — Ces apppareils agissent généralement d'une manière directe sur la valve d'admission de la puissance motrice. Mais dès que la manœuvre de cette valve exige un grand effort, comme par exemple pour les vannes des moulins, le régulateur agit sur un embrayage par lequel la machine fait elle-même mouvoir cette vanne.

Voici quelques spécimens de ces régulateurs :

Le pendule conique ou régulateur de Watt, ou régulateur à force centrifuge ou régulateur à boules. — James Watt, qui l'a inventé, lui a donné le nom de *gouverneur* (fig. 77).

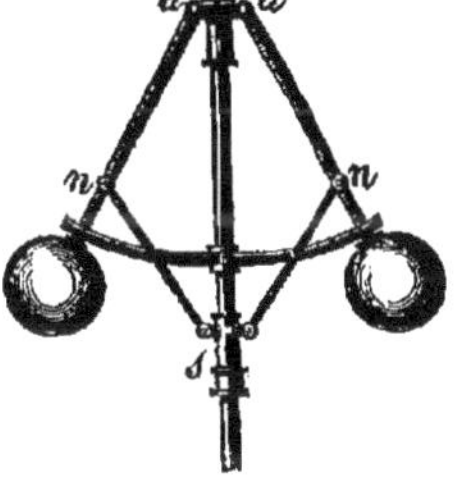

Fig. 77.

La force centrifuge fait écarter plus ou moins, suivant son intensité, les boules *nn* articulées aux points *aa*, et en s'écartant, elles font monter l'anneau *s*. C'est la montée ou la descente alternative de cet anneau qui sert à signaler la marche de la machine. On peut l'attacher au robinet qui introduit la vapeur, ou à une vanne qui laisse passer l'eau sur la roue. Le moyen usité dans les moulins est l'avertissement par les sonnettes.

Ce régulateur n'est pas le seul de son espèce ; il y en a encore plusieurs, qui tous sont plus compliqués que celui de Watt.

Le règle-vitesse Rupp.—Il se compose de deux disques en fer, entre lesquels tourne un petit cylindre ou manchon en bois, à une distance plus ou moins grande du centre. On sait que sur un plateau tournant la vitesse augmente du centre à la circonférence. Le manchon ou rouleau, qui est enfilé sur une longue tige horizontale, est entraîné de droite à gauche par le disque qui tourne de gauche à droite ; on peut donc faire varier la vitesse du manchon en l'avançant horizontalement depuis le centre jusqu'à la circonférence. Donc, si ce rouleau est tourné par le premier disque, il peut communiquer son mouvement au deuxième disque.

Au premier disque agit la force motrice et le second disque la transmet.

Si l'on fait avancer ou reculer l'arbre du rouleau, à l'aide d'une tige filetée, on règle la vitesse du second disque.

Cet appareil offre l'avantage de proportionner d'une manière continue l'accélération ou le ralentissement du mouvement aux besoins du service et de ne pas causer d'interruption pendant ce changement, ainsi que cela a lieu quand la force motrice est appliquée par des courroies sur des poulies de diamètre variable ou sur des poulies coniques.

Le régulateur Molinié. — Il fonctionne par l'élasticité de l'air. C'est un soufflet cylindrique divisé en deux réservoirs ; il est à double effet et disposé de manière que le plateau supérieur s'élève sous l'influence de l'air, renfermé dans le réservoir inférieur ; des soupapes fixées sur un tuyau élastique placé obliquement dans le dessin (fig. 78) permettent la communication entre les deux réservoirs. Au plateau inférieur travaille une bielle mue par la machine qui est à régler. L'air est chassé dans la capacité supérieure dont le plateau s'élève, si l'air ne s'échappe pas en quantité voulue par un orifice supérieur. En faisant varier la section de cet orifice, on obtient une position déterminée du plateau supérieur qui, au moyen d'une tige, agit sur la vanne ou la valve à ouvrir plus ou moins ; cette position correspond à une vitesse donnée de la machine.

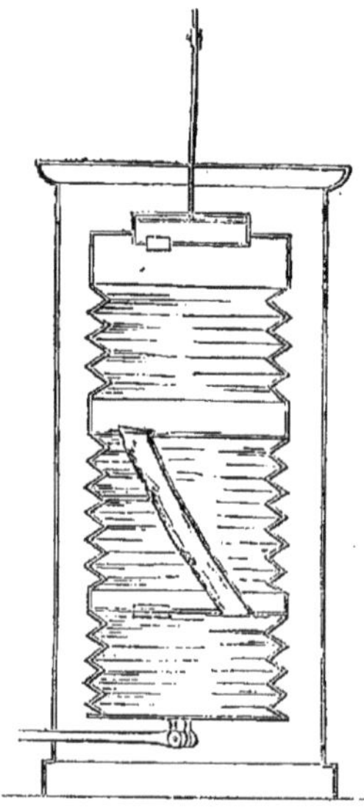
Fig. 78.

Le régulateur Larivière. — Il consiste dans un cylindre en fonte avec son piston garni de caoutchouc ; il est mis en mouvement par la machine dont la marche est à régulariser et sur laquelle il est monté. L'air est aspiré à chaque course de piston à travers des ouvertures munies de clapets; il est refoulé sous un piston qui monte et qui descend dans un cylindre accolé au premier, et dont la tige sort du plateau supérieur pour conduire la valve de règlement. En faisant varier la quantité d'air aspiré et la hauteur dont s'élève à chaque course cette tige, on arrive à fermer instantanément la valve, ou à l'ouvrir en raison du travail à effectuer.

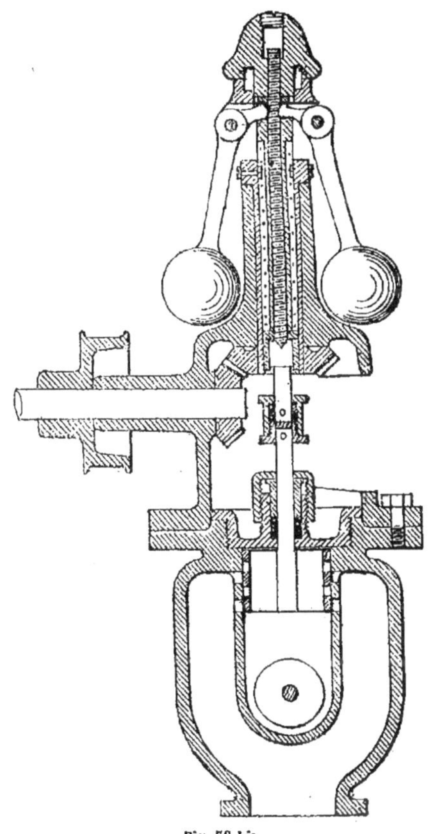
Fig. 78 *bis*.

Le régulateur Tangye (fig. 78 *bis*, un quart de grandeur naturelle). C'est une modification du régulateur Watt. Il contient le robinet d'introduction de la vapeur et la valve modératrice. La longueur du bras de la boule est de 0m,10; il faut donc une très-grande vitesse pour produire de l'effet, au moins 100 tours par minute. Un petit chapeau taraudé sert à régler l'écartement des boules. MM. les ingénieurs Fontaine et Buquet ont les premiers fait connaître dans leur excellente *Revue industrielle*, ce régulateur, dont l'entretien ne leur semble pas facile.

Le régulateur-modérateur Beaufort. — Il est destiné à modérer l'inégalité des mouvements dans un mécanisme à force motrice surabondante. Cette invention, conçue dans un but spécial, peut trouver encore d'autres applications. Elle a été employée lors de l'Exposition universelle de 1867, dans la salle de la Société internationale de secours aux blessés, pour la démonstration d'un certain système automoteur chirurgical, dans lequel le mouvement à modérer était produit d'une manière intermittente. Il fallait se passer de volant, et d'ailleurs la force qu'il aurait emmagasinée devenait inutile.

M. le comte de Beaufort, dont nous aurons encore occasion de parler dans le chapitre des machines chirurgicales, a donc simplement lié au mécanisme automoteur principal, un appareil à résistance passive, basé sur le frottement de l'eau dans un espace annulaire laissé entre un piston plongeant et la paroi d'un cylindre rempli de ce liquide. Ce piston, d'un diamètre inférieur à celui du cylindre, était rattaché par une tige à ce mécanisme automateur, et son action modératrice dans le parcours du cylindre — naturellement ouvert en haut — était suffisante pour neutraliser les à-coup.

En essayant la tige à la main, il était impossible de donner au piston un mouvement brusque; le jeu des filets liquides dans l'étranglement s'y opposait, et l'on ne pouvait obtenir qu'une vitesse très-modérée.

Fig. 79.

Le frein des machines. — Le frein (fig. 79) est une bande de fer *a* entourant une roue; plus on soulève le levier *si*, plus cette bande est serrée, et moins la roue tourne vite; le point *i* est fixe; le point *r* se rapproche de la roue ou s'en éloigne suivant la pression.

Si l'on ne veut pas produire de frottement, on laisse retomber le levier *rs*, et la lame de fer n'est plus serrée contre la roue *a* qui peut être aussi un tambour.

On n'emploie les freins que dans les cas extrêmes, car ils usent la force inutilement; il vaut toujours mieux retarder l'action du moteur.

Leur usage principal se trouve dans les grues; quand le fardeau est amené par la rotation de la grue au-dessus de l'endroit où l'on veut le déposer, on ne tourne plus les manivelles et les engrenages vont en sens inverse; ils acquerraient une trop grande vitesse si l'on n'agissait pas sur le frein, qui par son frottement fait équilibre au fardeau.

CHAPITRE III.

MACHINES DE PRÉCISION.

Sous ce titre, nous comprendrons : les machines à peser, à mesurer les forces et le travail, les pressions des gaz, les vitesses, le temps, ainsi que les machines à compter et à calculer.

§ 1. — MACHINES A PESER.

Dans la vie ordinaire on ne prend pas beaucoup de précautions pour le pesage; on n'est pas encore d'accord sur la manière de se rendre compte de la masse de certaines substances, s'il faut les peser ou les mesurer : à Paris, on pèse l'huile et les pommes, et on mesure au litre les pommes de terre; on y mesure ou l'on y pèse indifféremment le bois. On fait peser avec scrupule le sucre et le café et on achète la livre ou plutôt le paquet de bougies de confiance ; je crois que personne n'a encore pesé un de ces paquets; on se contente de l'étiquette, qui indique un poids conventionnel. On suit l'usage et on s'en réfère, quant à la justesse des poids et mesures, aux vérificateurs qui signalent — le cas échéant — les inadvertances et les inexactitudes aux tribunaux de police correctionnelle.

Ce n'est que pour les manipulations pharmaceutiques et chimiques et pour la détermination du poids des pierres fines et des métaux précieux qu'on se sert d'appareils de haute précision.

Cependant on exige de toutes les machines à peser qu'elles réunissent quatre conditions, savoir : qu'elles soient sensibles, c'est-à-dire qu'elles trébuchent au moindre poids; — qu'elles soient exactes, c'est-à-dire qu'avec des poids égalisés elles conservent un équilibre parfait; — qu'elles soient constantes, c'est-à-dire qu'elles donnent toujours la même pesée pour un même corps pesé à plusieurs reprises; — enfin qu'elles soient solides, c'est-à-dire qu'elles supportent, sans se fausser, tous les pesages auxquels on les destine.

On distingue plusieurs espèces de machines à peser : la balance à deux plateaux suspendus ; — la balance avec deux plateaux supportés, ou balance Roberval ; — la romaine ; — les bascules ; — les pesons.

La balance à deux plateaux suspendus. — Elle se compose d'un levier nommé *fléau*, dont le point d'appui est à son milieu, et aux extrémités duquel sont suspendus deux bassins ou plateaux.

Cette balance, pour qu'elle soit exacte, doit être construite ainsi : il faut que le fléau soit très-mobile autour de son point d'appui, lequel est un couteau d'acier en équilibre sur des plans de métal ou de pierre dure ; — il faut que le point d'appui reste toujours au mi-

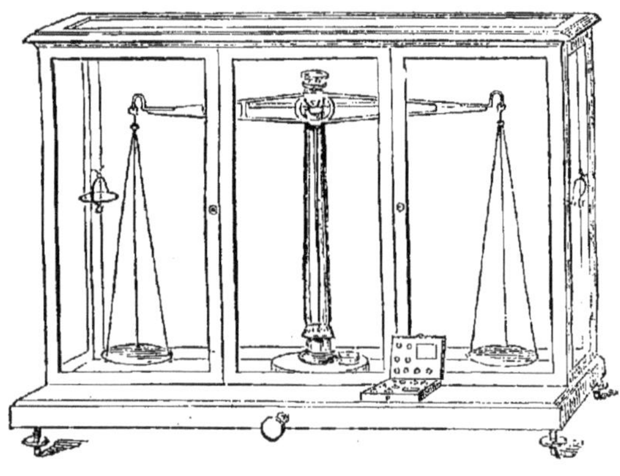

Fig. 80.

lieu du fléau ; — il faut que les deux extrémités du fléau soient également munies de couteaux auxquels sont fixés les crochets que soutiennent les chaînes des plateaux ; — il faut que les distances du point d'appui du fléau aux points de suspension des plateaux soient égales ; — il faut que le fléau soit horizontal, si aucun corps n'est placé dans les plateaux ; — il faut qu'en changeant les poids de plateau la balance reste en équilibre, afin qu'un poids inférieur, agissant au grand bras de levier, ne produise pas le même effet qu'un poids supérieur appliqué au petit bras de levier, si, par suite d'un vice de fabrication, les bras étaient inégaux; — il faut que le point d'appui du fléau et les points de suspension des plateaux soient en ligne droite; — enfin il faut, dans une balance sensible, que le centre de gravité du fléau soit placé un peu au-dessous de son point d'appui, et que le fléau soit aussi long que possible (fig. 80).

Les balances qui possèdent une grande sensibilité oscillent toujours très-longtemps; pour qu'on ne soit pas obligé d'attendre qu'elles arrivent au repos, on surmonte le fléau d'une aiguille dont la pointe se meut sur un cadran; lorsqu'on voit que les oscillations sont les mêmes à droite et à gauche — ce que les degrés du cadran indiquent — on en conclut que les poids sont égaux. Mais ces oscillations fatiguent les couteaux et finiraient par les user; pour qu'il n'en soit pas ainsi,

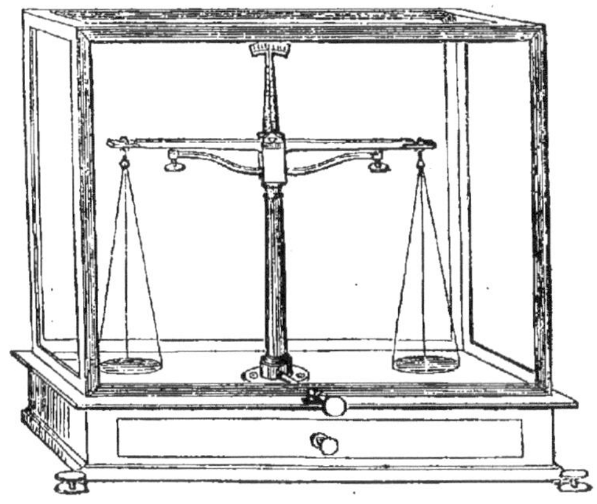

Fig. 81.

on laisse les plateaux descendre sur la table jusqu'à ce qu'ils soient chargés; puis on soulève, avec une touche, la tige sur laquelle repose le fléau. On donne à la balance qui est munie de cet appendice le nom de *balance à trébuchet* (fig. 81). Elle est sensible à un demi-milligramme.

Ces conditions sont-elles indispensables? Non. Et peut-on se servir d'une balance inexacte? Oui, au moyen de la méthode Borda ou *double-pesée;* on met le fardeau à peser sur un des plateaux, sur l'autre un corps qui lui fasse équilibre; par exemple un vase rempli d'eau ou de sable; on en ajoute ou l'on en sort jusqu'à ce que la balance soit parfaitement horizontale. On enlève ensuite le fardeau et on met à sa place des poids marqués jusqu'à ce que l'équilibre soit obtenu de nouveau; le fardeau pèse alors autant que ces poids (*).

La balance Roberval ou à deux plateaux supportés (fig. 82). — Ainsi que ce titre l'indique, c'est sur le fléau que les plateaux reposent; les marchandises à peser peuvent donc y être placées et en être enlevées très-facilement, ce qui n'arrive pas avec les bassins suspendus à des chaînes qui sont toujours très-embarrassantes. On a ainsi un appareil solide, stable qui est aujourd'hui généralement adopté.

Fig. 82.

En voici la description sommaire: le fléau *nn'* est placé sur un double couteau transversal aux points *ao* dans les deux chapes des montants *ab*; il est surmonté d'une aiguille *c* qui oscille devant un cercle *cr*. A l'extrémité du fléau se trouvent les bassins qui s'appuient sur les tiges *tt*; ces tiges sont reliées par les barres *ns* et *n's'* pivotant en *o* et en *b* (fig. 83).

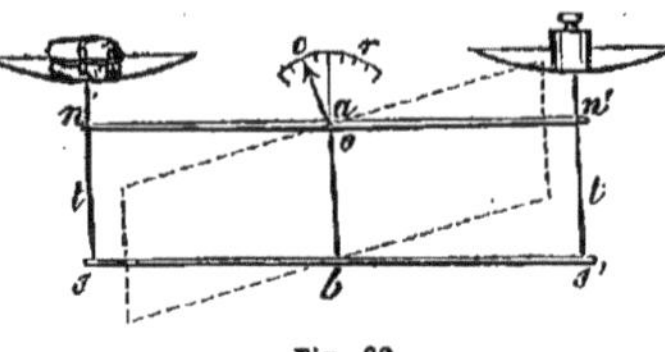

Fig. 83.

Cet ensemble constitue donc le parallélogramme articulé, pointillé, qui a la destination suivante: pour qu'il y ait équilibre, il faut que le point de suspension ou de pression des plateaux se trouve sur la même ligne perpendiculaire avec le centre de gravité de la marchandise à peser; cela arrive dans les plateaux suspendus librement, qui se placent d'eux-mêmes dans la direction voulue. Il n'en est plus ainsi avec les plateaux reposant sur le fléau; car le poids peut bien être placé au centre du bassin; mais la marchandise à peser pourrait se trouver sur le bord, et l'inégalité des bras de levier conduirait à une appréciation fausse. On voit donc que, dans ce mécanisme du parallélogramme

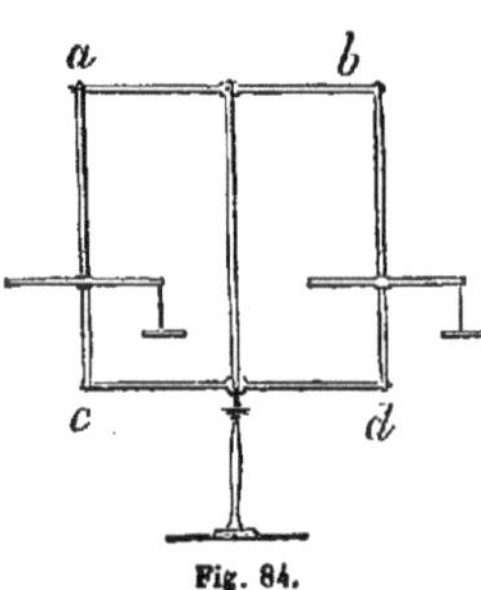

Fig. 84.

(*) Borda, né en 1733 à Dax, mort à Paris à l'âge de soixante-six ans. Capitaine de vaisseau, il fut un savant très-distingué; il inventa plusieurs instruments pour la marine.

articulé, il y a équilibre de quelque côté du plateau que les corps à peser sont mis, puisqu'ils agissent sur les tiges *ac* et *bd*, et par conséquent à l'extrémité du fléau (fig. 84).

La romaine. — Cette balance, qui est une des applications les plus simples et les plus directes du levier, se compose — ainsi que la figure 85 l'indique — d'un fléau à bras inégaux suspendu à une poutre. Au bras le plus court est un crochet auquel on suspend le corps à peser. Un poids mobile, ou *curseur*, glisse le long de l'autre bras. On amène l'anneau du curseur sur le point où l'équilibre a lieu ; en d'autres termes, on place le fléau dans une position horizontale, ce qui est indiqué par une aiguille. Des chiffres gravés près des divisions du fléau — qui est une barre de fer — marquent les poids correspondants, quand le curseur équilibre le corps à peser.

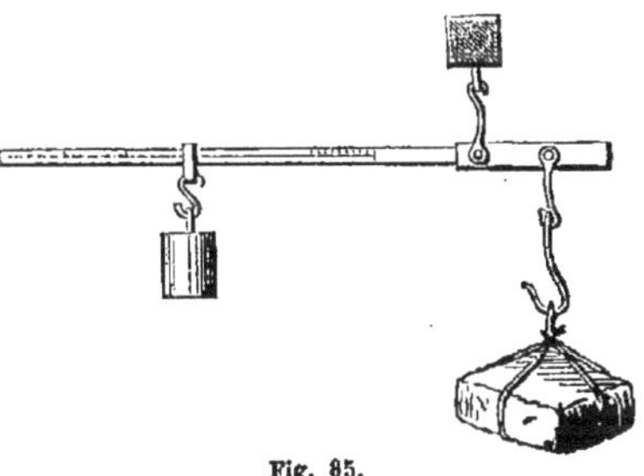

Fig. 85.

Supposons le plateau vide ; le fléau est horizontal ; un kilogramme attaché au grand bras, à une distance du point de suspension égale au petit bras, fait équilibre à un corps placé sur le plateau et pesant 1 kilogramme ; mais si l'on écarte le poids curseur du point de suspension et qu'on le place à une distance double, triple, il fera équilibre à un corps pesant 2 et 3 kilogrammes.

La romaine était très-usitée chez les Romains. Aujourd'hui, son usage s'est à peu près perdu ; on ne la trouve plus que dans les campagnes ou chez les petits marchands.

Les bascules (fig. 86). — Voici leur principe de construction : sur un pied *nm* pivote le fléau *ac* ; à l'extrémité *c* est le plateau sur lequel on pose le poids *p*. Aux points *a* et *v* sont suspendues des tiges *au* et *vo* qui supportent des verges s'appuyant sur les couteaux *s* et *i*. C'est sur *so* que se trouve la plate-forme ou pont destiné à recevoir les fardeaux à peser.

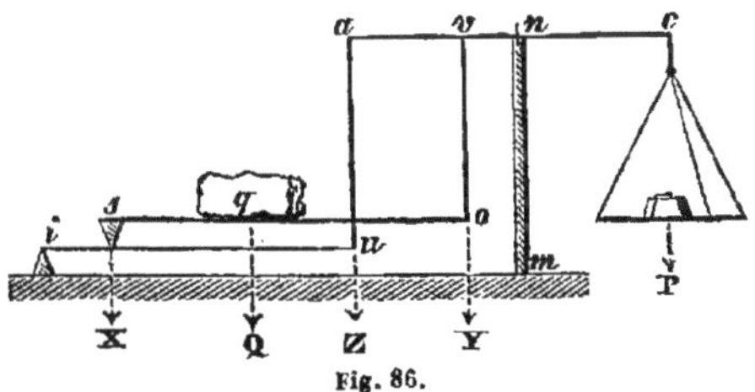

Fig. 86.

Voici maintenant les conditions d'équilibre : Soit Q le poids du fardeau placé sur le pont de la bascule; son centre de gravité passe par la ligne qQ.

La force Q peut être décomposée en deux autres forces verticales X et Y qui sont déterminées par les relations :

$$X = \frac{Q \times oq}{so} \quad \text{et } Y = Q \times \frac{sq}{so}.$$

On peut également décomposer la force X en deux autres, dont l'une, appliquée en i, est détruite par la résistance de ce point, qui est fixe, et dont l'autre Z, appliquée en u. est :

$$X \times \frac{is}{iu} \quad \text{ou} = \frac{Q \times is \times oq}{iu \times so}.$$

Les conditions d'équilibre seront donc celles d'un levier sollicité par les forces Y et Z agissant sur l'un des bras, et par la force P agissant à l'autre; on devra donc avoir :

$$P \times nc = Y \times nv + Z \times nu,$$

ou en remplaçant Z et Y par leurs valeurs en fonctions de Q, on aura

$$P \times nc = \frac{Q \times sq}{so} \times nv + \frac{Q \times is \times oq \times na}{iu \times so}.$$

mais comme $sq = so - oq$, on doit avoir :

$$P \times nc = Q\,(os - oq)\,\frac{nv}{os} + \frac{Q \times is \times oq \times na}{iu \times os}.$$

Mais si l'appareil a été disposé de telle sorte que l'on ait :

$$vn = \frac{is \times na}{iu};$$

l'équation ci-dessus se réduit à $P \times nc = Q \times nv$, expression indépendante de la position du point q, ce qui indique que l'on pourra placer le fardeau indifféremment en un point quelconque du pont.

Remarquons que si l'on déplace, en l'inclinant soit d'un côté, soit de l'autre du point n, le levier ca, le tablier de la bascule restera toujours horizontal dans l'hypothèse $uv = \frac{is \times na}{iu}$ et pourvu que les inclinaisons données soient faibles. En effet, dans ce dernier cas, les déplacements verticaux des points *u* et *o* sont entre eux comme *na* : *nv* ; mais les déplacements verticaux des points *u* et *s* sont entre eux comme *iu* : *is* ; donc, les déplacements des points *o* et *s* sont entre eux comme $na \times is : nv \times iu$; or, comme par hypothèse le rapport ci-dessus est égal à 1, il s'ensuit que les espaces parcourus par les points *s* et *o* sont égaux.

Pour pouvoir se servir de la bascule, il est indispensable qu'elle soit placée horizontalement. On l'équilibre avec quelques grains de plomb qu'on jette dans la petite coupe au-dessus du plateau. On met ensuite sur le pont, à n'importe quel endroit un poids qui ordinairement est le centuple de celui du plateau ; si ces deux poids se font équilibre, la balance est en bon état.

Il est utile de répéter cette opération de temps en temps.

L'invention des bascules — que les Américains s'attribuent depuis 1830 — appartient à l'horloger Quintenz, de Schlestadt en Alsace ; bien avant cette époque il l'avait cédée à Rollé et Schwilgué de Strasbourg, qui les premiers fabriquèrent et perfectionnèrent ces balances.

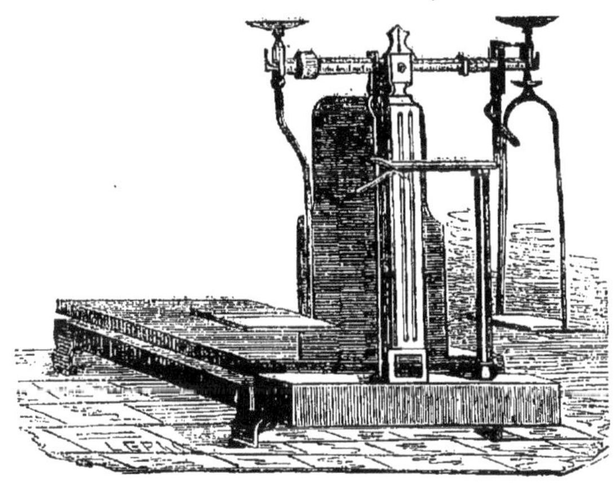

Fig. 87.

La figure 87 représente une bascule en fer.

Mais c'est aux États-Unis qu'elles sont le plus répandues ; il y en a au delà de cent espèces, parmi lesquelles on en remarque d'assez curieuses que nous ne devons pas passer sous silence.

En premier lieu se présente la bascule pour le pesage des bateaux chargés. Les leviers de cette bascule sont supportés au-dessus de l'écluse par des colonnes de fer, auxquelles est suspendue une forte charpente en forme de berceau qui plonge dans l'eau. A mesure que l'écluse se vide, le bateau descend dans cette charpente et y reste suspendu. Le poids en est aussitôt indiqué par les degrés à 12 kilo-

Fig. 88.

grammes près. Ces bascules sont en usage sur tous les canaux des Etats-Unis. Leur portée est de 150, de 250, de 400 et de 500 tonnes.

Les bascules pour peser tout un train de chemin de fer sont établies sur les voies principales. Le pont supporte deux voies, dont l'une est indépendante du mécanisme de la bascule. A l'extrémité du pont se trouvent les rails mobiles au moyen desquels on fait passer le train sur l'une ou l'autre des deux voies, selon qu'on veut le soumettre au pesage ou le laisser passer; on est donc dispensé d'établir une voie séparée en dehors de la ligne.

Il y a aussi des bascules pour bétail, sur lesquelles on pèse les bœufs par douzaine à la fois.

Les planteurs de cannes à sucre ont leur bascule spéciale (fig. 88).

Les bascules pour voitures ont des plans inclinés sur lesquels montent les attelages.

La bascule des commissaires des vivres se plie pour pouvoir être transportée dans les fourgons des bagages.

Les bascules des usines ont deux tabliers séparés par des rondelles de caoutchouc, afin que la chute des corps pesants ne détraque pas les leviers.

Mais la plus curieuse de toutes, est celle des charcutiers pour peser les cochons. Le pont est surmonté d'un tablier en fer à hauteur d'homme pour recevoir l'animal des épaules du garçon charcutier, qui l'enlève, après l'opération, de la même manière. Cette disposition lui permet de rester debout; il n'a pas besoin de se baisser. On ne comprendrait pas en Europe la nécessité d'avoir des machines spéciales pour qu'on ne soit pas obligé de se baisser de temps en temps; mais dans certaines parties de l'Amérique la journée du manœuvre se paye 5 dollars, ou 25 francs, et pour peu qu'il se dérange et qu'il soit obligé de se baisser souvent, il en exige 35.

Les pesons. — Ce sont des balances qui indiquent le poids sur une échelle. Pour les tarer, on se sert de poids légaux; on y suspend, ou l'on y place 1 kilogramme, puis 2 kilogrammes, et ainsi de suite; on marque la graduation sur un cadran, puis on la sousdivise. Cette tare doit avoir lieu d'une manière très-consciencieuse.

Voici quels sont les pesons les plus usités:

Le peson à boudin. — C'est un ressort contourné en spirale et renfermé dans un tube. Le dessin fig. 89 indique suffisamment ce mécanisme; plus le poids suspendu est grand, plus le ressort se détend et l'aiguille s'abaisse.

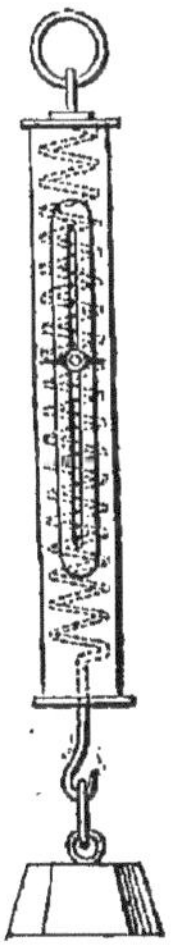

Fig. 89.

Le peson Regnier. — Il est composé de deux lames. Le spécimen (fig. 90) avec échelle est le plus usité. L'aiguille peut aussi être manœuvrée par des leviers.

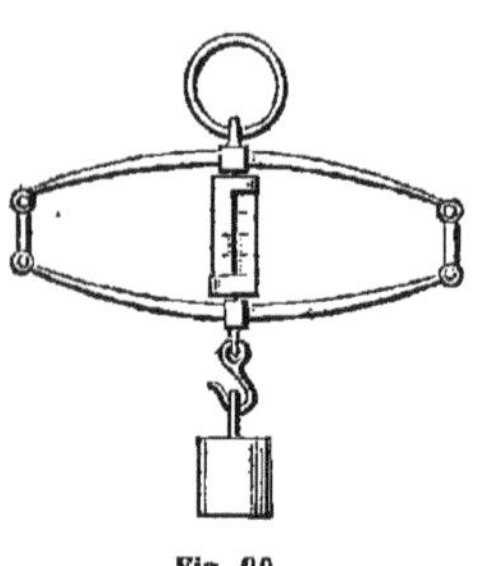

Fig. 90.

Le peson-bascule. — C'est une espèce de bascule, sans leviers, et dont le plateau repose sur des ressorts en acier, au lieu de s'appuyer sur des couteaux, qui s'altèrent par le frottement; ces ressorts communiquent avec une tige verticale qui fait mouvoir l'aiguille d'un cadran.

Cette machine, une fois tarée, donne des indications d'une rigueur mathématique ; du moins elle les a données pendant toute la durée de l'Exposition universelle de 1867, où elle avait été présentée par M. Taurine, l'inventeur. A côté de ce peson se trouvaient des poids marqués ; chaque fois que j'y passais, je ne manquais pas de placer sur le plateau un de ces poids et l'aiguille en montrait le chiffre exact.

Ces pesons, comme tous les appareils qui fonctionnent par l'élasticité d'un ressort, doivent finir par s'altérer avec le temps. Il est donc nécessaire de les tarer de nouveau après un certain usage, ce qui n'offre pas la moindre difficulté.

Le peson à contre-poids. —La figure 91 donne une idée du principe de ce peson. Lorsqu'on charge le plateau *a*, le contre-poids *b* s'élève, l'aiguille *c* marque le poids sur le cadran d'après la tare. Ce peson, dont la forme peut varier à l'infini, sert surtout de pèse-lettres.

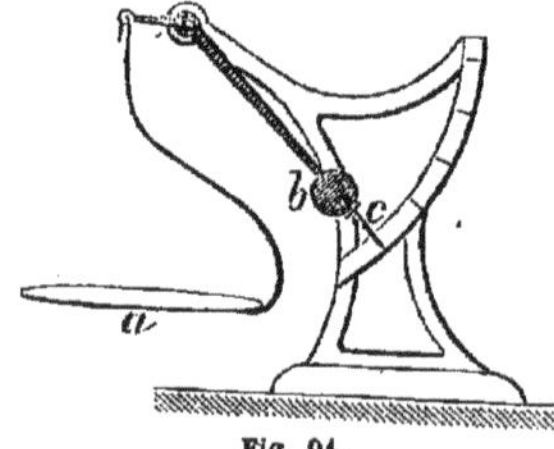

Fig. 91.

On a aussi imaginé de plonger le contre-poids, qui devient flotteur, dans un récipient rempli de mercure. Sa pesanteur varie alors selon la quantité de ce métal liquide déplacée, et qu'une légère couche de pétrole garantit contre l'oxydation. Un petit poids mobile glissant sur le fléau sert à régler ce peson ; il reste à trouver un moyen d'empêcher le vendeur de le régler lui-même.

§ 2. — MACHINES A MESURER LES FORCES ET LE TRAVAIL.

Les forces, ainsi que nous l'avons déjà dit, sont évaluées en kilogrammes au moyen de balances, de pesons surtout, que dans ce cas on appelle des *dynamomètres*.

S'agit-il d'estimer l'effort d'un cheval, on l'attelle à un de ces pesons-dynamomètres fixé contre un mur, et sur lesquels on lit la force de traction en kilogrammes.

Veut-on savoir, à titre de curiosité mécanique, quel est l'effort du menuisier qui rabote une planche, on n'a qu'à lui faire manœuvrer son rabot en l'air sur une planche imaginaire ; seulement ce rabot est alors attaché par une ficelle à un dynamomètre sur lequel on voit l'effort qu'exerce le menuisier, comme s'il rabotait en réalité.

Mais quand il s'agit de constater le résultat produit par une force, c'est-à-dire le travail, il faut prendre en considération le chemin parcouru par le point d'application de cette force et le temps que ce parcours a demandé. Le simple peson alors ne peut plus servir, car il n'indique que le poids ou la force, et, en outre, il ne laisse aucune trace des oscillations de l'aiguille qui résultent du changement des forces ou des résistances.

C'est cette lacune que comblent les dynamomètres proprement dits, qui nous mettent à même de nous rendre un compte exact de la puissance des moteurs et des machines ; ils nous permettent de mesurer le tirage des voitures et des navires, la traction qu'une locomotive exerce sur un convoi, le travail des machines motrices, etc.

Ainsi, veut-on connaître la meilleure charrue entre les divers spécimens appliqués à un même terrain, on intercale entre les attelages ou la force, et les charrues ou la résistance, un dynamomètre ; il indiquera celle qui aura employé l'effort le plus petit et ce sera évidemment la meilleure. Si les chevaux avaient la même force, et s'ils tiraient tous également, on n'aurait qu'à aligner les charrues et les faire marcher à une certaine distance ; la première arrivée serait encore la meilleure.

Un agriculteur exercé se rend facilement compte du mérite des charrues par l'inspection de leurs organes, car une longue pratique d'un instrument agricole suffit pour apprécier la force nécessaire à sa manœuvre. Mais tout le monde n'est pas un cultivateur exercé, et personne ne contestera le résultat scientifique d'un appareil de pré-

cision, surtout dans un concours, où le prix est disputé par de nombreux constructeurs.

On distinguera maintenant le dynamomètre de traction, le frein Prony, le dynamomètre de rotation et le pandynamomètre.

Le dynamomètre Poncelet (fig. 92). — Ce dynamomètre de traction,

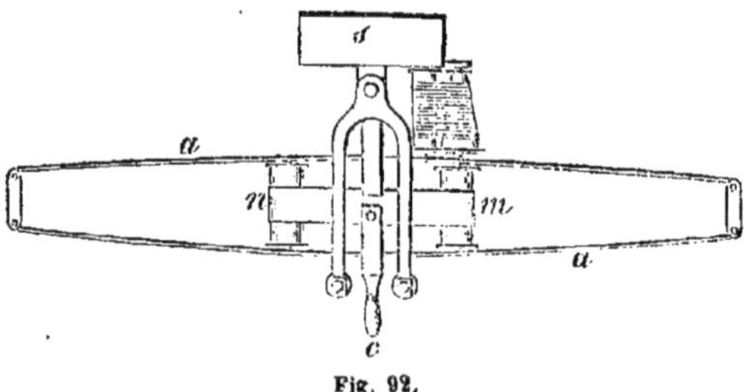

Fig. 92.

perfectionné par M. Morin, est formé de deux lames d'acier *a* et *a* qui portent à leurs extrémités des charnières. Ces lames peuvent donc s'écarter ou se rapprocher suivant l'augmentation ou la diminution des efforts qui s'exercent au crochet *c*, et dont on cherche à évaluer la grandeur.

A cet effet, un crayon saisi par la griffe de la lame *a*, trace, sur un papier *nm* mis en mouvement, une courbe ou diagramme, dont les ordonnées représentent les tractions, et dont les abscisses figurent le chemin parcouru. L'aire de cette courbe donne le total du travail, d'où l'on déduit le travail moyen, en divisant le total par le chemin parcouru.

Le papier, sur lequel la courbe doit être tracée, circule entre deux cylindres *nm*; il se déroule sur l'un pour s'enrouler sur l'autre. Ce mouvement de translation lui est imprimé par une courroie qui passe sur l'essieu du véhicule. Or la vitesse de cette bande de papier est dans un rapport connu avec le chemin parcouru.

Un autre moyen propre à faire mouvoir le papier indépendamment de la machine sur laquelle on opère, consiste dans l'emploi d'un moteur chronométrique *s*, pareil à un tournebroche, avec un volant à ailettes. Un des axes de ce moteur transmet, par un engrenage, le mouvement voulu au papier.

Le dynamomètre Poncelet n'est pas le seul; il y en a encore beaucoup d'autres spécimens, qu'on adapte à un travail spécial; ainsi l'on a des dynamomètres à ressorts en spirale, des dynamomètres à compteurs, etc.

Le frein dynamométrique Prony (fig. 93). — Il est destiné au mesurage de la force des machines motrices. A l'arbre de couche *a* est attaché un coussinet, espèce de bride en fer *n e* avec un levier *n s* au bout duquel se trouve un plateau *p* supportant des poids.

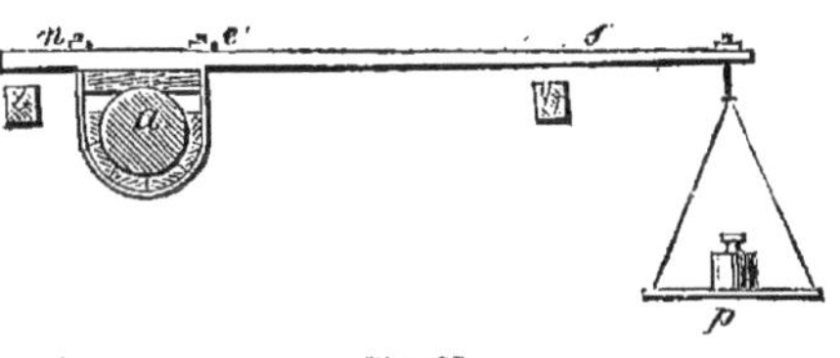

Fig. 93.

On sait que dans la plupart des machines motrices la force est d'abord employée à faire tourner sur lui-même un arbre, dont le mouvement est ensuite transformé de diverses manières ; on sait aussi que le travail de la machine consiste toujours à vaincre certaines résistances évaluées en poids. On peut donc assimiler ces résistances à une seule force de frottement, et les évaluer par une seule opération. On n'a donc qu'à charger le plateau, qu'à serrer les boulons de la bride, qu'à verser de l'eau ou du sable entre les surfaces frottantes ; on fait varier la force *p* en rapprochant la ligne *n p* du point *a*, ou en l'éloignant, et on arrive ainsi à l'équilibre dynamique par tâtonnements ; l'arbre devant garder la vitesse du régime de la machine, le travail du frottement sera égal au travail transmis sur l'arbre — le levier restant horizontal.

La communication de la machine motrice avec la machine manufacturière doit être interrompue pendant le mesurage de sa puissance.

La relation d'équilibre du frein Prony est :

$$F = 2\pi rn \times pl.$$

(*F* est le travail de la machine motrice ; *r* le rayon de l'arbre ; *n* le nombre de tours par unité de temps ; *p* le poids équilibrant et *l* le bras de levier.) (*)

Le dynamomètre de rotation Morin (fig. 94). — Il s'applique, comme le frein de Prony, au mesurage de la force des machines motrices fixes. Il se compose d'un axe posé sur deux supports, lesquels sont attachés à

(*) Prony, ingénieur et mathématicien, né en 1755, près de Lyon ; mort à l'âge de quatre-vingt-quatre ans. Il fut choisi, en 1793, par la Convention nationale, pour composer les nouvelles tables de logarithmes d'après le système décimal ; il a laissé plusieurs ouvrages importants sur la mécanique.

un plateau ; cet axe porte trois poulies d'égal diamètre : l'une est fixe ; l'autre, près de la première, est folle ; la dernière est mobile autour de l'axe, mais y est retenue par un ressort.

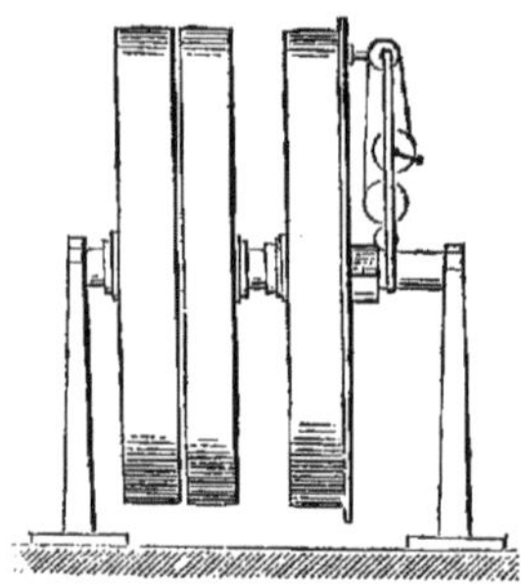
Fig. 94.

Cet appareil est intercalé entre la force et la résistance, c'est-à-dire entre les deux arbres de la machine motrice et de la machine outil. La courroie placée sur la poulie folle est amenée sur la poulie fixe et l'axe du dynamomètre est ainsi mis en mouvement. La troisième poulie reçoit la courroie qui doit transmettre le mouvement à la machine dont la résistance est à vaincre ; elle est entraînée par l'effet du ressort qui se butte contre un arrêt. Ce ressort fléchit alors, et quand sa résistance à la flexion est susceptible de vaincre celle que la machine oppose — le mouvement commence et se transmet par l'entremise d'un deuxième ressort dont les flexions mesurent la résistance à vaincre. Un style ajusté sur un des bras de la poulie trace les diagrammes.

Le dynamomètre de rotation Bourdon (fig. 95). — AA', arbres parallèles tournant dans les paliers PP' ; *pp'*, poulies, et RR', roues dentées

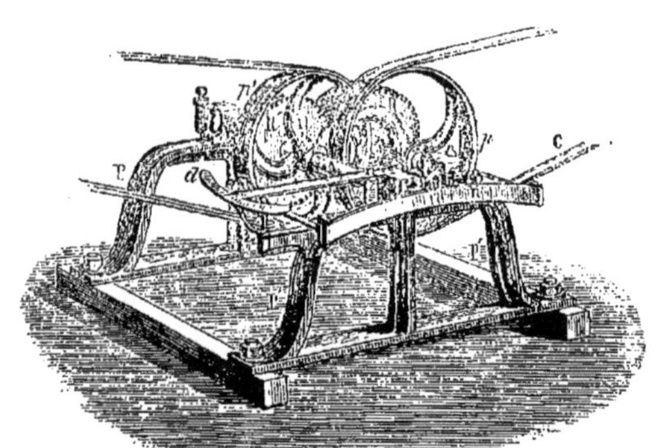
Fig. 95.

héliçoïdales calées sur ces arbres. La courroie *c* tourne la poulie *p*, qui transmet son mouvement à l'arbre A, puis à l'arbre A' par les roues RR' ; la poulie *p'* calée sur l'arbre A' communique tout le mouvement à la machine motrice.

Les roues R'R développent par suite de l'inclinaison de leurs dents une force longitudinale perpendiculaire au plan de rotation et proportionnelle à l'effort qu'elles transmettent.

En mesurant la force ainsi développée, on détermine la traction opérée sur les arbres. L'axe A' s'appuie par son prolongement *m* sur le ressort *n*. Lorsque l'arbre A est en mouvement, la force longitudinale pousse l'arbre A' sur le ressort *n* et le fait fléchir. Dés leviers adaptés à celui-ci commandent une aiguille *a* qui se meut sur un arc gradué *d* et mesure la force développée par la machine.

Comme on connaît le nombre des tours de roues, on en déduit le travail effectué.

Le pandynamomètre. — Au moyen de deux poulies calées sur l'arbre de couche, et de traits parallèles à l'axe, on a l'angle de la torsion qui se produit dès que le travail commence. Quand l'arbre est ensuite retourné au repos, après s'être détordu par l'effet de son élasticité, on fixe aux deux extrémités, sur ces poulies, des leviers avec des plateaux qu'on charge de poids, jusqu'à ce que le même angle de torsion soit obtenu.

Le travail nécessaire pour obtenir ce dernier résultat, est exprimé par la formule suivante :

$$A = \frac{P + p . 2\pi ln}{t}.$$

(A est le travail moyen en kilogrammes-mètres, fourni par le moteur et consommé par l'usine ou la manufacture ; $P+p$, le poids total qui produit la torsion ; p est le poids du levier et du plateau ; l, la longueur du bras de levier ; n, le nombre des tours ; et t, la durée du travail, en secondes).

On a cru trouver dans le pandynamomètre un moyen facile de remplacer les dynamomètres de rotation dont l'emploi est toujours dispendieux, car ils ne peuvent ni être posés, ni être enlevés sans occasionner une interruption dans le service, et sans exiger des modifications dans les organes de transmission.

§ 3. — MACHINES A MESURER LES PRESSIONS DES GAZ.

Les manomètres (μανός, rare, et μέτρον, mesure) sont destinés à mesurer la raréfaction ou la compression des vapeurs et des gaz ;

ils reposent tous sur le principe de la transmission de la pression à une surface mobile, dont le mouvement en indique les degrés. On emploie dans ce but le mercure, l'eau, des plaques en caoutchouc ou en métal, et des tubes métalliques; c'est suivant ces matières qu'on distingue les diverses espèces de manomètres. Nous verrons qu'en général ils ne laissent pas de trace. Nous verrons aussi que la transformation du mouvement de ces surfaces mobiles est la partie secondaire du problème; le point capital est la transmission de la pression des gaz contre ces surfaces; nous le répétons à dessein, puisque c'est précisément ce point que certains inventeurs ont négligé.

Les manomètres simples à air libre (fig. 96). — La première espèce à gauche se compose d'un petit récipient renfermant du mercure, dans lequel plongent deux tubes: l'un en verre communiquant avec l'air, l'autre en fer communiquant avec la chaudière dont la vapeur presse sur le mercure, et le fait monter dans le tube en verre, à côté duquel se trouve une planche, où sont marqués les degrés. C'est donc une espèce de baromètre ouvert aux deux bouts. La vapeur arrive par le point *a*.

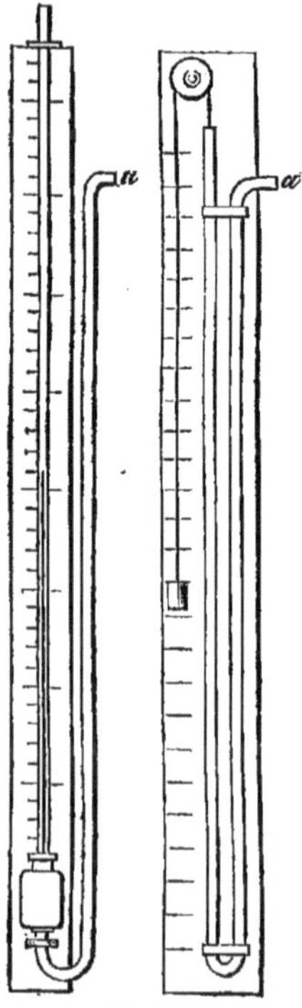

Fig. 96.

Le récipient, ou cuvette, est en fonte; il est fermé par des boîtes à étoupe, afin d'intercepter la communication avec l'atmosphère.

La deuxième espèce de manomètre simple à air libre, à droite, est formée d'un tube en fer recourbé comme un siphon, et attaché à la chaudière. La vapeur presse sur le mercure, et le fait descendre dans l'une des branches de ce siphon, et monter dans l'autre; comme précédemment la différence de niveau indique alors la pression. — Les degrés marqués sur la planchette sont espacés de $0^m,38$ (moitié de $0^m,76$), puisque le mercure doit descendre de $0^m,38$ dans la branche de vapeur, pour monter d'autant dans celle qui communique avec l'air. Afin de voir le jeu du mercure montant ou descendant, on place dans le tube un flotteur, petit morceau de fer, attaché à une ficelle qui passe sur une poulie, et indique au moyen d'un contre-poids les degrés de l'échelle. On se rappelle que chaque degré est égal à 1 atmosphère.

Ces manomètres, qui sont corrects au point de vue théorique, offrent néanmoins des inconvénients; ils sont trop hauts, on n'en voit pas bien les indications ; le flotteur peut s'arrêter dans le tube ; un excès de pression peut chasser le mercure dehors.

On a déjà diminué la grande hauteur de ces manomètres, en donnant au tube indicateur, en verre, un diamètre considérable. Le mercure venant du tube étroit s'étend alors sur une grande surface, et monte par conséquent à une faible hauteur ; l'échelle y est donc très-courte.

Les manomètres simples, à air libre, ne sont placés que sur les chaudières à basse pression.

Le manomètre à air libre et à colonnes multiples Richard (fig. 97). — Ce manomètre a pour but de diminuer la hauteur du tube indicateur des manomètres précédents ; à cet effet, on a remplacé le tube droit par une série de tubes en siphon, dont les parties inférieures contiennent du mercure, tandis que les parties supérieures sont remplies d'eau, excepté toutefois la dernière branche, dans laquelle le mercure est soumis à l'action de la vapeur en *a*. La somme des différences de hauteur indique la pression. Quand les extrémités de ce tube communiquent avec l'atmosphère, les colonnes de mercure sont de niveau dans chaque siphon partiel ; mais dès que la vapeur exerce sa pression, il s'établit une différence de hauteur entre les colonnes de mercure dans toutes les branches, et la pression totale est mesurée par la somme des différences de hauteur du mercure dans tous les siphons. On gradue cet appareil, au moyen d'un manomètre à air libre. Cet appareil, très-ingénieux et très-solide, du reste — car il peut être construit en métal — a le grave inconvénient d'être sujet à des inexactitudes ; le changement de la température extérieure agit sur ces nombreux tubes comme sur un thermomètre, et fait varier, en dehors de la pression de la vapeur, l'élévation des liquides ; en outre, la moindre quantité de ces liquides, sortie accidentellement du manomètre, en rend la graduation incorrecte.

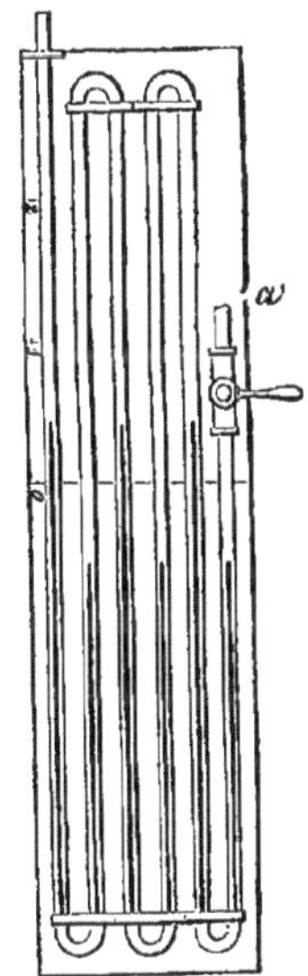

Fig. 79.

Les conditions statiques des manomètres à air libre. — Outre les machines à vapeur, il y a encore bien d'autres appareils auxquels on applique les manomètres à air libre ; si les pressions sont faibles, le mercure est remplacé par l'eau.

La relation d'équilibre s'exprime ainsi pour les deux cas :

$$\text{(Eau) } p' - p = 0{,}1h \text{ (kilogrammes).}$$
$$\text{(Mercure) } p' - p = 1{,}36h \text{ (kilogrammes).}$$

p' est la pression intérieure, par centimètre carré ; h, la hauteur due à la pression, qui est la différence de niveau entre les deux branches du manomètre ; p, la pression extérieure, pression atmosphérique, qui est une quantité constante, ou $0^m,76$ de hauteur de mercure. Une colonne de mercure d'un mètre de hauteur et d'un centimètre carré de base pèse $1^k,36$, puisque le poids spécifique (ou poids d'un mètre cube) du mercure est de 13600 kilogrammes; donc $p = 1{,}36 \times 0{,}76 = 1{,}033$, valeur qui, substituée dans les équations ci-dessus, donne $p' = 1{,}033 + 0{,}1\ h$ (eau) ou $1{,}36\ h$ (mercure).

Le manomètre à air comprimé (fig. 98). — Il consiste dans un tube en verre, fermé par le haut comme un baromètre, rempli de mercure et d'air ; le métal liquide est pressé par la vapeur contre l'air, dont le volume plus ou moins dilaté indique les pressions d'après la loi de Mariotte. Ce manomètre est fragile ; le mercure se salit par suite de l'oxydation et dépose une pellicule contre le verre, qu'il rend opaque. D'autres liquides placés sur le mercure pour empêcher cette oxydation, produisent des effets semblables ; enfin, en rendant le tube mobile, pour le nettoyer et pour filtrer le mercure à travers une peau, on complique le mécanisme, et on le rend impropre aux usages journaliers. En outre, plus les pressions de vapeur augmentent, plus les degrés deviennent petits et difficiles à observer, et c'est précisément le contraire qu'il faudrait obtenir.

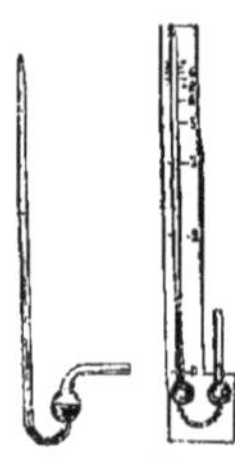

Fig. 98.

Le manomètre à air libre (fig. 96) peut facilement être transformé en manomètre à air comprimé. A cet effet, on n'a qu'à fermer le tube (à gauche) par le haut; le tube a, au lieu d'être rempli de mercure et de monter dans la cuvette, serait vide et y plongerait, afin de faire presser la vapeur sur une surface plus étendue.

Le thermomanomètre (fig. 99). — C'est un thermomètre plongé dans la chaudière, pour indiquer la température de la vapeur, qui est variable avec la pression ; mais le mercure, soumis dans sa capsule aux hautes pressions, monte indûment dans le tube ; et placé dans une capsule incompressible, il donne des indications peu sensibles, et toujours en retard, car il faut au thermomanomètre beaucoup de temps pour se mettre en équilibre de température avec le fluide ambiant. Une autre difficulté dans l'application, c'est la capillarité du tube, qui ne permet de voir l'échelle que de très-près. En outre le mercure, soumis pendant longtemps à de hautes températures, ne revient pas à la marque primitive de zéro ; il s'opère dans cette circonstance — à ce qu'il paraît — un changement moléculaire qui déplace ce point.

Fig 99.

Les manomètres à plaques. — Dans ces manomètres, la vapeur presse sur un diaphragme ou disque plat, quand il est en caoutchouc, et ondulé quand il est en métal. L'élasticité de ces plaques leur permet de prendre un mouvement qui correspond à la pression ; mais comme il est très-faible, il faut l'amplifier, soit par un mécanisme de transmission, comprenant une tige fixée sur la plaque et munie d'un secteur à engrenages, qui fait marcher l'aiguille d'un cadran ; soit par une colonne de mercure qui repose sur ce diaphragme, et qui monte ou descend dans un tube indicateur ; en prenant un tube très-étroit et une plaque très-large, on peut rendre les degrés de l'échelle graduée suffisamment visibles. La figure 100 indique un de ces manomètres ; *a a'* est une plaque métallique ; *b* est le tube de communication.

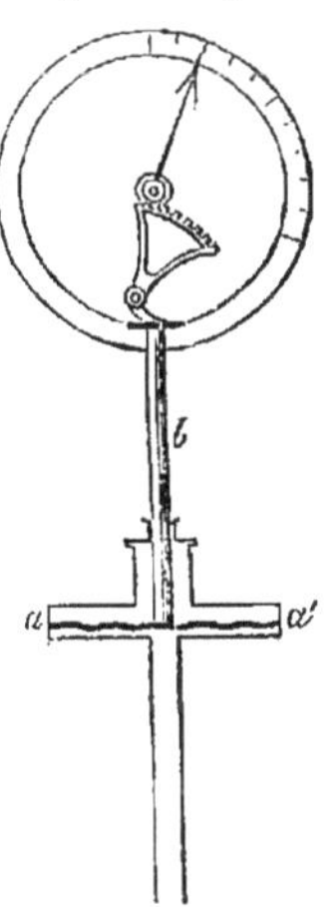

Fig. 100.

Le manomètre Bourdon. — Un tube creux en métal, de section elliptique ou ovale, contourné en spirale, et dans l'intérieur duquel s'exerce une pression uniforme, se redresse par le fait de cette pression. Ce phénomène sert de base au manomètre Bourdon. (fig. 101).

Cet appareil est vissé sur la chaudière ; quand on tourne le robinet *m*, la vapeur entre par l'ouverture du tube qui tend ainsi à se redresser ; l'autre extrémité, naturellement fermée, suit ce mouvement et indique la pression au moyen d'une aiguille sur un cadran. Le point *b* va à droite et la flèche vers *e* suit le mouvement. Pour amplifier la course, on attache le bout du tube à un levier qui porte l'aiguille. Ce manomètre — gradué avec une pompe de presse hydraulique — est appliqué principalement aux machines à haute pression.

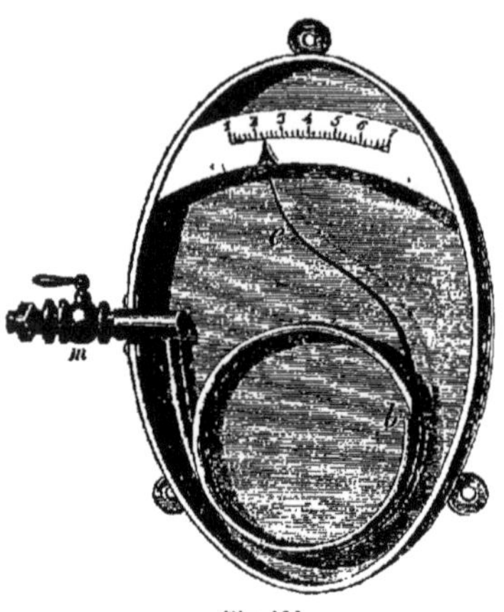

Fig. 101.

Il sert aussi aux épreuves de réception officielle des chaudières. Dans ce cas il marque 18 atmosphères, pression d'épreuve correspondant à une marche avec 7 atmosphères, qui est même rarement atteinte dans la pratique. On le visse sur la chaudière et on l'enlève après la réception.

C'est à M. Bougarel, ingénieur civil, attaché à l'administration centrale des mines, qu'on est redevable de cette nouvelle et utile application du manomètre Bourdon.

Pour en apprécier le mérite, on n'a qu'à prendre en considération les inconvénients que présente l'ancienne méthode, qui consiste à charger de poids les soupapes, et à refouler de l'eau dans la chaudière. Les soupapes se soulèvent par suite des secousses résultant de la manœuvre du refoulement, et laissent échapper l'eau avant que la pression voulue soit atteinte ; ou encore elles adhèrent à leur siége et ne se lèvent pas au moment opportun.

Avec le manomètre vérificateur, on remédie à l'inexactitude du jeu des soupapes ; en outre, si la chaudière soumise à l'essai vient à se rompre, on sait à quelle pression la rupture a eu lieu, ce qui est très-intéressant à connaître ; les soupapes n'indiquent que la pression correspondant à la charge maxima. En outre, la pression d'épreuve ne peut pas être dépassée, comme cela arriverait avec les soupapes chargées.

L'invention du manomètre à tube métallique, est due au concours d'un heureux accident ; un serpentin, ou tuyau en forme d'hélice, devait être adapté à une machine dans les ateliers de M. Bourdon. L'ouvrier, par négligence, avait aplati ce tuyau en quelques endroits ; pour le redresser on y refoula de l'eau avec une presse hydraulique, jusqu'à ce que la pression, surmontant la résistance du métal, fît ressortir les parties aplaties et les ramenât à leur forme primitive; pendant ce redressement, le tube se gonflait avec la tendance de se mettre en ligne droite. M. Bourdon mit cette observation à profit, et inventa ses manomètres, qui furent présentés pour la première fois à l'Exposition de 1849 à Paris.

Le manomètre à tube plissé (fig. 102). — Il est également en métal, un peu plus haut que large. Si les plis sont soudés, ils se déchirent; s'ils sont emboutis, ils ne donnent que quelques millimètres de course par dizaine d'atmosphères. M. Casse a imaginé la manière de produire par l'emboutissage des plis dans un tube en laiton. Il est certain que cette invention aura des emplois féconds dans la mécanique.

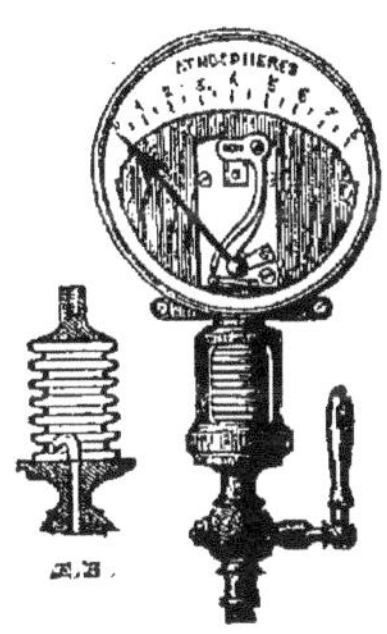

Fig. 102.

L'indicateur Watt. — Appareil destiné aux machines à vapeur. (Pour mémoire; voir le chapitre des machines à vapeur.)

§ 4. — MACHINES A MESURER LES VITESSES.

Si la vitesse des corps ne peut pas être calculée par une appréciation immédiate du trajet parcouru et du temps écoulé, ou si elle doit subir un contrôle, on emploie diverses machines pour l'évaluer d'une manière directe.

Dans le mesurage de la vitesse de chute des graves, on se sert de la machine Atwood, que nous connaissons déjà de nom; pour l'eau on a les hydromètres; pour l'air, les anémomètres; pour les mécanismes, les tachomètres; pour les navires, les lochs.

Le mesurage de la vitesse du son, de la lumière et du fluide électrique rentre dans un autre ordre d'idées.

La machine Atwood. — Cette machine (fig. 103 et 104) a pour but de déterminer expérimentalement les lois de la pesanteur. *a* et *b* sont des poids égaux; *a b* est le fil de soie; son poids est à peu près nul, de même que le frottement de la poulie *c*, dont l'axe, au lieu de tourner et de glisser dans un coussinet, roule sur d'autres poulies. La résistance de l'air peut être négligée. Le poids *a* est ramené au point zéro de l'échelle graduée ; si l'on ajoute au poids *a* un poids supplémentaire *x*, ils tombent tous les deux, et l'action de la pesanteur se

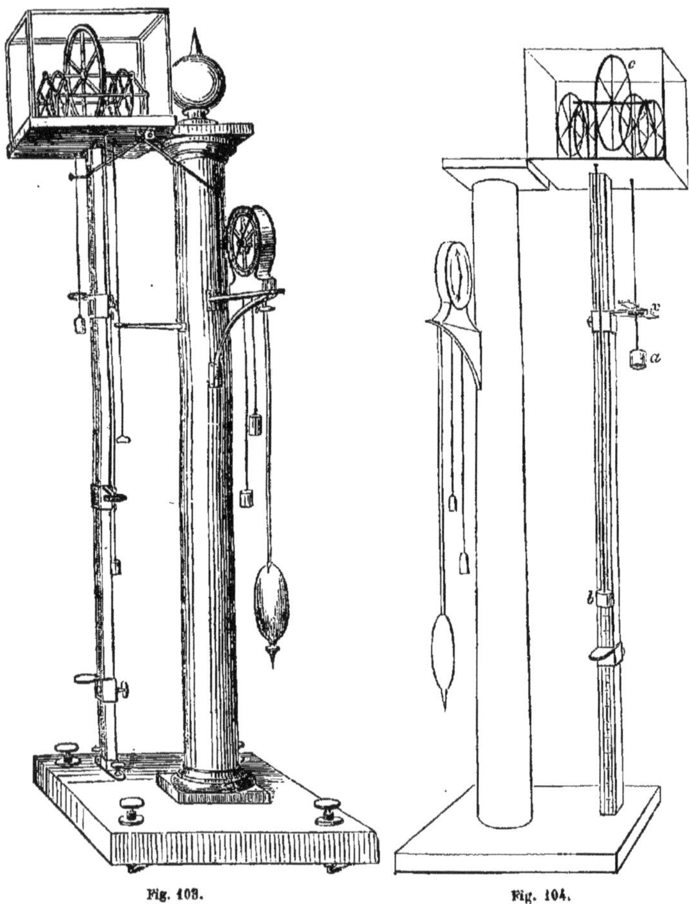

Fig. 103. Fig. 104.

répartit sur *a* et *b*; plus *x* est petit, moins l'accélération sera rapide ; on pourra donc l'observer tout à l'aise.

On donne à ce poids supplémentaire la forme d'une plaque mince, échancrée et plus large que le poids qu'il recouvre. Un curseur, espèce d'anneau, est attaché à la règle ; le poids a y passe, mais le poids x reste en route, de façon que le poids a, équilibré par le poids b, ne continue sa route qu'en vertu de la vitesse acquise ; et c'est ainsi que l'on peut vérifier les lois de la chute des graves.

On voit, lorsque le poids x est posé sur a, que ce dernier poids, pendant la première seconde, parcourt 10 degrés, pendant deux secondes 40 degrés, pendant trois secondes 90 degrés, et ainsi de suite.

On voit, en outre, lorsque le poids additionnel est arrêté par le curseur, que les deux poids a et b continuent leur marche ; l'un de haut en bas, l'autre de bas en haut avec une vitesse double de l'espace parcouru. Le temps écoulé depuis le commencement du mouvement jusqu'à l'arrêt de x étant pris pour unité.

La machine Atwood, représentée au complet par le dessin (fig. 103), n'est pas seule employée à l'appréciation de la chute des graves.

Le cylindre tournant Morin. — C'est un cylindre vertical recouvert d'une feuille de papier ; il est mis en mouvement par un poids qui en tombant fait tourner une roue dentée, laquelle engrène avec une vis sans fin dont l'axe du cylindre est muni. On laisse glisser le long du cylindre une masse munie d'un style, qui trace un diagramme sur cette feuille de papier. On l'enlève et on voit que, si on la coupe suivant la génératrice qui correspond à l'origine de la courbe, on obtient une parabole. Or la parabole indique que les chemins parcourus par la masse sont proportionnels aux carrés des temps employés à les parcourir.

Les hydromètres (*). — Le moyen le plus simple de mesurer la vitesse de l'eau est celui qui est offert par un corps flottant. On jette un morceau de bois dans l'eau et on le suit sur la rive, une montre à secondes en main ; arrivé à une certaine distance — 1000 mètres par exemple — on divise 1000 par le nombre des secondes écoulées, et on a le résultat voulu.

Mais cette méthode ne donne que la vitesse à la surface ; pour obtenir la vitesse moyenne on emploie les *sphères flottantes*. Ce sont deux boules creuses en cuivre attachées ensemble avec une corde ; au

(*) Hydromètre, mesureur de la vitesse de l'eau ; — hygromètre, mesureur de l'humidité ; — udomètre, mesureur de la quantité de pluie ; — hydrotimètre, mesureur de la pureté de l'eau ; — hypsomètre, mesureur de la force élastique de la vapeur.

moyen d'un bouchon à vis on y laisse pénétrer une certaine quantité d'eau et on les leste ainsi de façon que l'une flotte à la surface quand l'autre plonge au fond.

On voit que cette manière de mesurer la vitesse de l'eau est cependant très-précaire : les vents, les contre-courants peuvent faire reculer le flotteur; aussi, quand il s'agit de l'évaluer avec une certaine précision pour en déduire le débit de l'eau, le mesurage direct pour un profil donné devient indispensable; ce n'est qu'avec des instruments spéciaux qu'on y arrive.

L'appareil type est le *moulinet de Woltmann*, qui indique la vitesse des courants à toutes les profondeurs (fig. 105).

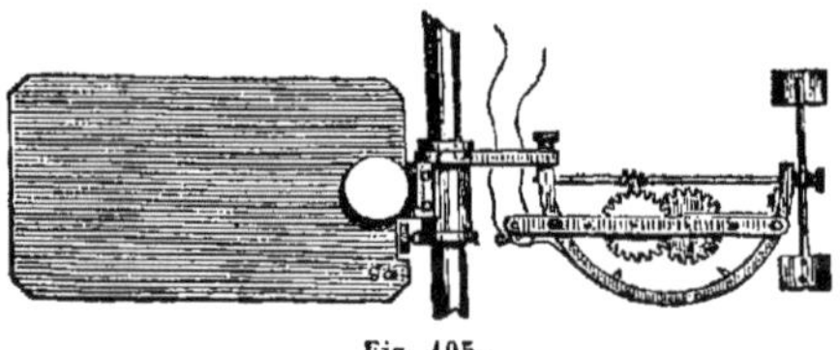

Fig. 105.

Il est attaché à un bâton, qu'on fiche au fond de la rivière; le gouvernail tient le moulinet en place et dans le sens du courant; les ailettes commencent de suite à tourner. On fait marcher un chronomètre et on tire en même temps le cordon du moulinet; immédiatement la vis sans fin s'engrène dans les roues et fait tourner le compteur. Après quelques minutes, on arrête le chronomètre, on lâche la corde, le compteur s'arrête, et on sort le moulinet hors de l'eau pour voir les marques; puis on recommence deux, trois fois. En prenant la moyenne de ces résultats, on obtient la vitesse de rotation du moulinet, dont on déduit la vitesse du courant d'après la tare de l'instrument.

Cette tare s'établit en faisant tourner le moulinet dans un courant dont on connaît la vitesse, ou encore on le promène dans l'eau tranquille à une certaine distance dans un temps donné et on se base sur le principe, que le nombre des tours de roue du compteur dans l'unité de temps est proportionnel à la vitesse du courant.

On connaît le nombre (n) de tours du moulinet exécutés pendant le temps (t), on a alors la vitesse (v) du courant par la formule :

$$v = n\left(0,36 + \sqrt{c + \frac{c'}{n^2}}\right).$$

c et c' sont les coefficients de tarage.

Si l'on veut avoir un instrument plus sensible, on remplace les ailettes par une petite hélice.

Cet appareil n'est pas le seul dans son genre; la physique expérimentale fait connaître le *tube de Pitot*, composé de deux tubes dont l'un est perpendiculaire et l'autre recourbé horizontalement. De la différence entre les hauteurs auxquelles l'eau monte dans les tubes, on déduit la vitesse du courant. Grâce aux perfectionnements que M. Darcy, inspecteur général des ponts et chaussées, a introduits dans le tube Pitot, cet appareil peut être entièrement immergé dans l'eau et mesurer la vitesse à de grandes profondeurs. A cet effet, l'air est comprimé dans les deux tubes qui communiquent entre eux par en haut; la différence de niveau n'est donc pas changée.

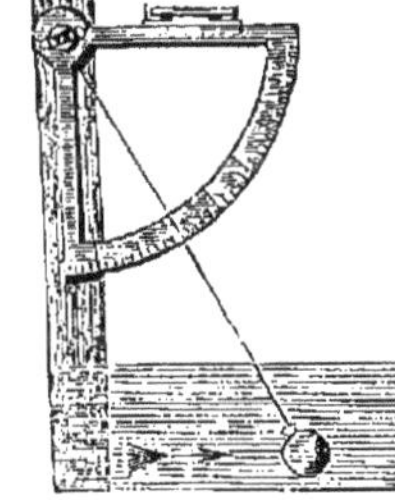
Fig. 106.

Le *pendule hydraulique* est un pendule attaché à une tige perpendiculaire et chassé par le courant, dont la force est indiquée par l'oscillation de ce pendule (fig. 106). Si les circonstances locales s'y prêtent, on évalue le volume de l'eau qui passe par-dessus un barrage ou déversoir; car c'est pour arriver à ce volume, que généralement on mesure la vitesse de l'eau, qui est un des éléments du calcul.

Les anémomètres. — Cette désignation ne doit pas être confondue avec celle d'*aréomètre* — appareil destiné à mesurer la densité des fluides, tandis que l'anémomètre mesure la vitesse des gaz.

L'anémomètre le plus simple que l'on puisse imaginer se compose d'un *pendule*, dont la déviation de la verticale indique l'intensité d'un courant d'air; on l'emploie dans les mines; il est pareil au pendule hydraulique.

L'*anémomètre Combes*, dont la petite figure 107 peut donner une idée, est une espèce de moulinet de Woltmann avec ailettes en mica; il est construit avec plus de délicatesse. Comme nous connaissons le moulinet, nous n'avons pas besoin de décrire l'anémomètre Combes. Nous dirons seulement que, pour le tarer, on le fixe à une longue règle qui tourne dans un plan horizontal avec une vitesse donnée; les ailes frappent l'air et prennent un mouvement de rotation, d'après lequel on marque les degrés de vitesse. Cet anémomètre peut être placé dans les tuyaux où passent des gaz; il indique la vitesse d'écoulement, mais pas la quantité du fluide écoulé pour un temps déterminé. Le compteur

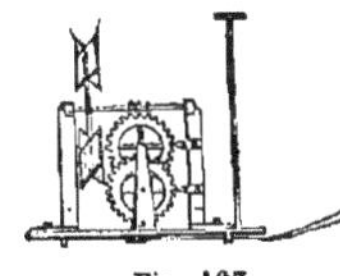
Fig. 107.

à gaz sert dans ce dernier but; on le trouvera parmi les machines à compter.

Tachomètre. — Si ce mot est prononcé *taschomètre*, il signifie [illegible]eur rapide de distances; c'est une espèce de théodolithe (lunette avec niveau et cercle gradué); s'il est prononcé *takomètre*, il veut dire mesureur de vitesse. Comme tel, il doit être employé dans le service des trains de chemins de fer pour mesurer et constater leur marche.

Le tachomètre Deniel (nom de l'ingénieur qui l'a inventé) se com-

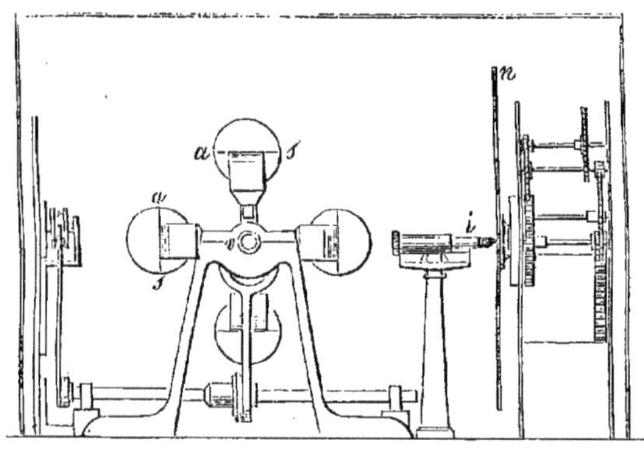

Fig. 108.

pose (fig. 108) d'un pendule conique en quatre ressorts *as* de $0^m,30$ de longueur, dans lesquels l'action de la pesanteur est remplacée par l'élasticité; son axe *v* est horizontal sur la locomotive. Les quatre ressorts sont fixés à une des extrémités de cet axe, mais à l'autre extrémité ils s'appuient sur une virole mobile; ils portent en outre de petites boules en cuivre destinées à accroître l'effet de la force centrifuge. L'appareil reçoit le mouvement d'un essieu de la locomotive au moyen d'une courroie. Ces boules s'écartent de l'axe quand la vitesse augmente, et s'en rapprochent quand elle diminue. Le mouvement est transmis au moyen d'un mécanisme d'horlogerie à une aiguille qui marque la vitesse, et à un crayon *i* qui trace les diagrammes sur un carton *in*.

La vitesse des trains pouvant être constatée, il se présente une question assez singulière, à savoir : y a-t-il une opportunité réelle à faire cette opération? Les administrations des chemins de fer en Europe disent non, et n'appliquent pas le tachomètre Deniel; mais les Américains s'en servent, sous la dénomination de *railway speed-register*. L'avenir nous apprendra de quel côté se trouve la vérité.

En attendant, il y a pour ces tachomètres encore d'autres applications que celles des chemins de fer; certaines manufactures ont résolu la question fondamentale: celle de la nécessité de mesurer la vitesse. Ainsi, dans les fabriques de papier il faut, pour pouvoir régler le mouvement des machines, connaître le rapport constant entre la force motrice et le travail produit, et, dans ce cas, un tachomètre régulateur est parfaitement à sa place.

Le loch. — Cet appareil sert à mesurer la distance parcourue par un navire en pleine mer, et à déterminer aussi sa vitesse. Le loch est composé d'une planchette triangulaire en bois, attachée à une corde et lestée avec du plomb; il se tient debout dans l'eau et il sort à peine au-dessus de la surface, de manière à ne pas donner prise au vent. On jette le loch à la mer, il reste en place; on tient la corde enroulée dans la main; elle se déroule; on arrête au bout d'une minute et on voit que la corde s'est déroulée de tant de nœuds. Le *nœud marin* est la distance entre deux nœuds qu'on a faits sur cette corde; de là le nom, et cette distance est de 15 mètres ou la cent-vingtième partie du mille marin de 1 852 mètres. On dit que la vitesse du navire est de tant de nœuds, ou qu'il file tant de nœuds par heure.

On voit que ce système n'est pas tout à fait correct, car il y manque le point de repère qui doit être fixe, puisque le loch peut toujours être entraîné vers le bateau, ou même en sens opposé par des courants.

Le *loch Massey*, déjà plus compliqué (fig. 109), est destiné à remédier à cet inconvénient. Il a un double but: il sert à mesurer la vitesse des courants et le sillage des navires; il est vrai qu'il ne mesure que les vitesses superficielles, mais il n'y a que celles-ci qui intéressent les marins.

Fig. 109.

Cette machine se compose de deux parties: *a* est une hélice que l'eau ou le navire, par sa marche, fait tourner; ce mouvement est communiqué au flotteur-compteur *c* par la corde *s*; ce flotteur est attaché au navire par le point *n*; les roues du compteur sont calculées de façon que l'aiguille du premier cadran marque 1 mille, les cadrans 2 et 3 les dizaines et les centaines de milles. Quand on croit l'expérience suffisante, on retire la machine de l'eau; et, comme on a compté le temps, on peut calculer la vitesse avec plus ou moins d'exactitude.

Mais quand il s'agit de connaître la marche d'un navire d'une façon correcte, on lui fait parcourir, avant son voyage, une ligne parallèle à une base tracée sur le rivage.

Le relevé des vitesses usuelles.

	Vitesse par seconde. Mètres.
AIR.	
Vent ordinaire	7
Brise	6
Vent des moulins	7
Vent marche en mer	9
Vent grand frais	12
Tempête	27
Grande tempête	36
Ouragan	44
EAU.	
Canaux	0,30
Ruisseaux	0,80
Rivières	1,50
Torrents	2
HOMME.	
Marche ordinaire	1,10
Voyageur	1,60
Coureur	7
Coureur (pendant quelques instants)	11
CHEVAL.	
Petit pas	1
Grand pas	2
Trot ordinaire	3,50
Grand trot	4
Galop ordinaire	10
Grand galop pendant quelques minutes	13

	Vitesse par seconde. Mètres.
OISEAUX.	
Moineaux	24
Hirondelles	40
MACHINES.	
Bateaux à vapeur	7
Bateaux à vapeur et à voiles	7,50
Trains omnibus	10
Trains express	15
Malle de l'Inde	20
SON.	
Dans l'air à une température moyenne	340
Dans l'air à 0 degré	330
Dans l'eau	1400
CORPS LANCÉS DANS L'ESPACE.	
Boulet de canon à la sortie de la pièce	530
Globe terrestre autour de son axe	500
FLUIDES.	
Fluide électrique	100 000 000
Lumière	280 000 000
TEMPS DU TRAJET DE LA LUMIÈRE.	
Du soleil à la terre	9 minutes.
D'une étoile voisine à la terre	4 ans.
D'une étoile éloignée à la terre	inconnu.

§ 5. — MACHINES A MESURER LE TEMPS.

Dans l'origine, les hommes comptaient le temps par le jour. Les premiers Egyptiens, ayant observé le retour périodique de la lune, découvrirent le mois, mais l'année leur restait inconnue; elle était trop longue pour être aperçue. Le célèbre navigateur anglais Cook (1750) raconte que les habitants de Taïti connaissaient aussi le mois.

L'idée de diviser le jour en heures par des appareils mécaniques se perd dans la nuit des temps. Les peuples de l'Asie se servaient bien avant Jésus-Christ du sablier, qu'on retrouve au moyen âge dans tous les monastères, et aujourd'hui encore dans quelques établissements de bains thérapeutiques et dans les chaumières où la fameuse pendule à coucou n'a pas encore pénétré.

Les sabliers construits pour plusieurs heures, ou pour une heure, ou une fraction d'heure, n'indiquaient pas la subdivision du temps, et c'est en la cherchant qu'on a dû inventer les *clepsydres* ou *horloges d'eau;* elles se composent d'un bassin d'où l'eau s'écoule dans un récipient. La montée de l'eau y est indiquée soit par des échelles graduées, soit par des flotteurs attachés, au moyen de chaînes, à l'axe de rotation de l'aiguille d'un cadran. Pour que cette montée soit uniforme, il faut qu'elle ait lieu sous une pression constante ou sous un niveau fixe. A cet effet, la quantité d'eau fournie doit être plus grande que celle qui s'écoule; son niveau tend alors à s'élever, mais il rencontre une entaille latérale, ou décharge, qui laisse sortir l'excédant.

On attribue l'invention de la clepsydre à Ctésibius, célèbre mécanicien qui vivait à Alexandrie cent ans avant Jésus-Christ (*).

Jules César dit qu'il a vu de ces clepsydres en Angleterre. D'après Cicéron, on mesurait le temps accordé aux plaidoyers des tribunaux avec ces appareils. On y versait trois seaux d'eau : le premier pour l'accusateur, le second pour l'accusé et le troisième pour le juge. Le gardien de la clepsydre avertissait l'orateur quand sa partie d'eau était épuisée, mais on la doublait dans les cas extraordinaires. Pendant l'audition des témoins, on suspendait l'écoulement de l'eau.

Ces sortes d'horloges cependant ne se propagèrent pas; on y avait ajouté des rouages qui étaient sujets à des dérangements et qu'on ne savait pas réparer.

La clepsydre, avant de disparaître, fit une dernière apparition brillante. Le calife Haroun-al-Raschid envoya à Charlemagne une de ces machines perfectionnées. C'était une colonne tournant sur sa base dans une année; sur cette colonne il y avait certaines lignes qui marquaient les mois, d'autres les heures. A côté de la colonne se trouvait une figurine qui laissait tomber l'eau goutte à goutte d'un bassin supérieur toujours rempli. Sur un morceau de liége flottant à la surface de l'eau, s'élevait une autre figurine qui indiquait l'heure avec une baguette. L'eau tombait ensuite sur un moulin et donnait l'impulsion à

(*) *Clepsydre*, des mots grecs κλέπτω (cacher) et ὕδωρ (eau); — *horloge*, des mots latins *hora* (heure) et *lego* (dire).

des roues d'engrenage qui faisaien' ur rotation en trois cent soixante-six jours.

Les clepsydres ont cédé la r ace aux horloges avec un poids pour moteur, qui furent déjà citér par Aristote. La première qu'on en ait vue en France est celle de la tour du palais de justice à Paris ; elle a été construite par un horloger allemand, Henri de Vic, que le roi Charles V avait attiré à sa cour. Un autre horloger célèbre, ce fut le moine Gerbert, qui devint pape sous le nom de Sylvestre II, vers l'an 1000. On lui attribue l'invention de l'échappement, qui est une des pièces les plus importantes dans l'horlogerie.

Au douzième siècle on inventa la sonnerie, dont le besoin s'était fait sentir dans les couvents, où les moines veillaient pendant la nuit pour avertir les membres de la communauté des devoirs qu'ils avaient à remplir.

Pendant deux cents ans l'horlogerie resta stationnaire ; mais ensuite elle fit de notables progrès : on inventa le spiral et le pendule. Les potentats protégèrent cet art, si gracieux et si utile, que l'empereur Charles-Quint aima passionnément. Après avoir déposé la couronne, et s'étant retiré au couvent de Saint-Just, il engagea le mathématicien Turianus à venir près de lui. Ils fabriquèrent ensemble des horloges avec des automates ; cependant ils gémissaient de voir leurs mécanismes varier et sonner la même heure à plusieurs minutes d'intervalle.

Lors de la Renaissance, les horloges étaient des ouvrages très-beaux, des merveilles qu'aujourd'hui encore on apprécie à leur valeur ; mais, au point de vue de la mécanique, elles laissaient beaucoup à désirer.

Les premières montres de poche furent fabriquées à Nuremberg, en 1500. Comme elles étaient ovales, on les appelait *œufs de Nuremberg*.

Voltaire a également contribué au perfectionnement de l'horlogerie. A Ferney, en Suisse, il établit une fabrique de montres qui eut beaucoup de succès ; ses produits étaient ornés d'un médaillon en émail ; il en existe encore beaucoup, et ils sont très-recherchés par les amateurs.

L'éminent publiciste, plus heureux que Charles-Quint, trouvait que ses chronomètres donnaient l'heure avec assez d'ensemble : « Je n'aurais rien à désirer, disait-il, si mes ouvriers catholiques et protestants s'accordaient aussi bien que les petites machines qu'ils fabriquent. »

Depuis cette époque l'art de l'horlogerie a fait de notables progrès, moins dans ses principes que dans l'exécution des mécanismes ; nous le reconnaîtrons, au fur et à mesure que nous avancerons dans notre étude (*).

Les dispositions générales des machines à mesurer le temps. — Dans l'art de mesurer le temps avec des machines on distingue : les horloges, les pendules, les montres, les chronomètres.

On donne ce dernier nom de préférence aux ouvrages d'horlogerie qui offrent une division du temps plus exacte et plus subdivisée que ceux qu'on emploie à l'usage civil. Les chronomètres mesurent le temps à un dixième de seconde près ; ils s'appliquent à l'astronomie, à la navigation et à la physique.

Quoique toutes ces machines ne fournissent pas un travail matériel capable d'être évalué avec des dynamomètres, elles n'en sont pas moins des machines motrices, car elles renferment :

Le moteur (gravité pour les horloges, détente d'un ressort pour les pendules et les montres) ;

Le régulateur ou modérateur de cette force (le pendule pour les horloges et les pendules, le balancier avec le spiral pour les montres) ;

Les organes de transmission du mouvement (les rouages) ;

Les résistances passives (frottement, résistance de l'air) ;

Enfin la résistance utile ou le travail (rotation des aiguilles et sonneries).

(*) L'importance de l'horlogerie est reconnue par le gouvernement français, et la circulaire suivante de S. Exc. M. le ministre du commerce en est la preuve :

« Paris, 1864.

« MONSIEUR LE PRÉFET,

« Vous savez qu'il existe à Cluses (Haute-Savoie) un établissement de l'Etat pour l'enseignement de l'horlogerie. Un décret, rendu le 30 novembre 1863 et inséré au *Bulletin des lois*, a organisé cette école, qui est destinée à favoriser les progrès de l'horlogerie française en lui préparant des sujets instruits et habiles. L'enseignement est gratuit ; mais, les frais de pension étant à la charge des élèves, je vous prie d'appeler l'attention du conseil général de votre département sur l'utilité qu'il y aurait à venir en aide aux jeunes gens dont les parents ne seraient pas en état de subvenir à cette dépense. Un semblable encouragement donné aux heureuses dispositions produirait de très-bons résultats pour les familles et pour le pays. Veuillez faire les communications qui vous paraîtront propres à atteindre ce but, et m'informer du résultat de vos soins. »

Le moteur des horloges. — Un poids est le moyen le plus simple de mettre en mouvement les horloges qui ne doivent pas être déplacées. La corde qui supporte le poids est enroulée par le remontage autour d'un cylindre sur lequel elle agit tangentiellement et donne un mouvement régulier.

Pendant le remontage l'horloge s'arrêterait, et, en plus, le poids de la corde s'ajouterait au poids moteur, si l'on n'avait pas recours à l'artifice suivant, indiqué dans la figure 110.

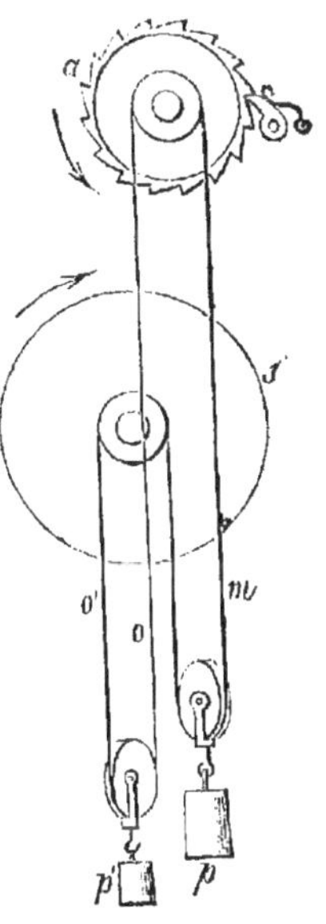

Fig. 110.

Le cylindre est muni d'un rochet qui n'agit pas sur le poids, quand il s'élève lors du remontage. On remplace le point fixe correspondant à l'extrémité de la corde par un second cylindre ayant une roue à rochet *a*. Une corde sans fin s'enroule sur ces deux cylindres en passant sur les poulies mobiles : à la première est suspendu le poids moteur *p*, et à la seconde un poids plus petit *p'*, destiné à tendre les brins *o* et *o'*. Quand le poids *p* descend, il fait tourner la roue *s* et l'horloge marche. Pour la remonter, on tourne la roue à rochet, le brin *m* et le poids *p* montent ; *p'* descend pendant cette opération. Le poids *p* ne cesse d'agir sur le cylindre *s* pour le faire tourner, et la marche de l'horloge n'est pas interrompue. Il est évident que la différence de longueur des cordons est évitée, puisqu'ils se meuvent en sens inverse.

Le moteur des montres et des pendules. — C'est un ressort en acier d'un dixième de millimètre d'épaisseur, qui ressemble à un ruban et qui s'enroule en spirale autour d'un axe *c*, à l'extrémité duquel est montée une roue (fig. 111). L'extrémité *s* du ressort est attachée à un point fixe ; si l'on tourne l'axe, les spires se serrent de plus en plus, et le ressort se trouve remonté. Si l'on abandonne l'axe à lui-même, le ressort cherche à reprendre sa position primitive et fait tourner l'axe en sens inverse.

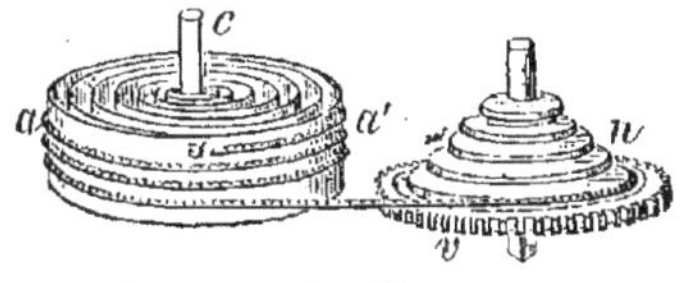

Fig. 111.

Si un poids qui descend, agit toujours d'une manière uniforme, il n'en est pas ainsi du ressort, dont la force devient de plus en plus faible, au fur et à mesure qu'il se débande ; aussi, pour que son action soit constamment la même, on le fait communiquer avec une surface conique (*fusée*) *vn*, par une chaîne articulée qui s'y déroule ; la longueur du bras de levier sur lequel elle agit augmente, et compense ainsi la diminution de la force élastique du ressort. Ce dernier est renfermé dans un tambour *aa'* nommé *barillet.* N'oublions pas de dire que dans la fusée — qui est montée sur le grand arbre — sont entaillées des rainures, en forme d'hélice, dans lesquelles se logent les tours successifs de la chaîne. Le mouvement est communiqué au moyen de l'engrenage *v.*

Malgré ses avantages, la fusée n'est pas souvent employée, par la raison que dans les montres plates — qu'on recherche de préférence — il ne se trouve pas une hauteur suffisante pour qu'on puisse y installer une fusée marchant avec la précision voulue. On la remplace donc par l'échappement.

Les régulateurs des horloges et des pendules. — Pour régulariser l'action du moteur ou pour rendre son mouvement uniforme, on se sert de régulateurs auxquels ce moteur transmet le mouvement initial ; ils sont au nombre de deux.

Les *ailettes* ou *palettes* (fig. 112) sont formées de plaques minces rectangulaires qu'on adapte à l'arbre qui possède la vitesse la plus grande dans tout le système. On sait que la résistance de l'air augmente comme le carré de la vitesse d'un corps en mouvement ; donc, si la marche du mécanisme s'accélère, les palettes la ralentissent. Mais, en voulant régler la vitesse sur l'air, il faut se demander si l'air lui-même est dans un état régulier, constant. Non ; sa température change continuellement ; partout il y a des courants, qui influent plus ou moins sur le mouvement de ces palettes ; cette irrégularité s'ajoute à l'inégalité du frottement et de l'usure des pièces. On n'emploie donc les ailettes que pour des mécanismes d'un ordre inférieur : des sonneries, des tournebroches, des pompes de lampe, etc.

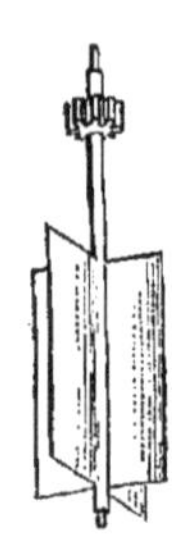

Fig. 112.

Le second régulateur des horloges et pendules est le *pendule ;* pour qu'il puisse donner des mouvements exacts, il est nécessaire qu'il conserve toujours la même longueur. Or les pendules s'allongent ou se raccourcissent suivant la température de l'atmosphère; il s'ensuit que les horloges peuvent avancer ou retarder. On a donc imaginé un *pendule compensateur*, dans lequel une partie s'allonge par en bas et l'autre par en haut, de façon que le centre d'oscillation reste à la même distance du point de suspension. Voici de quelle façon on y arrive :

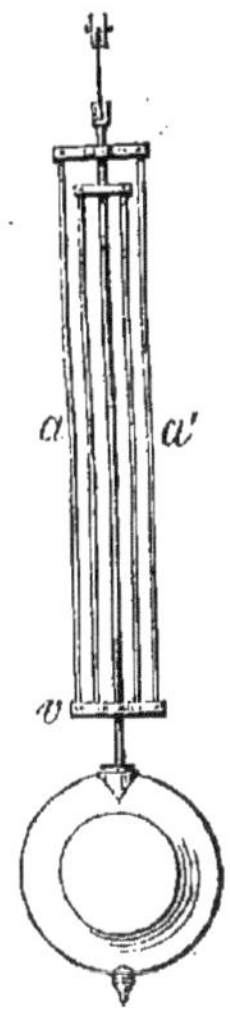

Fig. 113.

Remplaçons la lentille du pendule par un verre plein de mercure : si la chaleur augmente, la barre du pendule s'allonge, descend, et le mercure monte dans le verre comme dans un thermomètre. La détermination exacte de la quantité de mercure offre des difficultés qu'il serait inutile de vaincre, puisqu'il y a un moyen plus simple d'arriver au but, dont le verre à mercure indique le principe ; on le voit réalisé dans le pendule compensateur à cadre (fig. 113). Si, par l'effet de la chaleur, le cadre *aa'* s'allonge et descend, le cadre intérieur monte et entraîne avec lui la lentille, dont la tige en acier passe par un trou dans la traverse *v*, sur laquelle les deux autres tiges en laiton du petit cadre sont fixées.

La durée de chaque oscillation du pendule résulte de la liaison entre la marche des aiguilles à minutes et la roue d'échappement. Pour empêcher une horloge d'aller trop vite ou trop lentement — pour la régler — il est indispensable qu'on puisse modifier la longueur de la tige du pendule, afin que ses oscillations soient effectuées dans un temps voulu. La lentille n'est donc pas fixée à la tige, mais traversée par elle et maintenue en place par un écrou, afin qu'on puisse la monter ou la descendre. Si l'horloge ou la pendule va trop vite, cela provient de ce que les oscillations sont trop rapides ; on abaisse alors la lentille; si l'horloge va trop lentement, on remonte la lentille. Dans les pendules on emploie souvent un pendule suspendu à un fil de soie, ou à une lame d'acier très-flexible qu'on allonge ou qu'on raccourcit suivant le cas.

L'épaississement des huiles semblerait devoir diminuer l'oscillation du pendule, puisqu'il reçoit une impulsion moindre; mais, sa masse étant très-grande, et l'amplitude des oscillations étant très-petite, ce effet ne peut être sensible que dans l'espace d'une année.

L'introduction du pendule dans les horloges fut le bouleversement des systèmes antérieurs. Galilée se servait déjà du pendule pour la mesure du temps.

Le régulateur des montres (fig. 114).— Il se compose de deux pièces : du *balancier*, roue métallique ou anneau oscillant, espèce de volant ; et du *spiral*, ressort en acier très-fin et beaucoup plus délié que le ressort moteur ou grand ressort. Ce dernier produit les oscillations du balancier, qui sont régularisées par le spiral. Pour que ce balancier prenne une marche régulière, on allonge ou l'on raccourcit le spiral en avançant ou en reculant la tige *o* au moyen d'un petit mécanisme représenté par la figure 115 dont on a exagéré les proportions pour le rendre compréhensible.

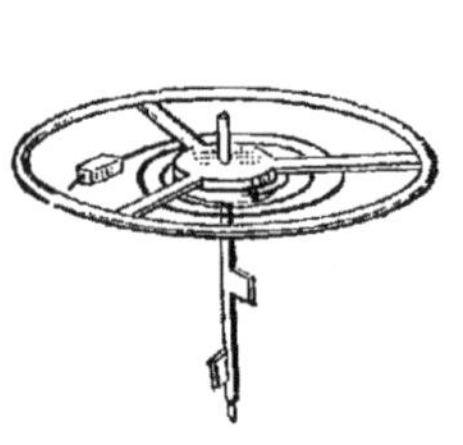

Fig. 114.

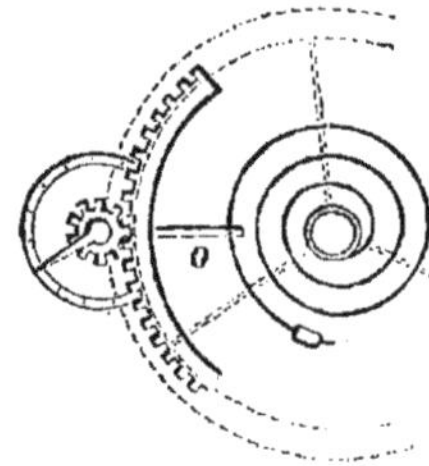

Fig. 115.

Par le tâtonnement on arrive à une très-grande exactitude.

Ce qu'est le pendule pour les horloges, le ressort spiral l'est pour les montres. C'est encore à Huyghens qu'est due cette dernière invention. Voici comment il s'exprime dans la communication qu'il a faite à ce sujet à l'Académie de Paris, en 1675 :

« Le secret de l'invention consiste dans un ressort tourné en spirale, attaché par son extrémité extérieure à l'arbre d'un balancier équilibré, mais plus grand et plus pesant qu'à l'ordinaire, qui tourne sur ses pivots et par son autre extrémité à une autre pièce qui tient à la platine de l'horloge ; lequel ressort, lorsqu'on met une fois le balancier en branle, serre et desserre alternativement ses spires, et conserve, avec le peu d'aide qui lui vient par les roues de l'horloge, ce mouvement du balancier ; en sorte que, quoiqu'il fasse plus ou moins de tours, les temps de ses réciproquations sont toujours égaux les uns aux autres. »

La transmission du mouvement dans les horloges et les montres. — Cette transmission a lieu par une série d'engrenages de différentes grandeurs ; leur vitesse de rotation est proportionnelle au nombre de leurs dents. La figure 116 représente un mouvement d'horlogerie. On voit que, si l'on place les roues en cercle et qu'on les abaisse les unes vers les autres, on construira une montre plate. Voici l'agencement de ces pièces :

L'arbre correspondant à la force motrice est muni d'une roue dentée qui engrène avec un pignon formant corps avec une roue dite *roue du centre s*, et montée à frottement dur sur un arbre qu'elle entraîne dans son mouvement de rotation. Cette roue du centre fait marcher un pignon dont l'arbre porte une roue dite *première moyenne v*, qui engrène avec une roue dite *de champ* ou *seconde moyenne* à gauche de *v*, laquelle enfin engrène avec la *roue d'échappement;* cette dernière est en relation avec le régulateur ou balancier.

Le ressort *a* produit le mouvement qui est transmis jusqu'à la roue

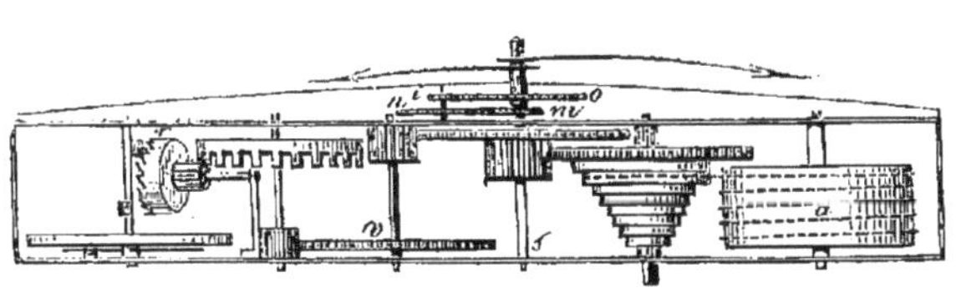

Fig. 116.

de rencontre *r* par la roue *v*. Celle-ci rencontre les palettes de l'axe du spiral et produit un échappement à recul, parce que chaque fois qu'une des palettes vient choquer une des dents de la roue, le balancier fait reculer cette roue.

Ce mouvement, qui est extrêmement rapide, n'est régularisé d'une manière parfaite que si la force motrice est constante.

Voyons maintenant comment on fait marcher les aiguilles des heures et des minutes. L'axe *s* se prolonge jusqu'au cadran ; il porte l'aiguille des minutes. Il fait un tour dans une heure. Sur ce même axe se trouve le pignon *m* qui engrène avec la roue *n*, il fait tourner le pignon *i*. Cet axe *in* est indépendant ; il renvoie le mouvement à la roue *o* qui est fixée à un axe creux entourant l'axe *s*. L'aiguille des heures se trouve à l'extrémité de l'axe creux.

Les deux aiguilles ont donc un centre commun, mais n'ont pas la même vitesse.

Le pignon *m* a 8 dents ;

La roue *n* a 24 dents ;

L'aiguille des minutes fait 3 tours pendant que la roue *n* en fait 1 ;

Le pignon *i* a 8 dents ;
La roue *o* a 32 dents ;
La roue *n* fait 4 tours ;
La roue *m* fait 1 tour ;
La roue *o* fait 1 tour ;
L'aiguille des minutes fait 12 tours.

On conçoit que, si les rouages étaient abandonnés à eux-mêmes, ils tourneraient avec rapidité jusqu'à l'épuisement complet de la force qui les anime ; pour qu'il n'en soit pas ainsi, on a cherché à modérer cette dernière, de façon que ces rouages ne tournent que peu à peu ; on est arrivé à ce but au moyen d'une pièce appelée *échappement*, qui ne laisse échapper la dernière roue qu'avec une vitesse toujours uniforme.

Une disposition ingénieuse, pareille à celle des horloges que l'on remonte sans les arrêter, est adaptée également aux montres (fig. 117). A la fusée est fixée une première roue à rochet *r*, qui tourne dans les deux sens. Cette roue, à l'aide d'un arrêt, entraîne une deuxième roue à rochet *r'* ; elle reste fixe quand on remonte la montre ; elle fait tourner la roue dentée, qui est la première roue du rouage. Elle renferme dans une rainure un ressort *as* ; l'extrémité *a* est fixe, l'extrémité *s* est libre, et porte une goupille qui pénètre dans la deuxième roue.

Fig. 117.

Quand celle-ci tourne par le mouvement de la fusée, elle tend le ressort et fait tourner la roue dentée.

Quand la roue à rochet *r'* ne tourne plus, ce qui a lieu pendant le remontage, le ressort cherche à se détendre, et comme la goupille est engagée dans la roue *r'*, qui ne peut pas tourner, le mouvement de la roue dentée n'est pas interrompu.

Les échappements. — Nous avons déjà parlé de l'échappement qui sert à arrêter, dans des intervalles égaux très-courts, la marche des rouages, et à substituer au mouvement continu un mouvement périodique. Ils ne peuvent plus prendre un mouvement accéléré qui s'annulerait en quelques instants avec l'intensité de la force motrice.

Les aiguilles ne marchent alors que par des saccades, mais qui sont si faibles, qu'on ne s'en aperçoit pas.

L'élément principal de tout échappement est une pièce animée d'un mouvement circulaire oscillatoire et isochrone.

L'isochronisme est produit, avons-nous dit, par le pendule dans les horloges et les pendules, et par le ressort spiral dans les montres.

Il existe un grand nombre d'échappements, car tous les artistes horlogers se sont occupés à perfectionner cet organe essentiel. Pour en donner une idée, il nous suffira de citer l'échappement à recul, à cylindre et à ancre. M. A. Chaillet en a fait une étude toute spéciale, et il met très-généreusement son album à la disposition du public qui veut s'instruire.

L'*échappement à recul* pour les montres comprend le balancier avec son spiral qui remplace le pendule (fig. 116) ; il est monté sur un axe appelé *verge* muni de deux palettes qui impriment un mouvement en sens contraire de celui du dernier organe, dit *roue de rencontre*. Ces palettes sont placées à angle droit, l'une à l'égard de l'autre. C'est le premier qui a été construit dans les montres ; la roue de rencontre exerçant d'une manière continue son action sur les palettes de l'axe, sans avoir de repos comme les roues des autres échappements, il peut cheminer sans spiral d'une façon plus ou moins irrégulière ; c'est ainsi que les échappements ont été établis dans le principe, le spiral n'ayant été inventé que plus tard.

L'*échappement à cylindre*, généralement adopté pour les montres plates (fig. 118). Le balancier est fixé sur l'axe du cylindre cc', qui est évidé au milieu par une entaille ; la roue d'échappement, qui a des dents crochues, s'engage dans cette entaille et pousse le cylindre d'une quantité toujours constante.

L'*échappement à ancre*, appliqué aux horloges, consiste dans une

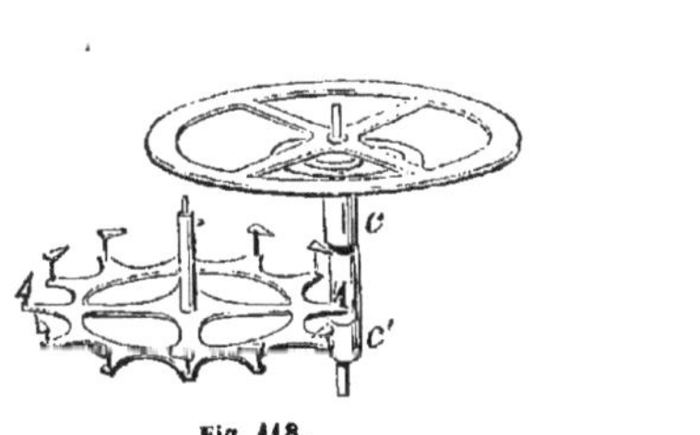

Fig. 118.

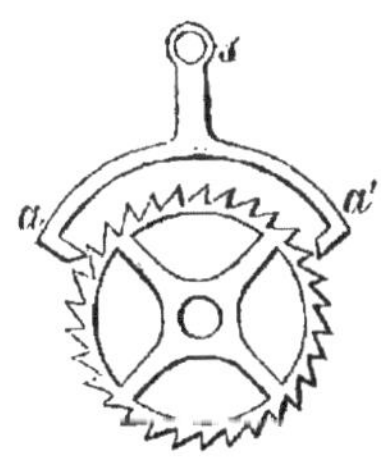

Fig. 119.

espèce d'ancre aa' (fig. 119), suspendue au point s, et qui oscille avec le pendule régulateur. Entre les crochets aa' se trouve une roue qui est fixée au dernier arbre du mécanisme de l'horloge, et à laquelle le moteur imprime un mouvement de rotation. Les dents pointues de cette roue viennent s'appuyer sur les crochets, qui sont taillés d'après le cercle dont le centre est au point *s*. Pendant l'intervalle qu'une dent de la roue est arrêtée par le crochet, cette dent et par conséquent la roue restent immobiles. Les extrémités des crochets sont inclinées en sens contraires ; les dents de la roue doivent y glisser avant de s'échapper et par là faire osciller l'ancre qui transmet son impulsion au pendule.

L'*échappement libre* (fig. 120) se compose d'une lame élastique *a*, encastrée d'un côté, et portant à l'autre côté en bas une saillie ou taquet et en haut un anneau ou crochet. Ce ressort *a* est surmonté d'une autre lame qui passe par le crochet ; il est soulevé, si la lame supérieure s'élève par l'action de la roue échancrée, qui est montée sur l'axe du balancier ; quand il s'abaisse, il enraye la roue dentée par le taquet. Le doigt dont l'axe est muni rencontre à chaque oscillation la lame supérieure qui monte et descend alternativement, il entraîne le ressort avec elle.

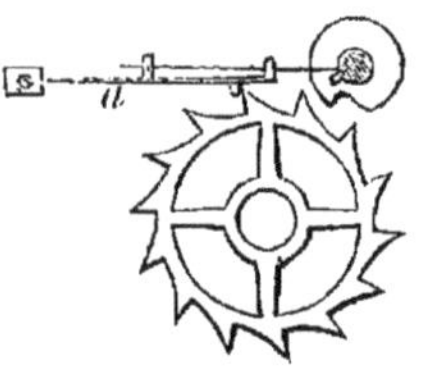

Fig. 120.

Le mouvement de la roue dentée ou d'échappement est ainsi régularisé : dès qu'une dent s'échappe, une autre dent vient presser sur l'échancrure et rend au balancier le mouvement qu'il a pu perdre dans deux oscillations successives. Sauf le moment où cette impulsion est communiquée au balancier, les oscillations sont produites indépendamment du moteur ; c'est pour cela qu'on appelle cet échappement : *échappement indépendant* ou *libre*.

Les sonneries. — La condition ordinaire que doivent remplir les horloges et les pendules, c'est de sonner les heures. Les sonneries sont nécessairement en rapport avec les rouages qui agissent sur elles dans l'instant voulu. Il en résulte pour ceux-ci, malgré l'adoption de moteurs spéciaux, une variation d'efforts qui est nuisible à la régularité de la marche d'ensemble. Aussi on n'adjoint jamais de sonneries aux chronomètres.

Le principe de construction du mécanisme des sonneries est le même que celui des aiguilles. Comme exemple de démonstration, nous prendrons une sonnerie d'horloge (fig. 121). Tous les cercles représentent des roues dentées.

La sonnerie a son poids spécial.

Voici de quelle façon s'opère ce mouvement : la roue *a* engrène avec le pignon *s* et ainsi de suite jusqu'au pignon *n*, tout en haut, dont les palettes à air servent de régulateurs. Pendant la marche de toutes les roues, les chevilles *c* soulèvent le levier *x* qui fait mouvoir le marteau qu'un ressort *r* en bas ramène à sa position primitive; mais comme son manche très-mince est en acier, donc élastique, il dépasse cette position et frappe sur le timbre.

Pendant que la sonnerie ne doit pas marcher, une cheville près du point *v*, qui est seule et fixée sur le côté de la roue *v*, vient buter contre le levier *mi* mobile autour du point *m*. Il est soulevé par un appendice à droite du point *x* et il retombe dans sa position primitive. La roue *n* est arrêtée, après avoir fait un seul tour. Le marteau ne frappe qu'un seul coup du moment que la cheville *c* n'agit qu'une fois sur le levier *im*. Pour marquer les heures indiquées par les aiguilles, on a fixé au levier *im* un couteau *x* dont voici la destination.

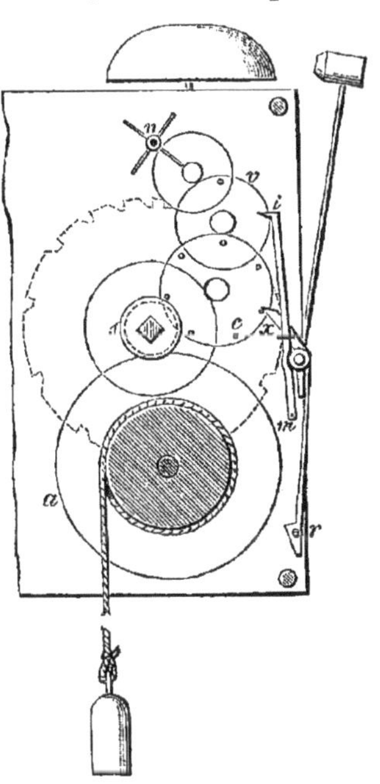

Fig. 121.

Il s'appuie sur le contour d'une roue placée en arrière et ayant des crans inégalement espacés. Comme cette roue est fixée sur l'axe de la roue *s*, elle tourne avec la sonnerie. Quand le levier *im* retombe, le couteau passe dans un cran et le point *i* arrête la cheville *v*. Si le couteau s'arrête entre deux crans, le levier *im* laisse passer la cheville à gauche du point *v* et la sonnerie marche.

La roue supérieure doit faire 1 tour en 12 heures; pendant ce temps, le marteau frappe 78 coups de minuit à une heure et 12 coups en plus pour les demi-heures.

§ 6. — LES MACHINES A COMPTER ET A CALCULER.

Les machines à compter, ou compteurs, ne donnent qu'une simple addition ; les machines à calculer proprement dites exécutent toutes les opérations arithmétiques.

Les compteurs. — On distingue deux sortes de compteurs ; les compteurs de mouvements et les compteurs de volumes.

Les compteurs de mouvements. — Ils servent à compter le nombre de rotations d'essieux, ou le mouvement de va-et-vient d'une tige, dans un temps donné. Ils se composent d'une série de rouages analogues à ceux des montres, et font marcher les aiguilles sur les cadrans.

A cet effet, on met l'essieu ou la tige en communication avec l'axe principal du compteur, soit par des engrenages, soit par des excentriques, soit par des vis sans fin. A chaque mouvement il saute, au moyen d'un cliquet, une dent d'une roue à rochet montée sur un des axes du compteur.

Voici, comme modèle de compteurs de tours, le *giromètre Goumet.*

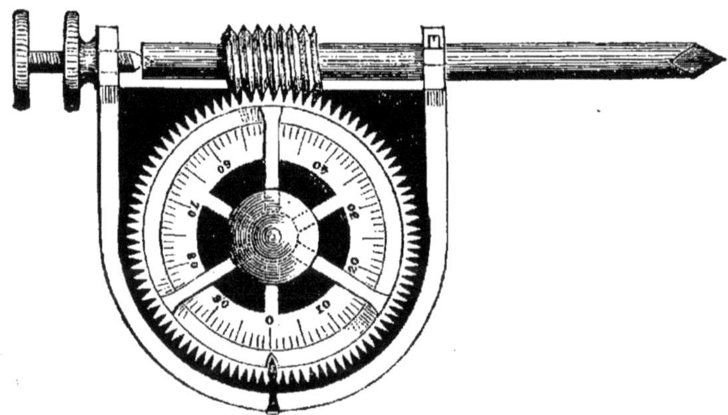

Fig. 122. (Grandeur naturelle.)

Le dessin (fig. 122) l'explique suffisamment. La tige est fixée par sa pointe dans le centre de l'arbre moteur dont la rotation est transmise par une vis sans fin à la roue dentée. On n'a qu'à laisser ce compteur en place pendant un certain temps, pour avoir la moyenne des tours par minute.

Ces appareils ont de nombreux usages dans les arts et métiers, où ils rendent de très-bons services ; cependant ils n'ont pas toujours réussi. Depuis longtemps on cherche en vain à les appliquer au contrôle de la marche des voitures de place pouvant indiquer le nombre des voyages effectués dans la journée, la durée de chaque voyage, la distance kilométrique parcourue avec charge et à vide, le temps d'arrêt et la durée du stationnement sur la voie publique.

Les dispositions qu'on a imaginées jusqu'à présent sont compliquées ; aussi les entrepreneurs de voitures ne les acceptent-ils pas. Il est vrai que ce problème n'est point facile. Comme la mesure du chemin parcouru est déduite du nombre des tours de roues, on rencontre de grandes difficultés d'exécution, à cause des chocs et des déplacements continuels qu'éprouvent les essieux.

Pour donner une idée de ces compteurs, nous pouvons en citer le spécimen suivant. Il se trouve sur la voiture un signal visible qui indique qu'elle est libre. Au moment de l'entrée du voyageur dans le véhicule, le signal s'abaisse par un mécanisme de déclic. Le compteur fonctionne dès que la voiture se met en mouvement; il est adapté au siége du cocher et mis en action par les roues au moyen d'une transmission ; il est visible pour le voyageur par deux cadrans, dont l'un est destiné à marquer l'heure et l'autre la marche. Si la voiture s'arrête, ou si elle marche lentement, l'aiguille, mue par un mécanisme d'horlogerie, indique un trajet calculé à raison de 8 kilomètres à l'heure. Pour faire fonctionner ce mécanisme, le cocher pousse un bouton qui s'y adapte. Enfin, au moyen d'un diagramme, on connaît tous les détails ci-dessus indiqués.

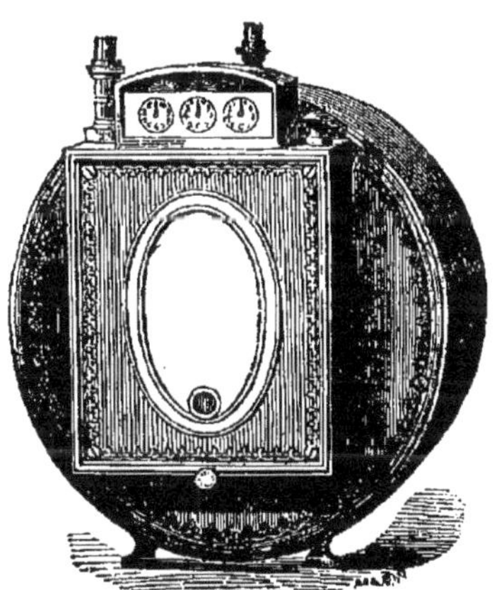
Fig. 123.

Les compteurs de volumes. — On applique ces compteurs au volume d'eau, de blé, de gaz, etc., qui s'écoule ou qui tombe d'une capacité inconnue dans une capacité connue.

Le compteur à gaz nous servira de démonstration. Cette machine, dont l'usage est très-répandu aujourd'hui, sert, comme son nom l'indique, à compter, par la vitesse d'écoulement, la quantité de gaz qu'on brûle (fig. 123).

Afin de comprendre ce mécanisme, nous allons suivre le gaz depuis son entrée dans le gazomètre jusqu'au bec (fig. 124). Le gaz, au sortir du tuyau *t*, a passé dans le compartiment *n*, fermé par une soupape *c*. Cette soupape étant ouverte, le gaz se répand dans la grande chambre *m*, qui est à moitié remplie d'eau; elle est entièrement fermée, sauf l'ouverture *e*, qui est celle du tuyau *r*, au-dessus de l'eau (voir la coupe à droite). Ce tuyau est recourbé; une de ses branches pénètre dans l'espace *v*, où tourne une roue qui est l'organe principal du compteur. Cette roue se trouve également dans

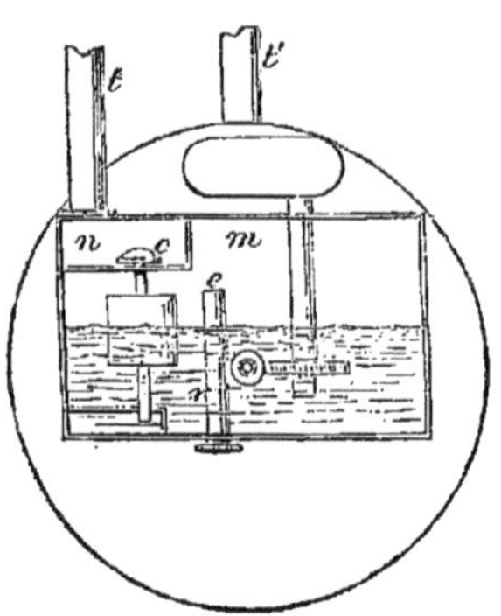

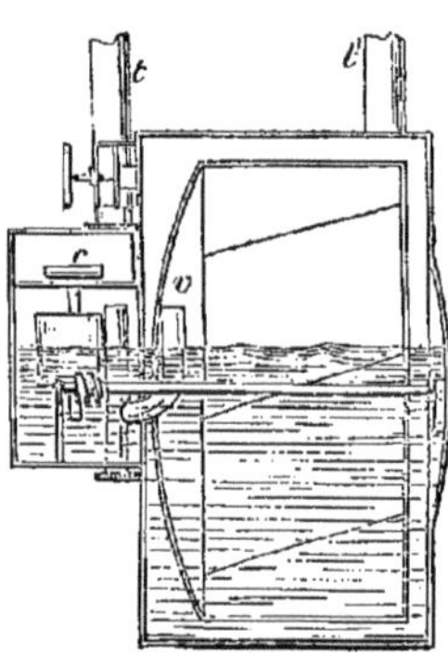

Fig. 124.

l'eau; elle a des cloisons sur lesquelles presse le gaz qui la fait tourner et s'échappe ensuite par le tuyau *t'* pour être consumé. Or, comme on connaît le volume des compartiments de la roue, on en déduit, par le nombre des tours de roues, le volume entier du gaz brûlé.

Pour compter le nombre des tours du tambour, on se sert du compteur, qui se compose de la vis sans fin, d'une roue dentée et d'un arbre vertical, lequel transmet les rotations à des cadrans. Ces cadrans sont divisés de façon que chaque degré représente 1 mètre cube; puis viennent les sous-divisions de ces degrés.

On voit combien cette machine est délicate; pour assurer sa marche régulière, on a recours à certains artifices dans lesquels cherchent à se surpasser les nombreux fabricants de compteurs à gaz. Toute cette régularité repose sur l'exactitude du jaugeage et sur la fixité de tous les organes.

Le niveau de l'eau doit donc rester stable, afin que les capacités par lesquelles passe le gaz ne varient pas. Or l'eau peut être entraînée par le gaz même. Il faut alors un régulateur du niveau, et c'est cette soupape, dont nous avons parlé plus haut, qui en fait l'office ; elle a un flotteur qui s'élève ou s'abaisse avec elle.

Le jeu de ce mécanisme est aussi simple qu'il est ingénieux. Si le niveau baisse, la soupape se ferme et le gaz n'entre plus dans le compteur. Si l'on verse de l'eau, et qu'on dépasse le niveau normal, le liquide s'élève jusqu'au sommet du tube et tombe dans le coude ; la sortie du gaz est interrompue, et les flammes s'éteignent.

Maintenant les compagnies d'éclairage au gaz ont aussi pris des mesures mécaniques contre les mauvaises intentions du consommateur qui voudrait régler ses cadrans, en les portant en arrière. Pour empêcher ce mouvement rétrograde, on a muni l'axe du tambour d'un rochet.

A l'origine de l'éclairage au gaz, les compagnies basaient le prix de la vente, non sur le volume réel, mais sur le volume approximatif de la dépense que pouvait faire un bec allumé à une heure déterminée. Ce prix leur fut défavorable ; il avait été calculé sur la dépense avec une flamme de dimensions bien arrêtées lors de l'abonnement ; mais ces dimensions étaient toujours dépassées. On dut alors prendre le volume maximum que pouvait fournir un bec donné ; mais les personnes qui brûlaient le gaz convenablement payaient pour celles qui en consommaient outre mesure. La durée de l'éclairage n'étant pas fixée non plus dans les établissements particuliers, on a cherché un moyen de contrôle efficace, et le compteur à gaz fut inventé.

Les machines à calculer. — Les Romains comptaient avec des cailloux (*calculus*) ; de là les mots français *calculer* et *calculs* (pierres dans le corps de l'homme et de certains animaux). Beaucoup de machines ont été inventées pour effectuer les calculs, même les plus difficiles ; elles ne sont pas entrées dans la pratique et n'y entreront probablement jamais ; elles ne répondent pas à un besoin bien prononcé dans la vie ordinaire et dans les administrations. Il est rare que l'on y ait recours à des multiplications de dix à vingt chiffres ; les calculs se bornent généralement à des additions. Avec les machines, on n'est jamais sûr du résultat demandé, puisqu'un chiffre mal posé ou mal lu fausse toute l'opération, dont il ne reste aucune trace. Cependant les calculs mécaniques répétés plusieurs fois peuvent, s'ils sont concordants, servir de contrôle aux calculs logarithmiques ; car on dit que les tables de logarithmes renferment des erreurs.

Comme ces machines offrent des combinaisons mécaniques très-ingénieuses, nous allons en faire connaître le principe par deux spécimens : la machine du docteur Roth et l'arithomètre.

La machine Roth. — Elle s'applique aux additions et aux soustractions. C'est une boîte longue et étroite, sur le couvercle de laquelle on a gravé des chiffres et à l'extrémité de laquelle est un style qui pointe les nombres. Le couvercle est divisé en huit anneaux demi-circulaires : les six premiers servent à poser les nombres depuis l'unité jusqu'aux centaines de mille ; les deux derniers indiquent les fractions décimales. Autour de chaque cadran sont gravées deux séries de dix chiffres de 0 à 10. Les chiffres noirs sont destinés à l'addition, les rouges à la soustraction. Dans les entailles demi-circulaires existent des dents dont les intervalles correspondent à ces chiffres. Au-dessus des cadrans règnent deux rangées de trous destinés à présenter sur une ligne horizontale, ou tableau, le nombre qu'on a marqué.

Lorsqu'on veut faire une addition, on commence par ramener les trous à 0 ; puis on dégage le style : on l'enfonce dans l'entaille correspondant au chiffre qu'on désire poser, et on conduit cette entaille de droite à gauche jusqu'à l'extrémité du cadran. Le chiffre se produit aussitôt dans le trou placé immédiatement au-dessous du cadran sur lequel on a opéré ; on procède ensuite de la même manière jusqu'au dernier pour tous les chiffres du nombre qui est à calculer.

Voyons maintenant le mécanisme avec lequel on opère ces diverses combinaisons : c'est la question qui nous intéresse le plus.

Les dents qui saillissent dans chaque anneau appartiennent à une roue à rochet concentrique à laquelle un cliquet permet seulement de se mouvoir de droite à gauche. Les roues portent sur deux circonférences concentriques, en rouge et en noir, la série double des chiffres depuis 0 jusqu'à 9, écrits, les uns dans un sens, les autres en sens opposé. Les trous ronds du tableau correspondent à ces circonférences. Il est évident que l'une de ces roues étant disposée de telle sorte qu'il y ait 0 au tableau noir, si l'on amène le trou 5 au cran 0, le chiffre 5 viendra remplacer le 0 dans le tableau noir ; si l'on amène de nouveau le cran 2 au cran 0, la roue avancera de deux dents, et le chiffre $7 = 5 + 2$ remplacera le 5 au tableau noir.

L'axe de chacune des roues à rochet porte une double came contre laquelle vient appuyer, par le moyen d'un ressort, une saillie pratiquée sur l'un des bras d'un levier coudé, dont l'autre bras porte lui-même un ressort qui, à chaque demi-tour de la roue, fait sauter une des dents de la roue à rochet de gauche, de telle sorte que, lorsque la somme des unités successivement écrites sur un cadran forme une dizaine, ce cliquet ou ressort fait sauter une dent ou un chiffre du cadran de gauche. Après chaque addition on ramène tous les trous à 0.

Une opération semblable avec les chiffres rouges conduit à la soustraction.

Nous ne pousserons pas plus loin cette description pour ne pas abuser de la patience du lecteur, qui nous dira qu'on n'a pas besoin d'acheter une machine très-coûteuse pour faire des additions — que les soustractions de très-grands nombres se présentent rarement — enfin qu'il n'y a d'ennuyeux que les multiplications et les divisions, que précisément la machine du docteur Roth ne donne pas.

Examinons si l'on réussit mieux avec l'arithomètre.

L'arithomètre. — Cette machine consiste en un certain nombre de cylindres qui sont placés parallèlement les uns aux autres et commandés par un même axe, de sorte qu'à chaque rotation de cet axe chaque cylindre fait également une révolution. Cet axe ou arbre est tourné au moyen d'une manivelle. Les cylindres sont munis de cannelures ou rainures saillantes sur une partie de leur circonférence; à chacun d'eux correspond un pignon enfilé dans un axe le long duquel il peut glisser.

Ces cannelures sont au nombre de neuf, échelonnées de manière que, dans une position donnée, ce pignon peut en recevoir l'action d'une seule, puis de deux, de trois, de six, jusqu'à neuf.

Ces cylindres, et c'est là le point capital de l'invention, forment donc une espèce d'engrenage dont le nombre de dents varie à volonté, d'après la position du pignon qui glisse le long d'une rainure de 0 à 9.

A l'extrémité de l'axe du pignon mobile, il y a un deuxième pignon fixe qui fait tourner un cadran de 0 à 9, et dont un des chiffres apparaît dans une petite ouverture ou lucarne.

S'il y a six cylindres, six pignons et six cadrans, il est clair que si l'on fait glisser ces pignons suivant leurs axes, de manière à représenter un certain nombre (a) de six chiffres, et qu'on donne un tour de manivelle, chaque pignon marchera d'un nombre de crans marqués par sa position, et chaque cadran tournera d'un même nombre de crans; alors, si les cadrans ont marqué zéro, la manivelle fera apparaître dans les lucarnes le nombre a. Si les cadrans marquaient un autre nombre, ce dernier se trouverait ajouté au nombre a. Si l'on place primitivement les pignons aux nombres voulus, un tour de manivelle donnera ces nombres, un deuxième tour le nombre double, et ainsi de suite. C'est de cette façon qu'on obtient les additions et en faisant rétrograder ces cadrans on obtient les soustractions.

Mais ce ne sont guère des soustractions qu'on cherche à opérer mécaniquement ; on y arrive plus vite par le calcul.

C'est plutôt aux grandes multiplications et aux divisions qu'il faut s'attacher.

Les multiplications se trouvent réduites à l'addition de produits partiels, puisque la machine multiplie facilement par un seul chiffre. On établit des cadrans sur un plateau mobile, en sorte qu'on recule d'un rang à droite le premier produit, avant de tourner la manivelle pour obtenir le second ; puis on l'additionne au premier et on le recule aussi d'un rang.

Pour obtenir la division, on opère en sens inverse.

Afin d'arriver à ces résultats, on a été conduit à ajouter à la machine quelques mécanismes accessoires pour assurer le mouvement de recul et pour inscrire les retenues.

CHAPITRE IV.

MACHINES A DÉPLACER LES FARDEAUX.

Les premiers engins que les hommes ont imaginés pour déplacer les fardeaux étaient des rouleaux — troncs d'arbres, et des plans inclinés—simples terrassements. C'est par la combinaison de ces deux organes mécaniques que les Egyptiens sont parvenus à traîner les pierres de construction au sommet de leurs pyramides.

On comprend que ces procédés rudimentaires ne pouvaient plus être appliqués, quand il s'est agi de l'érection des obélisques, des colonnes, des temples, ou des édifices dans l'intérieur des villes. On employait alors des machines composées de poulies, de vis, de roues dentées, de cabestans, qui toutes diffèrent fort peu des nôtres.

Archimède le Grand s'en était servi lors du siége de Syracuse; mais les historiens qui nous ont transmis avec soin les circonstances accompagnant la prise de cette ville, comme ils le font du reste, de tous les événements guerriers — n'ont donné sur ces machines que des renseignements très-vagues; ils disent que c'est avec des grappins qu'il attira les vaisseaux ennemis, et que c'est avec des grues, des leviers qu'il les souleva en l'air pour les laisser retomber, ou pour les briser en les choquant contre les rochers.

La création de ces machines n'était pas l'effet du hasard, mais bien le résultat de longues méditations.

Un jour, le roi Hiéron, qui était l'ami du premier géomètre, lui demanda si en effet il pouvait déplacer de grandes masses avec de petites forces, et qu'alors il devait le démontrer par une expérience.

Archimède établit donc sur le rivage un cabestan avec des poulies et des cordages, et les attacha à une galère chargée qu'il attira à lui.

Les machines destinées à traîner ou à soulever, telles que les anciens les avaient imaginées, ont toujours été fabriquées en bois; aujourd'hui on y ajoute quelques pièces métalliques pour les renforcer, les rendre plus durables, et leur donner une marche plus régulière ; car le métal, une fois en place, ne varie plus.

Dans leur manœuvre on n'emploie que la force de l'homme, par la raison qu'elle est maniable. Les ouvriers exercés savent proportionner leurs efforts au travail à produire.

Aussi, lors de l'érection de l'obélisque de Louqsor à Paris, après avoir essayé en vain les rouages et la vapeur, eut-on recours à des cabestans, et on imita ainsi une opération qui avait réussi pour le même objet il y a quelques milliers d'années (*).

§ 1. — MACHINES A ÉLEVER LES FARDEAUX.

Les treuils, le cric, la chèvre et les grues ne sont pas les seules machines dont on peut se servir pour élever les fardeaux, mais ce sont les plus usuelles ; les autres machines destinées au même but n'en sont que des modifications.

Ces machines sont très-nombreuses, ainsi que les dénominations qu'on leur applique, et parmi lesquelles règne une certaine confusion ; souvent un seul et même système porte plusieurs noms qui expriment la même idée, tels que : élévateurs, ascenseurs, monte-charges, etc., etc.

Au lieu de chercher un mode de classification de ces divers engins, ce qui n'aurait pas même une grande utilité pratique, nous les examinerons en commençant par les plus simples.

Les treuils (du latin *torculum*). — Ils se présentent sous diverses formes.

Voici d'abord le *treuil simple*, une des sept machines simples : cylindre horizontal, rouleau en bois ou en fonte, tournant sur son axe et sur lequel s'enroule une corde. On attache à une de ses extrémités une espèce de tambour portant à sa circonférence des chevilles ou

(*) Archimède le Grand, né à Syracuse, deux cent quatre-vingt-sept ans avant Jésus-Christ, fut tué par un soldat romain lors de la prise de cette ville ; il découvrit les théorèmes les plus importants de la géométrie et de la mécanique.

Leibnitz avait raison en disant que ceux qui sont en état de comprendre Archimède admirent moins les découvertes modernes.

leviers, ou on le traverse simplement avec ces leviers, ou encore on le munit d'une manivelle (fig. 125).

Tel est le treuil simple. Son avantage mécanique dépend de la longueur du levier et du rayon du rouleau. Plus le levier est grand, plus la charge peut être lourde. Donc la puissance est à la résistance, comme le rayon du rouleau est au rayon du cercle décrit par la manivelle; cela conduirait à donner à ce levier une longueur démesurée et à diminuer le diamètre du treuil dans le même rapport — en théorie. Dans la pratique, cette machine ainsi combinée manœuvrerait mal et se briserait infailliblement.

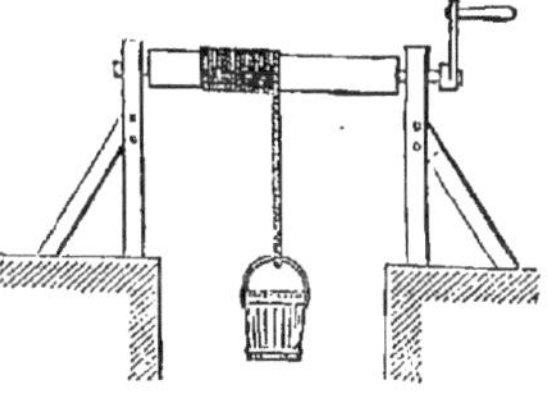

Fig. 125.

Dans le *treuil composé*, la puissance est appliquée à l'extrémité d'une manivelle qui est fixée sur l'axe d'un pignon et transmet cette puissance à une roue d'engrenage, montée sur l'axe du treuil.

La relation d'équilibre de ce système s'exprime ainsi : la puissance est à la résistance, comme le produit des rayons des pignons et du rouleau est au produit des rayons des roues et de la manivelle.

Cet énoncé conduit aux règles suivantes :

Il faut multiplier la charge à soulever par le produit du rayon du rouleau et des rayons des pignons, puis diviser par le produit du rayon de la manivelle avec tous les rayons des roues; le quotient exprimera la puissance à appliquer à l'extrémité de la manivelle pour équilibrer la résistance.

Il faut multiplier la puissance par le rayon de la manivelle et par le rayon des roues, puis diviser ce produit par le rayon du rouleau et par les rayons des pignons, pour obtenir la résistance.

Il faut multiplier entre eux les rayons des pignons et du rouleau, puis diviser ce produit par les rayons des roues et de la manivelle; le quotient exprimera le rapport de la puissance à la résistance.

La relation d'équilibre peut être exprimée algébriquement ainsi :

$$p\,R.\,R'\,R''\ldots \times 2\pi P = q\,r.\,r'\,r''\,2\pi Q \qquad (1).$$

(P, force motrice qui agit dans un plan normal à l'axe du treuil; p, bras du levier de la force P par rapport à l'axe du treuil; Q, résistance vaincue dans un plan normal à l'axe du treuil; q, bras du levier de Q ou rayon du rouleau ; R, R′ R″, rayons des roues; r, r' r'', rayons des pignons.)

Exemple. — Longueur de la manivelle, $0^m,52$; rayon du rouleau, $0^m,10$; rayons des pignons de commande, $0^m,04$, $0^m,05$ et $0^m,6$; rayons des roues, $0^m,25$, $0^m,30$ et $0^m,50$.

Si la puissance est 1, quelle est la résistance ?

$$\frac{4 \times 5 \times 6 \times 10}{25 \times 30 \times 50 \times 52} = \frac{1}{1625}.$$

Donc, avec 1 kilogramme, on peut soulever 1 625 kilogrammes.

Ce rapport exprime en même temps la relation qui existe entre la vitesse de la puissance et celle de la résistance ; — c'est-à-dire quand la puissance aura parcouru 1 625 mètres, le fardeau se sera élevé de 1 mètre ; ou, quand on aura fait un tour de manivelle (quand on aura parcouru $3^m,20$), la charge se sera élevée de $0^m,002$; il faut donc à peu près cinq cents tours de manivelle pour s'élever à la hauteur de 1 mètre.

En faisant entrer, dans la formule $Pp = Qq$ ci-dessus, un élément de calcul essentiel, qui est le frottement du tourillon, on a :

$$Pp = Qq + f\,(Rr + R'r') \qquad \text{(II)}$$

(f est le coefficient de frottement des tourillons sur leurs coussinets ; r et r', les rayons des tourillons ; R et R' sont les sommes des quantités suivantes: poids du treuil, plus la force P et la résistance Q décomposées chacune en deux autres agissant dans des plans normaux à l'axe au milieu de la longueur des tourillons r et r'. Ainsi fRr et $fR'r'$ sont les moments des frottements des tourillons.)

Il ne suffit pas de poser des équations ; il faut aussi donner le moyen de les résoudre, ce qui n'est pas facile quand l'une des quantités à déterminer dépend de l'autre, R dépend de Q. Dans le cas présent, on cherche d'abord Q, en négligeant le frottement, au moyen de l'équation (I). Cette première valeur de Q est substituée dans l'équation (II) ; on en retire une seconde valeur et ainsi de suite, aussi loin qu'on voudra pousser l'approximation.

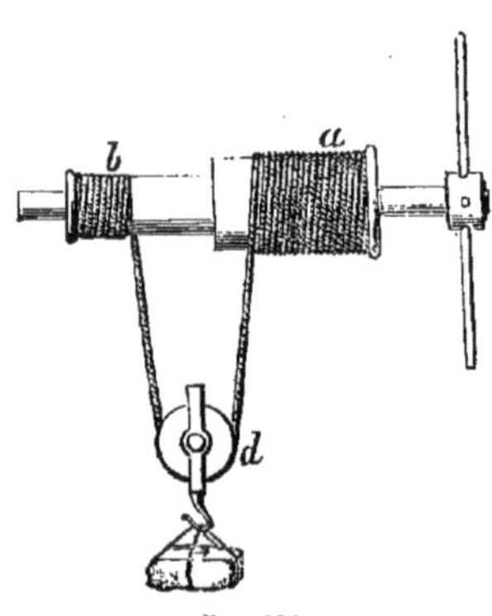

Fig. 126.

Le treuil différentiel est formé de deux cylindres à rayons inégaux; la corde est attachée par ses extrémités a et b à ces cylindres ; une poulie d y est suspendue, et c'est par son entremise que le corps est soulevé. Si l'on tourne le treuil dans n'importe quel sens, la corde s'enroule d'un côté et se déroule de l'autre côté (fig. 126).

Pour monter ce corps, il faut tourner le treuil, de façon que la corde s'enroule du côté a ; quand on aura fait un tour, elle se sera raccourcie d'une longueur égale à la circonférence du cylindre a, et se sera allongée d'une longueur égale à la circonférence du cylindre b ; en somme, le raccourcissement sera égal à la différence des deux circonférences, et la poulie sera montée de la même quantité, quantité toujours très-petite relativement au chemin que parcourt la puissance qui agit à la manivelle.

La relation d'équilibre du treuil différentiel peut donc s'exprimer ainsi qu'il suit — si l'on veut bien se rappeler que les circonférences des cercles sont dans le même rapport que leurs rayons :

La puissance est à la résistance, comme la différence des rayons des deux cylindres du treuil est au double de la longueur du levier, à l'extrémité duquel la puissance est appliquée.

On voit par là qu'avec une puissance donnée très-petite, on peut faire équilibre à une résistance aussi grande que possible, sans allonger la manivelle ou le levier ; on n'a qu'à diminuer la différence entre les diamètres des deux cylindres. C'est à cause de cette différence que cette espèce de treuil est nommée *treuil différentiel;* on le nomme également *treuil à deux parties.*

Le *treuil régulateur* terminera cette énumération ; il est conique ; l'effort à produire reste constant, malgré la longueur plus ou moins grande de la corde.

On peut aussi construire ce treuil régulateur en plaçant, l'un contre l'autre, deux cônes par leurs grandes bases. On emploie les deux bouts de la corde ; par l'un on monte la charge, quand l'autre descend à vide.

On a les relations d'équilibre suivantes;

Quand le fardeau est en bas :

$$pb = (q + cl)\ (r' + e),$$

Quand le fardeau est en haut :

$$pb = q\ (r + e) - cl\ (r' + e)$$

(p est la puissance; b, le bras de levier de la puissance ; q est la résistance ou le poids à élever ; c, le poids du mètre courant de la corde ; l, la longueur de la corde ; r, le grand rayon du treuil ; r', le petit rayon du treuil ; e, le rayon de la corde.)

Les crics. — La machine la plus usitée pour déplacer les fardeaux à de faibles distances est le cric (fig. 127, face ; fig. 128, coupe). Une barre de fer dentée, ou crémaillère, est mise en mouvement par un pignon ç qu'on tourne avec une manivelle. Au lieu d'agir directement sur la crémaillère, le pignon peut s'engrener, comme dans l'exemple qui nous préoccupe, avec une roue dentée dont le pignon agit alors sur la crémaillère.

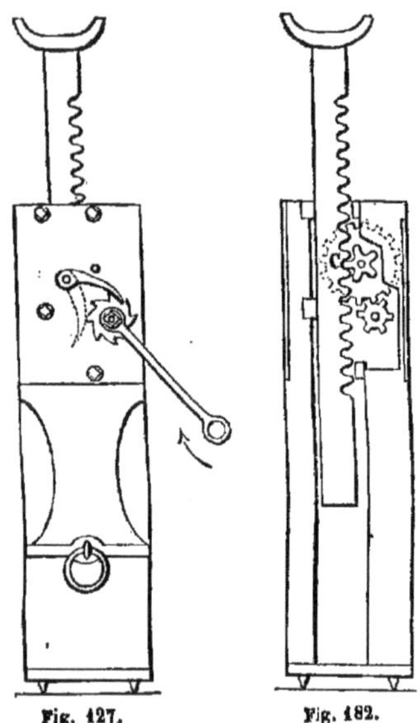
Fig. 127. Fig. 128.

Le corps du cric est un bloc de bois, dans lequel on fixe les roues qu'on recouvre d'une plaque de tôle que traverse l'axe de la manivelle. Sur cette plaque est fixé un cliquet qui permet d'arrêter la force, et qui empêche la crémaillère de descendre sous l'effort du poids qu'elle supporte (voir le décliquetage page 121).

On voit que la longueur du bras de la manivelle multiplie déjà la force, de même que le pignon s'engrenant dans la roue, et l'on comprend quelles masses énormes, telles que des pierres de taille, des bateaux, un homme seul peut soulever ; mais on voit aussi avec quelle lenteur cette opération s'exécute. Cette lenteur, du reste, n'a aucune importance dans la plupart des cas, puisqu'il ne faut pas imprimer des mouvements continus.

Dans le cric, l'avantage mécanique résulte du rapport entre les rayons de la manivelle et du pignon, et entre les rayons des roues et ceux de leurs pignons.

Ce principe s'exprime donc ainsi : la puissance est à la résistance comme le produit des rayons des pignons est au produit des rayons des roues qui sont les bras de leviers.

Exemple. — Quelle est la charge (Q) soulevée par un cric dans les circonstances suivantes : rayon de la manivelle, $0^m,30$; rayon du pignon, $0^m,03$ (crémaillère); rayon de la roue, $0^m,10$; rayon du pignon 0^m04 (roue); puissance appliquée à la manivelle, 35 kilogrammes?

$$Q = \frac{35 \times 10 \times 30}{3 \times 4} = 875 \text{ kilogrammes.}$$

Il n'est pas dit que ces 35 kilogrammes soulèveront les 875 kilogrammes; loin de là — tout au plus 300 kilogrammes — à cause du frottement et du mauvais état dans lequel se trouvent toujours les crics; ce sont des machines qui traînent, et auxquelles on apporte peu de soins.

Un seul ouvrier doit pouvoir manœuvrer un cric; mais, s'il n'en vient pas à bout, il appelle parmi ses camarades *l'homme fort*, pour qu'il donne un coup de main.

Il y a encore d'autres espèces de crics, tels que le *cric à noix*; les emballeurs, les voituriers s'en servent pour serrer les ballots, paquets, colis, qui doivent résister aux secousses et aux cahots de la voiture; le *cric à vis* se compose de deux crochets à écrous, tenant les deux bouts d'une chaîne et qu'on rapproche au moyen d'une barre de fer ronde, taillée en vis.

La chèvre. — Le treuil ne soulève les objets qu'à sa propre hauteur;

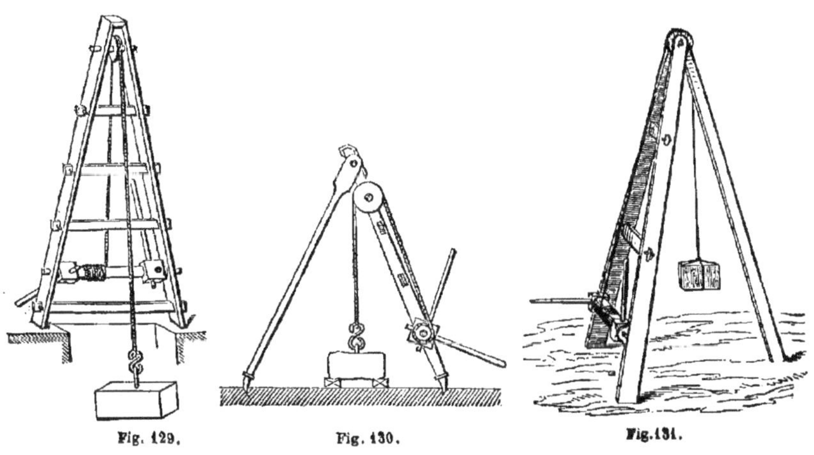

Fig. 129. Fig. 130. Fig. 131.

pour les porter au delà, on ajoute à cette machine deux montants en bois, espèce d'échelle triangulaire avec une poulie en haut ; cet ensemble s'appelle une *chèvre* (fig. 129).

La chèvre est attachée par en haut à un point fixe : à un monument, à un arbre, à un piquet fiché solidement en terre ; sans cela, elle tournerait sur sa base, et tomberait sur l'objet à soulever.

Les figures 130 et 131 représentent deux spécimens de *chèvres mobiles*. Le troisième montant permet de donner la stabilité voulue à la chèvre sans l'attacher.

Les grues. — Ce sont des machines destinées à élever des fardeaux et à les transporter en même temps d'un point à un autre, en leur faisant décrire une circonférence de cercle. Quand, par exemple, il s'agit de tirer des marchandises d'un bateau et de les charger sur une voiture, il faut les monter verticalement, puis leur faire exécuter un tour pour les porter au-dessus de la voiture, et puis les y descendre.

Nous allons citer quelques spécimens de ces grues ; on verra de suite qu'elles ne sont pas dans de bonnes conditions de stabilité, puisque les poids à élever se trouvent en porte-à-faux.

La grue fixe à une seule branche, ou à simple volée. — Cette machine a une très-grande tendance au renversement. Le poids à soulever agit sur le bras de levier et cherche à casser la grue au pied du poteau ; pour éviter cela, il faut la faire très-solide et la descendre dans les maçonneries ; ou encore employer des contre-poids, tels qu'un gros bloc de pierre ; mais en rétablissant ainsi l'équilibre, il faut naturellement mouvoir ce poids mort.

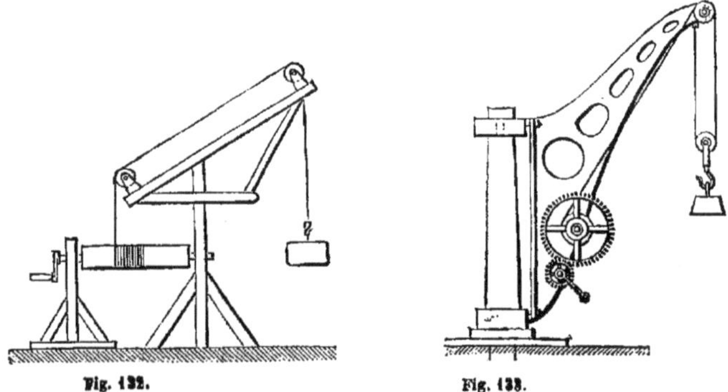

Fig. 132. Fig. 133.

La figure 132 représente une grue simple en bois ; la figure 133, une grue simple en fonte.

La grue Peltier (fig. 134). — Elle est une application très-ingé-

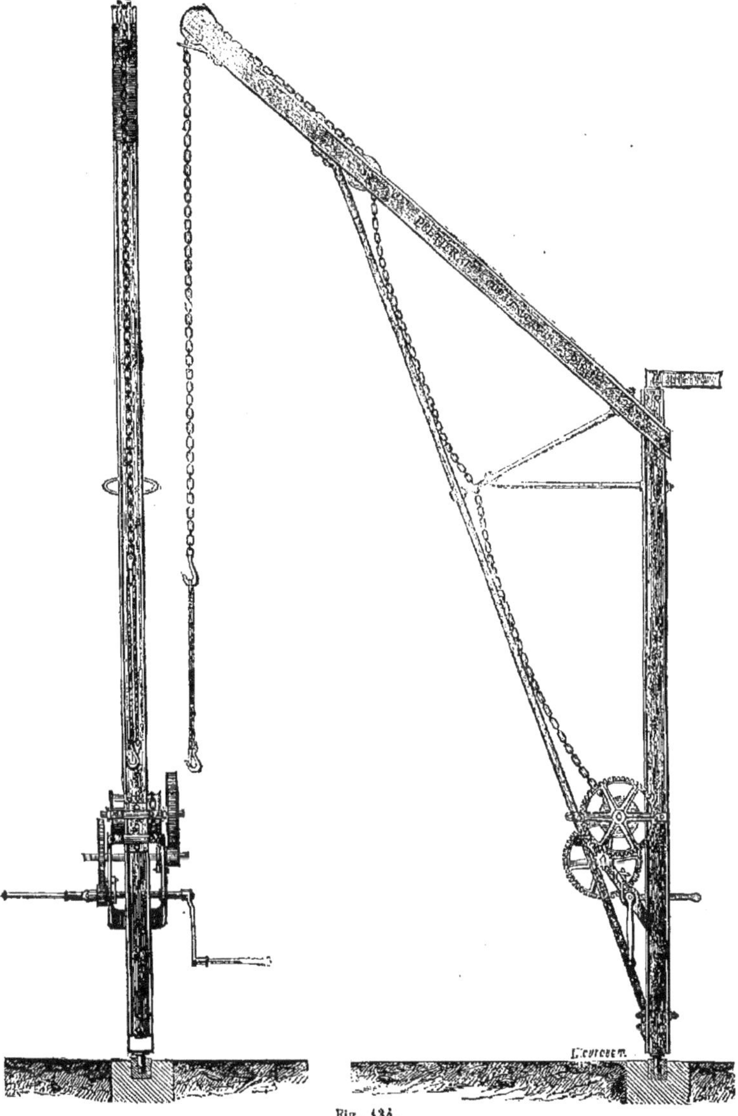

Fig. 134.

nieuse des fers à double T; elle est légère et solide. On lui donne

7 mètres de hauteur pour monter les fardeaux dans les ateliers du rez-de-chaussée au premier étage.

La grue avec engrenage double (fig. 135).

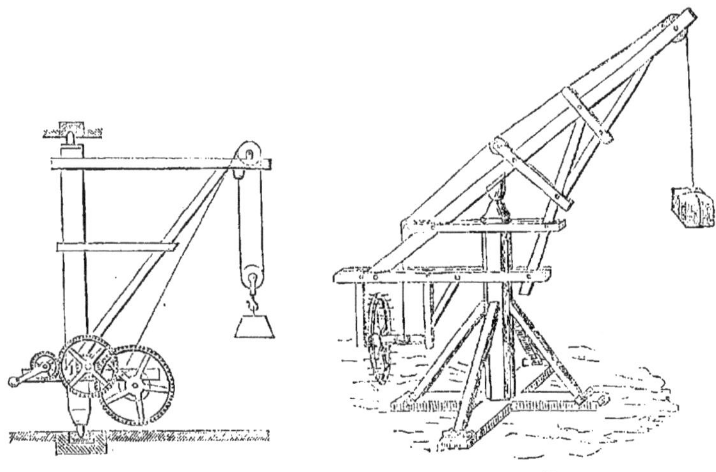

Fig. 135. Fig. 136.

La grue mise en mouvement au moyen d'une roue à cheville (fig. 136). — Voir les Machines d'exploitation des mines.

La grue à doubles branches, ou à double volée. — La figure 137 représente ce spécimen. Elle est composée de deux grues à simple volée;

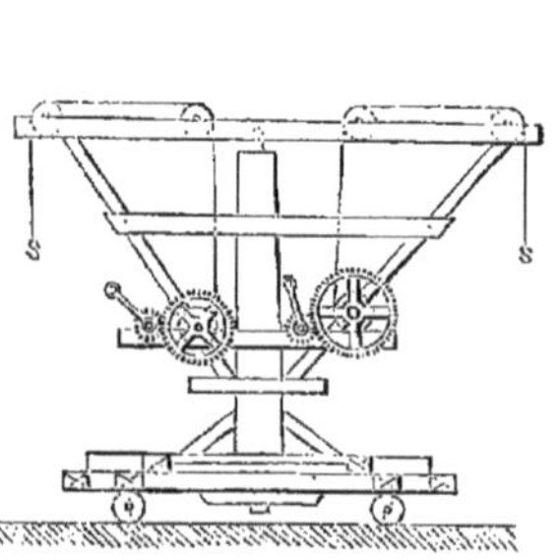

Fig. 137.

Fig. 138.

on la roule sur les quais, sur les cours d'embarquement. Le chemin sur lequel roule la grue est souvent un petit railway parallèle au mur du quai.

La sapine (fig. 138). — Cette espèce de grue sert à monter les fardeaux à une grande hauteur. Le mât formé d'un sapin a ordinairement 25 mètres de hauteur; il tourne sur sa base.

Au lieu d'un seul mât, il y en a aussi quatre qui forment une espèce de tour carrée qu'on prolonge jusqu'au faîte des édifices : ces sortes d'échafauds sont très-usités à Paris; on en voit plusieurs autour d'une seule maison à bâtir. Les pierres sont montées au moyen de treuils et de câbles télodynamiques, qu'une locomobile commande.

La grue dynamométrique. — Cette grue permet de peser et en même temps de soulever les fardeaux. A cet effet, le poteau repose sur le pont d'une bascule, liée fortement à la grue.

La grue hydraulique. — (Pour mémoire, voir treuil hydraulique et grue hydraulique, dans les machines à élever les liquides).

La grue à vapeur. — Dans cette machine, les fardeaux sont élevés à l'aide de la vapeur ; le cylindre de la machine motrice sert d'axe à la grue et peut tourner sur un pivot. La vapeur pénètre dans un manchon fixe qui enveloppe le cylindre, et de là dans le cylindre par un orifice qui est mobile avec lui. La tige du piston s'articule à un arbre coudé qui agit sur un engrenage, lequel fait manœuvrer la chaîne de suspension du fardeau.

Dans un autre spécimen, une machine à vapeur verticale est attachée au pied de la grue; elle sert à enrouler la chaîne sur le treuil. C'est à l'Exposition de Londres de 1862 qu'on l'a vue pour la première fois.

Le monte-charge avec treuil. — Toutes les machines dont nous avons à nous occuper dans ce paragraphe servent à élever ou monter des charges.

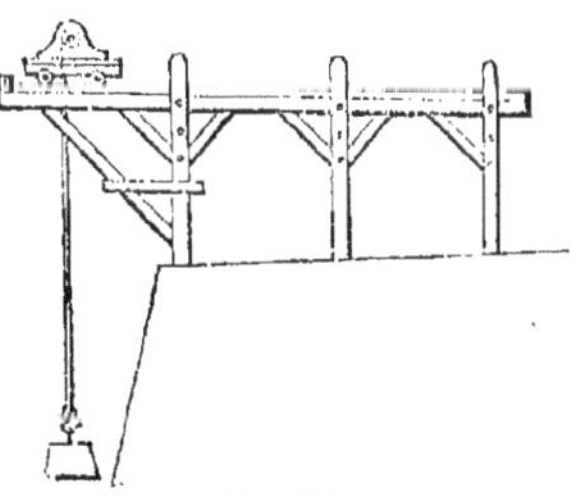

Fig. 139.

Cependant, on n'a donné ce nom de *monte-charge* qu'au système représenté par les spécimens suivants. La figure 139 représente un monte-charge fixe. La figure 140 donne un exemple curieux de deux petits chemins de fer voyageant l'un sur l'autre. Le treuil est manœuvré à bras ou à vapeur.

Le monte-charge est surtout employé dans les travaux publics, pour porter les pierres de taille à pied-d'œuvre, et même à la place

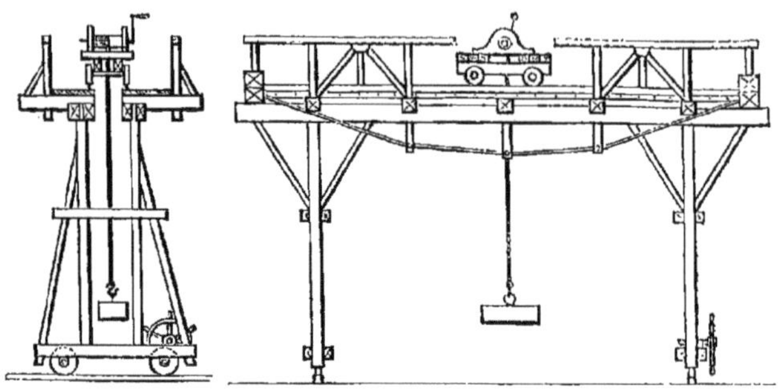

Fig. 140.

précise qu'elles doivent occuper. L'échafaudage reste alors fixe et prend le nom de *chemin de service* (fig. 141).

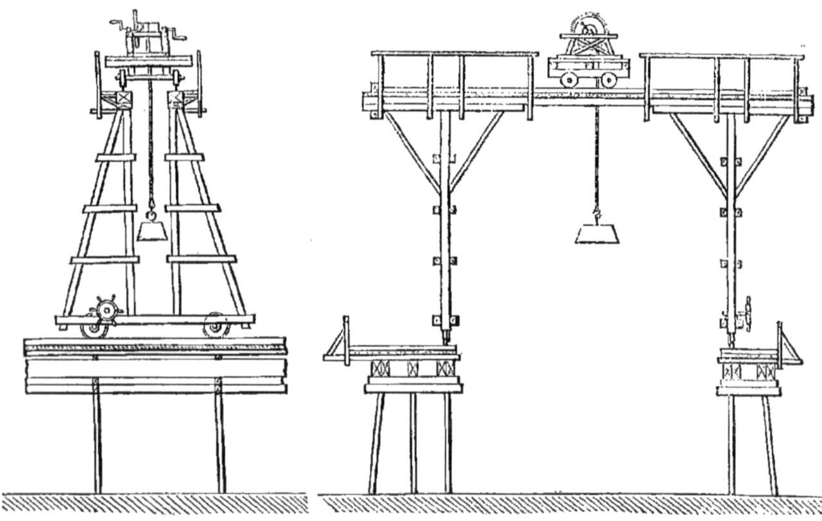

Fig. 141.

Le treuil universel. — C'est une espèce de monte-charge usité dans les ateliers de construction de machines. Il se compose d'un chariot qui porte un treuil et qui glisse sur les murs des ateliers. Un fardeau suspendu à ce treuil peut donc être placé sur un point quelconque dans l'espace de cet atelier, et il permet ainsi de travailler une pièce dans tous les sens.

Les treuils hydrauliques. — Ces machines sont aussi appelées *grues hydrauliques*, ce qui donne lieu à une certaine confusion, puisque ce dernier nom s'applique à un appareil servant à remplir le tender dans les gares de chemins de fer. Les treuils hydrauliques offrent un moyen simple d'utiliser les chutes des distributions d'eau dans les villes, et d'employer d'une manière continue un moteur peu puissant pour produire dans un moment donné des efforts très-considérables.

Le treuil hydraulique comprend toujours un corps de pompe, dans lequel l'eau agit sur un piston, dont la tige commande les mécanismes. L'eau motrice vient d'un réservoir supérieur, à moins que les eaux des villes ne fournissent de l'eau sous pression. Mais souvent il y a convenance à établir des réservoirs ; on les place alors sur des tours, et on y pompe de l'eau avec une machine à vapeur qui accumule ainsi sa force pour la dépenser en temps opportun.

A la place de ce réservoir on peut aussi employer un *accumulateur*. C'est un cylindre vertical dans lequel se meut un piston chargé de poids. Une machine à vapeur injecte continuellement de l'eau dans ce cylindre, et le piston alors s'élève ; au moment du travail on le laisse descendre : il presse l'eau dans la pompe du treuil, pour y exercer l'effort demandé. La course du piston est combinée avec le système de poulies-moufles, afin d'obtenir la hauteur exacte à laquelle on veut élever le fardeau.

Ces treuils hydrauliques sont très-commodes ; ils n'exigent que peu de place ; le moteur peut se trouver à une grande distance et être transmis économiquement. Il y a beaucoup de ces machines en Angleterre ; en France, elles sont moins répandues ; on en voit aux docks de Marseille. Elles servent principalement à charger et à décharger les navires.

Le monte-charge ou ascenseur hydraulique. — Nous pouvons encore consacrer quelques lignes à une espèce de monte-charge hydraulique, qui a contribué beaucoup, lors de l'Exposition universelle de 1867, à l'amusement du public, qu'il montait sur le toit du palais de l'industrie.

Ces monte-charges hydrauliques sont des machines motrices à eau et à ce titre nous les mentionnerons également dans le chapitre XI.

Veuillez imaginer un tube vertical, dans lequel plonge un piston avec sa tige ; à cette tige est fixé un plateau sur lequel se placent les corps à soulever. Ce tube communique avec l'eau d'un réservoir supérieur, d'une chute naturelle, d'un puits artésien ou d'un aqueduc. Cette eau exerce sa pression sur ce piston, qui monte ou qui descend suivant le jeu des soupapes, par lesquelles l'eau s'introduit ou s'écoule.

On peut faire varier à l'infini les applications de ce principe.

En voici un spécimen : le tube a une fente comme celle du tube d'un chemin atmosphérique; le piston est muni d'un appendice — pièce horizontale qui sort de cette fente et à laquelle est fixé le plateau, que guident des montants ou rails verticaux. Il faut donc que la fente soit alternativement ouverte pour laisser passer cet appendice, et fermée quand c'est l'eau qui arrive. L'artifice qu'on a employé à cet effet consiste à suspendre le long de cette fente une bande d'acier, qui traverse cette pièce horizontale; le piston en montant la presse contre la fente, l'eau qui suit le piston la presse de même; le tube se trouve donc fermé hermétiquement. Quand le plateau est arrivé à la fin de sa course, un robinet placé en bas s'ouvre, l'eau s'écoule — nous l'avons déjà dit — et le plateau descend par son propre poids.

§ 2. — MACHINES À TRAÎNER LES FARDEAUX.

Les machines à soulever les fardeaux pourraient à la rigueur servir également à traîner les fardeaux; mais on emploie, dans ce dernier cas, d'une manière plus spéciale, le cabestan et le haquet.

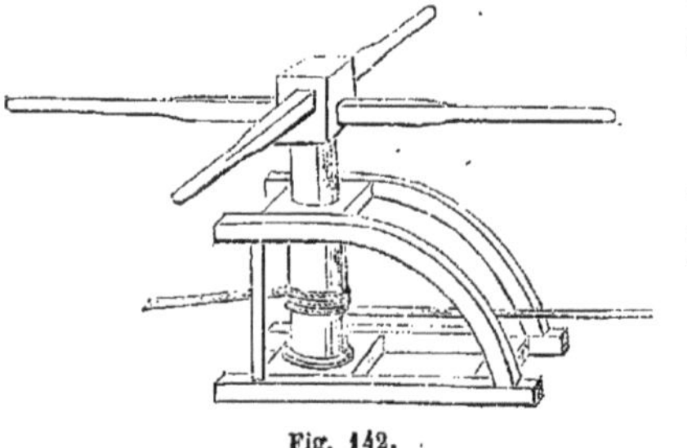

Fig. 142.

Le cabestan. — C'est un treuil vertical; il s'appuie sur le sol, auquel il est attaché avec des piquets et des cordages; un apprenti déroule, tout en l'empêchant de glisser, la corde, au fur et à mesure qu'elle s'enroule sur le cabestan. Si la corde était fixe, elle monterait, en s'enroulant, le long de l'arbre, et la traction ne s'opérerait plus horizontalement; la force serait employée à soulever le corps en même temps qu'elle le tirerait, et l'effet du cabestan serait manqué. Comme il est vertical, il se manœuvre au moyen de leviers horizontaux, qui permettent aux hommes de travailler sans retirer ces leviers comme pour le treuil (fig. 142 et 143).

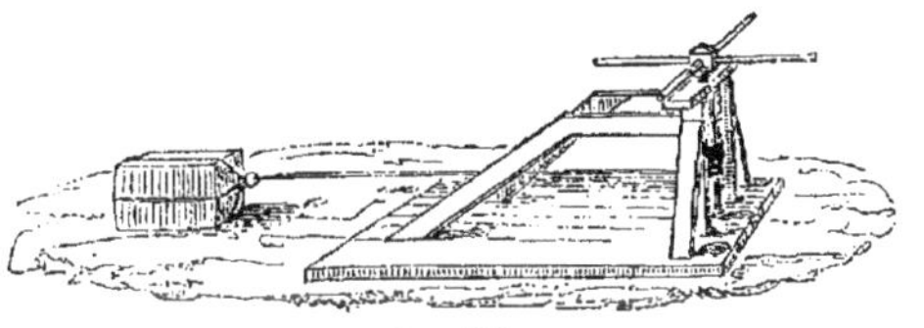

Fig. 143.

On se sert des cabestans dans les ports pour approcher les vaisseaux. Leur nom vient de l'espagnol *cabre stante* (chèvre debout).

Le haquet. — La figure 144 représente cette voiture très-ingénieuse, qui n'est pas encore assez répandue. On s'en sert généra-

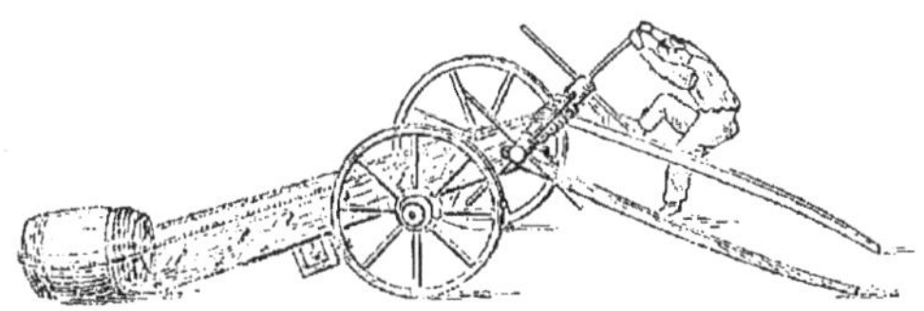

Fig. 144.

lement pour transporter des tonneaux. Elle offre une combinaison du treuil avec le plan incliné; les brancards s'inclinent vers la terre. C'est dans cette position qu'on charge et qu'on décharge le haquet, à l'aide d'une corde double, dont les bouts s'enveloppent sur un treuil placé horizontalement. Ce treuil est traversé en croix par deux forts leviers, à l'aide desquels un homme seul fait monter un ou plusieurs tonneaux à la fois le long des brancards du haquet, jusqu'à ce que le centre de gravité de la charge se trouve au-dessus de l'essieu. Le déchargement est encore plus facile : on incline de nouveau les brancards et on laisse glisser les tonneaux. C'est à Pascal qu'on doit l'invention de cette voiture parisienne.

CHAPITRE V.

MACHINES DE COMPRESSION DES SOLIDES ET DE PERCUSSION.

Presque toutes les machines exercent une pression ou un choc ; mais celles que l'on destine uniquement à ces effets sont peu nombreuses.

Comme le choc n'est qu'une pression d'une durée très-petite — nous l'avons déjà dit — et la pression qu'un choc prolongé, il doit exister une corrélation intime entre ces deux sortes de machines ; c'est pour cette raison qu'on les a classées dans un même chapitre.

Souvent une machine unique réunit ces deux actions : par exemple, une machine à fabriquer des agrafes : par le choc, des fils de fer sont coupés ; la pression les forme ensuite en anneaux.

D'autres travaux, au contraire, exigent une séparation complète du choc et de la pression : ainsi le choc sert à enfoncer un pieu ; la pression, à produire une plaque de tôle.

§ 1. — MACHINES DE COMPRESSION DES SOLIDES.

Nous ne savons pas de quelle manière les anciens ont comprimé les corps ; par exemple, les fruits pour en extraire le jus ; nous ignorons s'ils avaient des machines pour cette opération, ou s'ils employaient simplement le procédé naturel et peu délicat en usage encore aujourd'hui chez beaucoup de nos vignerons.

Le moyen âge nous a légué le pressoir, composé de fortes pièces de charpente qui forment un énorme levier, espèce de bascule. A son bout est attaché un panier qu'on charge de pierres ; le levier, dont la puissance est ainsi augmentée, pèse sur un plateau ou couvercle d'une caisse qui renferme le produit des vendanges.

Ce pressoir à vin et à cidre est aussi simple qu'ingénieux; cependant il exige de grandes pièces et un vaste emplacement. On a donc cherché des machines moins dispendieuses, mais également puissantes, et on a trouvé celles dont la description sommaire va suivre.

La presse à vis. — La Société royale des arts et sciences, à Metz, proposa en 1784 un prix pour une machine moins encombrante et moins coûteuse que la bascule en charpente, dont nous venons de parler. Jaunez, maître charpentier dans cette ville, remporta le prix pour son pressoir à vis. La vis était tournée par deux hommes agissant sur une roue à cheville, et elle pressait verticalement sur le plateau de la caisse.

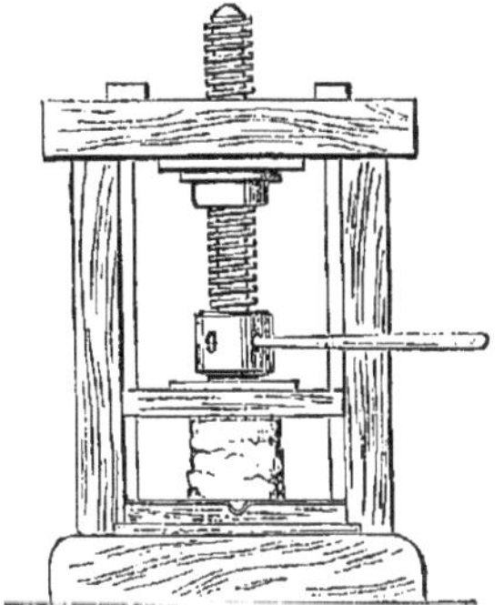

Fig. 145.

A titre de spécimen, nous présentons (fig. 145) une presse à vis à filets carrés.

Elle nous sert à déterminer l'effet de la vis, que tournerait un homme.

(p, la puissance agissant perpendiculairement à l'axe; r, le bras du levier, auquel agit la puissance; r', le rayon moyen de la surface hélicoïdale en contact; r'', le rayon de la surface par laquelle le bout de la vis frotte sur la surface ab du corps à comprimer; h est le pas de l'hélice : c'est l'espace parcouru suivant l'axe de la vis pour une révolution de cette vis; si la vis est à un simple filet, h est la distance sur l'axe de deux filets consécutifs, et suivant que la vis est à deux ou trois filets, h est égal à deux ou trois fois cette distance; f, le coefficient de frottement, qu'on suppose être le même pour les filets et le bout de la vis; q est la résistance utile que la matière oppose au mouvement de translation de la vis; elle agit suivant l'axe de la vis; α est l'angle que fait l'hélice moyenne, ou mieux la tangente à cette hélice, avec le plan perpendiculaire à l'axe.)

La relation d'équilibre est :

$$p = q\left(\frac{r'}{r} \times \frac{\tang \alpha + f}{1 - f \tang \alpha} + \frac{2}{3} f \frac{r''}{r}\right).$$

Commençons à remplacer tang α par l'égalité $\frac{h}{2\pi r'}$, on a :

$$p = q\left(\frac{r'}{r} \times \frac{h + 2\pi r' f}{2\pi r' - fh} + \frac{2}{3} f \frac{r''}{r}\right).$$

Maintenant il nous est commode de prendre l'application numérique de cette équation dans l'excellent ouvrage de M. l'ingénieur Claudel, et de lui laisser la responsabilité de ses multiplications compliquées :

p devient l'inconnue ; soit $q = 9\,000$ kilogrammes ; $r = 1$ mètre ; $r' = 0^m,034$; $r'' = 0^m,025$; $h = 0^m,016$; $f = 0^m,08$;

$$p = 9\,000\left(\frac{0,034}{1} \times \frac{0,016 + 2 \times 3,14 \times 0,034 \times ,08}{2 \times 3,14 \times 0,034 - 0,08 \times 0,016} + \frac{2 \times 0,25 \times 0,08}{3}\right)$$
$$= 59^k,69.$$

Quand on ne tient pas compte du frottement du bout de la vis, on a $p = 47^k,69$, ce qui montre que ce frottement n'est pas à négliger.

La presse à coin. — Cette presse, employée généralement pour l'extraction des huiles, va nous servir d'appareil de démonstration : un coin que l'on enfonce entre deux plans de même inclinaison que les faces de ce coin et dont l'un est fixe et l'autre mobile ; entre celui qui est mobile et un plan fixe vertical se trouve le corps à comprimer.

La condition d'équilibre est :

$$p = 2q\frac{(1 + f \tan \alpha)}{\tan \alpha - 2f - f^2 \tan \alpha}.$$

(p est la force qui agit sur la tête du coin ; q est la résistance de la matière à comprimer ; α est l'angle des faces du coin avec la tête ; f est le coefficient de frottement du coin.)

Cette équation, telle qu'elle est posée par la mécanique rationnelle, n'apprend rien par elle-même. Il faut l'appliquer à un exemple, à une pression dans les conditions ordinaires, et on verra alors que si l'on prend q égal à 1 000 kilogrammes, p devient égal à 450. Cette pression ne peut produire de l'effet qu'au commencement de l'opération — comme du reste dans toutes les presses — car plus le corps se comprime, plus il offre de résistance à la compression ; et il arrive un moment où il ne se comprime plus du tout : c'est quand il est devenu aussi dur que la machine qui le comprime (fig. 146).

On voit, en outre, que cet appareil ne rendrait pas de bons services, et si nous l'avons cité, c'était pour faire voir comment on peut, par la simple inspection d'une équation, se rendre souvent compte de l'effet d'une machine.

Fig. 146.

La presse à excentriques. — Elle se compose d'un arbre qui tourne très-lentement ; il communique sa rotation, par le moyen d'un engrenage, à un autre arbre parallèle. Chaque arbre possède un excentrique qui agit sur les plateaux de la presse; ces plateaux sont mobiles et dirigés par un système de guides. Cette espèce de presse est peu usitée ; elle semble trop compliquée.

La presse hydraulique. — Le principe de l'équilibre des liquides trouve une application des plus fécondes dans la presse hydraulique. Par la description de cette machine, nous arriverons peut-être à comprendre ce singulier phénomène de la multiplication de la force par sa transmission, et qui dans ses effets ressemble au levier.

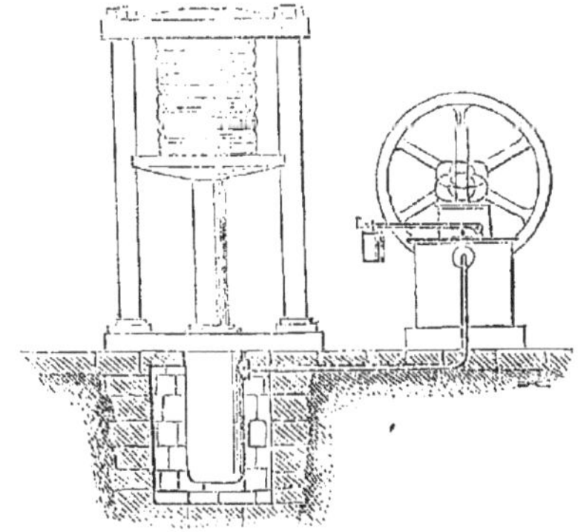

Fig. 147.

Si, sur le piston de la petite pompe au-dessus de la soupape à contrepoids (fig. 147), nous mettons 1 kilogramme, toute surface dans la grande pompe, égale à la surface de ce piston, supportera une pression de 1 kilogramme. Toute surface en haut, en bas, de côté, sera pressée en dehors; mais ces pressions à droite et à gauche se neutralisent, elles s'exercent sur des surfaces fixes; il ne reste que les pressions contre le fond du piston. Or ce fond renferme la surface de dix petits pistons; donc 10 kilogrammes le pousseront hors de son cylindre avec son plateau, sur lequel on place un corps quelconque, qui alors est serré avec une force de 10 kilogrammes entre ce plateau et la partie supérieure de la machine, qui est une traverse boulonnée très-solidement, afin qu'elle ne fléchisse pas. Tel est l'effet hydrostatique de la presse.

Voici maintenant l'effet dynamique. Si, au lieu de poser sur le petit piston 1 kilogramme, on le mettait au grand bras du levier, qui serait dix fois plus grand que le petit bras, on arriverait à un poids de 100 kilogrammes. On peut augmenter cette force à volonté; au lieu de poids, qui ne servent que de démonstration, ce sont des hommes qui travaillent au levier ou aux manivelles des excentriques comme dans le présent spécimen, ou encore, c'est une machine à vapeur, puisqu'il faut toujours introduire de l'eau dans les corps de pompe par un jeu de soupapes.

Cette puissante machine, inventée par Pascal en 1650, est restée pendant longtemps sans applications utiles, par suite de la difficulté qu'on a éprouvée de s'opposer aux fuites d'eau à travers la garniture du piston. Le physicien Bramah eut l'idée, en 1800, d'employer pour cette garniture un morceau de cuir annulaire embouti, dont la pression augmente en même temps que les efforts à transmettre par la machine et qui s'oppose alors à l'échappement du liquide. Depuis cette époque, la presse hydraulique a été perfectionnée, mais on est arrivé à une machine compliquée, qui exige une grande exactitude dans sa fabrication, et qui par cela même est assez coûteuse. Comme à la suite de la perfection du travail ces organes sont très-délicats, ils subissent de fréquentes détériorations; c'est le piston qui peut se fausser; ce sont les clapets qui cessent de fonctionner avec régularité quand la machine n'est plus neuve. En outre la marche du piston est intermittente; elle provoque des coups saccadés et fatigue ainsi le métal.

Pour obvier à ces inconvénients, des constructeurs américains ont eu l'idée de répartir la pression sur quatre cylindres munis chacun d'un piston.

C'est dans ce système qu'on a exécuté des presses pour découper des plaques de fer à froid.

Voici les résultats qu'on a obtenus avec cette machine, et qui sont constatés par trois expériences :

	I.	II.	III.
Force de la pression, en tonnes (de 1 000 kil.)	7,00	12,50	20,50
Diamètre du trou découpé, en mètres.......	0,20	0,21	0,21
Epaisseur de la plaque, en mètres..........	0,042	0,065	0,085
Surface totale du trou cylindrique, en mètres carrés.............................	0,009	0,014	0,018
Pression exercée pour découper une surface de 1 mètre carré, en tonnes...............	83,000	92,000	115,000

Un des premiers usages de la presse hydraulique consistait à comprimer les fourrages de la cavalerie que les Anglais envoyèrent en paquets à leurs troupes lors de la guerre du Portugal en 1810.

Le poids des foins comprimés avec les presses anciennes était de 150 kilogrammes par mètre cube, et avec les presses hydrauliques il est de 380 kilogrammes. Le foin a donc cessé d'être une marchandise encombrante, et on peut alors le faire venir de pays lointains.

Les Américains emploient la presse hydraulique à comprimer les balles de coton.

Elle sert aujourd'hui partout dans la marine et les travaux publics : on soulève avec cette puissante machine les ras de carène, espèce de plate-forme flottante, sur laquelle se trouve le navire qu'on veut réparer ; on soulève aussi des tubes en fer des ponts pour les mettre sur les piles.

Dans toutes les industries qui s'occupent de compression, on emploie cette machine, dès qu'il s'agit d'exercer de grands efforts.

Mais si la matière à comprimer résistait néanmoins à la pression, par exemple un cube en acier, qu'arriverait-il ? Ce qui est arrivé lors de la compression de la peau de chagrin de Balzac ; cette peau d'âne fantasmagorique, inaltérable, indestructible, a fait éclater les cylindres, a brisé le plateau, a arraché les montants avec leurs armatures.

En dehors de l'anecdote racontée par le célèbre romancier, la pratique fournit de nombreux exemples de pareilles ruptures. Les puissantes presses qui ont servi à soulever le pont de Britannia, se sont brisées au commencement de leur mise en œuvre; une presse à foin à Alger s'est fendue longitudinalement après dix-huit mois de service.

L'imagination s'effraye des résultats qu'on pourrait obtenir avec cette machine; mais comme elle n'agit pas vite, on n'en a pas encore trouvé — heureusement — une application dans l'art militaire.

La presse à corde. — Cette presse repose sur le même principe que la presse hydraulique; elle a pour but d'obtenir une pression graduelle, sans saccades, par l'introduction d'un corps solide dans un récipient rempli d'un liquide et fermé hermétiquement. Cette pression est utilisée au moyen d'un piston. La puissance est transmise par une corde qui passe à travers une boîte à étoupe sur une poulie placée à l'intérieur d'un cylindre. On enroule cette corde avec une manivelle; elle cherche à déplacer le liquide (de l'huile à la place de l'eau), et elle fait ainsi monter le piston. Pour le descendre, on tourne la manivelle en sens opposé; la corde sort et s'enroule sur une poulie extérieure (fig. 148).

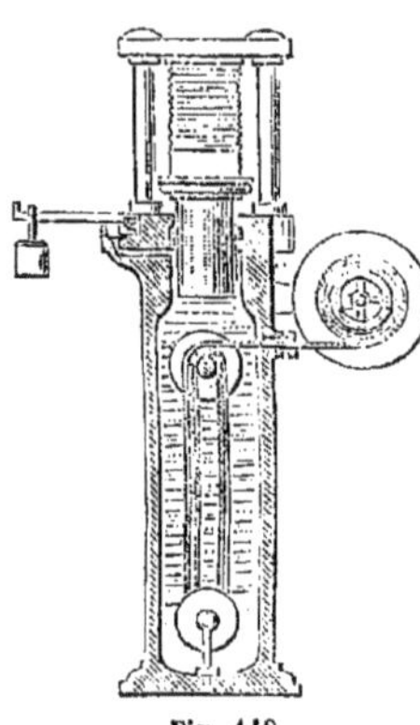

Fig. 148.

Le choix du corps solide à introduire dans le cylindre peut varier, et rien n'oblige à prendre précisément une corde à boyau. Dans un autre modèle, l'organe qui transmet la pression est un petit piston qu'on force avec une vis d'entrer dans le récipient.

Les industries qui n'emploient que de faibles pressions, peuvent se servir avantageusement de cette *presse sterhydraulique;* c'est le nom savant que les inventeurs lui ont donné.

Les presses monétaires. — Le métal destiné aux monnaies est fondu en barres plates, qui sont laminées, puis découpées en rondelles (flans), avec des emporte-pièces, et comprimées ou pressées entre deux poinçons ou coins.

Anciennement on frappait avec un marteau sur un poinçon; de là l'expression de *frapper les monnaies.*

La figure 149 représente le *balancier monétaire.* Les ouvriers tirent sur les lanières attachées aux extrémités du balancier, qui presse ou frappe sur le coin, et remonte par le contre-coup; une nouvelle pièce de métal s'interpose, le balancier fait un nouveau tour, et ainsi de suite; il faut que son action soit violente, comme on le pense bien ; aussi y a-t-on ajouté des masses, des boules.

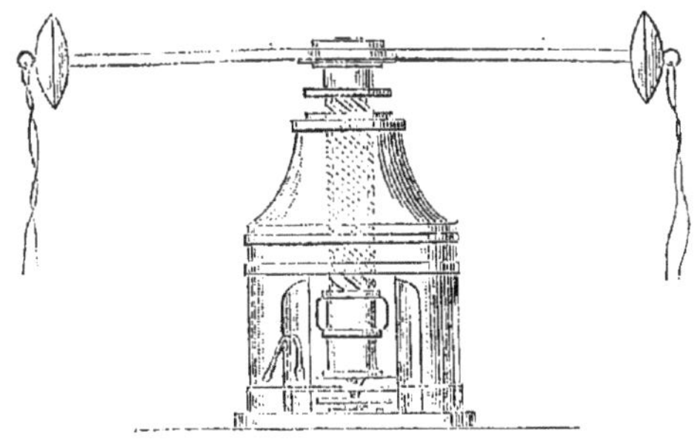

Fig. 149.

Cette invention est due à Nicolas Briot, tailleur des monnaies sous Louis XIII ; ayant été repoussé par les académiciens de Paris, il porta son balancier en Angleterre, où il servit à frapper les monnaies de Cromwell.

La deuxième presse (fig. 150) est la *presse à genou*, imaginée par le mécanicien Uhlhorn, de Cologne, et perfectionnée par Thonnelier, qui en France lui a donné son nom; en voici le principe : le levier *gn* a son point de rotation en *n*, il presse sur la rotule qui remonte la tige, absolument comme un genou. Or, comme les supports sont fixes, la tige se redresse aux dépens du corps compressible, qui est la monnaie à frapper. Cette presse a un mouvement plus uniforme; elle peut frapper une pièce par seconde ; elle est mue par la vapeur et présente alors un avantage sur la presse précédente qui est mue par l'homme ; elle donne en outre au travail plus de vitesse, plus de précision et plus de régularité.

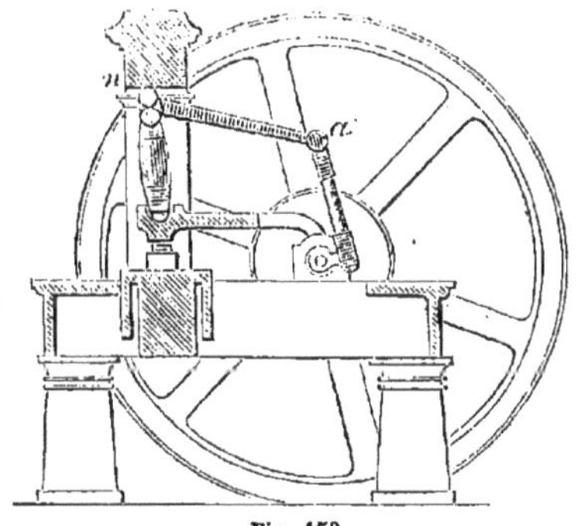

Fig. 150.

La figure 151 donne quelques détails de cette intéressante machine. Le levier *nrr* est dans une cage en fonte ; *r* est la tige ou colonne de pression en acier trempé. Elle se meut à rotule à sa partie inférieure dans la boîte coulante à gauche de *s* et se réunit en haut au levier *a*, ainsi que nous l'avons dit ; *s* est cette boîte coulante supportée par un montant double ou fourchu. Un levier *m* portant à gauche des boules maintient la boîte coulante appliquée contre la colonne *r*. Le montant et le levier de cette boîte sont mobiles. *o* est un levier en fer recevant d'un autre levier caché par la machine une impulsion transmise par l'excentrique fixé sur le plateau, qui entoure l'axe du volant. Cette combinaison de levier sert à placer des monnaies. *v* est une main poseuse qui porte à son extrémité un détachoir pour enlever la pièce dans le cas où elle resterait adhérente au coin supérieur. A droite de *v* est un gobelet ouvert au fond, il est destiné à recevoir des flans prêts à être frappés. Enfin *m* est aussi l'extrémité d'un conduit par lequel les pièces de monnaies tombent dans un panier.

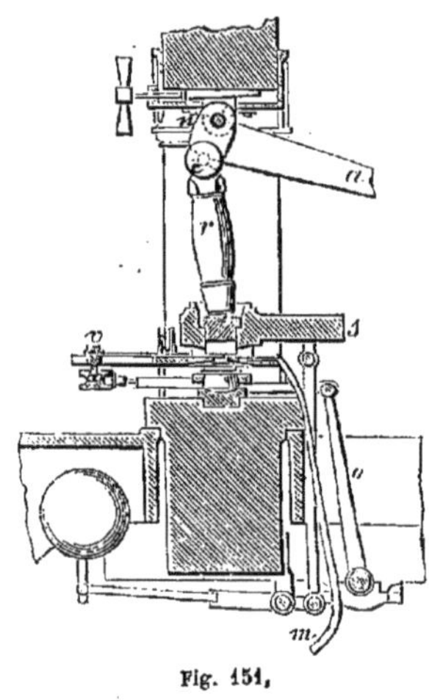

Fig. 151.

On pourrait se demander pourquoi les presses monétaires se trouvent dans les machines à compression, et non pas dans les machines à choc. Il est vrai qu'on dit *presses*, mais elles frappent les monnaies ; or le mot *frapper* implique l'idée du choc. Du reste, j'abandonne cette question à la sagacité du lecteur.

Les machines à fabriquer des tuyaux. — Elles proviennent toutes

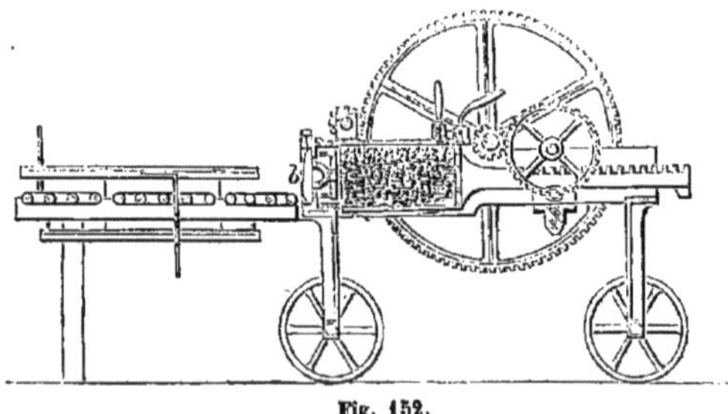
Fig. 152.

de la machine à fabriquer les vermicelles : un piston refoule la pâte au travers des ouvertures d'une passoire, quand il s'agit d'obtenir des fils pleins, ou au travers d'une filière évidée en anneau pour des fils en tuyau.

Ce principe, qui est général, s'applique dans un grand nombre d'industries : à l'étirage des tuyaux de plomb, des tubes de drainage, etc.

Ces machines à fabriquer les tuyaux de drainage pourront servir de démonstration. Les spécimens en sont nombreux ; on y distingue deux types.

La machine à action intermittente (fig. 152) comprend une caisse en fonte, dans laquelle un piston poussé par des engrenages refoule la terre glaise vers l'ouverture *b*. Les tuyaux coupés par sections sont ensuite traités comme les tuiles ou les briques, c'est-à-dire séchés à l'air, puis cuits dans un four.

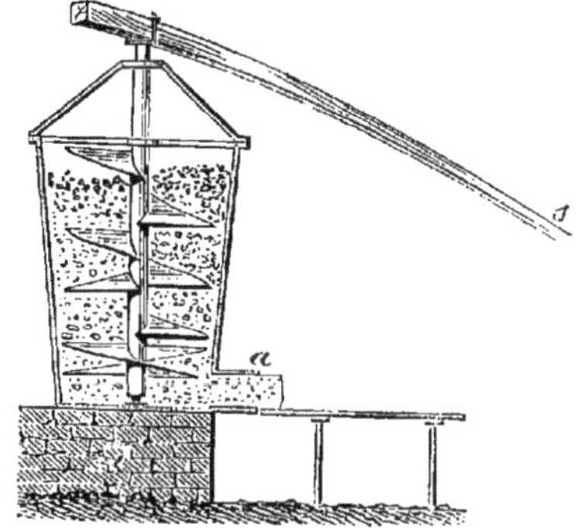

Fig. 153.

Dans la *machine à action continue* (fig. 153), on voit un tronc de cône renversé renfermant de l'argile qui est triturée, comprimée par l'hélice, qu'un cheval attelé au point *s* fait tourner. La terre ainsi pétrie sort par l'ouverture *a* dans la forme voulue.

Les laminoirs. — Un laminoir se compose de deux cylindres horizontaux en métal et d'un bâti en fonte qui porte ces cylindres ainsi que des roues d'engrenages. Les cylindres tournent en sens opposés et restent parfaitement parallèles. Au moyen d'une vis de pression, leur écartement peut être augmenté ou diminué suivant les corps à comprimer qu'ils entraînent par le frottement. Pour obtenir des feuilles très-minces, on fait passer plusieurs plaques en même temps. Nous verrons plus loin des spécimens de laminoirs. Ce sont également des presses. Dans les presses ordinaires, les corps à comprimer restent en place ; dans les laminoirs, ils sont en mouvement; ils avancent au fur et à mesure de la pression ; par exemple, dans les presses pour satiner le papier, on place les feuilles de papier entre des feuilles de métal qu'on intercalle entre deux rouleaux en fer, qui tournent en sens opposé.

Le laminoir à préparer les lames métalliques minces est une invention parisienne réalisée au seizième siècle, dans un moulin établi sur la Seine. Les grands laminoirs à fabriquer les feuilles d'acier ou de tôle datent de 1790.

Quand un laminoir est construit assez solidement pour résister aux efforts qu'il doit supporter, il ne reste plus qu'une question à examiner, à savoir, quel est le poids (p) de son volant :

$$p = \frac{130\,000\, qf}{nv^2}.$$

(q, la force en chevaux ; v, la vitesse moyenne de la jante du volant par seconde ; n, le nombre de tours des cylindres du laminoir par seconde ; f, le coefficient égalant 20 pour les machines de 80 à 100 chevaux, faisant marcher 6 à 8 équipages de cylindres à tôle ou à fer ; égalant 25 pour les machines de 60 chevaux, faisant marcher 4 à 6 équipages pour l'étirage des fers ; égalant 80 pour les machines à 30 chevaux ne faisant marcher que 1 équipage de cylindres à grosses tôles ; ces coefficients se modifient d'après la vitesse de la machine motrice.)

§ 2. — MACHINES DE PERCUSSION.

Les machines de percussion sont très-nombreuses ; on les rencontre dans toutes les industries, dans les établissements métallurgiques, dans les manufactures. Nous en rencontrerons aussi quelques spécimens parmi les machines-outils.

Les machines à estamper et à enfoncer les pilotis serviront de démonstration.

Les machines à estamper, à emboutir. — L'estampage et l'emboutissage consistent à donner une forme régulière, artistique aux métaux, au papier, au bois et au cuir. Les machines qu'on emploie à cet effet dérivent du balancier monétaire. Leur principe admis aujourd'hui partout consiste à agir sur la matière à façonner graduellement, de prolonger le choc, de le transformer en une espèce de pression pour que l'effet s'en fasse sentir. Le choc proprement dit, l'action instantanée, est suivi de réactions, de contre-coups, de trépidations, qui empêchent la précision du travail et peuvent produire la rupture des poinçons.

A cette catégorie de machines appartiennent aussi les machines à fabriquer les maillons, les agrafes, les clous, les capsules métalliques, toutes celles enfin qui opèrent sur des fils métalliques ou de petites lames métalliques froides, en les coupant, les pliant, les estampant, dans une ou plusieurs *passes* ou passages à travers la machine. La plus ancienne de ces machines est celle de Vaucanson, qui sert à fabriquer des chaînes en fils de fer.

Les machines à battre les pilotis. — Ces machines appelées des *sonnettes* servent à enfoncer dans le sol des pieux ou pilotis pour les fondations des ponts, des murs de quai, etc. Il y a deux espèces de sonnettes.

La *sonnette à tiraude* (fig. 154) marche vite et est facile à installer ;

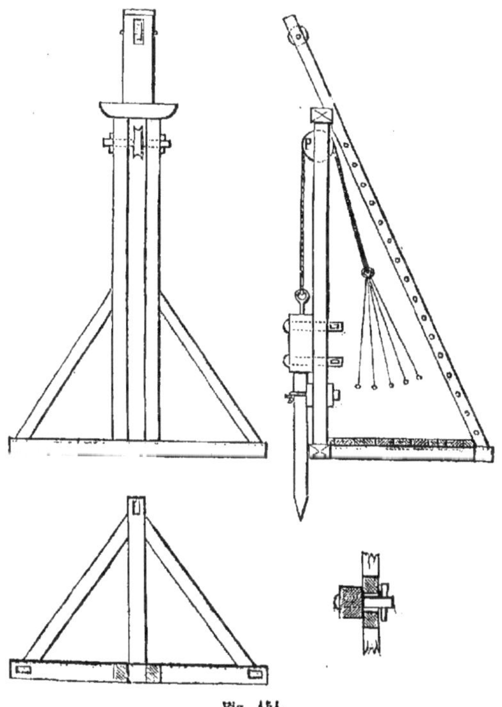

Fig. 154.

mais ce travail demande un grand nombre d'ouvriers et coûte cher ; en outre, le poids qui tombe (le *mouton*, ou bloc en fonte) entre deux rainures, ne doit pas être trop lourd. Le dessin en explique les détails. On voit que la corde passe dans une poulie ; la tête du pieu est entourée d'une frette ou virole, cercle en fer qui empêche que le bois ne soit écrasé.

Cette machine est très-ancienne ; il est possible qu'elle ait conduit à l'invention de la guillotine, dans laquelle on a remplacé le mouton par le couteau triangulaire. Espérons que ce terrible instrument disparaîtra bientôt, avec les crimes dont il est la conséquence. Passons.

La deuxième machine à enfoncer les pieux, d'une conception plus

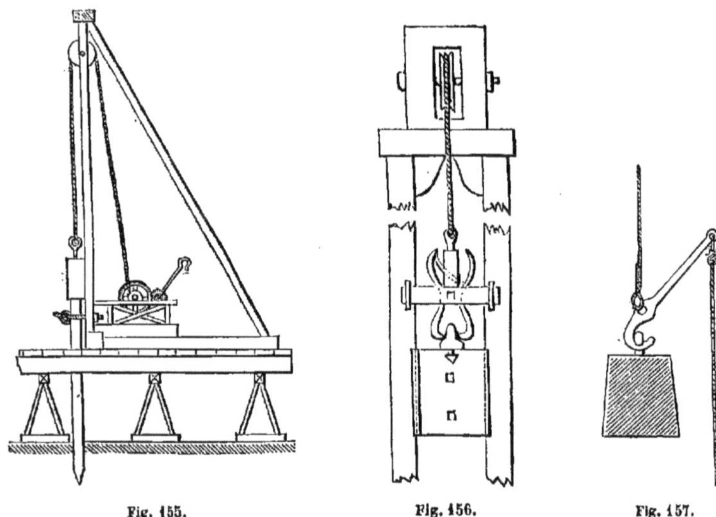

Fig. 155. Fig. 156. Fig. 157.

récente, est la *sonnette à déclic*, ainsi appelée parce que le mouton arrivé en haut se détache au moyen d'un déclic (fig. 155 et 156).

Ce déclic descend ensuite, s'accroche au mouton et le remonte ; ce mécanisme est compliqué. Celui de la figure 157 est plus simple ; un ouvrier tire la corde et le crochet sort de l'anneau. On n'a même pas besoin de tirer ; on n'a qu'à attacher en bas la corde à un clou, alors elle se tend à un point donné, et se tire elle-même.

Deux, quatre ou six ouvriers travaillent à la manivelle du treuil ; quelquefois on emploie aussi une petite machine à vapeur.

Voici maintenant quelques calculs sur l'effet de ces machines.

L'effort maximum fourni par l'ouvrier à la tiraude est de 18 kilogrammes à une vitesse de $0^m,20$ par seconde pendant six heures. Le restant de la journée, qui varie de neuf à dix heures, est employé à disposer les appareils; la manœuvre étant fatigante, on ne bat que 25 coups de mouton de suite; cela dure à peu près deux minutes, puis on repose pendant une minute. On lève le mouton à un peu plus de 1 mètre, ce qui est la hauteur à laquelle l'on peut tirer. Si le travail effectué n'est pas considérable, cela provient de ce que la plupart des ouvriers à la tiraude, il y en a jusqu'à quarante, tirent obliquement. Le mouton doit peser au moins 300 kilogrammes.

L'équilibre de la sonnette à déclic est exprimé par la relation suivante :

$$P = (Q + q)\frac{db}{ac}.$$

(P, est la force qui agit sur la manivelle ; Q, le poids du mouton (600 kilogrammes); q, la résistance de la corde sur la poulie et sur le treuil ; a, b, c, d, le rayon de la manivelle, du pignon, de la roue d'engrenage, du treuil.)

Il y a, en moyenne, 6 hommes au treuil et 1 maître arrimeur ; on frappe 1 coup par minute et on élève le mouton à 3 mètres.

En résumé, l'enfoncement des pieux est proportionné au produit de leur masse et de celle du mouton multipliée par le carré de la vitesse ; et l'effet est d'autant plus grand que le mouton est plus lourd, en théorie. En pratique, l'enfoncement est en raison inverse de la résistance du terrain, et si le mouton est d'un poids excessif, son effet utile est nul ; il fendrait le pieu en mille morceaux, mais ne l'enfoncerait pas; c'est encore la pratique qui indique le poids du mouton, nous l'avons dit, environ 300 kilogrammes pour la tiraude et 600 kilogrammes pour le déclic.

Après un certain nombre de coups de mouton, le pieu n'avance plus; il est arrivé à la limite de son enfoncement, qu'on appelle son *refus*. Si l'on cherche à enfoncer un pieu au delà, il se tord, fléchit dans son étui, son alvéole, son trou, et l'opération est manquée; dans ce cas, il ne reste plus qu'à extraire le pilotis au moyen de crics ou de cabestans, ou à le scier à fleur de terre.

On admet que les pieux doivent porter une charge de 35 kilogrammes par centimètre carré et que le refus commence quand l'avancement n'est plus que de $0^m,003$ à $0^m,005$ par volée de 25 coups ; limite bien délicate du reste.

CHAPITRE VI.

MACHINES A ÉLEVER LES LIQUIDES.

Les machines à élever ou à épuiser les eaux sont probablement les premières machines industrielles qu'on ait inventées, et dont quelques-unes servent encore aujourd'hui, telles que les anciens les avaient imaginées.

Nous pouvons les diviser en deux classes : les machines à seau qui élèvent les liquides mécaniquement, et les pompes qui agissent physiquement, par la pression atmosphérique. Nous mentionnons aussi, pour mémoire, le bélier hydraulique, qui est destiné à diviser l'eau d'une chute en deux parties : l'une sert de moteur pour élever l'autre. C'est donc une machine motrice destinée uniquement à élever l'eau.

Le choix entre ces divers systèmes est déterminé d'après les localités, ou les frais d'installation et d'entretien.

Les machines à élever les liquides — l'eau surtout — devant opérer généralement sur de grandes masses, et avec le plus d'économie possible, on s'est appliqué de tout temps à en reconnaître l'effet utile. On s'est livré à de nombreuses expériences, afin de pouvoir apprécier les avantages qu'offrent non-seulement les divers systèmes, mais aussi le genre du moteur qu'on y applique, et dont le choix, à cause de la commodité et de la facilité de ses mouvements, ne peut pas être indifférent.

Quant à la force théorique nécessaire pour élever une certaine quantité de liquide à une hauteur déterminée, elle est facile à trouver : c'est le poids du liquide multiplié par la hauteur, et évalué en kilogrammes-mètres.

Dans la pratique il faut augmenter cette force, à cause des résistances passives qui sont : les frottements des parties solides des machines les unes contre les autres, ou contre des parties molles ; le choc et le frottement du liquide dans les tuyaux ; les changements brusques peuvent survenir dans la vitesse du liquide ; la vitesse perdue que le liquide possède en sortant de la machine, et qui a été obtenue aux dépens d'une partie du travail moteur; la force employée pour la manœuvre des soupapes.

Nous consacrerons le dernier paragraphe de ce chapitre aux lampes, qui offrent, sous une forme modeste, des problèmes très-curieux et très-délicats de la physique et de la mécanique.

§ 1. — MACHINES A ÉLEVER L'EAU MÉCANIQUEMENT.

Les machines dont l'énumération va suivre imitent toutes le mouvement de l'homme, qui puise avec sa main l'eau dans un ruisseau, afin de la boire, ou qui la porte avec un verre à la hauteur de sa bouche. Les oiseaux puisent l'eau avec leur bec, qu'ils élèvent ensuite en l'air. Il y a encore d'autres animaux qui boivent comme l'homme, mais plus gracieusement.

Quelle que soit la disposition adoptée dans ces machines, c'est toujours une espèce de seau, ou un vase quelconque, qu'on plonge vide dans l'eau et qu'on en retire plein. Ce vase peut prendre toute forme, même d'une spirale tournante.

Le seau à corde ou à chaîne. — La manière la plus simple de chercher l'eau dans un puits est d'attacher à une corde un seau, de le laisser tomber dans le puits, et de le retirer, ce qui est assez incommode ; aussi, les paysans qui ont un peu d'argent se facilitent cette besogne, en installant au-dessus du puits un treuil à manivelle, ou une simple poulie avec deux seaux, dont l'un, qui est vide, descend, quand l'autre, qui est plein, remonte. Tout le monde, à la campagne, connaît ce mécanisme. Les maraîchers, aux environs de Paris, puisent l'eau avec une machine appelée *manége des maraîchers* (fig. 158).

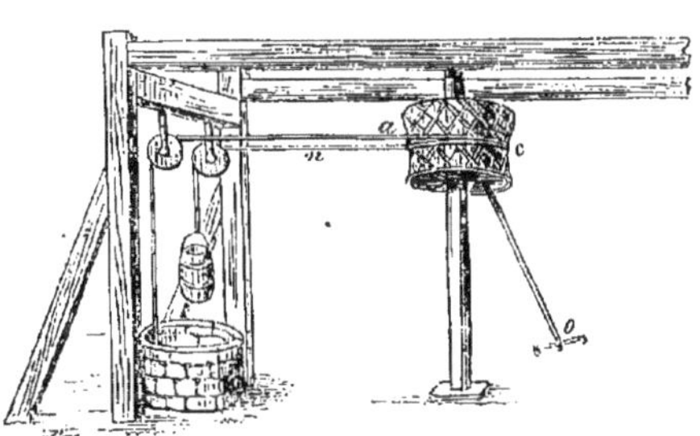

Fig. 158.

On voit que la corde *a n* s'enroule et se déroule alternativement sur le tambour *a c*, qui, le plus souvent, se compose de deux vieilles roues de charrette autour desquelles on cloue des douves de tonneaux obliquement à l'axe. Les maraîchers construisent ainsi, sans le savoir, un hyperboloïde de révolution ; mais ce qu'ils savent, c'est que la corde ne peut pas s'échapper, car le tambour forme un creux. Il est vrai que cette machine utile, indispensable même, n'est pas construite d'après les principes rigoureux de l'art moderne, mais elle suffit pour arroser les légumes, et comme les puits ne sont jamais bien profonds, un cheval attelé au point *o* peut élever mille mètres cubes d'eau par jour.

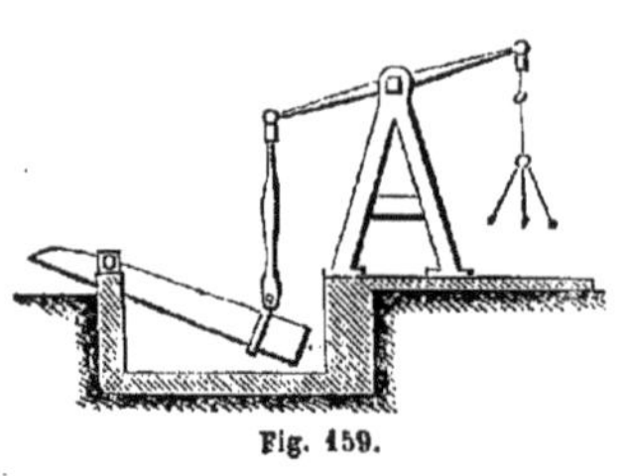

Fig. 159.

L'écope (fig. 159). — C'est un grand baquet disposé pour être soulevé, comme la figure l'indique suffisamment. Un homme élève 120 mètres cubes d'eau dans une journée, à 1 mètre de hauteur.

Le chapelet (fig. 160). — Le chapelet hydraulique se compose de palettes ou disques en bois ou en cuir, attachés à une corde, ou chaîne sans fin, qu'on fait circuler dans un tuyau vertical, ou incliné (fig. 161) et dont la base plonge dans l'eau ; en passant successivement dans ce tuyau, les disques élèvent le liquide et le versent dans un réservoir à la hauteur voulue. Des roues angulaires, en haut et en bas, maintiennent cette chaîne dans la même direction.

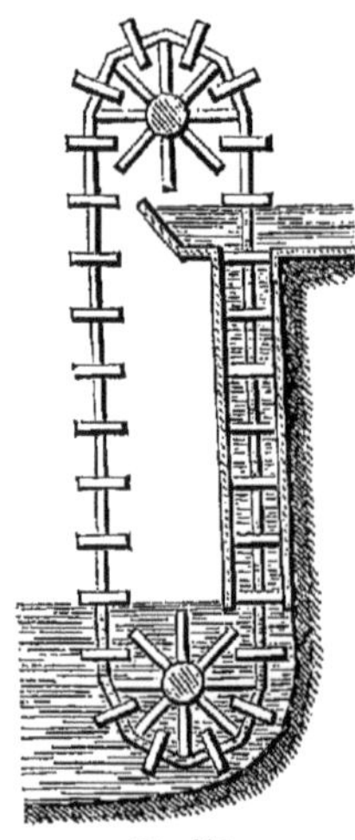

Fig. 160.

Ce système vient d'être perfectionné. On a remplacé le tube en quatre planches avec palettes en bois, par un cylindre en fonte dans lequel se meuvent des palettes ou pistons en caoutchouc, qui donnent par une fermeture hermétique, sans augmentation de frottement, un effet plus considérable, à égalité de force motrice.

Les chapelets sont fréquemment employés dans les épuisements des fondations, pour élever les eaux à plus de quatre mètres de hauteur.

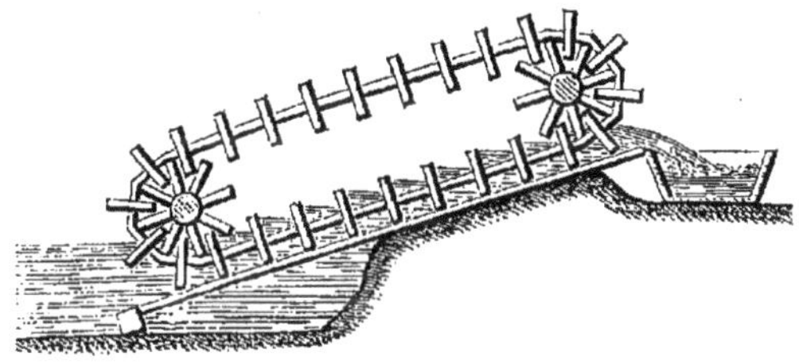

Fig. 161.

La noria ou chaîne à pots. — Elle se compose d'une chaîne sans fin qui s'enveloppe sur un tambour ; le long de cette chaîne est attachée une série de petits seaux, ou pots, ou godets, qui puisent l'eau et la versent à la partie supérieure. La noria est analogue au chapelet, mais la chaîne, au lieu de glisser dans un tube, se meut librement en ligne verticale. Si l'on donne un mouvement de rotation au tambour, la chaîne tourne ; d'un côté montent les godets pleins, et de l'autre côté descendent les godets vides (fig. 162).

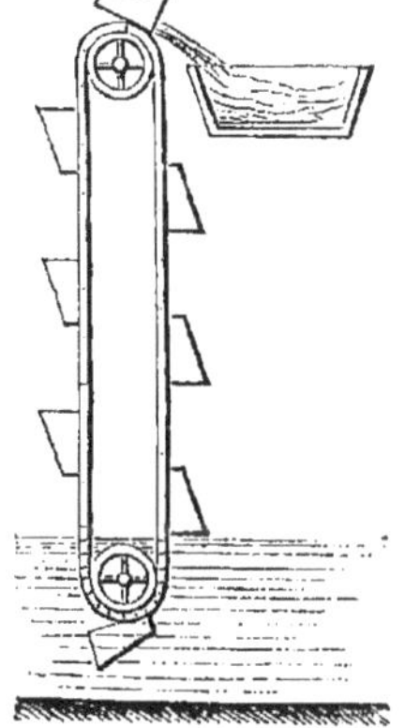

Fig. 162.

Voici quelques détails techniques sur ces machines :

Quand elles doivent élever de l'eau, on emploie généralement, comme moteurs, des mules, des bœufs. Leurs seaux ont une capacité de 8 à 15 litres ; pour qu'ils puissent se vider, il faut monter le liquide à un niveau supérieur auquel se trouve son emploi — à peu près 1 mètre.

Leur effet utile est en moyenne de $0^{m},70$, de la force dépensée. Par suite de leur balancement, ils perdent un dixième d'eau ; on n'a pas pu s'empêcher de donner un nom spécial à cette chose insignifiante : *le baquetage*.

En Algérie, le gouvernement accorde une prime pour la construction de ces chaînes à pots, afin de favoriser les irrigations. J'ai vu beaucoup de norias en Espagne.

Elles servent aussi à monter et à descendre des corps solides : les sacs de blé ou de farine dans les moulins, les livres dans les bibliothèques publiques ; on s'en servira bientôt à monter les mortiers dans les bâtisses.

La picote. — C'est la machine la plus usitée aux Indes pour les irrigations ; elle se compose d'un levier avec le point d'appui au milieu. Ce levier est formé d'une pièce de bois arquée ; du côté opposé au puits elle porte des entailles afin de permettre aux hommes de marcher dessus ; à l'autre extrémité pend le vase destiné à puiser l'eau, ainsi

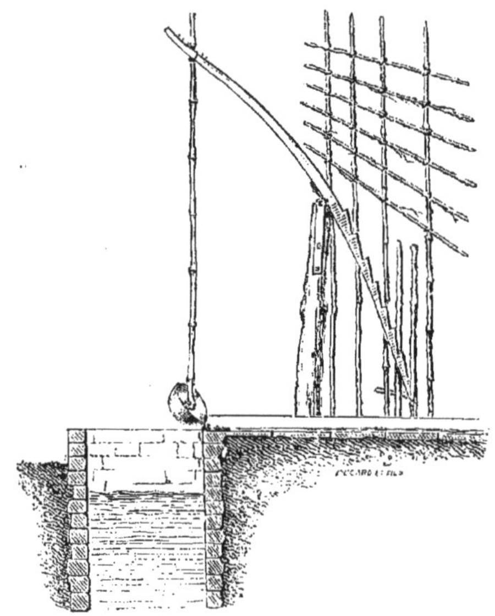

Fig. 163.

que le dessin fig. 163 l'indique. Le poteau auquel le levier est attaché est surmonté de lattes ou de branches, si c'est un arbre, et auxquelles les ouvriers se tiennent avec leurs mains, afin de ne pas perdre l'équilibre. Ils descendent avec le bras de levier jusqu'à ce que le vase ait atteint la margelle sur laquelle on le vide ; pendant ce temps, ils remontent sur le levier jusqu'à l'axe. Si la hauteur à laquelle on veut élever l'eau est faible, on place un seul homme sur la picote ; puis deux et trois, si la hauteur augmente.

Trois hommes élèvent 130 litres à $3^{m},50$ de hauteur par minute.

La cuppilay. — C'est également une machine indienne ; elle consiste, comme la fig. 164 l'indique suffisamment, dans une outre en cuir, pareille à celles qui servent en Espagne au transport des vins ; seulement elle est de plus grandes dimensions ; on l'attache à des cordes que des bœufs tirent en descendant sur la pente. La distance entre les poulies et la longueur des cordes sont combinées de telle sorte, que quand l'outre est plongée dans l'eau, et pendant qu'elle remonte jusqu'au sommet, l'ouverture et la pointe ou le fond se trouvent de niveau. Arrivée en haut, la bouche est tirée verticalement, et le fond tiré horizontalement déverse l'eau dans le canal d'irrigation. Les bœufs remontent la pente à reculons et l'outre redescend dans l'eau.

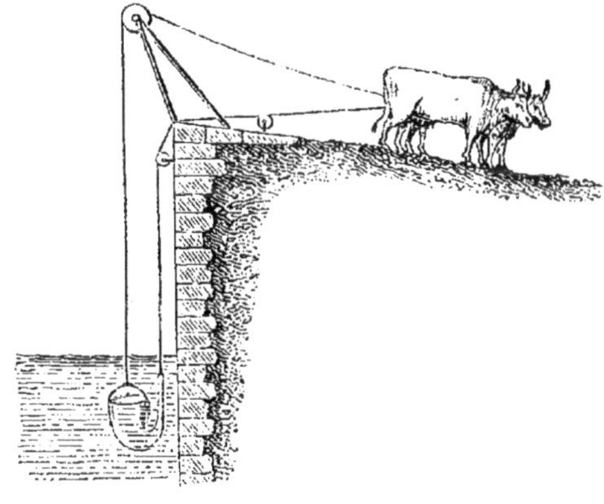

Fig. 164.

Deux bœufs élèvent dans une heure à 6 mètres de hauteur, 90 outres d'une capacité de 117 litres. Pour se rendre un compte exact de ce travail, il faut calculer le prix de location des bœufs, la journée du conducteur, etc.

La roue à godets (fig. 165). — C'est une roue verticale, à la circonférence de laquelle sont fixés des seaux ou godets. Dans les roues chinoises, les godets sont remplacés par des caisses en bois, inclinées et clouées sur le pourtour de la roue. L'eau ne peut s'élever qu'à une hauteur égale au diamètre intérieur de la roue ; elle est déversée dans des canaux d'écoulement *a*, *s*.

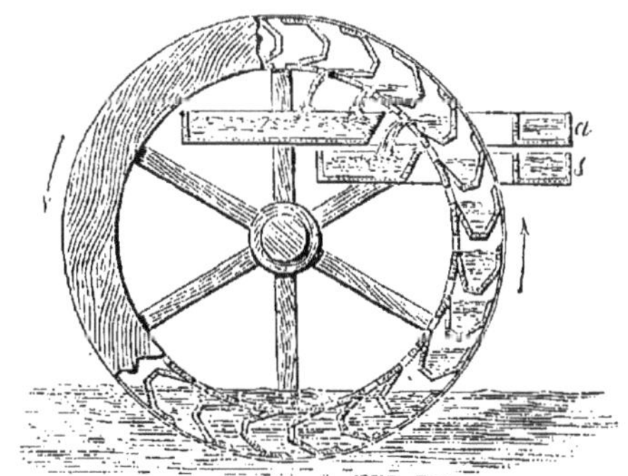

Fig. 165.

Ce versement s'opère à un niveau supérieur au point où l'on doit élever l'eau ; c'est donc de la force perdue. Afin de diminuer cette perte autant que possible, on remplace ces coffres fixes par des godets mobiles autour d'un axe qui se trouve au-dessus de leur centre de gravité ; de cette façon ils restent perpendiculaires et versent l'eau au sommet.

Le courant de la rivière dans laquelle on installe ces sortes de roues, donne le mouvement, car il fait tourner une roue à palettes qui est montée sur le même arbre que la roue à godets.

Ces roues à godets sont employées aux irrigations et aux usages domestiques, à cause de leur grande simplicité et de leur faible entretien.

Voici quelques chiffres sur ces roues à godets :

On leur donne généralement 6 à 10 mètres de diamètre ; la roue de 6 mètres, porte 16 godets de 140 litres de capacité chacun ; la quantité d'eau arrivée au versement, est de 100 litres par godet ; la quantité d'eau élevée par heure et à une hauteur de 4 mètres est de 180 mètres cubes.

La roue à augets (pour mémoire). — Les termes *godet*, *auge* et *auget* sont synonymes ; mais on appelle généralement *roue à godets* une roue élévatoire, et *roue à auges* ou *augets* une roue motrice. (Voir les roues motrices hydrauliques.)

La roue élévatoire (fig. 166).— Elle doit être enfermée dans un canal de conduite, ou coursier *as;* elle chasse l'eau vers le point *a*. Cette roue élévatoire peut aussi prendre le nom de *roue hydraulique à palettes*, ainsi que nous le verrons dans les machines motrices à forces naturelles ; seulement ses palettes, au lieu d'être inclinées de gauche à droite, le seraient dans le sens opposé.

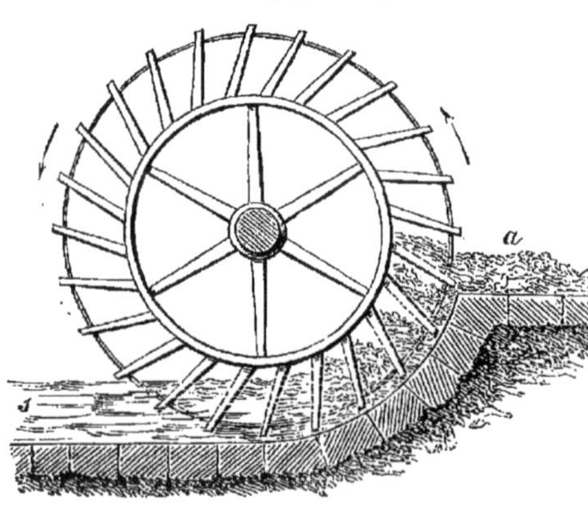

Fig. 66.

Si l'eau est tranquille, la machine motrice est un manége, ou une machine à vapeur ; si l'eau coule rapidement, on installe à côté de la roue élévatoire, sur le même arbre, une roue hydraulique motrice, surtout pour les irrigations le long des rivières. Depuis quelques années, on emploie cette machine plus rarement.

Exemple. — Diamètre de la roue, 11 mètres ; largeur des aubes 1 mètre ; hauteur des aubes 0m,90 ; nombre des aubes 36 ; force motrice 45 chevaux ; 2500 mètres cubes d'eau élevés à 4 mètres de hauteur dans une heure.

Le tympan (fig. 167). — Le tympan, du mot grec τύμπανον (tambour), sert principalement aux irrigations ; il diffère des roues précédentes, en ce sens qu'il déverse l'eau près de son axe.

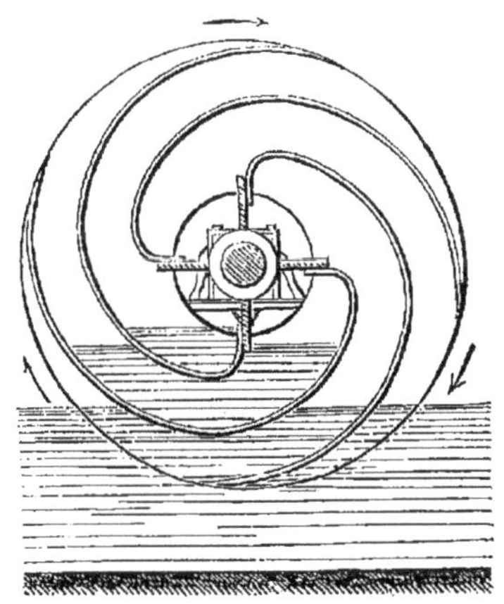

Fig. 167.

Anciennement le tympan était un tambour en bois, divisé en huit ou douze compartiments par des cloisons dirigées dans le sens du rayon. L'eau entrait par une ouverture tracée sur la circonférence du tambour ; une certaine quantité d'eau se trouvait donc emprisonnée en haut de la cloison, et le tympan en tournant s'élevait jusqu'à l'axe ; l'eau s'écoulait ensuite par l'ouverture percée près de cet axe. — Depuis plusieurs années on construit des cloisons courbes en tôle, de grandes dimensions. En regardant avec quelque attention le dessin, on voit que l'eau puisée par les spires s'écoule par le cercle autour de l'axe.

La *pompe spirale*, espèce de tympan, n'est pas une pompe proprement dite, puisqu'il est convenu que nous appelons *pompe*, une machine qui sert à élever l'eau physiquement. Mais ne nous arrêtons pas aux mots. La pompe spirale est un long boyau en fer-blanc enroulé plusieurs fois sur un tambour en tôle ; ce boyau est ouvert à une de ses extrémités ; à l'autre aboutit l'axe creux du tambour. — Comme le tambour tourne, l'eau s'introduit par la première extrémité et s'écoule par la seconde à la hauteur du rayon du tambour ; une machine motrice quelconque lui donne le mouvement.

Exemple. — Un tympan de 6 mètres de diamètre, de 1 mètre

d'épaisseur et de vingt-quatre cloisons plongeant sur $0^m,30$ dans l'eau et faisant deux tours et demi par minute, élève 120 mètres cubes d'eau à la hauteur de son axe, donc au moins à 3 mètres. Douze hommes marchant sur une roue à chevilles mettent ce tympan en action. Le rendement utile est donc de 88 pour 100 de la force motrice.

La vis d'Archimède (fig. 168). — Elle se compose d'un axe ou noyau, autour duquel sont disposées des cloisons en hélice, et qui est

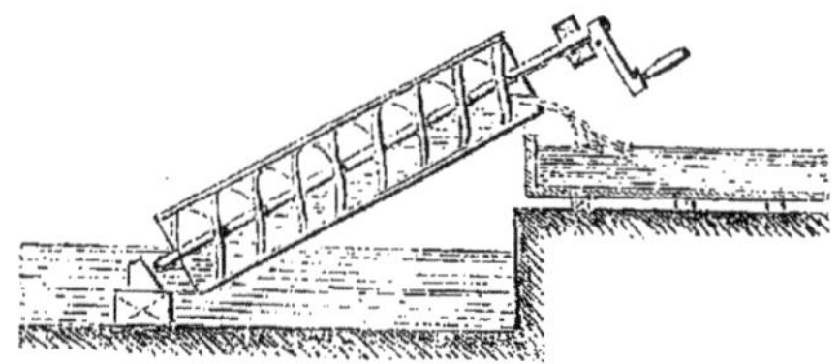

Fig. 168.

enveloppé d'un tambour ou cylindre en bois. Le mouvement lui est communiqué par une manivelle sur laquelle plusieurs ouvriers agissent à la fois, indirectement par des balanciers. L'eau monte d'un compartiment dans l'autre, jusqu'à ce que, arrrivée en haut, elle s'écoule — ce qui fait dire de cette singulière machine : que l'eau y

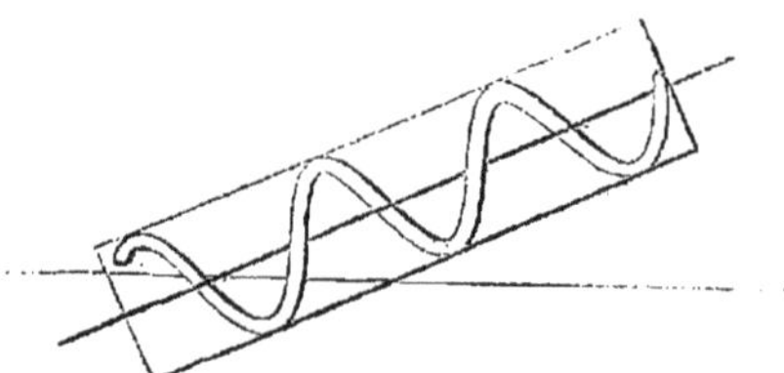

Fig. 169.

monte en descendant. Pour comprendre ce mécanisme, il faut le regarder très-attentivement et le faire tourner dans la pensée ; si on ne le saisit pas, toute explication écrite ne ferait qu'embrouiller davantage (fig. 169).

La vis d'Archimède se présente aussi sous une autre forme. Le cylindre de la vis reste fixe et l'hélice tourne dans un canal ; les Hollandais rejettent ainsi par-dessus leurs digues les eaux d'infiltration de la mer.

Ce système a l'avantage de faire supporter le poids de l'eau, non plus par l'axe de la machine, mais par le canal ; aussi l'eau tend-elle toujours à passer par l'intervalle entre la vis et le canal — intervalle qui, du reste, est très-petit ; on laisse seulement le jeu nécessaire, afin qu'il n'y ait pas de frottement.

On donne généralement $0^{m},50$ de diamètre à cette vis ; sa longueur est de douze fois son diamètre. L'angle que l'hélice fait avec l'axe doit être compris entre 55 et 65 degrés. Pour obtenir un bon effet, il faut incliner l'axe à la moitié d'un angle droit, et ne pas l'immerger, afin que l'air puisse y entrer en même temps que l'eau.

Exemple. — Vis d'Archimède de 6 mètres de longueur, quarante tours par minute ; hauteur de l'eau élevée, $3^{m},30$; quantité d'eau par heure, 45 mètres cubes ; l'équipage qui travaille à la vis est de dix-huit hommes, pendant la journée de cinq heures ; car il y a des relais de deux heures. L'effet journalier est donc très-faible.

Archimède le Grand a inventé cette vis ; elle porte son nom, et le portera toujours parmi les gens pratiques. On soutient, contrairement à la légende, que ce n'est pas lui qui, le premier, l'a construite ; mais que depuis bien longtemps les Egyptiens s'en étaient servis pour épuiser les eaux des marais sur les rives du Nil.

§ 2. — MACHINES A ÉLEVER L'EAU PHYSIQUEMENT.

Les machines dont l'énumération va suivre imitent toutes le cheval qui boit l'eau en aspirant : ce sont les *pompes*, inventées par Ctésibius (*).

Ce qui les distingue des autres machines destinées à élever l'eau, c'est que leurs organes n'ont qu'une petite course, et se meuvent dans une partie restreinte de la hauteur, que le liquide doit atteindre. L'eau, on le sait, ne peut pas dépasser dans un tuyau vide une hauteur de $10^{m}33$; elle ne l'atteint pas dans les pompes, où l'on ne peut pas faire le vide complet, car le piston ne s'applique pas exactement contre le corps de pompe—il y a souvent des fissures ; de façon, que dans les meilleures machines, il ne faut pas compter au delà de 10 mètres.

Les pompes sont des machines très-capricieuses ; avant qu'elles rendent de l'eau, il faut souvent leur en donner, pour que les cuirs se

(*) Ctésibius, célèbre mécanicien, vivait à Alexandrie en Egypte, cent ans avant Jésus-Christ ; il inventa aussi les horloges d'eau ; il fut le maître de Héron.

ramollissent et que les soupapes puissent fonctionner. En outre, il faut pomper pendant un certain temps pour avoir de l'eau ; il faut chasser l'air, *amorcer* la pompe ; — elle ne fournit de l'eau que d'une façon intermittente, ce qui détermine une perte de travail, puisque cette intermittence occasionne des chocs, car l'eau s'écoule brusquement. Sa vitesse, qui est anéantie à chaque instant, reste sans effet ; pour remettre l'eau en mouvement, il faut une nouvelle vitesse, donc un nouveau travail.

Ce sont là des inconvénients que, par des améliorations successives, on a cherché à faire disparaître.

A ce propos, nous pouvons citer une nouvelle invention ayant pour but de corriger un défaut commun à toutes les pompes, qui est de vider le puits, quand elles marchent trop vite.

Pour avoir un puits toujours plein, M. Donnet le ferme hermétiquement par une plaque placée sur l'ouverture.

Par le jeu de la pompe qui traverse cette plaque, le vide se produit dans le puits ; l'eau y vient affluer et le remplit par suite de la pression atmosphérique, exactement comme sous le piston d'une pompe quelconque.

Les parois du puits Donnet doivent être étanches ; on les construit donc en bonne maçonnerie, ou mieux encore en cuvelage de fonte, qui est la garniture perfectionnée des puits de mine. Quant à l'utilité de cet appareil pour l'arrosage des jardins, pour les irrigations, pour l'extinction des incendies, il n'est pas nécessaire d'y insister.

La construction des pompes. — Toutes les anciennes pompes sont composées de deux pièces principales : du *corps de pompe* et du *piston*. Elles doivent remplir deux conditions, dont l'une semble exclure

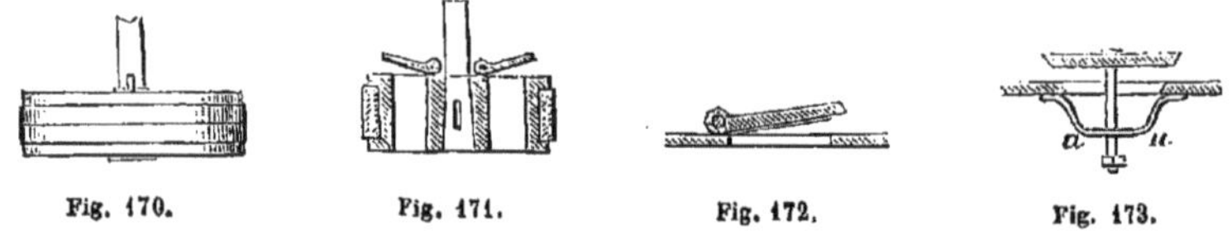

Fig. 170. Fig. 171. Fig. 172. Fig. 173.

l'autre : le piston doit glisser facilement et s'adapter exactement au corps de pompe ; on le garnit alors d'étoupes pour le rendre élastique et compressible, tout en cherchant à éviter le frottement. Le piston est ou plein (fig. 170), ou il est percé de deux trous avec des soupapes (fig. 171). On verra plus loin l'usage de ces deux dispositions.

Le jeu des pompes est réglé par des soupapes qui sont de trois sortes :

La soupape à clapet (fig. 172). — C'est une plaque métallique doublée de cuir, et très-mobile autour d'une charnière ; ce clapet n'est souvent aussi qu'un morceau de cuir cloué, qui, par sa flexibilité, remplace une charnière.

La soupape conique (fig. 173). — C'est une espèce de champignon en métal, dont la tige sert à diriger la tête ; on voit que cette tige glisse dans une bride *au*.

La soupape à boulet (fig. 174). — La bride ou muselière empêche

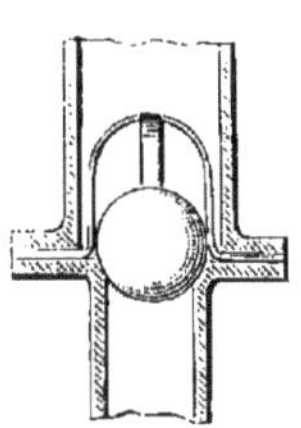

Fig. 174.

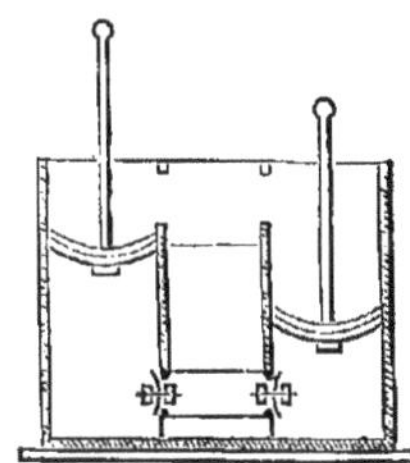

Fig. 175.

que le boulet ne soit chassé trop au loin dans le corps de pompe.

Les soupapes ne sont pas toujours placées verticalement sous le piston. Dans le spécimen fig. 175 elles sont placées de côté.

Il y a six espèces de pompes plus ou moins usitées : la pompe aspirante, la pompe foulante, la pompe aspirante et foulante, la pompe à double effet, la pompe rotative, enfin la pompe centrifuge.

La pompe aspirante. — Le jeu de cette machine est simple. On voit (fig. 176) que si le piston *as* s'élève, le vide se produit au-dessous ; l'eau, pressée par l'air atmosphérique, s'y précipite ; l'une des soupapes s'ouvre : c'est celle du tuyau d'aspiration *cn*, près du point *c*, à sa jonction avec le corps de pompe ; tandis que celles du piston *as* se ferment. L'eau passe au-dessus du piston et s'écoule. La partie inférieure du tuyau d'aspiration *cn* porte un grillage, afin d'empêcher l'introduction de corps étrangers.

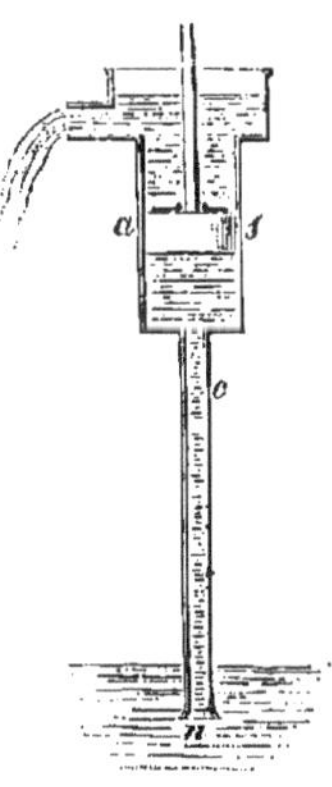

Fig. 176.

La pompe Letestu réalise dans la pompe aspirante une simplification, donc un perfectionnement : elle supprime le piston en bois ou en métal, et le remplace par un petit entonnoir formé de morceaux de cuir dont les bords sont superposés. Quand la tige descend, le cuir s'y colle et laisse passer l'eau ; quand la tige monte, le cuir s'en écarte tend à la quitter et à se coller au corps de pompe ; l'eau ne pouvant plus descendre, s'élève forcément. En outre, le sable que l'eau peut entraîner ne dérange pas le jeu de cette pompe (fig. 177).

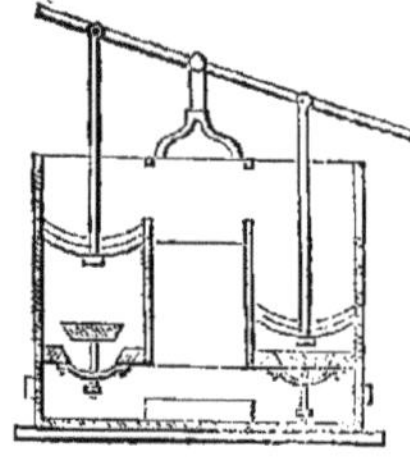

Fig. 177.

C'est donc plutôt le piston Letestu que la pompe Letestu qu'on devrait appeler cette invention, dont le mérite n'est diminué en rien par cette critique ; quand même j'ajouterais qu'il y a trente ans je me suis servi, pour épuiser les eaux d'un batardeau, de longs tubes en fer-blanc où glissaient des bâtons au bout desquels j'avais fait clouer des morceaux de cuir.

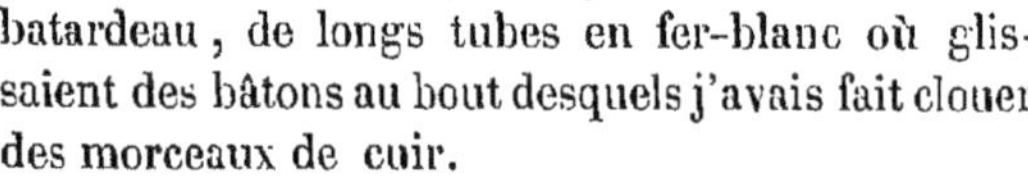

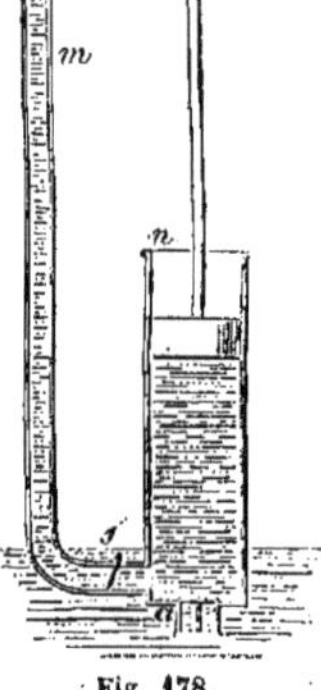

Fig. 178.

La pompe foulante. (fig. 178). — Le corps de pompe *na* est plongé dans l'eau ; un mouvement de va-et-vient est imprimé au piston, qui est plein ; s'il monte, la soupape *a* s'ouvre et l'eau suit le piston ; s'il descend, cette soupape se ferme ; celle vis-à-vis en *s* s'ouvre, et l'eau est refoulée dans le tuyau d'ascension *sm*. On voit aisément que l'eau peut être lancée à une hauteur qui n'est limitée que par la force motrice qu'on applique sur le piston. Cette pompe sert à l'arrosement et à l'épuisement des mines.

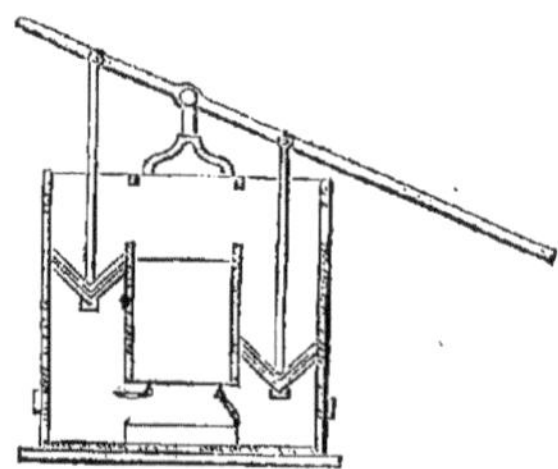

Fig. 179.

Pour régulariser son jeu, qui a lieu par saccades, on ajoute à la pompe un réservoir à air, et on obtient ainsi la *pompe à incendie* (fig. 179). Il y a alors deux pistons qui se meuvent en sens contraire ; quand l'un monte, l'autre descend. Dès que l'eau arrive dans ce réservoir en plus grande quantité qu'il n'en peut sortir, l'air refoulé réagit par sa détente sur le niveau de l'eau qui s'élève dans le tuyau de refoulement. La pression de l'air fait que l'écoulement de l'eau est continu, au lieu d'être intermittent.

Exemple. — Nous pouvons, quant à leur effet, comparer les pompes à incendie anglaises qui sont massives, lourdes, difficiles à visiter et à réparer, avec les pompes françaises qui sont plus légères et plus simples.

Les pompes anglaises à clapets métalliques s'arrêtent, dès que le sable commence à y pénétrer; les pompes françaises sont à clapets de cuir. Il est vrai que le cuir peut se dessécher et que les pompes ne fonctionnent pas à un moment donné; mais il est facile de toujours laisser dans la bâche un peu d'eau d'entretien.

Voici le travail comparatif de ces deux sortes de pompes à incendie:

	Pompes anglaises.	Pompes françaises.
Diamètre du piston	$0^m,18$	$0^m,14$
Course du piston	$0^m,21$	$0^m,18$
Nombre d'hommes employés	24	10
Volume d'eau fourni par homme et par minute	25 litres.	30 litres.
Portée de projection de l'eau claire	$36^m,00$	$37^m,00$
Portée de projection de l'eau trouble	Arrêt.	$35^m,00$
Durée de la manœuvre sans fatigue (minutes).	3	5

La pompe aspirante et foulante. — Cette pompe réunit, comme son

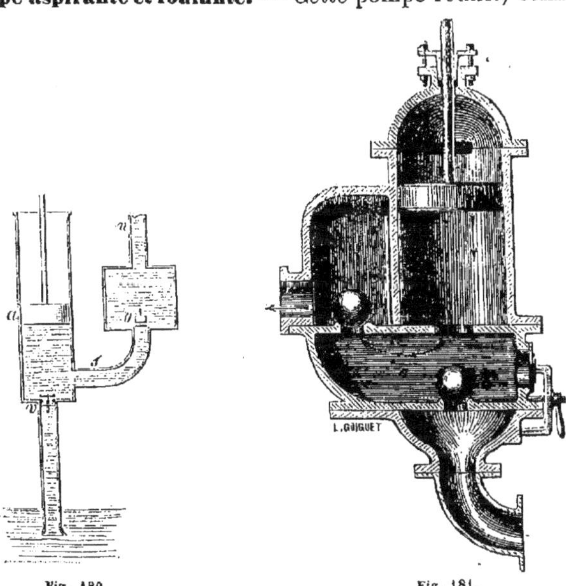

Fig. 180. Fig. 181.

nom l'indique suffisamment, les deux pompes précédentes. C'est une pompe foulante avec un tuyau d'aspiration (fig. 180). Si le piston *a* qui est plein s'élève, il fait monter l'eau par aspiration dans le corps de pompe, et s'il descend il la refoule dans le tuyau d'ascension *sn*. Quand le piston descend vers *s*, la soupape *v* se ferme et la soupape *o* s'ouvre.

On appelle cette pompe aussi *pompe aspirante et élévatoire*, ou *pompe élévatoire* tout court. Cette dénomination peut donner lieu à une confusion, puisque toutes les pompes élèvent l'eau.

Ce système est employé pour élever l'eau à une grande hauteur dans les maisons, dans les puits de mine, etc.

La figure 181 représente un spécimen de pompe aspirante et foulante perfectionnée. Les soupapes à boulets sont des boules en caoutchouc ; des regards, à droite, permettent de nettoyer la pompe. L'espace D est un réservoir d'air.

La pompe à double effet (fig. 182). — Cette pompe a pour but de produire la continuité de l'écoulement de l'eau ; elle se compose d'un piston *u*, qui se meut dans un corps de pompe fermé aux deux extrémités. Quatre ouvertures, dont deux en haut et deux en bas *a*, *i*, *r*, *s* font communiquer ce corps de pompe avec le tuyau d'aspiration *ci* et d'ascension *rn*. Ces ouvertures sont munies de soupapes s'ouvrant dans le sens de l'eau qui doit passer ; lorsque le piston se lève, les soupapes *r* et *i* sont fermées ; les autres sont ouvertes. L'eau monte du tuyau *c* dans le compartiment inférieur du corps de pompe ; l'eau au-dessus du piston est refoulée à travers la soupape *a* dans le tuyau *n*.

Fig. 182.

Si le piston descend, les soupapes *a* et *s* se ferment, les autres *r* et *i* s'ouvrent, et l'eau est refoulée dans le tube *n* par la soupape *r*. Ce liquide est donc toujours en mouvement, car une nouvelle quantité en afflue par la soupape *i*.

Cette pompe à double effet fournit à chaque coup de piston deux fois autant d'eau qu'une pompe à simple effet dans le même temps; mais elle exige aussi un travail double, qui donnerait la même quantité d'eau qu'une pompe simple deux fois plus grande. Son avantage consiste donc à élever de l'eau sans intermittence ; mais sa construction est compliquée, et son entretien est difficile. Pour éviter ces inconvénients, comment procède-t-on dans la pratique? On accole deux pompes à simple effet qui puisent l'eau dans un même tuyau d'aspiration et aboutissent au même tuyau d'ascension ; leurs pistons marchant en sens contraire. Pour obtenir encore plus de régularité dans l'écoulement de l'eau, on peut employer une troisième et même une quatrième pompe.

Le travail utile des pompes à piston. — La quantité d'eau à élever, ou la charge du piston, est égale à une colonne d'eau qui aurait pour base celle du piston même, et pour hauteur la différence entre le niveau de l'eau à puiser, et le niveau de l'écoulement. Cette appréciation est indépendante du diamètre et de l'inclinaison des tuyaux d'aspiration ou de refoulement.

L'équilibre est exprimé ainsi en kilogrammes :

$$p = 1\,000 \times h \frac{\pi d^2}{4}.$$

(p, la charge ou pression sur le piston ; d, le diamètre du piston ; h est la hauteur de la colonne d'eau ; $\frac{\pi d^2}{4}$ est la surface du piston ; 1000, le poids d'un mètre cube d'eau.)

En opérant les calculs indiqués, on a : $p = 785\, d^2 h$.

Le travail (t) en kilogrammètres par seconde sera : $t = pv$; v est la vitesse du piston.

En ce qui concerne les résistances à vaincre — que nous avons déjà énumérées — on a la relation suivante :

Dans les pompes à piston, le travail (t) absorbé par le frottement est :

$$t = dhf.$$

(d est le diamètre du piston ; h, la charge d'eau ; f est le coefficient de frottement.)

$f = 7$	kilogrammes pour les corps	de pompe	en laiton ;
$f = 15$	—	—	en fonte ;
$f = 25$	—	—	en bois lisse ;
$f = 50$	—	—	en bois usé.

Outre le frottement il faut vaincre aussi la pression atmosphérique, le poids des tiges et des soupapes, la contraction de la veine liquide.

La force totale (m) pour mouvoir les pompes est donc, d'après l'expérience : $m = 900\, hd^2v$.

(h est la hauteur à laquelle il faut élever l'eau ; d, le diamètre du piston et v sa vitesse).

La force, la hauteur et la vitesse étant données, on trouve avec ces trois éléments le diamètre du piston, et on en déduit le volume d'eau à chaque coup de piston, savoir : $d = \sqrt{\frac{m}{900\, vh}}$; sauf les pertes provenant des fuites et évaluées à 3 pour 100 ou 5 pour 100. En résumé, les diverses résistances augmentent de $\frac{1}{5}$ à $\frac{1}{4}$ la force motrice, comparativement au travail utile.

La pompe rotative. — Cette pompe, comme son nom l'indique, a pour but de monter l'eau par un mouvement de rotation au lieu d'un mouvement de va-et-vient, comme dans les autres pompes ; son mécanisme, indiqué (fig. 183), ne serait pas compréhensible sans une explication. Pour obtenir cette rotation, on établit l'anneau ac dans lequel se trouvent quatre palettes mobiles m, n, v, s qui glissent dans leur échancrure ; les espaces compris entre les palettes augmentent ou diminuent, quand elles rencontrent les deux circonférences ondulées entre lesquelles elles glissent ; elles produisent le vide quand elles passent à l'endroit c, et font monter l'eau dans le tuyau de refoulement. L'ondulation a pour but d'empêcher la communication directe entre les deux tuyaux.

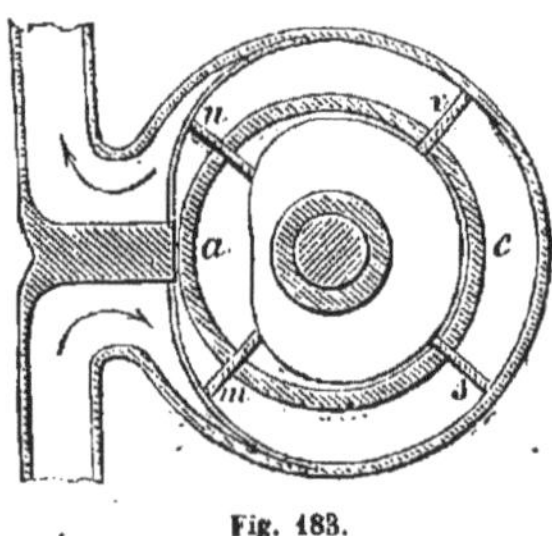

Fig. 183.

Cette pompe est à double effet, puisqu'elle marche continuellement, comme le chapelet avec lequel elle a de l'analogie à cause des palettes.

Les pompes centrifuges à aubes. — Ce sont des espèces de ventilateurs qui, à la place de l'air, aspirent l'eau et la chassent au dehors du puits, naturellement dans un tube. La pièce principale (fig. 184) est la roue à aubes a, à laquelle on peut donner, au moyen d'une poulie et de sa courroie, un mouvement de rotation très-rapide qui se communique à l'eau pour la faire monter par les tuyaux c et n, et la refouler dans l'espace s, puis de là dans le tube m. La hauteur d'aspiration et la quantité d'eau sont d'autant plus grandes, que la roue marche plus vite. Afin d'avoir une telle pompe toujours amorcée, il est indispensable que les tuyaux d'aspiration soient remplis, et que la roue soit couverte d'eau ; on place donc au bas des tuyaux d'aspiration une soupape d'arrêt.

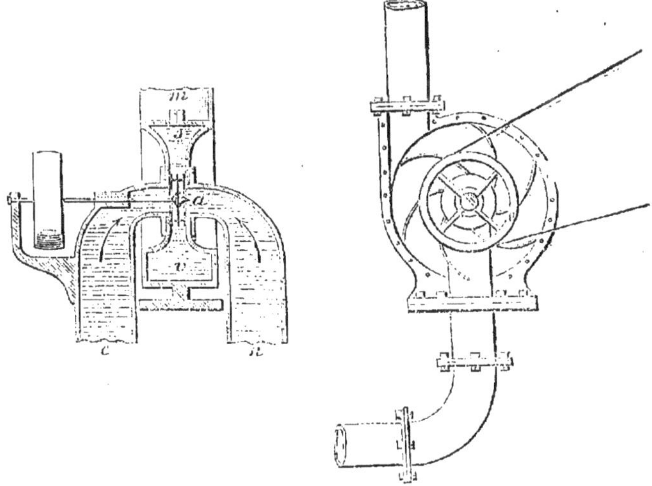

Fig. 184. Fig. 185.

La figure 185 donne une vue de face de cette roue centrifuge à aubes courbes dessinées à une plus grande échelle.

On attribue à Appold cette invention, dont la priorité a souvent été discutée.

Cette pompe rend de très-bons services, à de petites hauteurs surtout ; ses organes sont solides et n'offrent pas des chances d'altération.

La hauteur d'élévation de l'eau est proportionnelle au carré de la vitesse de la roue, mais l'effet utile diminue en raison de l'accroissement de cette hauteur. Avec une pareille pompe, dont la roue composée de 6 palettes a $0^{m},23$ de diamètre extérieur et $0^{m},12$ de diamètre intérieur, on obtient un coefficient de 0,60 pour 2 mètres de hauteur ; si celle-ci augmente, il descend à 0,40.

Il y a des pompes centrifuges à aubes placées dans le sens du rayon, à aubes inclinées et à aubes courbes.

Dans le relevé suivant, nous allons établir une comparaison entre ces divers systèmes.

Exemple.

	POMPES CENTRIFUGES A AUBES		
	Placées dans le sens du rayon.	Inclinées.	Courbes.
Volume d'eau par seconde (en litres).	36	55	159
Hauteur d'élévation (en mètres).....	5,50	5,50	2,60
Effet utile par seconde (kilogrammètres)......................	200	300	410
Travail moteur par seconde (en kilogrammètres)..................	810	630	720
Rapport approximatif de l'effet utile au travail moteur..............	25 %	50 %	60 %
Nombre de tours de roues (par seconde).....................	720	690	830

Il résulte de ce relevé que les aubes courbes l'emportent de beaucoup sur les autres.

La pompe centrifuge hélicoïdale Coignard. — Elle diffère des précédentes, en ce sens que les palettes sont remplacées par une hélice enfermée dans un tambour (fig. 186). L'eau aspirée entre par l'axe du tambour, suit les parois ou pas de l'hélice (comme dans la vis d'Archimède), pour s'écouler à sa surface; il n'y a donc pas de projection violente de la veine liquide. La hauteur de refoulement peut atteindre 50 mètres. Cette pompe est construite, d'après plusieurs modèles; de $0^m,06$ à 1 mètre de diamètre de tuyau d'aspiration, d'un diamètre de tambour hélicoïdal de $0^m,10$ à $1^m,40$, et d'un débit de 5 litres à 1500 litres par seconde.

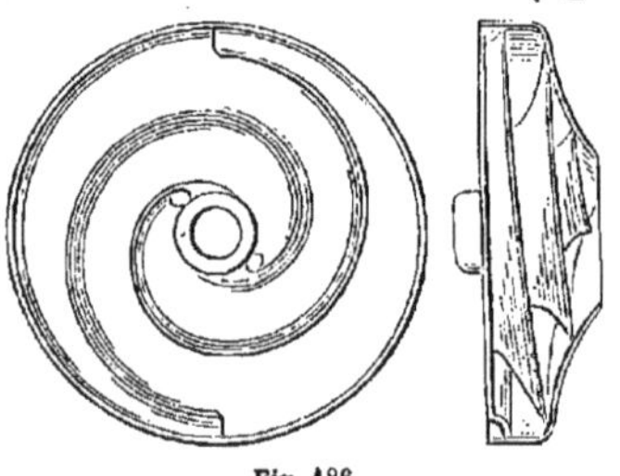

Fig. 186.

La figure 187 indique un autre modèle d'une pompe hélicoïdale. A gauche, se trouve la poulie qui transmet le mouvement à l'arbre de l'hélice.

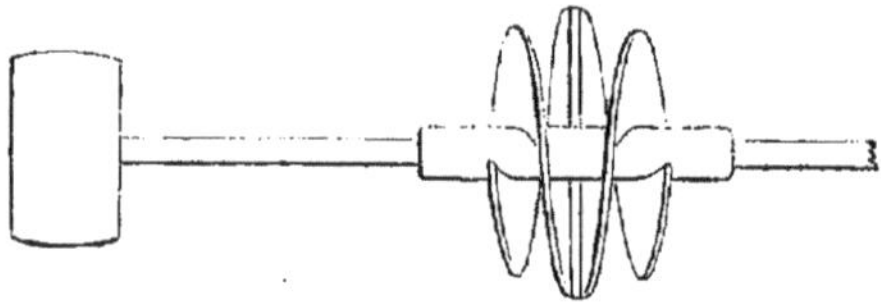

Fig. 187.

Exemple. — La pompe Coignard devant servir surtout aux irrigations, nous allons donner, à titre d'exercice, les chiffres de la dépense pour l'élévation des eaux, et ceux du bénéfice obtenu par l'amélioration d'une certaine prairie de 50 hectares de surface. 1 litre d'eau par seconde et par hectare doit être répandu sur le terrain, fractionné au préalable en parcelles, dont chacune est irriguée pendant trois jours par mois; durant toute la saison d'irrigation, qui est de trois mois, on a donc répandu en tout 7776000 litres. Cette masse d'eau est huit fois plus grande que celle que fournirait la pluie.

Voici quelle en était la dépense :

1° Capital d'établissement :

Achat d'une locomobile	5 000 francs.
Achat de la pompe, ses accessoires, son installation.	3 000 —
Total	8 000 francs.

2° Exploitation :

Houille, 12 kilogrammes par heure, pendant vingt-quatre heures, et pendant quatre-vingt-dix jours, à 25 francs la tonne	750 francs.
Graissage, menus frais	200 —
Salaire du mécanicien chauffeur à 8 francs par jour.	720 —
Intérêt du capital à 10 pour 100	800 —
TOTAL	2 470 francs.

Ces prairies n'avaient rapporté avant l'irrigation que 1500 kilogrammes de foin, et après l'irrigation ont donné 5000 kilogrammes par hectare. Le revenu de l'hectare, qui n'était que de 150 francs, est monté à 500 francs. Il y avait donc un bénéfice de 350 francs par hectare, ou 17500 francs pour toute la propriété.

On voit par cet exemple les grands avantages que les cultivateurs pourraient réaliser par l'emploi de ces pompes centrifuges..., s'ils avaient le capital nécessaire pour en payer l'acquisition.

La grue hydraulique (pour mémoire). — Ce n'est pas une machine proprement dite; elle ne travaille pas, elle n'élève pas l'eau, elle la reçoit par des conduits souterrains. C'est une colonne creuse en fonte avec un bec, d'où coule l'eau dans le tender des locomotives, dès qu'on tourne un robinet placé au bas de cette colonne.

§ 3. — LAMPES.

Tout le monde connaît les lampes (du mot grec λάμπω, briller), leurs formes, la manière de les allumer et de les éteindre ; on sait que l'huile monte dans la mèche en vertu de la capillarité, que le verre est une cheminée qui produit le courant, lequel active la flamme, et que ce verre, large à sa base, se rétrécit brusquement afin de changer la direction des divers filets de la flamme et de les réunir en pointe ; mais peu de personnes en connaissent le mécanisme intérieur.

La lampe antique, inventée par les Egyptiens, est la plus simple de toutes ; la mèche plonge dans un bassin rempli d'huile. Ces sortes de lampes, en argile ou en airain, sont les pièces les plus répandues dans les cabinets d'antiquités ; elles ont traversé le moyen âge et sont arrivées jusqu'à nous.

Argand, physicien de Genève, ajouta un verre à la lampe et enferma l'huile dans un réservoir supérieur. Il inventa les mèches circulaires fixées entre deux cylindres ou tubes concentriques en métal. Il eut pour associé un épicier nommé Quinquet. Les quinquets sont encore usités pour l'éclairage des corridors et des escaliers, où leur fumée est moins incommode que dans les appartements.

Enfin Carcel réforma ces systèmes en y introduisant un élément nouveau : le mouvement mécanique par lequel l'huile, puisée dans un réservoir inférieur, est amenée jusqu'à la mèche. Ce mouvement, dans le principe, n'avait pas été régulier ; il a dû être modéré, et la lampe à modérateur est aujourdhui la dernière expression du progrès de la lampisterie.

La lampe à niveau inconstant (fig. 188). — L'huile est introduite dans le canal circulaire *an* par l'ouverture *s*, et, pendant que l'air s'échappe par l'ouverture *r*, elle descend par les tubes *eo* et monte vers la mèche *m ;* elle se maintient au niveau du bec en vertu du principe de l'équilibre des liquides dans les vases communiquants. Au fur et à mesure de la combustion, son niveau baisse, et la lampe finirait par s'éteindre, s'il descendait au-dessous de la ligne *an ;* mais, comme la surface du niveau est très-grande par rapport à la hauteur, on ne s'en aperçoit pas beaucoup, surtout si l'on ajoute de l'huile de temps en temps. Un godet *v* est adapté à la lampe pour recueillir les gouttes qui tombent. Ce godet est percé en haut de trous qui laissent passer l'air dans le tube *vm*.

Cette lampe éclaire parfaitement les objets en dessous; aussi est-elle accrochée avec une chaîne.

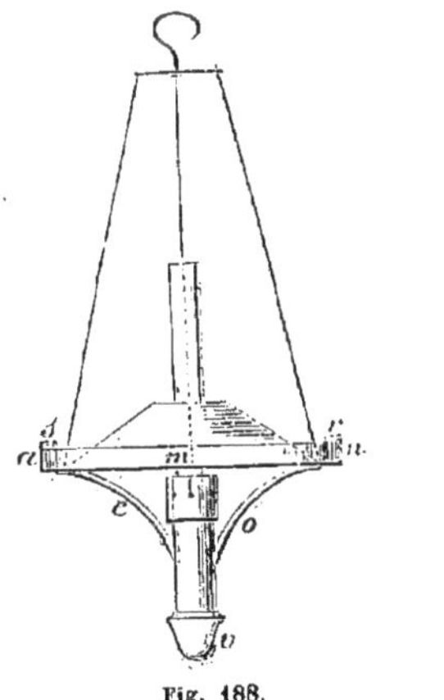

Fig. 188.

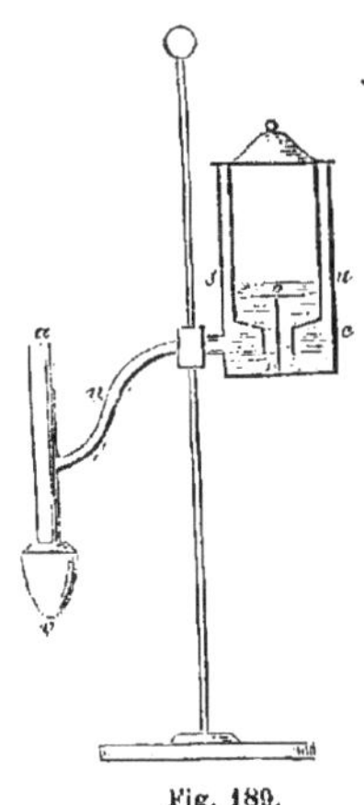

Fig. 189.

La lampe à niveau constant (fig. 189). — Dans le récipient *msc* plonge un vase renversé qui s'appuie sur les bords au point *m*. L'huile du vase *o* ne peut sortir, puisqu'elle ne communique pas avec l'atmosphère, et son niveau *su* restera constant, puisque celui *ae* ne baisse pas; mais, dès que l'huile se consume, il s'introduit une bulle d'air par le canal *n* et monte de *n* vers *o*. Cette bulle presse sur le niveau *su* et ajoute une nouvelle goutte d'huile au niveau *ae*; vers *m* il y a un petit trou dans le récipient *sm*, afin que l'air puisse s'introduire et presser sur le niveau *ae*. La hauteur du vase *o* est calculée de manière que son ouverture se trouve vers le niveau *ae*. Le point *a*, où brûle la mèche, est fixe.

L'introduction de l'huile dans le vase *o* n'est pas très-simple, car il faut commencer par fermer l'ouverture, sans cela l'huile s'échapperait au moment où il est retourné. Voici alors comment il faut procéder: sortir le vase, le retourner de façon que *r* soit en haut, y verser l'huile, tirer la tige *or* qui ferme avec le petit disque *o* — espèce de soupape — l'ouverture. Quand on l'introduit dans le récipient, la tige bute contre le fond *r* et s'élève avec son disque; la communication de l'huile est donc établie. Si l'on sort le vase, la tige *or* descend, le disque ferme l'ouverture, et empêche la quantité d'huile restante de s'échapper.

Cette lampe est parfaite en théorie, mais elle ne l'est pas en pratique; car, pour peu qu'on la pose sur un plan qui n'est pas entièrement horizontal, l'huile coule dans le canal *n*, monte vers *a*, éteint la flamme, coule dans le godet *v* et peut déborder.

La lampe hydrostatique (fig. 190). — Les trois compartiments *ac*, *ue*, *mn* sont fermés et ne peuvent communiquer ni entre eux ni avec l'air extérieur que par des tubes. Si l'huile se trouve dans les deux compartiments supérieurs, l'atmosphère exerce sa pression sur l'huile du compartiment du milieu par le tube *v*; cette huile descend dans le compartiment *mn* et y comprime l'air qui passe par le tube *or*, presse sur l'huile du compartiment *ac* et monte alors dans le tube *s*, à l'extrémité duquel se trouve la mèche. Ce mécanisme est une assez bonne étude pour les élèves; mais la lampe hydrostatique n'est pas autant à recommander à cause de sa complication.

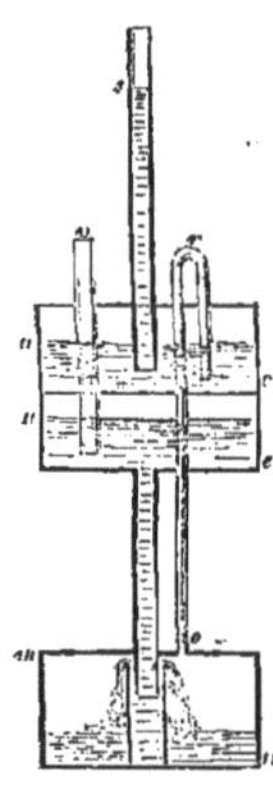
Fig. 190.

Cette lampe hydrostatique est une application très-ingénieuse de la fontaine de Héron d'Alexandrie, dans laquelle le liquide à élever est divisé dans des tubes avec des boules, en deux parties par une masse d'air qui transmet à chaque partie du liquide la pression qu'elle reçoit de l'autre (*).

La lampe avec machine motrice, dite lampe Carcel. — Cette lampe renferme un mouvement d'horlogerie qui fait marcher une espèce de pompe foulante pour porter l'huile sur la partie supérieure de la mèche, car le bec est placé au-dessus du réservoir d'huile.

Dans ce réservoir se trouve une petite caisse divisée en deux compartiments, dont chacun est percé d'une ouverture. Cette ouverture

(*) Héron vivait à Alexandrie, en Egypte, cent ans avant Jésus-Christ; il était le disciple de Ctésibius. Il établit des automates, des moulins à vent; il composa de savants écrits dont il reste encore quelques fragments, connus sous le nom de *Spiritualia*.

est fermée par une membrane non tendue. Ces compartiments, avec leurs clapets, peuvent être comparés à des corps de pompe et ces membranes à des pistons.

Ces deux pompes marchent en sens contraire, et leur mouvement est très-régulier ; elles montent plus d'huile qu'il n'en faut pour entretenir la combustion ; l'excédant en retombe dans le réservoir.

La lampe Carcel ne fonctionne d'une manière continue qu'à la condition d'être bien entretenue, mais cet entretien est dispendieux.

La lampe à modérateur. — Dans cette lampe, un ressort *ac* presse constamment sur un piston qui fait monter jusqu'au bec l'huile par un tube. Ce piston, que le tube traverse, est une rondelle de cuir dont le bord est recourbé de haut en bas, et qui s'appuie contre les parois du corps de la lampe, ou corps de pompe.

Fig. 191.

Le ressort en hélice est attaché en haut au réservoir et en bas au piston ; avec la clef qui se termine en pignon, ayant sa crémaillère, on monte le piston et on comprime le ressort (fig. 191).

On voit que le ressort se détend au fur et à mesure que la hauteur à laquelle il doit pousser l'huile augmente ; comme ces deux conditions sont directement opposées, on a recours au modérateur.

Le modérateur est une tringle qui entre dans le tube d'ascension, dont les points extrêmes sont fixes : l'un est attaché au corps de pompe ; l'autre au piston. Ce tube est composé de deux parties, dont la supérieure sert de fourreau à l'inférieure ; le modérateur pend dans la partie supérieure et il sort de plus en plus du tube inférieur, dès que le piston descend ou dès que le ressort se détend ; le tube d'ascension se dégage ainsi et laisse plus de place à l'huile, à mesure qu'elle monte avec moins de force ; son écoulement est donc modéré ou plutôt régularisé.

La lampe de sûreté ou lampe Davy. — Elle se compose d'un réservoir d'huile surmonté d'un cylindre en toile métallique, contenant douze fils par centimètre, donc cent quarante-quatre ouvertures, ou mailles. De petits barreaux formés en cage garantissent la lampe contre les chocs. Dans l'origine elle était entièrement fermée par cette toile, qui empêchait la clarté de se répandre ; on l'a donc entourée d'un tube en verre dont le haut seulement est couvert du treillis métallique. Le réservoir est peu élevé, de sorte que l'huile est toujours près de sa mèche (fig. 192).

L'air traverse les mailles du treillis, mais la flamme ne les traverse pas, parce qu'elle se refroidit au contact du métal et se décompose; la suie se précipite sur les mailles et les obstrue. Donc, si un gaz explosible entre dans la lampe, il y produit une faible explosion qui ne se communique pas au dehors ; elle éteint la lampe.

Comment peut-on alors se guider dans l'obscurité? Au moyen d'une lampe spéciale que porte le contre-maître : au-dessus de la mèche sont fixés plusieurs fils de platine roulés en spirale, qui restent encore incandescents après que la lampe est éteinte.

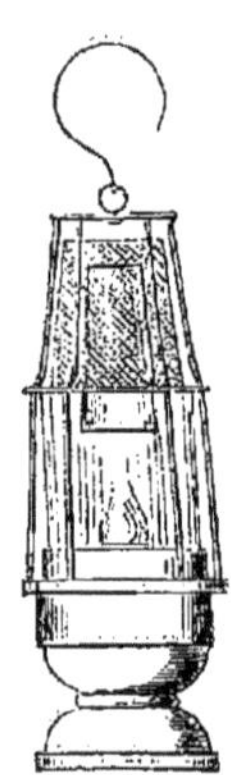

Fig. 192.

La lampe de sûreté peut être employée dans les laboratoires de physique et de chimie, partout où l'on manie des matières inflammables, telles que le gaz d'éclairage, les essences, le pétrole, les vernis, l'alcool, dans les soutes à charbon et à poudre; mais son emploi principal se trouve dans les houillères et c'est pour cela qu'elle a été inventée. Elle peut être placée sans danger dans une atmosphère tranquille remplie de grisou; par la couleur de sa flamme, elle fournit des indications précieuses sur les proportions du mélange explosible, et avertit les mineurs de l'instant où ils doivent se retirer.

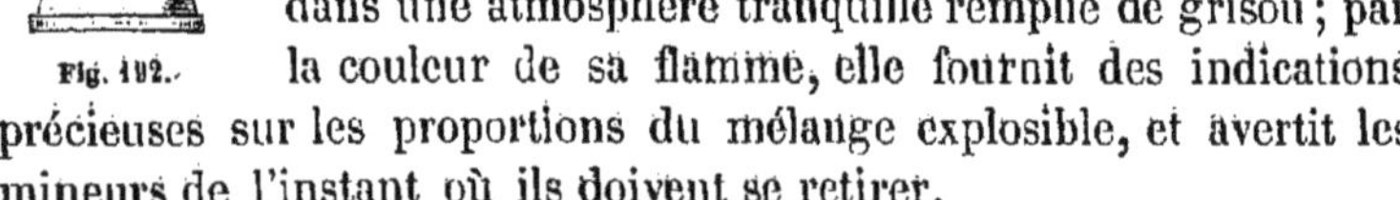

Malgré les perfectionnements successifs que cette lampe de sûreté a reçus, le but qu'elle doit remplir dans ce dernier cas est en partie manqué; car les mineurs peuvent l'ouvrir et l'ouvrent en effet pour les motifs les plus futiles, malgré les peines les plus sévères, malgré le danger auquel ils s'exposent. C'est à l'ouverture intempestive de leurs lampes qu'il faut attribuer les terribles explosions dont les mines de charbon sont si souvent le théâtre.

On ferme aussi ces lampes avec des clefs spéciales, très-compliquées, très-coûteuses, que les ouvriers ne peuvent pas se procurer à cause du prix élevé; mais ils trouvent encore moyen de les crocheter. On a donc imaginé un petit mécanisme particulier qui fait rentrer la mèche dans l'huile, dès que l'imprudent mineur cherche à ouvrir sa lampe.

Il résulte d'une enquête instituée par le gouvernement anglais, que l'invention de la lampe de sûreté appartient à George Stephenson. Néanmoins la gloire de Davy n'en est pas diminuée, car ce fut un grand et utile savant (*).

Les lampes sous-marines. — Papin indique dans son mémoire intitulé : *Manière de conserver la flamme sous l'eau*, la construction d'une lampe sous-marine. Il propose de faire brûler une chandelle sous l'eau dans une sorte de lanterne, pour pêcher au flambeau ; l'air frais serait continuellement injecté dans cet appareil, à l'aide d'un fort soufflet garni de soupapes.

Cette idée se trouve réalisée par une lampe Carcel placée dans un globe en verre muni de deux tubes, communiquant l'un avec l'air libre, l'autre avec une pompe pneumatique. Si l'air vicié est aspiré par l'un des tubes, l'air frais rentre par l'autre, et la lampe peut brûler dans son globe comme dans une chambre. Cette lampe, suspendue à des cordes, se trouve à proximité du plongeur. Elle sert dans les cas où la lumière du jour ne pénètre pas, où l'eau est trouble et où elle est agitée. Au soleil on voit clair dans l'eau pure jusqu'à 50 mètres de profondeur.

La *lampe sous-marine indépendante* est une lampe à huile qui brûle sans communication aucune avec l'atmosphère, au moyen de l'oxygène comprimé dans un réservoir inférieur. La flamme se maintient très-vive pendant une heure, et donne une lumière suffisante.

(*) Sir Humphry Davy est né en Angleterre, en 1778 ; il est mort à Genève à l'âge de cinquante et un ans. On lui doit la décomposition, au moyen de l'électricité, des oxydes terreux : soude, potasse, etc. Il a inventé la lumière électrique artificielle.

CHAPITRE VII.

MACHINES A MOUVOIR LES GAZ.

Toutes les machines dont le but est d'aspirer ou dilater les fluides, de les comprimer ou souffler, ont beaucoup d'analogie entre elles; car elles peuvent servir alternativement dans ces deux cas, au moyen de quelques changements dans leur manœuvre, et qui consistent à renverser le jeu des soupapes ou à tourner ces mécanismes en sens opposé.

Dilater ou comprimer les gaz est donc, au point de vue mécanique, exactement le même travail. Le moteur produisant le vide, agit contre la pression atmosphérique, qui réagit avec une force égale, et les gaz refoulés dans les récipients à compression s'en échappent avec une puissance égale à celle qu'on a employée pour les comprimer.

Les principes généraux d'après lesquels les machines à mouvoir les gaz doivent être construites, peuvent se résumer ainsi qu'il suit : Donner une faible vitesse aux gaz dans les cylindres et les conduits, afin d'éviter les frottements; — Ne pas faire circuler les gaz le long des surfaces anguleuses, ni leur faire traverser des ouvertures trop étroites; — Etablir le maximum de vitesse seulement aux points de sortie, et ne pas l'absorber dans les passages intermédiaires; — Souffler un faible volume avec une grande vitesse; — Aspirer de grandes masses avec une faible vitesse.

Sous le titre de *gaz,* nous comprenons les gaz méphitiques des mines, l'air atmosphérique, le gaz d'éclairage, etc.; en un mot, tous les fluides aériformes.

Les machines à mouvoir les gaz ont de nombreuses applications dans les arts et métiers. Cependant nous ferons remarquer qu'elles ne sont encore usitées que d'une manière très-incomplète sur les navires. Ainsi les bâtiments de guerre actuels, monitors et autres naviguent, pour ainsi dire, sous l'eau ; ils exigent donc une ventilation très-énergique ; on n'y trouve que des manches à vent qui prennent l'air frais et le font entrer, par la force du courant, à fond de cale. L'air vicié est expulsé par des cheminées d'appel — ou mâts en tôle, qui marchent quand le soleil les chauffe, ou quand ils sont adossés à la cheminée de la chaudière. Il est vrai qu'un jet de vapeur serait plus efficace, mais la vapeur est trop précieuse en mer pour la distribuer autrement que comme force motrice. En Amérique, on a essayé des ventilateurs à palettes qu'une machine à vapeur spéciale met en mouvement.

§1. — MACHINES ASPIRANTES.

Les machines aspirantes servent, comme leur nom l'indique, à aspirer l'air quand il est vicié, et à produire ainsi un vide dans lequel se précipite l'air frais ; ou encore à produire simplement le vide pour les opérations chimiques ou physiques.

Les petites machines aspirantes sont mises en mouvement par l'homme ; les grandes nécessitent une machine motrice ; si cela n'est pas une roue hydraulique qui coûte peu, c'est une machine à vapeur qui coûte beaucoup.

On peut, dans ce dernier cas, se demander si, au lieu de faire consumer la houille par une chaudière, il ne vaut pas mieux l'utiliser directement en la brûlant dans un foyer d'aérage. Ce sont ainsi deux projets comparatifs à établir pour un cas donné ; on se base alors sur ce fait d'expérience, qu'il faut abandonner la cheminée d'appel dès que le volume d'air est très-considérable ; car il exige une surélévation de température qui croît plus rapidement que le volume d'air enlevé. Et cette élévation de température exige une augmentation proportionnelle de combustible. En outre, il faut donner la préférence aux ventilateurs dans les mines de houille, où l'on risque des explosions, si l'air surchargé de grisou passe près du foyer de la cheminée d'aérage.

La cheminée d'appel ou d'aérage. — Quoiqu'elle ne soit pas une machine proprement dite, car elle ne donne pas de mouvements, nous devons néanmoins la mentionner, parce qu'elle résume en quelque sorte toute la théorie de la ventilation, et qu'elle renferme quelques dispositifs mécaniques utiles à connaître.

Elle se compose d'un foyer installé dans un puits de mine; le feu établit le courant d'air. Ou encore, le puits est surmonté d'une cheminée d'appel ; à côté se trouve un calorifère ou caisse en tôle, dont les parois seules sont en communication avec l'air du puits, qui s'échauffe, monte dans la cheminée, et établit ainsi la ventilation.

Il faut toujours deux puits d'aérage : l'un pour l'air vicié qui monte, l'autre pour l'air frais qui descend. Si par économie on n'a creusé qu'un puits unique, il est indispensable de le diviser en deux par une cloison verticale, ou d'y faire passer un tuyau aspirateur.

La pompe pneumatique. — Parmi les machines à air, la pompe pneumatique est la plus populaire ; elle sert à produire le vide sous une cloche pour des expériences de physique et de chimie. Elle a été inventée par Roger Bacon. Otto de Guérike, bourgmestre de Magdebourg, s'en est servi, en 1650, pour démontrer la pression de l'atmosphère, au moyen de deux demi-boules en cuivre, vides et juxtaposées, que quatre chevaux attelés de chaque côté ne parvenaient pas à séparer.

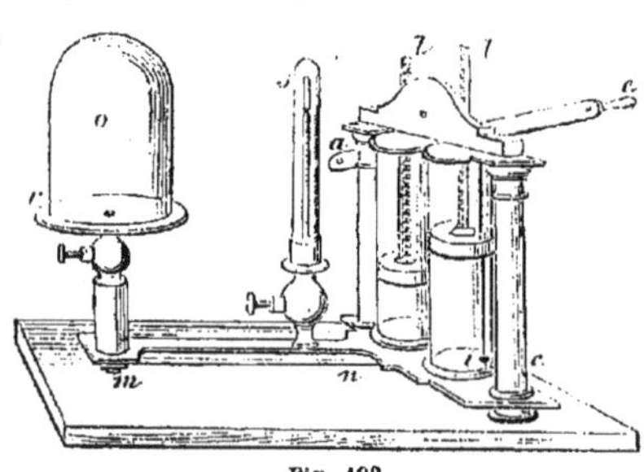

Fig. 193.

La machine pneumatique (fig. 193) se compose de deux corps de pompe entre les deux colonnes *ac*, et dont les tiges de piston *tt* à crémaillère engrènent avec une roue dentée; elles sont mises en mouvement avec le balancier à main *ae*. Par le tuyau *mn*, l'air est aspiré sous la cloche *o*, placée sur le plateau *r*. L'*éprouvette s* est un petit baromètre qui sert à indiquer le degré de raréfaction de l'air.

La tige *i* porte au point *i* un bouchon qui sert de soupape, fermant un orifice percé dans le fond des cylindres, et qui communique avec le tuyau *nm*. Cette tige traverse à frottement le piston, qui l'entraîne avec lui; l'orifice s'ouvre ; mais la tige, munie d'un appendice, se bute contre le couvercle, et le piston continue seul son ascension ; quand il descend, il entraîne la tige avec lui, et l'ouverture se ferme. Les pistons ont aussi leur soupape, mais qui marche en sens inverse du bouchon.

La machine à cloches. — Cette originale et ingénieuse machine, inventée dans les mines du Hartz, est représentée par la figure 194.

Deux cloches plongent dans des tonneaux remplis d'eau. Le balancier produit un mouvement d'oscillation. Si l'une des cloches *a* s'élève, elle fait le vide; ce n'est pas l'eau qui y monte, mais bien l'air qui s'y introduit par la soupape au-dessous de *a*. Quand la cloche *s* descend, sa soupape s'ouvre, et celle du tube d'aspiration se ferme.

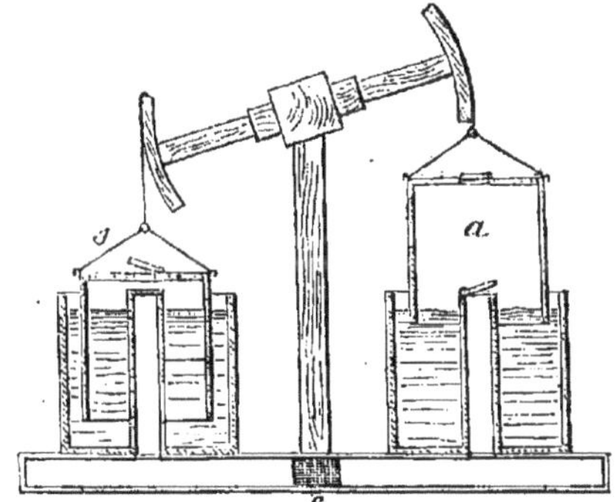

Fig. 194.

Les cuves ont 4 mètres de diamètre; la cloche a une course de 2 mètres; elle donne un effet utile de 40 pour 100.

La machine à cloches est installée au-dessus du puits d'aérage avec lequel elle communique par l'ouverture *c*.

La machine aspirante verticale à pistons. — Elle se compose de deux cylindres en bois, cerclés de fer, dans lesquels montent et descendent des pistons, conduits soit par des tiges avec balanciers, soit par des chaînes. Dans ce dernier cas, l'air atmosphérique fait descendre les pistons. Des soupapes, dont les cylindres et les pistons sont munis, permettent à l'air de monter et d'être expulsé.

L'air extrait est de 1 200 mètres cubes par heure et par force de cheval; et de 250 mètres cubes par kilogramme de houille brûlée si on emploie la vapeur; généralement on utilise les chutes d'eau.

Cette machine n'est employée que dans les mines.

La machine aspirante horizontale à pistons (fig. 195). — Elle se

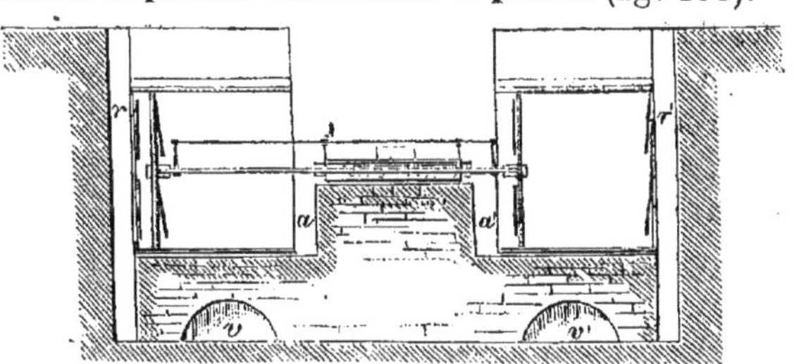

Fig. 195.

compose de deux caisses ou chambres à air, *ra* et *a'r'*, de 5 mètres de longueur sur 3 de hauteur, dans lesquelles passe l'air qui s'y est introduit par les conduits verticaux *r* et *r'* et les galeries voûtées *v* et *v'*. Entre les caisses se trouve un cylindre à vapeur qui actionne les pistons à clapets des caisses à air. Suivant que la tige à vapeur se dirige de *r* vers *s*, ou s'en retourne, les clapets des pistons à air et ceux des caisses à air s'ouvrent et se ferment pour aspirer l'air par les voûtes et pour l'expulser en *a* et *a'*.

Exemple.

Coups de piston par minute	17
Course du piston	3 mètres.
Volume d'air aspiré........................	13 mètres cubes.
Vitesse du courant par minute	300 mètres.
Section de la galerie	3 mètres carrés.
Force de la machine motrice.................	20 chevaux-vapeur.

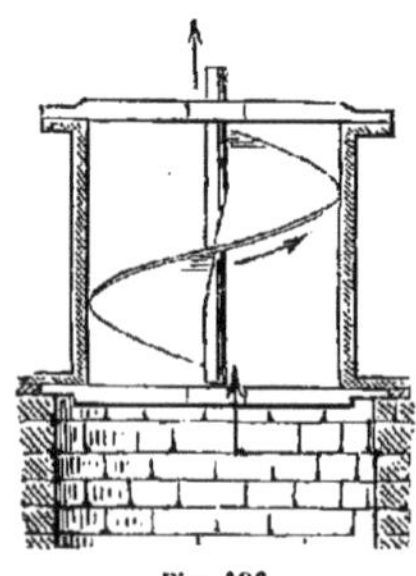
Fig. 196.

La vis pneumatique (fig. 196).— Le principe de cette machine est le même que celui de la vis d'Archimède. En grand, elle est usitée dans les mines; en petit, nous la voyons aux fenêtres de nos appartements, où elle tourne par l'effet d'un courant d'air que produit la chaleur intérieure. Si elle tourne dans un sens, elle aspire l'air et le rejette au dehors; si elle tournait dans l'autre sens, elle pourrait servir de soufflerie.

Les ventilateurs. — Quoique toutes les machines qui font du vent soient des ventilateurs, on a donné de préférence ce dernier nom aux appareils destinés à retirer l'air vicié des hôpitaux, des mines, des séchoirs, des théâtres et autres bâtiments publics.

La première fois qu'on s'est occupé de la ventilation mécanique d'un édifice, c'était en 1715, où le foyer d'appel, installé dans la salle du Parlement, à Londres, fut remplacé par un ventilateur aspirant.

Nous nommerons spécialement ventilateurs des roues à palettes qui tournent avec rapidité dans des boîtes, tambours, coursiers, où elles aspirent l'air.

Le tambour est percé à son centre d'une ouverture mise en communication avec la capacité à ventiler par un tuyau d'un diamètre égal à cette ouverture ; à sa circonférence se trouve un tuyau de départ établi suivant la tangente au tambour par lequel l'air s'échappe.

La rotation des palettes dans le tambour imprime à l'air intérieur un mouvement centrifuge qui le force à s'échapper. Il se produit ensuite un vide; l'air vicié est aspiré et est expulsé à son tour.

Les ventilateurs, dont on distingue plusieurs espèces, sont simples, économiques, et ne demandent pas beaucoup d'entretien.

Pour qu'ils donnent le meilleur effet possible, il est nécessaire :

1° Que l'angle des palettes formé avec les bras où elles sont attachées soit de 30 degrés;

2° Que le volume d'air par minute en mètres cubes soit $= cv\,3600$;

(c, volume de la caisse; v, vitesse de rotation) ;

3° Que la vitesse de rotation des palettes à leur extrémité par seconde soit $= \frac{2\pi rn}{60}$;

(r, rayon de la roue à palettes; n, nombre de tours des roues par minute);

4° Que la vitesse soit uniforme.

Le *ventilateur à ailes droites;* ses ailes sont dirigées suivant les rayons du cylindre dans lequel elles se meuvent; on en a un exemple par le tarare qui sert à nettoyer les grains (fig. 197). Le courant d'air qui est produit par le mouvement des palettes entraîne la poussière à gauche, et la sépare du grain qui, à cause de son poids plus considérable, ne cède pas au courant et s'échappe dans la direction de la flèche inférieure.

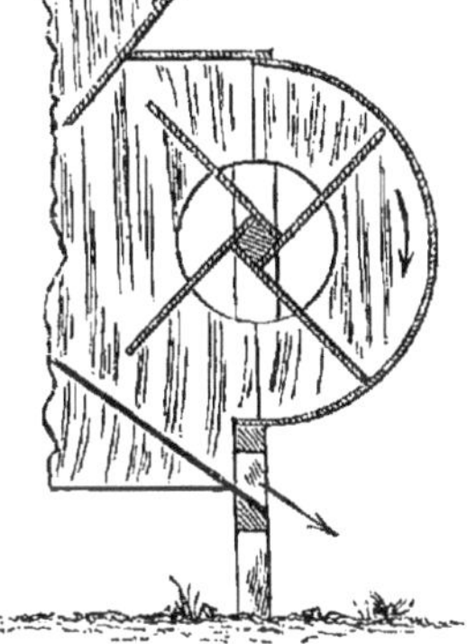

Fig. 197.

Le *ventilateur Guibal* est un grand tarare dont les ailes courbées à leur extrémité sont attachées à une armature polygonale. Ce ventilateur peut agir dans les deux sens; il aspire l'air vicié de la mine, ou il y rejette l'air frais. Il diffère des autres ventilateurs, en ce sens qu'au moyen d'une vanne mobile on peut faire varier, suivant la vitesse des ailes, la section de l'orifice qui débouche dans l'atmosphère.

Le ventilateur Guibal, qui se répand beaucoup, a 7 mètres de diamètre; $1^m,70$ de largeur; avec 100 tours par minute, il enlève 30 mètres cubes d'air également par minute.

Les *ventilateurs à ailes courbes* (fig. 198) ont des palettes courbées en sens contraire de leur mouvement, afin qu'elles abandonnent plus facilement l'air dans le tuyau de dégagement; ce ventilateur, pour donner un bon effet, doit marcher avec une très-grande vitesse. On s'en sert aussi de machine soufflante; dans ce cas, le tuyau de dégagement, au lieu d'être dirigé dans l'atmosphère, débouche dans le fourneau des usines.

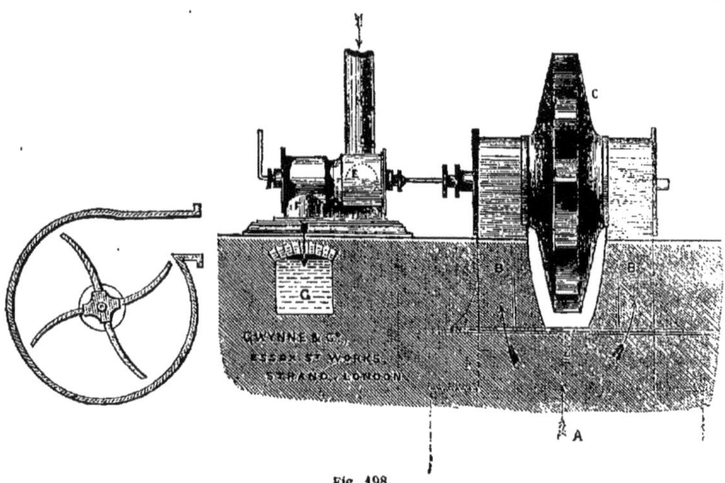

Fig. 198.

Dans le ventilateur Gwynne, les palettes sont renfermées dans un tambour C. BB sont les conduits qui communiquent avec les chambres de mine, et aspirent l'air par A. H, à gauche est le tuyau de la turbine E qui actionne le ventilateur. F est le canal de décharge qui conduit dans le fossé d'évacuation G.

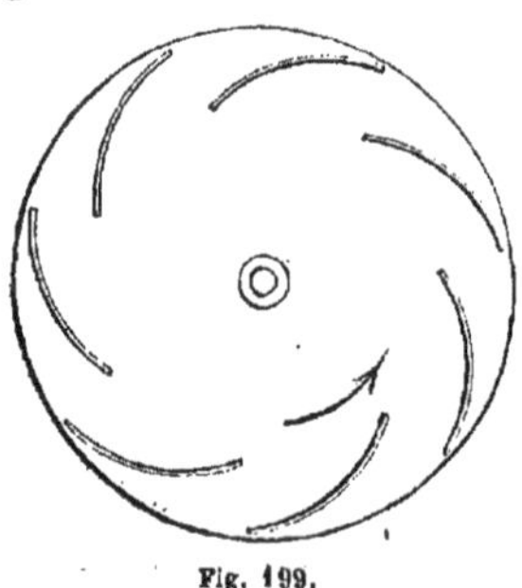

Fig. 199.

Le *ventilateur Combes* (fig. 199) offre des palettes courbes et disposées de manière que l'air n'ait qu'une faible vitesse à sa sortie dans l'atmosphère. Les palettes ne sont pas attachées à l'arbre moteur, mais à un disque qui forme la face du ventilateur opposée à celle par où l'air est aspiré. Ce disque, fixé à l'arbre, est une espèce de pompe à force centrifuge qui agit sur l'air (*).

(*) Combes, directeur de l'Ecole des mines à Paris, mort en 1872. Il fut un des premiers ingénieurs français. Il a laissé un traité de l'exploitation des mines.

Le *ventilateur Fabry* (fig. 200) se compose de deux roues en tôle avec trois pointes ou dents qui tournent autour de leurs axes. Ils se meuvent dans des coursiers circulaires en fonte placés au-dessus de l'orifice de la capacité d'où l'air doit être extrait. Le dessin explique clairement que les pointes sont toujours en contact, et qu'alors l'air une fois expulsé ne peut plus rentrer.

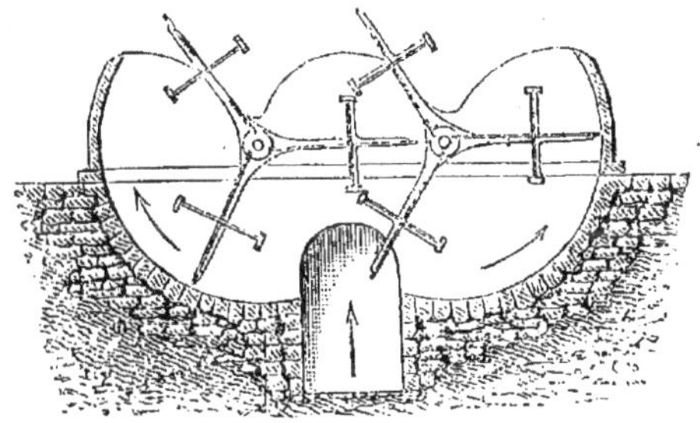

Fig. 200.

Ces roues ont 1 mètre de diamètre ; leur vitesse est de 30 tours par minute. Le volume d'air expulsé est de 8 mètres cubes par minute. Son travail utile est de 60 pour 100 de la force motrice employée (chiffres moyens).

Quoique le ventilateur Fabry coûte, de premier établissement, plus que tous les autres ventilateurs, il leur est néanmoins supérieur, car son prix de revient est plus bas à volume d'air aspiré, ce qui est le véritable point de comparaison. Comme il fonctionne avec une petite vitesse, il est moins exposé aux accidents et aux chômages.

Le ventilateur Fabry est très-répandu dans le département du Nord et en Belgique.

Exemple. (Houillères de Mons.)

Diamètre extérieur des roues............	$1^m,70$
Largeur des roues (à 12 chevaux de force motrice)..........................	2 mètres.
Largeur des roues (à 18 chevaux de force motrice pour les grands aérages).....	3 mètres.
Rotation du volant de la machine à vapeur.	50 tours par minute.
Vitesse du piston à vapeur	1 mètre par seconde.
Tension de la vapeur	4 kilogr. par cent. carré.
Dépression de l'air....................	76 millimètres.
Révolutions du ventilateur.............	30 par minute.
Vitesse des courants d'air..............	3 mètres par seconde.
Section des galeries de mines..........	3 mètres carrés.
Volume d'air aspiré	10 mètres cubes par seconde.
Effet utile du ventilateur..............	6 chevaux.
Rapport de l'effet à la force	0,50.

§ 2. — MACHINES SOUFFLANTES.

Ces machines soufflent l'air dans des espaces ouverts, tels que les puits et galeries de mines et les hauts fourneaux ; ou dans des capacités fermées, telles que les fondations tubulaires où il est comprimé, et d'où il s'échappe après y avoir séjourné plus ou moins longtemps. Chacune de ces machines a des applications spéciales que nous allons indiquer.

La trompe (fig. 201). — Comme nous avons cru devoir parler de la cheminée d'appel qui aspire l'air, nous ne devons pas alors passer sous silence la trompe qui le souffle, mais qui n'est pas non plus une machine proprement dite, puisqu'elle ne donne pas de mouvements. Néanmoins, quand on énumère les machines soufflantes, on cite toujours en premier lieu la trompe.

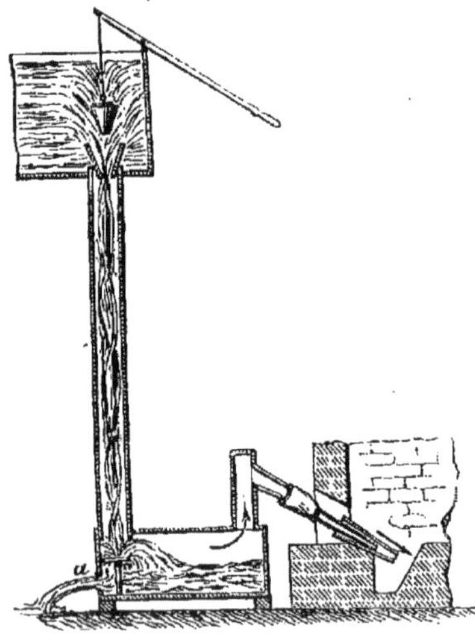

Fig. 201.

C'est une caisse en bois dans laquelle on fait tomber l'eau d'un ruisseau ou d'un canal par un tuyau. L'eau, dans sa chute, entraîne l'air qui s'accumule au haut de la caisse, se comprime et s'échappe par un orifice débouchant dans le foyer d'une forge. L'eau s'écoule en même temps par une ouverture *a* au fond de la caisse.

Inventée en 1610 par un ingénieur italien, dont l'ingrate histoire n'a pas conservé le nom, la trompe rend toujours de bons services dans les usines métallurgiques.

Le soufflet de forge. — La soufflerie la plus simple est un soufflet. Des livres de mécanique donnent de ce modeste et utile appareil une théorie très-développée. Dispensez-vous de la lire ; prenez un soufflet, manœuvrez-le et vous y verrez les effets produits par la soupape, bien mieux que sur des imprimés.

Imaginez un soufflet cent fois plus grand que le vôtre, et vous aurez une soufflerie de forge. Mais ce soufflet monstre ne souffle pas d'une manière continue; on a donc recours à une ventilation plus régulière, et en même temps plus énergique, au moyen de la machine soufflante.

La machine soufflante verticale à pistons.— Elle est employée dans les forges, quelquefois aussi dans les mines. Elle peut être formée de caisses en bois; mais alors elle absorbe une grande partie de la force motrice en résistances inutiles. Cependant s'il y a excès de puissance,

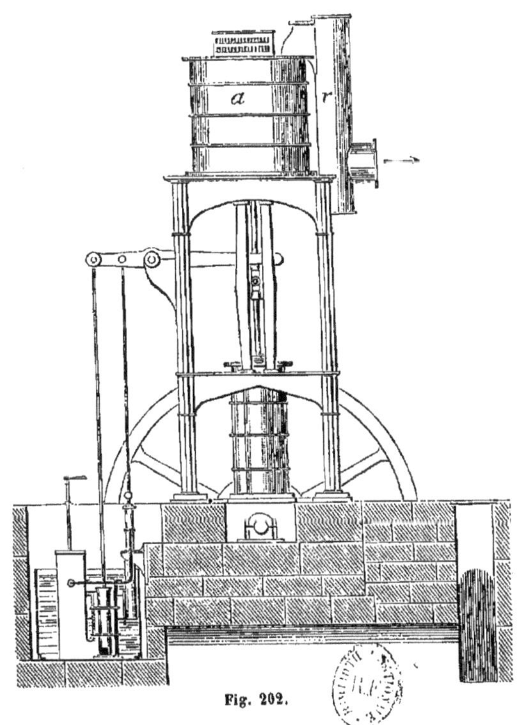

Fig. 202.

comme dans les chutes d'eau, il faut la préférer à une soufflerie plus coûteuse avec cylindres en fonte et machine à vapeur. Si les localités exigent l'installation de cette dernière, il faut la choisir de petites dimensions et la faire marcher à haute pression. Dans la figure 202 on voit la disposition d'une pareille soufflerie : la machine à vapeur comprime dans le cylindre *a* l'air pour le souffler par le tuyau *r* dans la direction de la flèche. Ce modèle est assez répandu ; il prend peu de place dans le sens horizontal.

La vitesse ordinaire à laquelle doit travailler le piston d'une machine soufflante est au maximum de 1 mètre par seconde, et le volume d'air soufflé par minute :

$$\text{Pour une caisse en bois} = c^2 lnf;$$

$$\text{Pour un cylindre en fonte} = \frac{\pi d^2 lnf}{4};$$

(c, côté de la caisse ; d, diamètre du cylindre ; l, course du piston ; n, nombre de coups de piston par minute ; f, coefficient de fuite d'air $=0,50$ pour les caisses ; et $=0,70$ pour les cylindres).

La machine soufflante horizontale à piston (fig. 203). — Au centre on voit un cylindre à vapeur dont la marche est réglée par l'excentrique et le volant à droite. A gauche la tige du piston à vapeur entre dans le cylindre de la soufflerie, où, par le jeu des soupapes, l'air est alternativement aspiré du dehors et refoulé dans la direction de la flèche. La disposition adoptée donne une très-grande stabilité à tout

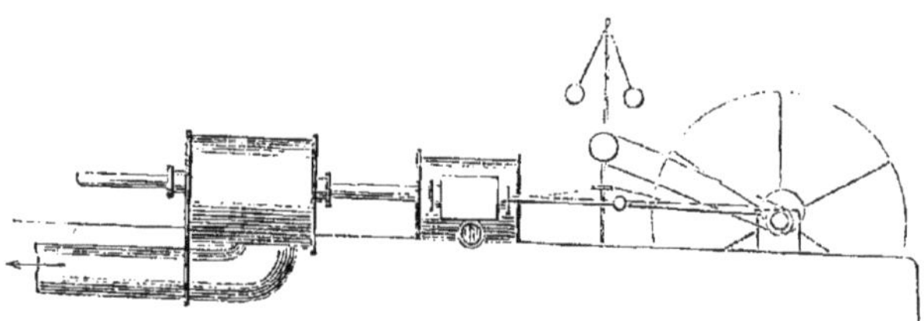

Fig. 203.

le système, et une grande facilité pour l'entretien. Ce dernier point surtout est très-important.

Cette soufflerie horizontale est destinée principalement aux hauts fourneaux qui doivent produire 25 tonnes de fonte par jour et ne jamais s'arrêter. Il faut donc qu'on puisse remplacer de suite les pièces mises hors de service par une fausse manœuvre ou tout autre accident.

Les formules de la machine verticale s'appliquent également à la soufflerie horizontale.

La cagniardelle (fig. 204). — Nous avons déjà vu que la vis d'Archimède peut servir à extraire ou raréfier l'air; devenant vis pneumatique, elle peut être employée comme machine soufflante. L'inventeur Cagniard a appliqué ce principe d'une façon très-ingénieuse. On voit aisément que par la rotation de la vis, l'air est refoulé vers la partie située au-dessus du niveau de l'eau et s'échappe dans la direction de la flèche.

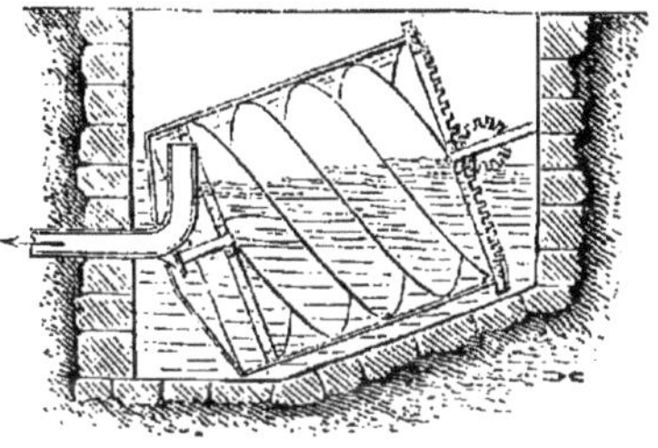
Fig. 204.

Les compresseurs hydrauliques. — Il en existe déjà deux modèles.

Le premier (fig. 205) consiste dans un *siphon renversé* qui est en communication, d'un côté, avec une prise d'eau, et de l'autre avec un réservoir à air comme dans la trompe. L'eau qui descend des torrents se précipite dans la première branche *a* du siphon, remonte dans la deuxième *o* et y comprime l'air. Cet air, ainsi comprimé, arrive à un degré d'élasticité suffisant pour ouvrir une soupape *v* qui l'introduit dans le réservoir *m*. La soupape de vidange *r* de l'eau s'ouvre, celle du récipient se ferme, et lorsque l'eau est sortie, le jeu recommence. La marche des soupapes *a* et *v* se règle automatiquement par la soupape de vidange.

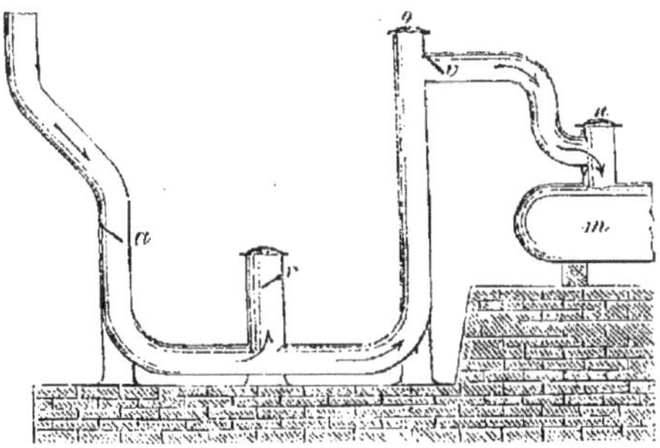

Fig. 205.

Comme des manomètres indiquent les pressions, on sait, qu'avec une chute d'eau de 20 mètres, on comprime à 6 atmosphères l'air qui s'échappe avec une vitesse de 6 mètres par seconde.

Ce compresseur hydraulique, dit *compresseur à choc*, est donc une espèce de bélier hydraulique qui, au lieu d'élever de l'eau, comprime de l'air.

Ce compresseur à choc a servi à mettre en action les perforateurs dans le tunnel du mont Cenis, au moyen de l'air comprimé envoyé à une distance de 6 kilomètres à travers des tubes en fonte de $0^{m},10$ de diamètre, et rendus imperméables par suite de l'interposition de rondelles en caoutchouc. Arrivé près du front d'attaque, l'air passait par des conduits élastiques dans le perforateur, et cet air frais servait aussi à la respiration au fond des galeries. (Voir les *Machines outils à travailler les rocs*, chap. IX.)

Le deuxième modèle de compresseur hydraulique est le *compresseur de la poste pneumatique*. Il se compose de trois cuves ; l'une est destinée à recevoir l'eau ; les deux autres sont des réservoirs d'air. A mesure que la cuve à eau se remplit, l'air est comprimé dans les deux autres ; une soupape fonctionne sur son passage. Quand la cuve à eau est pleine, on laisse écouler l'eau, et on la remplit de nouveau ; après deux ou trois remplissages, on obtient de l'air comprimé à 2 atmosphères. L'air passe ensuite dans des tubes souterrains, et souffle de petites boîtes accrochées à un piston les unes aux autres, comme les wagons d'un train.

Ce piston-chariot est un cylindre en laiton, garni de cuir, afin de l'adapter au tube de transport. La chambre, placée à chaque extrémité du tube, est munie d'un robinet pour laisser entrer l'air comprimé, et d'un autre robinet pour le laisser sortir.

Au moyen de sonneries électriques, on prévient la station d'arrivée, si l'on veut faire partir un convoi, ou plutôt, un simple envoi ; puis on ouvre le couvercle du piston-chariot, on y place les boîtes, on le ferme, et on tourne le robinet d'air. Dans une minute, la missive est arrivée à destination, ce qui fait 40 kilomètres à l'heure, presque la vitesse d'un express.

Cette poste pneumatique est censée répondre au besoin de la circulation rapide des dépêches. Elle est née de la difficulté que présentent leur réception et leur enregistrement au départ, ainsi qu'à l'arrivée. La transmission télégraphique elle-même n'est pas très-longue ; mais ce qui demande beaucoup de temps, ce sont ces opérations accessoires.

Une pareille poste souterraine existe à Paris depuis quelques années. Les bureaux de poste, au nombre de dix, sont reliés par des tubes d'une longueur de 9 kilomètres.

Le gazomètre. — Il se compose de deux parties distinctes : d'une cuve en bois, en fonte ou en maçonnerie, remplie d'eau, et dans laquelle plonge un cylindre en tôle fermé en haut. Le gaz qui vient de la fabrique s'emmagasine dans ce cylindre ou cloche, et doit en sortir sous une pression convenable. Toute usine doit avoir deux gazomètres, en cas d'accident.

Comme ces cloches ont 30 mètres de diamètre, et par conséquent un poids considérable, on doit les guider dans leur mouvement pour éviter des excès de pression. Il faut donc les suspendre de manière qu'il soit facile de les équilibrer. A cet effet, on les attache par de forts crochets à des chaînes avec contre-poids. Le dessin (fig. 206) l'in-

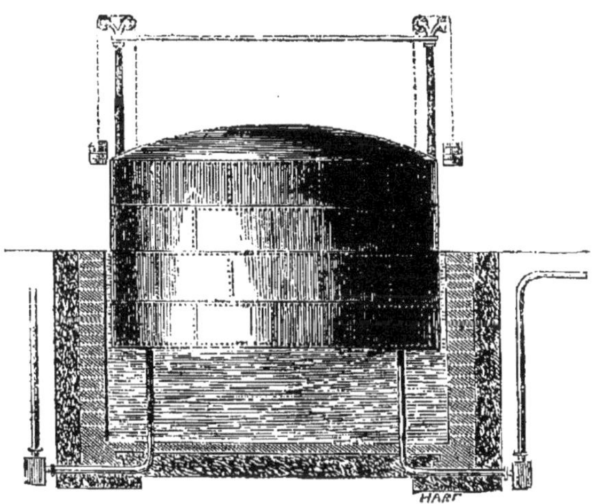

Fig. 206.

dique clairement; on y voit aussi ces tubes à gaz, dont l'un sert pour l'entrée et l'autre pour la sortie ; ils s'ouvrent et se ferment alternativement. Il y a un compteur à chacun d'eux, afin qu'à tout instant on puisse se rendre compte des quantités de gaz entrées et sorties.

Les gazomètres doivent être entourés de murs, pour les abriter contre les coups de vent ; on connaît plusieurs accidents arrivés à la suite du renversement des gazomètres, et c'est pour éviter ces désastres qu'on place la cuve en contre-bas du terrain, et on la convertit ainsi en une citerne.

La pompe à comprimer l'air. — C'est une pompe aspirante et foulante pareille à la pompe pneumatique dont les soupapes sont renversées. La grandeur de ces pompes dépend du travail qu'elles doivent produire ; elles sont mues par l'homme ou par une machine à vapeur.

Ces pompes à air ont de nombreuses applications ; nous les trouverons dans les appareils sous-marins, tels que les scaphandres, les cloches à plongeurs ; dans les chemins de fer et locomotives à air comprimé ; dans les machines motrices à air comprimé (voir les divers paragraphes correspondants). Ci-dessous quelques spécimens de ces applications.

Le *fusil à vent* est une machine à ressort ; l'homme accumule sa force dans un corps élastique qui est l'air ; il le comprime dans la crosse évidée d'un fusil. Cette crosse est donc un récipient d'où l'air s'échappe par le jeu d'une batterie et pousse la balle comme le ferait une faible charge de poudre.

Le *cherche-fuites Maccaud* a pour but de constater les fuites de gaz, et d'indiquer l'endroit précis où elles se manifestent. Il se compose d'une pompe foulante portative, manœuvrée par un seul homme, et destinée à injecter, puis à comprimer de l'air dans les conduites de gaz d'éclairage. S'il y a des fuites, l'air s'en échappe en sifflant, et l'aiguille du manomètre, dont la pompe est munie, reste immobile. S'il n'y a pas de fuites, l'air s'accumule dans les conduits, et le manomètre indique le chiffre de la pression.

Quant à l'objection souvent répétée que l'air comprimé ferait crever les tubes de la canalisation, elle n'est nullement fondée ; il ne peut pas créer de fuites, si les conduits sont intacts. Nous nous en sommes assuré par des expériences qui nous ont appris que la pression d'une atmosphère suffit pour indiquer les fuites ; qu'une pression de 5 atmosphères arrive à peine à crever des tubes en papier roulé deux fois sur lui-même ; enfin que l'appareil Maccaud est trop faible pour crever des tubes en plomb.

La pompe est mise, par un raccord, en communication avec les conduits de gaz.

Quant aux causes des fuites et quant aux accidents, qui en sont la conséquence, tels que explosions, asphyxie, etc., nous devons renvoyer à notre livre : *les Inventeurs et leurs Inventions*.

Les *fondations tubulaires* sont composées de cylindres en fonte fermés en haut et échoués dans l'eau jusqu'au fond. L'eau en est chassée par de l'air comprimé et les ouvriers y travaillent, creusent le sol et établissent des maçonneries. Quand ils veulent sortir, ils ferment derrière eux le couvercle, qui divise le tube en deux parties. La partie inférieure garde l'air comprimé. Ils ouvrent ensuite le couvercle du compartiment supérieur, d'où l'air comprimé s'échappe, et ils se trouvent dans l'atmosphère. Pour retourner à leur poste, ils opèrent en sens inverse.

Les balles élastiques à air comprimé. — Deux balles élastiques sont reliées par un tube flexible. Sur l'une des balles est placé un poids; serrez l'autre balle dans la main, l'air passera dans la première balle et soulèvera ce poids; ne serrez plus, le poids descendra et l'air rentrera dans la première boule. C'est un jeu en mécanique que de transformer ce mouvement de va-et-vient du poids, pour le communiquer, par exemple, à un carillon.

Cet appareil rend des services dans les maisons, les hôtels, les établissements publics, sur les navires, dans les mines, partout enfin où la distance entre les points qui doivent être mis en communication n'est pas considérable.

On ne peut guère prévoir les chances de réussite de cette invention qui a pour concurrents les simples sonnettes, les tubes acoustiques et les sonneries électriques.

CHAPITRE VIII.

MACHINES D'EXPLOITATION DES MINES.

Dans l'exploitation des mines, on emploie un outillage spécial qui a pour objet : l'épuisement des eaux, la ventilation des puits et galeries, le roulage, le transport et l'extraction des minéraux, la descente et le montage des ouvriers, enfin la préparation des minerais, où s'arrête le travail des mineurs et où commence celui du métallurgiste, qui consiste à transformer par le feu les minerais en métaux.

C'est dans cet ordre que nous allons examiner les machines usitées pour les travaux souterrains.

Quant à l'abatage des rocs, il a lieu par la main des mineurs qui manient le pic, le levier, le marteau. Il n'existe encore qu'une seule machine, le *mineur mécanique*, pour l'abatage de la houille. On la trouvera parmi les machines à abattre les roches.

L'outillage des mines est déjà très-ancien, il remonte au moyen âge; cependant il a été perfectionné, comme du reste tout l'outillage moderne; mais ses principes n'ont pas beaucoup varié. On doit néanmoins citer l'introduction des mouvements continus à la place des mouvements alternatifs et de la vapeur d'eau comme force motrice, à la place des manéges.

L'ancien matériel a pour lui d'abord l'ancienneté, à laquelle les hommes tiennent essentiellement; puis il ne demande pas de grandes dépenses de construction et il est facile à installer, mais exige beaucoup de main-d'œuvre.

Avec le nouveau matériel, on cherche à économiser cette main-d'œuvre qui devient de jour en jour plus coûteuse.

Dans les anciens travaux qui suivent le progrès industriel, on abandonne le matériel ancien, qu'il ne faut plus recommander que pour les établissements neufs, à cause de son bon marché. L'exploitation d'une mine est toujours une entreprise très-chanceuse, et il est prudent de ne pas y aventurer, au commencement surtout, de grands capitaux. On a vu sur certains emplacements choisis bâtir des maisons, installer des machines à vapeur, et tout un outillage perfectionné, dans l'espérance d'une exploitation lucrative de gisements précieux, dont aujourd'hui on chercherait en vain les traces.

§ 1. — MACHINES D'ÉPUISEMENT DES EAUX DES MINES (POUR MÉMOIRE).

De grandes masses d'eau s'introduisent souvent dans les mines à travers des couches perméables et les fissures des rochers, et constituent des courants sous-marins. Ces nappes, appelées par les mineurs des *niveaux*, peuvent, si l'on ne s'en débarrasse pas à temps, inonder les puits et les galeries. Quant aux mines à ciel ouvert, elles reçoivent la pluie comme la reçoit toute cavité à la surface de la terre.

Dès qu'on ne peut pas donner à l'eau un écoulement naturel par des canaux en pente ou des puits absorbants, il faut créer artificiellement des différences de niveau. On élève alors avec des machines les eaux, qui peuvent être utilisées accessoirement dans les ateliers de préparation des minerais.

Quand les eaux ne se trouvent pas à de grandes profondeurs, des machines d'épuisement ordinaires suffisent; mais dans les mines très-profondes, on se sert de pompes élévatoires; à cet effet, on divise le puits en étages ou stations de 10 mètres en 10 mètres, et on y installe des réservoirs; chacune des pompes y verse l'eau que la pompe suivante aspire à son tour. Toutes ces pompes sont commandées par une seule tige, la *maîtresse-tige*. Elles ne sont pas installées à poste fixe, car des fondations seraient trop difficiles à établir. Elles sont simplement suspendues par des colliers avec tirants en bois ou avec chaînes. Quand même elles ne sont pas bien verticales, elles ne cessent de bien fonctionner.

Chaque machine destinée à l'extraction des minerais peut également servir à élever les eaux; des tonneaux étanches remplacent alors les bennes. Ces tonneaux ou *caisses d'épuisement*, en bois ou en tôle, sont pourvus à leur fond d'une large soupape qui en permet le remplissage, dès qu'on les plonge dans le *puisard:* c'est ainsi qu'on appelle la cavité au fond du puits où se rassemblent les eaux; ces caisses sont ensuite montées et renversées sur un déversoir.

§ 2. — MACHINES DE VENTILATION DES MINES (POUR MÉMOIRE).

Les mines ne peuvent être exploitées qu'à la condition d'être convenablement aérées ; l'air irrespirable doit en être expulsé et l'air respirable doit y être introduit.

Ces deux opérations se confondent en une seule ; dès que l'air vicié sort de la mine, l'air frais y entre naturellement ; si l'aspiration au moyen de feux allumés près de la surface du sol, ou dans des puits d'appel, ne suffit pas pour entraîner l'air du fond, on se sert des ventilateurs décrits dans le chapitre précédent.

§ 3. — MACHINES DE ROULAGE DES MINERAIS.

Quand les galeries sont horizontales ou faiblement inclinées, l'ouvrier porte les minerais, ou il les traîne dans des brouettes, ou encore il les roule soit dans les *chiens de mine* — petits wagons à quatre roues, soit dans des *bennes* ou *cuffats* — espèces de tonneaux cerclés de fer et placés sur des plates-formes.

Quand le chargement de roulage devient trop lourd pour l'homme, on emploie des chevaux, qui, une fois descendus dans la mine, n'en sortent plus vivants. Dans quelques mines, en Angleterre, on emploie des locomotives.

Ce roulage a lieu sur des voies spéciales que nous allons examiner.

Le rail des mines (fig. 207). — Les mineurs allemands avaient imaginé les premiers rails, qui étaient en bois. Les galeries de mine ne sont pas larges, les chariots chargés de minerais qu'on y roule suivent toujours la même trace et forment des ornières ; l'idée d'y poser des longerons ou des madriers est donc venue ainsi tout naturellement.

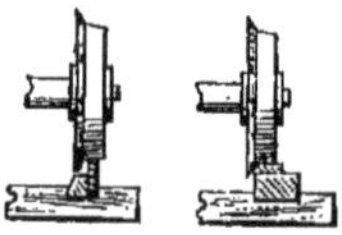

Fig. 207.

De l'Allemagne, ces chemins en bois se sont propagés en Angleterre, où l'on a cherché à les perfectionner, car ils s'usaient très-vite sous le mouvement continuel du roulage. Vers 1650, on y cloua des bandes de fer, dont on redressa les bords, afin de maintenir les roues toujours en ligne droite.

Le dessin indique que les longuerines sont encastrées dans les traverses, et qu'une bande de fer est clouée sur la longuerine. Cette voie est le point de départ des railways de grande communication. Telle qu'elle existait dans l'origine, telle on la construit encore aujourd'hui pour les embranchements, ou voies de service des houillères et des usines qui aboutissent à la ligne principale.

Le rail suspendu (fig. 208). — Les bennes roulent sur le rail par leur propre poids dans les galeries inclinées ; le chemin de fer est attaché à chaque cadre du boisage au moyen de deux traverses qui supportent la longuerine, sur laquelle on a fixé le rail. La suspension de la roulette est suffisamment indiquée par le dessin.

Fig. 208.

Un pareil chemin à roulette a été établi dans les mines de Rive-de-Gier (France), mais il ne s'est pas répandu, à cause des inconvénients du ballottement des bennes, qui n'ont pas beaucoup d'équilibre.

Les plans automoteurs. — Dès que les galeries ont une inclinaison de $0^m,05$ à $0^m,07$ par mètre courant, on emploie le roulage sur des

Fig. 209.

plans automoteurs (fig. 209). Ils sont installés de façon que les wagons pleins descendants remontent les wagons vides qui retournent aux tailles. Cette condition ne peut être réalisée que si les points d'embarquement des minéraux sont plus bas que le point d'extraction.

Généralement on a dans toute l'étendue du plan automoteur deux voies, qui cependant ne sont pas indispensables. En Angleterre, on n'établit la double voie qu'au milieu du trajet, où les convois se croisent sur des aiguilles, comme dans les chemins de fer sur terre ; mais cela n'est pas une économie bien comprise, car les trains peuvent se choquer, en cas de rupture du câble, et effectivement cela a déjà eu lieu.

Le câble auquel sont attachés les wagons est enroulé autour d'une poulie de renvoi horizontale dont le diamètre est égal à la distance entre les axes des deux voies. Au-dessus de cette poulie se trouve une deuxième poulie destinée au service du frein. Ce frein, déjà décrit dans le chapitre *Organes des machines*, est une bande de fer qu'un levier serre autour de la poulie. Une des extrémités de cette bande est scellée dans les pierres, car toute cette construction est installée dans une cuve en maçonnerie ou simplement taillée dans le roc ; l'autre extrémité est attachée au levier. L'axe de la poulie repose dans une crapaudine ; en haut, c'est un collier qui la guide.

Ce frein modère la vitesse des convois ; mais peut-il toujours les arrêter ? Non. On peut rendre la poulie immobile, mais si le convoi est entraîné par une force supérieure, le câble glisse sur la poulie. Il faut donc, pour arrêter le câble, prendre un treuil sur lequel il s'enroule plusieurs fois ; le treuil restant fixe, il est évident que le convoi s'arrête, à moins que le câble ne casse.

Lorsque la pente est forte au point que le plan automoteur se rapproche du puits, on place les wagons dans un *porteur*, espèce de berceau, dont la base suit l'inclinaison de la galerie, tandis que la plate-forme qui reçoit les wagons reste horizontale, afin que l'on n'ait pas besoin de les retourner.

Aux Etats-Unis, il existe un plan automoteur sur lequel on fait monter les trains de charbon au moyen d'un train d'eau descendant. Ce dernier se compose de *wagons-citernes* qui sont remplis par une source au sommet du plan incliné ; arrivés au pied de la rampe, ils se vident par des soupapes.

§ 4. — MACHINES D'EXTRACTION.

Le roulage dans les mines s'arrête au *puits d'accrochage*, où les bennes doivent être accrochées au câble, pour être extraites, ce qui veut dire être montées jusqu'au jour. Les mineurs s'y placent également pour descendre ou pour monter.

Les machines qui servent dans ce but sont désignées sous le nom de *machines d'extraction*. Elles doivent maintenir les fardeaux à élever dans une ligne verticale, pour qu'ils ne se heurtent pas contre les parois du puits, ni les uns contre les autres; car, quand une benne descend, une autre monte.

Pour éviter des accidents, dont la suite peut être terrible, on emploie des guides et des parachutes, et c'est sur le fonctionnement correct de ces mécanismes que repose le service d'extraction.

Les moteurs qui y sont employés n'offrent rien de particulier; ce sont des ouvriers, des roues hydrauliques, des machines à vapeur ou des manéges.

Les machines d'extraction forment une espèce particulière des machines à élever les fardeaux; mais comme elles ne sont usitées que dans les mines, on les a classées dans le présent chapitre.

La roue à cheville (fig. 210). — C'est une espèce de treuil usité surtout aux environs de Paris, qui sert à monter les pierres des car-

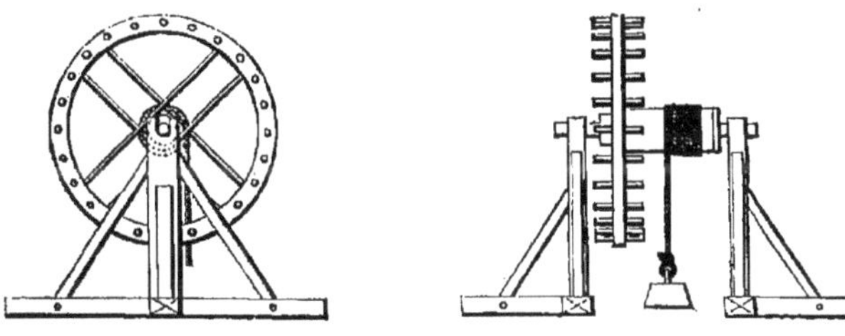

Fig. 210.

rières souterraines; les ouvriers grimpent sur les chevilles, comme sur une échelle; le poids de leur corps fait tourner la roue. Le plus mauvais emploi que l'homme peut faire de lui-même, c'est d'agir par son propre poids; mais ce sont ici des circonstances locales qui permettent de s'écarter de cette règle. Les ouvriers ne sont pas constamment occupés à faire tourner cette roue; dès que la pierre est sortie du puits de carrière, il faut la charger sur les chariots, faire descendre la corde, etc., etc.

La machine à molettes (fig. 211). — Elle se compose d'un chevalet; d'une roue ou poulie en haut, appelée *molette*, sur laquelle glissent les câbles ; d'un tambour ou bobine d'enroulement de ces câbles ; puis vient la machine motrice.

Le *chevalet*, pareil à celui d'une chèvre, a une hauteur de 10 mètres ; elle est calculée d'après celle des bennes ; il faut 5 mètres de jeu pour qu'elles ne se heurtent pas contre les molettes.

La *molette*, qui est une véritable poulie de renvoi en fonte, doit être suffisamment grande, 4 mètres de diamètre, pour ne pas briser

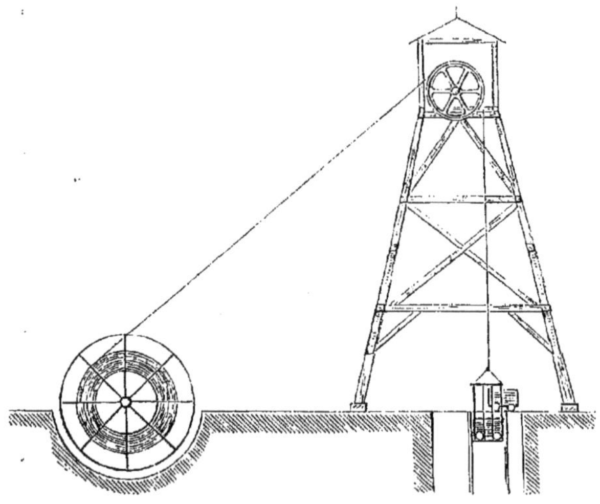

Fig. 211.

le câble ; elle doit présenter une gorge assez profonde pour que le câble ne puisse pas s'échapper.

La *bobine* se compose d'un essieu ou arbre portant huit doubles bras, qui forment une espèce de gorge profonde de 2 mètres dans laquelle se loge le câble plat. L'un des câbles monte quand l'autre descend, et les deux bennes se rencontrent au milieu du puits ; le poids à élever ne se compose que de la charge de la benne. Sur la bobine, comme sur le tambour est placé un frein assez énergique pour arrêter l'appareil en cas d'accident. Ce frein est pareil à celui du plan automoteur.

La cage guidée et le guidage. — Ce sont des appareils destinés à maintenir les bennes dans une ligne verticale ; comme nous venons de l'annoncer, leur fonctionnement régulier est indispensable pour assurer le service d'extraction. Les bennes sont chargées à l'avance et on les approche du puits. Il faut que l'une soit accrochée en bas, dans le même temps que l'autre soit vidée en haut. Cette manœuvre doit se faire avec une grande promptitude, afin que la machine motrice reste

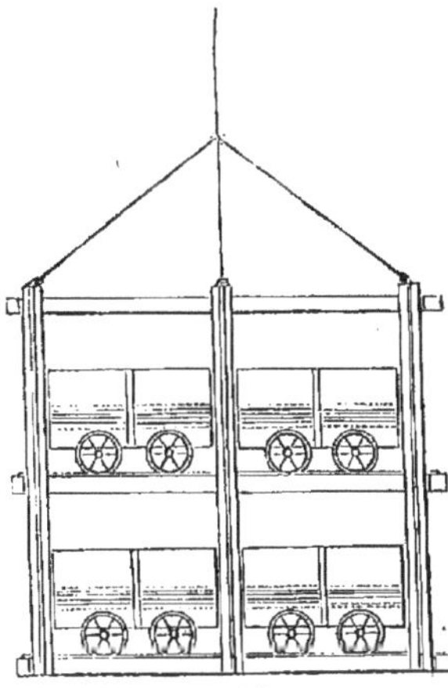

Fig. 212.

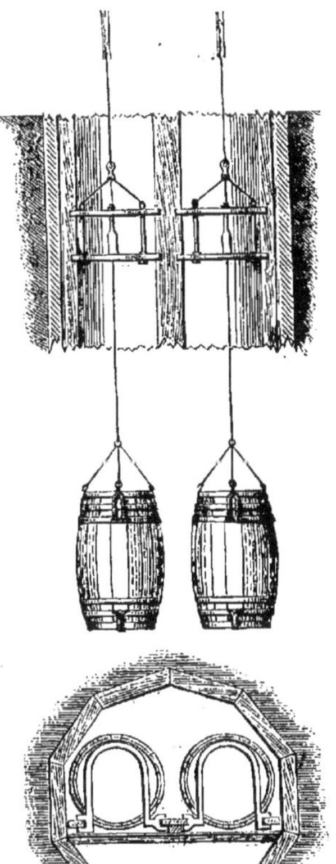

Fig. 213.

toujours en mouvement. Les bennes sans guides marchent à raison de 1 mètre par seconde, et à une vitesse double avec guides.

La *cage guidée* (fig. 212) est une plate-forme en bois ou en fer surmontée d'une cage ou berceau dans lequel sont placés les wagons ou chiens de mine, généralement au nombre de quatre. Ces cages guidées, qui sont à deux et même à quatre étages, se meuvent entre ces longuerines verticales qu'elles embrassent au moyen de crampons en fer.

Le *guidage* (fig. 213) est un chariot à roulettes qui glisse — comme précédemment — dans la rainure des tiges de bois placées le long du puits ; on y suspend la benne au moyen d'une chaîne. Dans le principe on avait adopté, comme guides, des câbles en fil de fer qui passaient à travers ce plateau. On obtenait une tension suffisante de ces câbles pour empêcher leurs vibrations et les oscillations des bennes, qui du reste sont bombées, afin qu'elles ne s'accrochent pas en route.

Le parachute (fig. 214). — Le fonctionnement de cet appareil repose sur le jeu d'un ressort. Dès que, par suite de la rupture du câble, ce ressort n'est plus comprimé, il tire sur la tige verticale et fait descendre les griffes *aa* en acier qui s'arcboutent contre les guides *o*. C'est un grand avantage offert par ces guides en bois qui permettent l'établissement des parachutes; cela prouve, une fois de plus, que tout est solidaire dans une exploitation de mine.

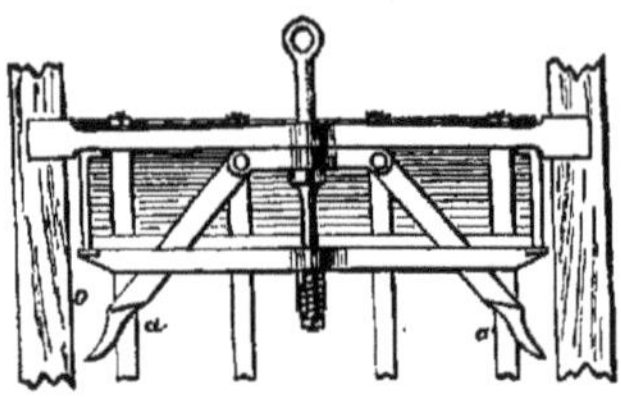

Fig. 214.

Ces parachutes fonctionnent admirablement sur des modèles; mais dans les mines il n'en est pas toujours ainsi, et bien des malheurs sont arrivés à la suite de la rupture du câble d'extraction, surtout quand les cages portaient des mineurs.

Il y a quelque temps, dans un puits à Jemmapes (Belgique), la cage du nord montait en ramenant douze ouvriers. La cage du midi descendait à vide, mais par suite d'un mouvement du terrain elle avait déraillé; elle continua néanmoins sa course et rencontra la cage montante.

Un terrible choc a lieu, il détermine la rupture des chaînes de suspension de la cage montante, les griffes du parachute labourent les bois des guides, ils se brisent, les ressorts se cassent, et rien ne peut retenir la cage qui est précipitée au fond de la bure. Six ouvriers sont tués sur le coup.

Mais détournons nos regards de ces funèbres tableaux; nous avons besoin de toute notre attention pour examiner si l'on ne pourrait pas transporter les mineurs d'une façon moins dangereuse avec des machines spéciales.

§ 5. — MACHINES DE TRANSPORT DES MINEURS.

Le transport des mineurs dans les puits a de tout temps préoccupé les propriétaires des mines, mais, depuis l'antiquité jusqu'à nos jours, les moyens employés n'ont guère varié. Ce sont des échelles verticales ou inclinées fixées contre le mur du puits, se posant sur des plates-formes ; ou encore elles sont taillées en hélice, espèces d'escaliers sur lesquels on peut se reposer. Mais de quelque façon qu'on les dispose, elles offrent de graves inconvénients. D'abord, il faut une heure à un homme pour monter à une hauteur de 500 mètres, autant pour descendre; puis les fatigues continuelles qu'il éprouve dans cet exercice doivent nécessairement abréger ses jours.

Le transport le plus usité a lieu en cuffats et en cages guidées, comme nous l'avons déjà vu, mais il est aussi très-lent. On a donc cherché à l'effectuer d'une manière plus rapide au moyen de la *fahrkunst*.

Les échelles mobiles; en allemand, *fahrkunst* (fig. 215).—La fahrkunst, qui nous vient des mines du Hartz, se compose d'un balancier hydraulique : deux cylindres en fonte communiquent en haut et en bas par des tuyaux. Le premier cylindre est rempli d'eau; une machine à vapeur fait descendre le premier piston qui refoule l'eau dans le second cylindre dont le piston monte. Lorsque celui-ci est forcé de descendre à son tour, il fait remonter le premier piston, car l'eau transmet la pression de la vapeur d'un cylindre à l'autre.

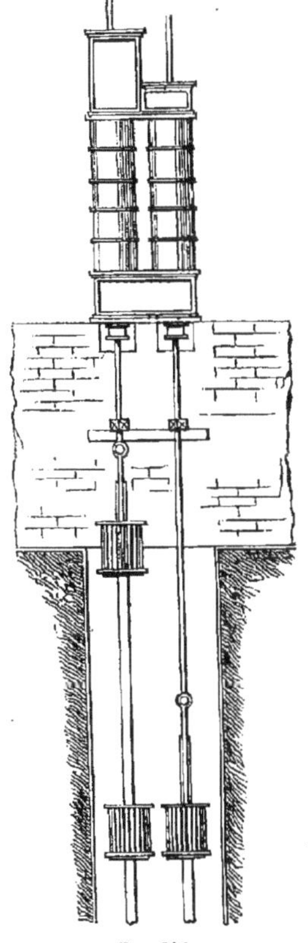

Fig. 215.

Or, à ces tiges de piston sont attachées des échelles ou tiges de bois munies, de distance en distance, de balustrades disposées de façon que les mineurs peuvent passer de l'une à l'autre sans fatigue, et monter ou descendre à leur gré.

Ces échelles mobiles semblent avoir résolu le problème du transport des mineurs dans les puits. Cependant, elles ne se propagent pas beaucoup : cela tient à ce que leur installation est très-dispendieuse; leur entretien très-coûteux, car les bois prennent du jeu et les fers deviennent cassants. En outre, il faut une certaine adresse pour s'en servir; car au moindre faux pas du passage des plates-formes on s'expose à de graves dangers.

§ 6. — MACHINES DE PRÉPARATION DES MINERAIS.

Avant de livrer les minerais aux fonderies, il faut les *enrichir*, c'est-à-dire en séparer la gangue, ou roche stérile, et les condenser ainsi dans un volume réduit, afin de ne pas soumettre à un traitement métallurgique des matières inutiles. Par un triage à la main, on sépare les minerais riches en métal, qu'on peut fondre immédiatement; il reste alors les minerais pauvres qui doivent être enrichis.

A cet effet, on les traite mécaniquement : on les broie et on en classe les morceaux d'après leur grosseur; quand le métal est intimement mêlé avec la gangue, ou s'il est en parcelles imperceptibles, comme l'or dans le quartz, on pulvérise les minerais pour les laver, afin d'en enlever les parties terreuses. Les engins destinés spécialement à la préparation des minerais comprennent alors : les machines à casser, à classer et à laver.

Elles sont construites d'après deux principes : le principe ancien, ou l'intermittence des mouvements, et le principe nouveau ou la continuité des mouvements. Ce que nous avons dit au sujet du matériel ancien et du nouveau, dans l'introduction de ce chapitre, s'applique surtout aux machines de préparation des minerais.

Les machines à casser les minerais. — Il n'y a pas de règle générale à établir quant à la grosseur des grains que le cassage doit fournir; cette grosseur est en rapport avec la dimension des parcelles métalliques qui sont à séparer des minerais bruts. Nous présentons ci-dessous quatre spécimens de ces machines.

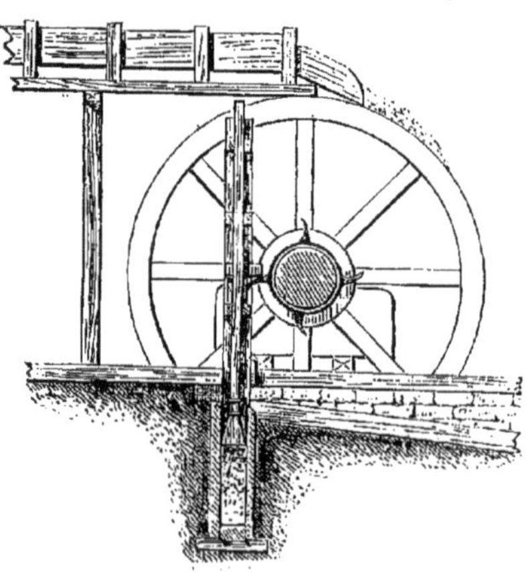

Fig. 216.

Le *bocard* est un assemblage de pilons armés à leur extrémité d'une masse de fer pour piloner les minerais durs, et les réduire en poussière. On a disposé (fig. 216) les cames de l'arbre moteur de manière que la roue soulève les flèches ou pilons, non pas tous à la fois, mais au fur et à mesure de l'opération pour que le travail reste constamment le même. Ce sont presque toujours des cours d'eau qu'on emploie comme force motrice pour le bocardage, par la raison qu'il faut également de l'eau, afin d'entraîner les matières terreuses. Dans l'origine, le concassage des minerais était exclusivement accompli par des pilons.

Les *cylindres broyeurs* sont en fonte, unis ou cannelés; si le minerai est tendre, on emploie les cylindres lisses; ils le laminent pour ainsi dire (fig. 217).

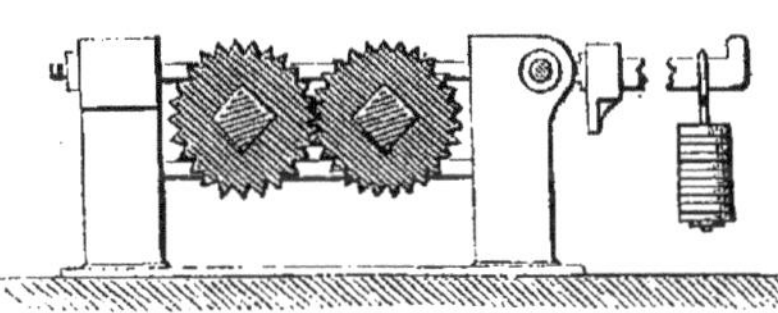

Fig. 217.

Pour empêcher la rupture de ces engins, ce qui arriverait à la suite de l'interposition fortuite d'une pierre trop dure, on les a rendus mobiles; c'est-à-dire, l'un des cylindres est pressé contre l'autre par un levier à contre-poids. On emploie également à cet effet des ressorts en acier ou en caoutchouc, dont la résistance s'accroît au fur et à mesure que l'écartement se produit; cette disposition, qui supprime le levier, rend la machine moins encombrante.

Les cylindres broyeurs sont d'une conduite très-facile; ils laissent passer une grande quantité de matériaux, produisent peu de poussière, et comme ils se règlent aisément avec des vis de rappel, ils donnent des grenailles d'un calibre voulu. Quoiqu'ils s'usent très-vite, on les préfère néanmoins aux bocards, car ils peuvent être installés à peu de frais.

Le *broyeur américain* (fig. 218) est une copie de la mâchoire humaine; il se compose d'une plaque fixe, qui représente la mâchoire supérieure, et d'une plaque mobile *o* qui figure la partie inférieure de la mâchoire. Un arbre coudé *a*, muni de deux volants et animé d'un rapide mouvement de rotation, agit sur un genou *ie* qui presse la mâchoire mobile contre la mâchoire fixe et qui écrase ainsi les minerais. Les gros blocs,

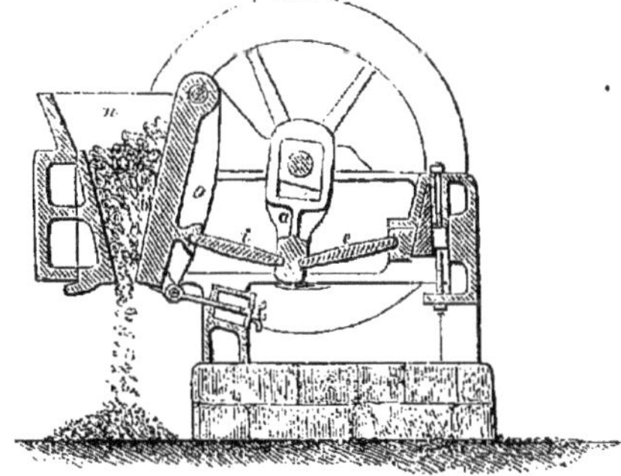

Fig. 218.

qui n'entreraient pas au point *n*, sont brisés à coups de marteau.

Les *meules* sont en fonte ou en pierre dure. On les fait tourner en rond; elles sont verticales; leur diamètre est plus grand que le chemin qu'elles parcourent; leurs jantes glissent alors sur une partie du trajet et le minerai est réduit par frottement. Ces meules constituent une espèce de moulin à farine minérale.

Les machines à classer les minerais. — Ce sont des tamis mécaniques; en voici deux modèles.

Le *ratter* (fig. 219) est composé de plaques en tôle percées de trous et dont les côtés sont bordés de planches. On soulève le ratter à gauche et on le laisse retomber avec choc; une charnière se trouve à la partie d'en haut à droite. Le minerai se sépare en deux sortes sur l'étage supérieur; les parties fines tombent sur le plan incliné de l'étage inférieur, où elles se divisent de nouveau; les morceaux les plus gros s'échappent par les extrémités. Ces machines, qui sont des tamis à secousses, deviennent de plus en plus rares; on ne les conserve que pour classer de gros fragments.

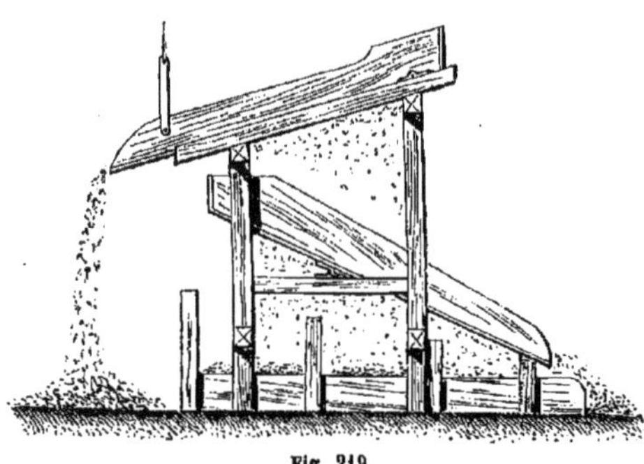

Fig. 219.

Le *trommel* (fig. 220) est la machine la plus usitée pour classer les minerais; c'est un tambour (*trommel*, en allemand). Les parois sont formées de baguettes de fer rapprochées en haut, écartées en bas; ou de plaques de tôle perforées, dont les trous sont petits en haut et grands en bas. De toutes les formes de trommels, celle du cylindre a le mieux réussi; il ne s'agit que de trouver l'inclinaison convenable; on y arrive par le tâtonnement.

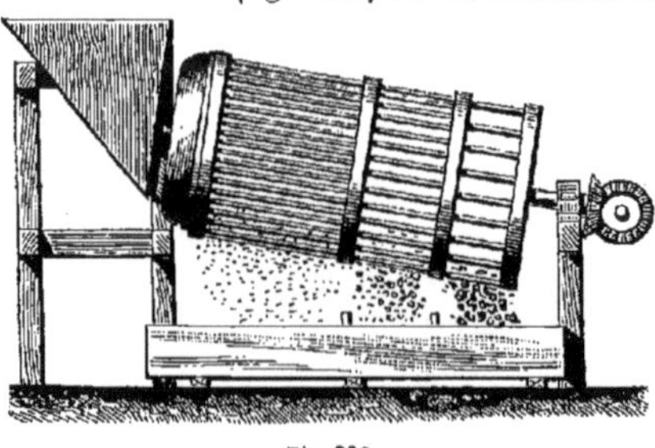

Fig. 220.

Cette machine a un mouvement doux, régulier, continu. Les minerais se classent dans des cases disposées au-dessous du trommel.

On a aussi placé plusieurs trommels à la suite l'un de l'autre. Les matières broyées sont introduites dans le premier trommel qui isole une première couche de minerai, et livre les minerais restants à un deuxième, et ainsi de suite, jusqu'au classement complet. Dans cette méthode, le premier, étant chargé de toutes les matières, doit s'user vite et donner un triage imparfait. C'est là un inconvénient auquel on est parvenu à remédier par le procédé suivant : on place un trommel séparateur au-dessous d'un broyeur, et les minerais séparés sont ramenés, par une espèce de noria, de nouveau dans le broyeur pour être réduits à la dimension voulue.

Les machines à laver les minerais. — Elles imitent en quelque sorte la sébile du laveur d'or. En dehors des machines dont nous allons donner une description sommaire, il existe d'anciens appareils qui produisent à peu près le même résultat, c'est-à-dire qui séparent les grenailles des terres auxquelles elles sont mélangés. Tels sont le labyrinthe, la table dormante, la caisse tombeau.

Le *labyrinthe* se compose de fossés établis sur un plancher, où l'eau dépose les sables métalliques qu'elle tient en suspension.

La *table dormante* est un plancher incliné sur lequel l'ouvrier pousse avec un râteau vers le haut, pendant que l'eau coule, les minerais étendus jusqu'à ce qu'ils soient suffisamment enrichis. Cette table a 5 mètres de longueur sur 2 mètres de largeur.

La *caisse tombeau*, ou *caisse allemande*, est formée d'auges ou canaux inclinés rectangulaires de 3 mètres de longueur sur 1 mètre de largeur et $0^m,50$ de profondeur. En haut, on jette le sable de minerai et on y fait arriver l'eau. La paroi verticale inférieure est percée de trous qui sont bouchés ; on les débouche en commençant par ceux d'en bas ; l'eau bourbeuse s'écoule et le minerai reste au fond. Puis, on recommence cette opération jusqu'à ce que les derniers trous soient bouchés, et que les auges soient entièrement remplies.

Cette caisse n'est pas une machine proprement dite, pas plus que le labyrinthe ou la table dormante ; aussi nous n'avons cité ces appareils qu'à titre de transition.

Le *patouillet* (fig. 221) est la plus ancienne des machines à laver les minerais ; il sert encore aujourd'hui à les débarrasser de l'argile qui les recouvre, et qu'une exposition à l'air n'a pas fait tomber naturellement.

Le minerai, pour subir un premier lavage, est jeté à la pelle dans une caisse en bois au-dessus de *n* que traverse l'eau dérivée du canal *r* au point *a*. On le fait passer ensuite dans l'auge, où une roue hydraulique ordinaire donne le mouvement à une roue avec des palettes en fer, qui remue les minerais; l'eau bourbeuse s'écoule. On ouvre l'auge en bas et les minerais tombent dans la caisse *n*, d'où ils sont sortis, quand on les croit suffisamment lavés.

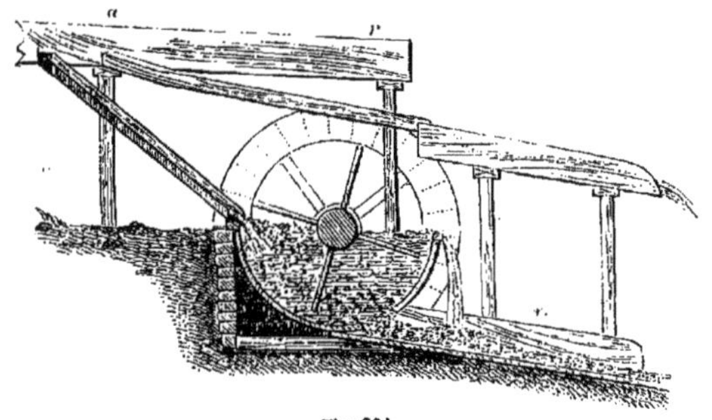

Fig. 221.

On installe cet engin primitif à peu de frais dans les ruisseaux, ou sur le bord des rivières.

Le *crible hydraulique intermittent.* — Une charge de *schlick* (sable de minerai) étant placée dans un crible, l'ouvrier lui imprime, au moyen d'un balancier avec contre-poids, un mouvement de haut en bas dans un baquet rempli d'eau ; le sable est soulevé et les parcelles métalliques tombent au fond de la cuve.

Le crible est mobile, on le trempe dans l'eau. On peut le rendre fixe, et y faire affluer le liquide avec un piston par-dessous. Cette méthode donne de très-bons résultats, et elle remplace presque partout le système de la grille mobile.

Le principe de ce crible hydraulique vient de recevoir une application très-importante dans la *machine à laver la houille*. Elle sert à débarrasser le combustible minéral réduit en petits morceaux de la majeure partie des schistes, des pyrites et des matières terreuses qui s'y trouvent mélangées.

Le *crible hydraulique continu*, récemment introduit dans les ateliers de lavage (fig. 222), comprend une trémie *a* dans laquelle se déverse constamment le minerai à enrichir. Il s'étend sur la surface de la cuvette *sb* dont le fond *b* est garni d'une tôle perforée, laquelle est la grille fixe comme dans le cas précédent.

Une cuve *ne* est remplie d'eau ; un piston *r* et *r'*, en haut à gauche, par un mouvement alternatif, imprime au liquide la force suffisante pour soulever les couches de minerai qui se classent par rang de densité.

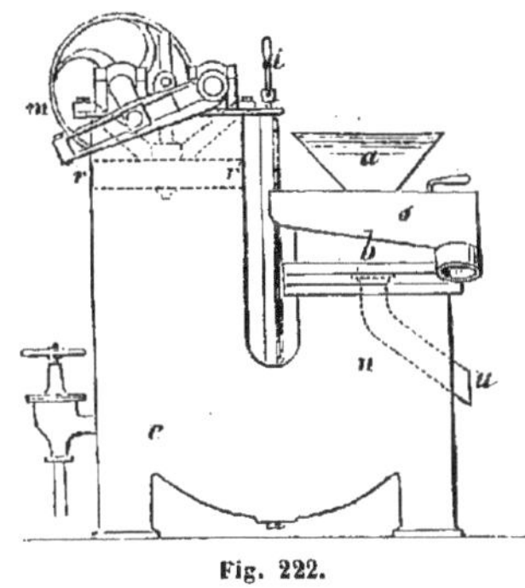

Fig. 222.

Cette machine ne mériterait donc pas la qualification de *crible continu*, si le piston n'était pas mû par la rotation de la manivelle *m*, mais le résultat est toujours un mouvement de va-et-vient. Il faut s'en contenter, car la machine qui projette continuellement l'eau n'est pas inventée encore ; du reste, elle serait inutile, puisqu'il faut laisser aux grenailles le temps de retomber.

Donc le minerai arrive dans la cuvette d'une manière non interrompue, et en remplit toute la capacité ; bientôt la gangue légère déborde et s'échappe dans le conduit d'évacuation *nu* pour être rejeté dans une brouette.

Pendant que la gangue est ainsi séparée, les grenailles s'accumulent vers le bas, et lorsque leur couche est assez épaisse, on la sort en soulevant la soupape inférieure.

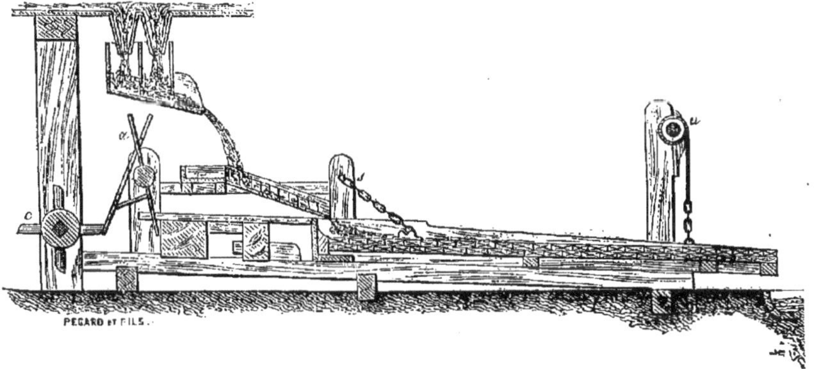

Fig. 223.

La *table à secousses* (fig. 223) est une table ou plancher suspendu à quatre poteaux au moyen de chaînes *su*; les chaînes *s* sont inclinées et tendent à appliquer ce plancher contre le heurtoir au-dessous du point *a*. On voit comment coule l'eau avec le minerai pour se répandre sur cette table. L'arbre à cames *c* est disposé de manière à pousser la table en avant par le levier *a*; mais, sollicitée par les chaînes, elle revient à sa position normale en frappant contre le heurtoir. Les parcelles métalliques restent sur la table et la terre est entraînée par l'eau.

Pour qu'une table à secousses puisse rendre de bons services, il est nécessaire qu'elle remplisse les conditions suivantes : sa longueur doit être d'autant plus grande que les minerais sont plus fins; — son inclinaison doit être en raison directe de la grosseur des grenailles; — la tension ou force qui ramène la table à son point de départ vers le buttoir et qui détermine la secousse, doit croître avec la finesse des matières; — la secousse doit être élastique pour les gros grains, et sèche pour les grains plus ténus; — le nombre des oscillations doit être tel, que la table n'est jamais en repos — vingt-cinq par minute.

Ces principes sont restés les mêmes et on n'a introduit dans ces machines d'autres changements, que la substitution des grosses charpentes de bois à des légères mais solides constructions en fer.

La table à secousses était autrefois, et est encore aujourd'hui, dans beaucoup d'exploitations, la machine fondamentale des ateliers de lavage, pour obtenir l'enrichissement des matières fines.

Ces tables ont ordinairement 4 mètres de longueur sur $1^m,50$ de largeur; leur inclinaison est de $0^m,05$ par mètre, et la quantité dont elles sont poussées par chaque choc est de $0^m,20$.

Quant à la masse d'eau pure ou chargée de schlick, elle varie d'après la nature du minerai à traiter.

La *table à toile sans fin* se compose d'un châssis en tôle, dont les extrémités sont munies de deux tambours ou rouleaux sur lesquels est enveloppée la toile sans fin. Au milieu, il y a un autre petit rouleau servant d'appui à la partie inférieure de la table; il sert en même temps de tendeur. Le châssis se trouve suspendu en tête par les deux bielles articulées au châssis et au bâti.

Le mouvement de rotation est communiqué à la toile sans fin au moyen d'une grande poulie qui est mise en action par le moteur de l'usine. Par suite de ce mouvement, les sables métalliques s'élèvent vers la toile, où ils passent sous le tuyau d'arrosage qui les épure encore, et ils se déposent dans une auge; les parcelles stériles tombent dans une rigole placée au bas de la table. La vitesse de rotation est calculée de manière que les grenailles ne puissent jamais atteindre l'extrémité inférieure de la toile.

Les *tables tournantes* offrent une surface conique qui peut être convexe ou concave.

Si elle est convexe, les minerais, livrés au centre, descendent et s'épanouissent vers la circonférence; les grenailles forment une couronne autour du centre et les stériles s'échappent par la circonférence.

Si la surface est concave, la marche de l'opération est inverse; les minerais sont livrés à la circonférence, les grenailles y restent, et les gangues sont entraînées vers le centre de la table dite *à entonnoir*.

L'établissement des tables tournantes qu'on a inventées au Hartz, sous le nom de *rotirende Heerde*, exige certaines précautions; ainsi

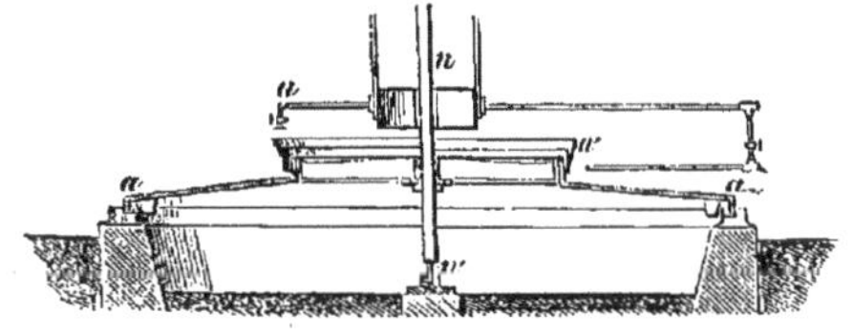

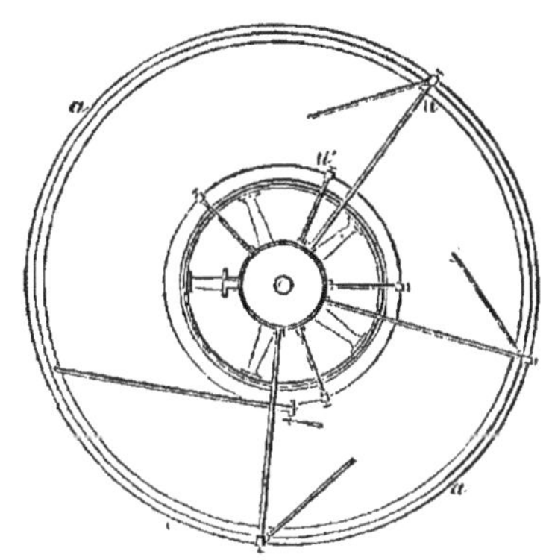

Fig. 224.

leur surface doit être aussi régulière que possible; mais, comme le bois employé primitivement est trop difficile à maintenir dans les formes voulues, il faut y substituer la fonte. Depuis cette innovation, les tables tournantes, appelées aussi *tables coniques*, se sont beaucoup répandues.

Voici un modèle de table convexe (fig. 224). La table conique proprement dite *aa'* est calée sur l'arbre *nn'* qui repose sur une crapaudine *n'*, fixée au sol ; son extrémité supérieure s'appuie contre la charpente de l'usine. Autour de la table passe une gouttière *aa'* destinée à recevoir les stériles ; *uu'* sont des tubes qui arrosent le minerai pendant le travail. Sur ces tables, qui ont 2 à 5 mètres de diamètre, on lave 70 à 120 litres par minute.

Le *cône-laveur-classificateur* est la plus complète des machines de lavage des minerais (fig. 225). Elle se compose d'un cône *aa'* dans lequel passe un autre cône *ss'* qui s'élève ou s'abaisse à l'aide de la vis *v;* l'espace *as*, *as'* peut donc être augmenté ou diminué suivant la nature du minerai ; ce cône, percé de trous à sa partie inférieure, est entouré d'une cuvette *cc'* ; il se termine par un évasement cylindrique.

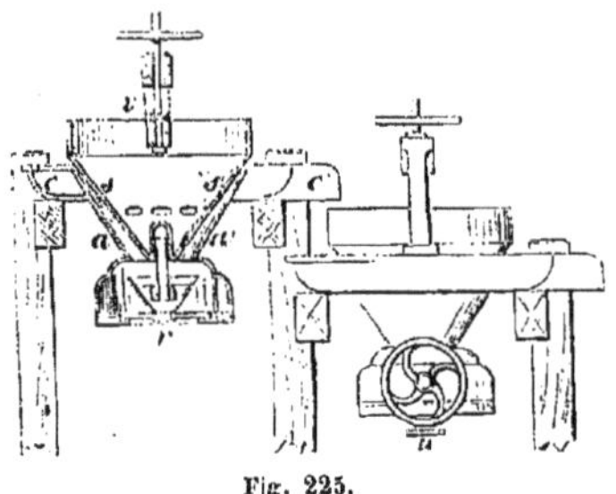

Fig. 225.

Voici la marche de l'opération : les sables et les boues en suspension dans l'eau passent par les trous au-dessous de *s* et se déposent dans le cône inférieur, où ils rencontrent le courant d'eau ascendant, introduit par la vanne près de *r*. La séparation commence alors à se produire ; les parcelles assez lourdes pour résister au courant, tombent au fond, et sont évacuées par l'orifice *r* et *u*, visible dans l'élévation à droite, tandis que les parcelles plus légères sont déversées dans la rigole *c* et sont expulsées par le canal *c'* à droite, pour retomber dans un cône placé au-dessous du premier ; du second, elles passent dans un troisième, et ainsi de suite. Une batterie se compose ordinairement de six cônes doubles ; leur écartement dans chaque appareil et l'introduction de l'eau sont réglés de manière à obtenir des vitesses toujours décroissantes.

CHAPITRE IX.

MACHINES A ENLEVER LES TERRES.

Les machines à labourer rentrent spécialement dans les machines d'agriculture. Nous n'aurons à nous occuper ici que des machines à enlever les terres, c'est-à-dire à draguer, à exécuter les déblais et à balayer les routes.

§ 1. — MACHINES A DRAGUER.

La *drague*, du mot anglais *drag*, traîner, est une sorte de cuiller ou de poche, avec un grand manche, destiné à retirer les matières déposées au fond de l'eau ; un ouvrier ou deux ouvriers manœuvrent cette drague, qui est percée de trous, afin que l'eau puisse s'échapper et ne soit pas montée inutilement.

Ce travail de draguage en grand s'exécute au moyen de deux espèces de machines, dont le choix est déterminé par le prix de revient, ou par la nécessité de finir cette opération à une époque fixe.

La drague à vapeur. — Parmi les machines à élever les eaux, nous avons vu figurer la noria qui est placée verticalement ; si elle est inclinée, et si elle touche le fond de l'eau pour y enlever la vase ou les graviers, on l'appelle *drague à vapeur*, car alors on l'installe sur un bateau avec une machine à vapeur qui tourne la chaîne sans fin à laquelle les godets sont attachés. On l'emploie dans les ports pour les curer, ou dans les rivières pour en abaisser le fond.

La drague Perris. — Elle se compose d'une auge en tôle, avec un fond en forme de clapet, de 3 mètres de longueur et de 1 mètre cube de capacité ; cette auge est attachée à un bateau ; si le bateau s'avance, la drague est poussée et se remplit de vase; on la soulève au moyen de treuils pour la vider.

Dans une journée, 12 hommes peuvent extraire 100 mètres cubes. Le mètre cube revient à 0 fr. 40, y compris l'intérêt du prix d'achat de cette machine.

On l'emploie dans le curage des canaux, où l'installation d'une drague à vapeur serait trop dispendieuse.

§ 2. — MACHINES A EXÉCUTER LES DÉBLAIS.

On s'est servi, pour le creusement de l'isthme de Suez, d'une machine spéciale nommée *excavateur*. La figure 226 doit en faire com-

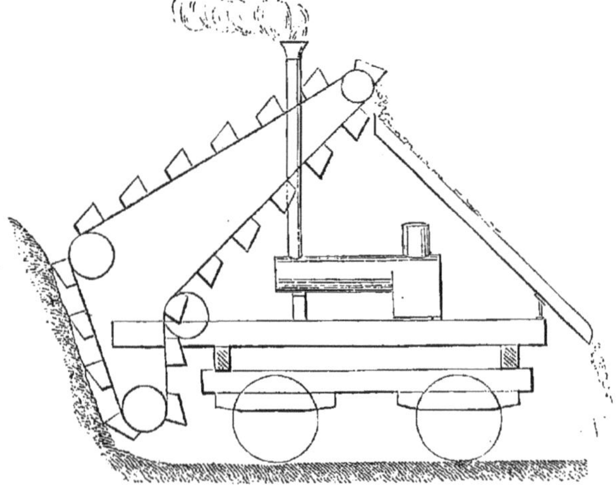

Fig. 226.

prendre les dispositions principales. Un truc porte une machine à vapeur qui met en mouvement une *drague à sec;* c'est la drague dont nous venons de parler, mais elle travaille verticalement. Les déblais tombent dans un wagon à terrassement qui les emporte.

Si les terres sont tant soit peu dures, l'excavateur ne marche plus, et il faut appeler des terrassiers ou des mineurs.

§ 3. — MACHINES A BALAYER LES ROUTES ET LES RUES.

Nous distinguons deux espèces de machines à balayer : dans l'une, l'outil est mobile et rigide ; dans l'autre, il est fixe mais élastique.

Le râteau mécanique. — Pour le nettoyage des chaussées macadamisées, on se servait, à l'époque où elles étaient des lignes de malle-poste, et encore maintenant on se sert quelquefois d'une machine qui peut-être a donné l'idée de la balayeuse mécanique. C'était un râteau qui passait obliquement sur la route et rejetait la boue ou la neige dans les fossés. Il est évident que si le râteau se composait d'une seule pièce, comme celui du jardinier, il se casserait à la première pierre venue encastrée dans la chaussée et faisant saillie, le cheva tirant toujours. Aussi ce râteau est-il formé de planchettes en bois verticales et mobiles pouvant se soulever au moindre obstacle.

La balayeuse mécanique. — Elle se compose d'une charrette dont une des roues est munie d'un engrenage et d'une poulie avec une chaîne Galle. Ces organes font tourner un arbre ou axe, auquel sont attachées les feuilles d'une sorte de palmier nain qui constituent le balai ou brosse. Un cheval traîne cette *balayeuse mécanique ;* le conducteur reste assis sur son siége et abaisse ou monte le balai avec une tringle ; un agent des travaux publics accompagne cette machine pour la surveiller.

Elle exécute le travail de 12 à 15 balayeurs ; elle nettoie 5 000 mètres carrés de rues ; un balayeur en nettoie seulement 400 dans la journée. Le balai est placé obliquement et rejette les boues de côté ; une deuxième machine suit la première et continue le balayage au point où la première l'a laissé, puis vient une troisième.

Une centaine de ces balayeuses mécaniques fonctionnent sur les boulevards de la capitale, dite du *monde civilisé*, à la grande satisfaction des piétons parisiens.

Depuis longtemps on avait cherché, principalement en Angleterre, à effectuer à l'aide de procédés mécaniques le balayage des rues ; mais on avait échoué parce qu'on essayait, en balayant, d'enlever aussi les boues. Ce n'est qu'en s'occupant du balayage seul qu'on a fini par arriver au but.

CHAPITRE X.

MACHINES A PERFORER ET A ABATTRE LES ROCHES.

Dans ce chapitre, nous aurons à nous occuper des machines à sonder les terrains, à percer les tunnels, à couper les pierres de taille dans les carrières, et à abattre les massifs de houille.

Les machines de sondage sont anciennes, les autres machines sont de nouvelles inventions.

§ 1. — MACHINES DE SONDAGE.

L'art du sondage remonte à la plus haute antiquité. Polybe dit que les Perses, après avoir conquis l'Asie, accordèrent les terrains à tous ceux qui faisaient surgir des sources, et ils arrivèrent ainsi à réparer les désastres résultant des conquêtes. La Syrie et l'Egypte renferment un grand nombre de puits forés. La plupart des oasis de la Lybie doivent à ces fontaines leur origine qui remonte à quarante siècles. Olympiodore cite de ces puits de 80 mètres de profondeur servant à l'arrosement. Aujourd'hui, on cherche à les désensabler ; ils sont tous en maçonnerie. On ignore si c'est au moyen de machines qu'on a procédé à ces travaux.

Les premières traces d'engins de sondage se trouvent en Chine ; là on rencontre de nombreux puits forés pour des eaux douces et des eaux salées de 1000 mètres de profondeur, et des puits de feu de 600 mètres de profondeur destinés aux gaz enflammés.

Dès le douzième siècle, ces puits forés sont connus en France, dans la province de l'Artois ; de là le nom de *puits artésiens*. On en doit la description à Bélidor, dans son ouvrage intitulé : *Science de l'ingénieur*, 1729.

C'est en 1824 qu'ils ont commencé à se répandre, et aujourd'hui il y en a dans tous les pays; ils sont destinés à la recherche des nappes d'eau souterraines, et des couches de terrains perméables ou absorbants dans lesquelles se précipitent les eaux superficielles au moyen de ces puits; ils servent aussi à dissoudre les sels, à reconnaître pour l'exploitation des mines la nature de la roche en arrière des tailles, ou la solidité des fondations dans les travaux d'art et les bâtiments.

Le sondage à de petites profondeurs a lieu à la main au moyen de la *sonde Palissy*, qui est une grande vrille de charpentier.

Les trous de sonde à de grandes profondeurs s'exécutent de deux manières différentes : à la corde ou à la tige.

Le sondage à la corde ou sondage chinois. — C'est le plus simple, il est employé de temps immémorial par les Chinois qui ne connaissent pas d'autres procédés de forage; il est cité pour la première fois dans la relation d'un voyage pittoresque au Céleste Empire publiée à Amsterdam à la fin du dix-septième siècle. En 1827, le père Imbert, missionnaire, donne des détails circonstanciés à ce sujet. Il nous apprend que la machine de sondage se compose d'une chèvre, d'une poulie de renvoi, et d'un treuil sur lequel s'enroule une corde en aloès, à laquelle on imprime un mouvement de va-et-vient. Le trépan que cette corde fait mouvoir est une espèce de mouton semblable à celui du battage des pilotis, mais cylindrique, creux et muni de dents. Il est entaillé par des cannelures; elles permettent au détritus de se dégager et de tomber dans ce trépan. Lorsqu'il est plein, on le retire pour le vider. Si la nature du terrain exige qu'on place dans le trou de sonde des tubes pour éviter les éboulements, on suspend le trépan à côté de son axe; il tourne sur lui-même et produit, en s'inclinant, un trou plus large que son propre diamètre.

Le sondage à la tige rigide. — Il nécessite l'emploi de plusieurs engins : une sonde avec sa tige; un treuil avec un câble qui la tire hors du trou; un batteur ou balancier qui la soulève et la laisse retomber; enfin une machine motrice.

Ces diverses parties qui forment un atelier de sondeur sont abritées sous un hangar appelé *tour de sondage* qui est exactement le même que celui de la machine d'extraction employée dans les mines. On n'a qu'à se reporter au dessin (fig. 211, p. 266) pour se rendre compte de l'exécution d'un sondage; on y procède de la manière suivante :

On commence par placer sur le sol un plancher en madriers dans lequel on a pratiqué une ouverture circulaire; il sert à garantir le trou de sonde contre l'affaissement du terrain.

On creuse jusqu'au roc avec la tarière; on y substitue ensuite le trépan qu'on soulève à bras jusqu'à 1 mètre, ou avec le balancier. Les ouvriers tournent la sonde de temps en temps, afin que l'attaque du trou ait lieu sur tous les points successivement. On jette de l'eau dans le trou pour délayer les détritus et pour rafraîchir les outils.

Les outils de sondage sont destinés à broyer la roche et à en extraire les débris ou les outils brisés (fig. 227).

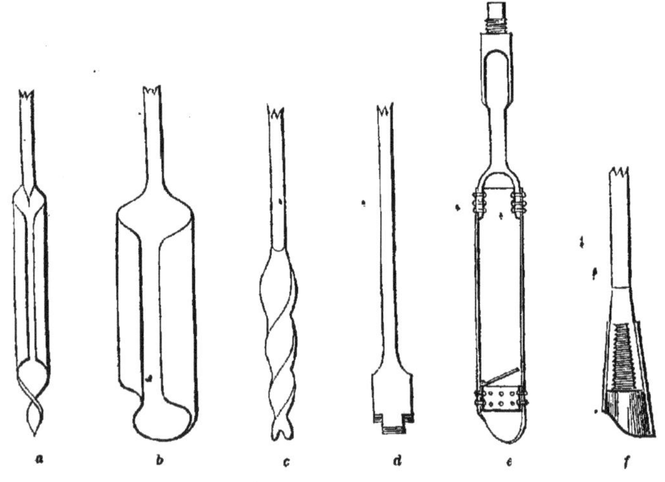

Fig. 227.

Les outils perforateurs ont diverses formes suivant la dureté du terrain et suivant qu'ils agissent par rotation, ce sont les *tarières a, b;* ou par percussion, ce sont les *trépans c, d* pour les roches dures.

Le dessin *e* représente une sonde à clapet, destinée à retenir les roches broyées ou les sables, et à les retirer.

Quand les outils se brisent dans le trou de sonde, on cherche à les dégager avec un crochet appelé *caracole*. Si l'on n'y arrive pas, on tâche de coiffer l'outil brisé avec une espèce de chapeau appelé *cloche d'accrocheur f*, dont l'intérieur est taraudé ou taillé en vis coupante; on la tourne pour fileter l'outil brisé, qui, une fois accroché, doit pouvoir être extrait ; si la cloche se brise à son tour, on recommence cette lente et anxieuse opération.

Lorsqu'il faut vider le trou, on retire la sonde au moyen du câble. On dévisse la partie de la tige hors du trou, on tire la partie suivante, et on dévisse de nouveau jusqu'à ce que toute la sonde soit sortie.

Si le terrain que traverse le trou de sonde n'est pas très-ferme, on le soutient au moyen de tubes de retenue en tôle, qu'on enfonce en les tournant ou en frappant sur leur tête. Si l'on rencontre de nouveau des terrains ébouleux, on fait descendre des tubes d'un diamètre plus petit; le tubage ressemble alors à une lorgnette ; ou encore on élargit le trou, et on y laisse glisser les tubes supérieurs. A cet effet, on emploie des trépans avec des échancrures dans lesquelles sont cachées des lames, qui s'ouvrent quand on tourne la sonde dans un sens, et se ferment quand on la tourne en sens contraire pour la retirer ; ce sont des ressorts qui les font mouvoir.

Ce mode de sondage présente plusieurs inconvénients : les dépenses et les difficultés croissent très-rapidement avec la profondeur ; le temps pour l'extraction et la descente de la sonde est long ; les tiges, qui sont en fer, pèsent trop ; leur fouet contre les parois du puits produit des éboulements qui peuvent entraîner la rupture de ces tiges.

Pour obvier à ces inconvénients, deux sondeurs prussiens, Oenhausen et Kind, imaginèrent de séparer le trépan de la tige, qui n'est plus en fer comme précédemment, mais en bois ; elle pèse donc moins que l'eau, et le poids à soulever n'augmente pas avec la profondeur. Le trépan se relie à la tige par un déclic avec pinces ; la sonde est surmontée d'un disque en cuir. Quand, après avoir soulevé la sonde, on la laisse retomber, ce disque, retenu par l'eau, ne la suit pas ; la tige s'arrête, les pinces s'ouvrent et le trépan tombe seul ; le disque cependant ne tarde pas à suivre, les pinces s'accrochent au trépan et le soulèvent. Avec cette *sonde à chute libre*, on est arrivé à 700 mètres de profondeur dans un puits près de la ville de Luxembourg : ainsi à 150 mètres plus bas qu'au puits de Grenelle.

Pour opérer rapidement, il faut pouvoir se dispenser de retirer l'outil. A cet effet, on rend le curage indépendant de la manœuvre de la sonde, qui alors est creuse et dont l'extrémité est munie d'un trépan d'un diamètre plus grand que celui de la sonde ; on réserve ainsi autour d'elle un espace annulaire. La sonde est par en haut en communication avec une pompe foulante qui permet d'injecter jusqu'au fond du trou une colonne d'eau ; celle-ci, en remontant dans cet espace annulaire, établit un courant ascensionnel, afin d'entraîner les détritus. On n'a donc plus besoin de retirer la sonde. En faisant remonter l'eau par l'intérieur, au lieu de la laisser passer de côté, on peut aussi expulser des graviers, même des pierres.

Tous les trous de sonde doivent recevoir des tubes définitifs qui se glissent dans les tubes provisoires; ils ont un diamètre uniforme et égal au diamètre le plus petit. Leur pose est facile, car ils ne rencontrent pas d'obstacle sur leur route. Il ne reste donc qu'à choisir la matière la plus propre à cet usage.

Le bois est économique et durable ; mais il diminue notablement le diamètre intérieur du trou de sonde ; — la fonte est toujours d'un bon emploi ; — la tôle est vite attaquée par l'oxydation ; — le cuivre dure longtemps, mais il est cher et ne supporte pas des eaux sulfureuses ; — le zinc, au contraire, les supporte (puits d'Enghien, près Paris); — la tôle galvanisée peut rendre de bons services (puits de Grenelle).

En résumé, il n'y a pas de règle uniforme à indiquer pour le tubage, qui dépend des circonstances locales.

Le fonçage des avaleresses au trépan. — Une avaleresse est un puits de mine foncé dans un terrain aquifère. Il s'exécute à la tige rigide, avec les mêmes outils que précédemment, mais beaucoup plus larges. On commence avec un petit trépan, ensuite on élargit le puits avec un trépan formé d'une lame de 4 mètres de longueur avec des dents en acier. Sa tige est un sapin.

Le fonçage étant terminé, on procède au cuvelage de l'avaleresse, lequel est cylindrique et diffère du tubage provisoire précédent qui est conique.

Le *cuvelage* se compose d'une série d'anneaux en fonte assemblés qui forment un tube; dès qu'une partie en est descendue, de nouveaux tronçons y sont ajoutés.

Le fonçage mécanique d'une avaleresse, qui est une nouvelle invention, possède sur le travail manuel la supériorité d'une exécution rapide et économique. Mais son premier avantage consiste à soustraire les mineurs au continuel travail dans l'eau, ce qui les expose à des maladies. Quant à la solidité du cuvelage et quant à l'isolement complet des terrains aquifères, ce sont des questions que l'avenir résoudra.

N'ayant à nous occuper ici que de machines, nous sommes obligé de terminer cet aperçu sommaire du fonçage des puits qui rentre dans la construction proprement dite, et de renvoyer à notre livre intitulé : *les Métaux, les Mines et les Mineurs* (*).

Le sondage par le screw-pile Mitchell. — Ce sondage dérive du puits instantané qui comprend un tube en fer qu'on enfonce à coups de mouton (bloc en fonte) et auquel on ajoute un corps de pompe. En quelques heures cette opération est terminée, et l'eau peut être puisée.

Ce tube est composé de morceaux de 2 mètres de longueur et de 0^{m},06 de diamètre ; le premier, celui qui entre dans la terre, est muni d'une pointe, comme le sabot d'un pilotis, et il est percé de petits trous par lesquels suinte l'eau. Le dernier bout, celui qui est hors du sol, porte un rebord mobile ou collier sur lequel frappe le mouton. C'est donc une espèce de tubulure artésienne.

Ce procédé est expéditif, mais un mode plus expéditif encore consisterait à se servir d'un pieu à vis ou screw-pile Mitchell creux et percé de trous à la partie inférieure, dont il a été question au chapitre II, p. 104, fig. 43. La vrille remplacerait la pointe et une barre transversale serait substituée au mouton, qui est un engin encombrant et n'a qu'un effet très-limité ; tandis que notre barre pourrait être aussi grande qu'on voudrait et aurait une puissance illimitée, puisque c'est un levier.

J'abandonne au public cette invention, qui est ma propriété, dans l'espoir qu'elle se vulgarisera.

§ 2. — MACHINES DE PERCEMENT DES TUNNELS.

La lenteur et la cherté du travail manuel employé à la perforation des tunnels ont inspiré, dans ces dernières années, l'idée d'y substituer le travail des machines, et l'intérêt qui s'y attache s'explique par les immenses avantages qu'offre la prompte exécution du percement des montagnes pour la traversée des chemins de fer.

Ces sortes de *tunneling-machines*, comme les Américains les appellent, sont très-usitées dans les États-Unis ; on les met en action au moyen de petites machines à vapeur de 4 à 5 chevaux installées à l'entrée du tunnel. La vapeur entre par un tuyau et s'échappe par

(*) Paris, Furne, Jouvet et compagnie, éditeurs.

un autre tuyau, qui tous deux sont suspendus le long de la galerie. On y emploie aussi comme moteurs l'air comprimé et l'eau sous pression.

Il y a déjà deux sortes de ces machines : les premières ont pour but de forer les trous de sonde, comme le ferait un mineur, et de détacher les rocs au moyen de la poudre ; — les secondes cherchent à diviser les rocs et à les saper sans le secours de la poudre, laquelle offre de nombreux inconvénients que nous pouvons signaler de suite : interruption du travail de perforation pendant qu'on charge les trous de mine ; dangers pour les ouvriers à cause des explosions ; ébranlement des travaux de revêtement et nécessité de les consolider ; augmentation de l'aérage à cause de la fumée ; irrégularité de l'action de la poudre par suite des fissures dans les rocs ; enfin obligation de pulvériser, pour les trous de mine, la roche dont la propriété de se diviser en éclats volumineux ne peut pas être mise à profit dans ce cas.

Nous pouvons citer trois modèles de ces perforateurs, ce sont le perforateur Someiller, le perforateur Penrice et le perforateur Lechot. Il est vrai que ces désignations ne sont pas commodes, car elles n'indiquent pas la nature de la machine ; mais alors qu'on daigne l'apprendre : les inventeurs se donnent assez de peine pour produire leurs inventions, et le moins que nous puissions faire, c'est d'y attacher leur nom, à titre de gratitude.

Le perforateur Someiller ou perforateur à fleurets. — Il se compose d'un cylindre dont la tige de piston est un fleuret ou trépan qui creuse dans le roc des trous de mine qu'on charge avec de la poudre. Ce fleuret reçoit, outre le mouvement de va-et-vient, un mouvement de rotation, sans lequel il s'engagerait dans la pierre et y resterait fixé. Au-dessus de l'outil perforateur se trouve un jet d'eau destiné au nettoyage du trou de mine.

Le mouvement est communiqué à cette machine par de l'air comprimé que lui envoie dans des tuyaux de conduite une machine de compression appelée *compresseur hydraulique* (voir les *Machines motrices à eau*).

Ce perforateur imaginé par Someiller, ingénieur italien, n'a encore été employé qu'au mont Genis pour le percement du tunnel du chemin de fer international.

Le perforateur Penrice ou perforateur à trépan (fig. 228). — C'est une espèce de marteau ou pilon à vapeur horizontal qui opère sur toute la section de la galerie à la fois au moyen d'un vaste trépan formé de couteaux taillés en biseau et disposés de manière à désagréger la roche par éclats. La vapeur ou l'air comprimé sert de force motrice.

Ce trépan frappe des coups rapides et tourne autour de l'axe de percussion; les détritus sont rejetés en arrière par la machine même.

L'organe principal est le piston *aa'*; c'est un corps cylindrique creux en bronze d'un seul morceau; sa tête est garnie du trépan et son extrémité est fermée par un plateau. Ce piston se meut dans un cylindre en fonte *e*; la vapeur entre par l'orifice *m* qui est mis alternativement en communication avec le tuyau d'admission *t*, et le tuyau d'échappement *s*. La vapeur, qui a agi sur le piston à l'arrière pour le pousser en avant, s'échappe; une petite quantité de vapeur qui ar-

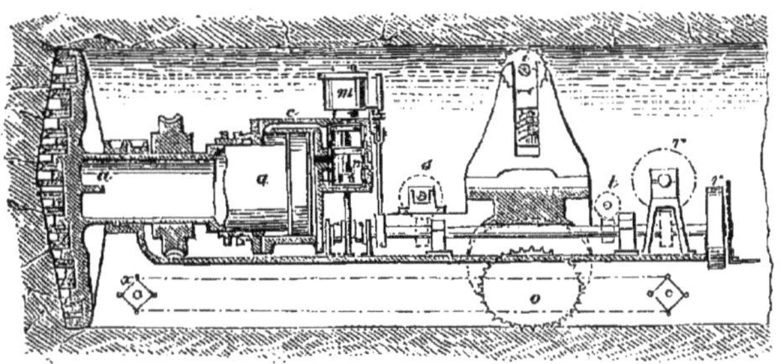

Fig. 228.

rive par un canal particulier sur l'avant du piston le fait reculer, et agit alors comme une espèce de ressort. La force d'impulsion est donc le produit de la différence des surfaces d'arrière et d'avant, multipliée par la pression effective du fluide moteur.

Au moyen de la chaîne articulée *x* on fait également avancer cette machine. A cet effet, ces deux roues *i* et *o* sont munies d'aspérités afin de pouvoir marcher sur le roc. La roue *o*, vue en perspective, est la roue motrice. Par les roues dentées *s*, *t*, *r* qui communiquent entre elles par d'autres engrenages, qu'il est inutile d'indiquer sur le dessin, on transmet le mouvement qui est commandé par la roue *v*. Au point *m* se trouvent les organes qui régularisent l'action du moteur.

Ce perforateur est une des machines les plus compliquées que j'aie jamais vues, et il me paraît douteux qu'il puisse fonctionner d'une manière continue. Il faut espérer que je me trompe dans mon appréciation.

Le perforateur Léchot ou perforateur à diamants. — Le grave inconvénient qu'offrent les fleurets, c'est de s'user trop vite. Ils ont été remplacés dans le perforateur Léchot par une espèce de sonde creuse, ou tube en fer, muni à sa base d'une bague en acier dans laquelle sont enchâssés des diamants noirs qui n'ont pas une grande valeur. Cette sonde en tournant trace une couronne et laisse à nu un noyau au cylindre qu'on détache par un coup de marteau. On enlève ensuite le roc à la pince, ou encore on le fait sauter de la manière ordinaire.

Les diamants usés, car tout s'use par le frottement, sont réduits en poudre pour servir à la taille des pierres fines.

Le perforateur à vapeur. — C'est une invention américaine; elle consiste à lancer sur la roche à perforer un jet de vapeur qui entraîne du sable dont chaque grain, par sa vitesse, agit à l'instar d'un boulet de canon. L'effet souvent répété de ces grains de sable est très-grand; car leurs aspérités sont des espèces de fleurets.

L'appareil de propulsion comprend un tube en fer de quelques millimètres de section; il est entouré d'un autre tube ou manchon, par lequel passe la vapeur, qui aspire le sable, comme dans l'injecteur elle aspire l'eau, ainsi que nous le verrons plus tard.

Dans une heure, ce perforateur américain creuse un trou de mine de $0^m,04$ de diamètre sur $0^m,40$ de profondeur dans le granit; le fleuret le plus rapide ne produit pas davantage.

On dit que rien n'arrête l'effet de ce jet de quartz, dès qu'on augmente la pression de la vapeur. Avec 10 atmosphères, on perce en dix minutes un trou de $0^m,040$ de profondeur, sur $0^m,004$ de section, dans une barre d'acier.

Cette invention, qui pourra recevoir de nombreuses applications, devra être contrôlée, car elle fait de trop belles promesses.

§ 3. — MACHINES A ABATTRE LES ROCHES.

Dans ce paragraphe, il sera donné une description détaillée de deux types de machines dont l'une est destinée à couper des pierres de taille dans les carrières et l'autre à abattre la houille dans les galeries de mine.

La machine Wardwell (fig. 229). — Elle a pour but de couper les pierres de taille dans les carrières. Elle a été inventée en Amérique et apportée à Paris, à l'Exposition universelle de 1867. Elle est très-simple dans son principe; *a*,*a* sont des montants dans lesquels glissent des ciseaux *c* qui tracent une rainure de chaque côté dans les carrières de grès, de marbre, de calcaire commun et

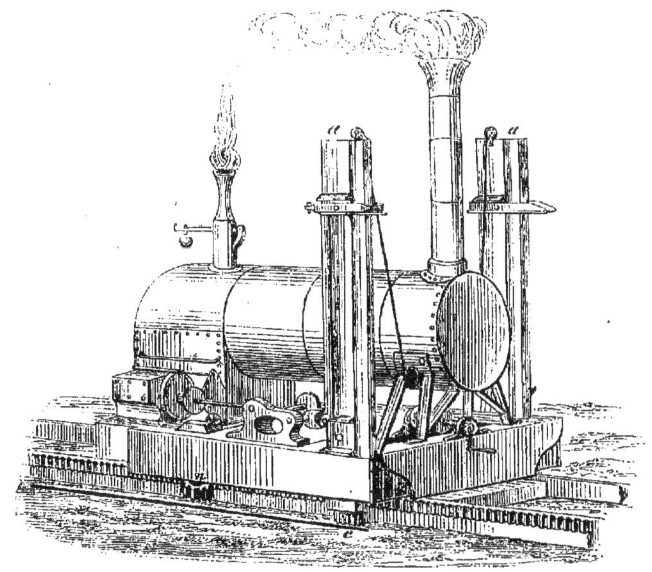

Fig. 229.

d'ardoise. Le mouvement de va-et-vient des ciseaux est obtenu par des excentriques. Cette machine avec son moteur avance au fur et à mesure du travail, au moyen des pignons *n*, qui engrènent dans la crémaillère, laquelle est en même temps le rail sur lequel glisse toute la machine. La pierre, divisée en blocs, est détachée du sol avec des coins en fer et des leviers. On peut creuser jusqu'à 3 mètres de profondeur, ce qui est la dernière limite de la dimension usitée dans la maçonnerie d'appareil. Elle frappe 200 coups par minute et son travail est celui de 40 hommes.

Le mineur mécanique. — C'est ainsi qu'on nomme une machine qui pousse vers une ligne déterminée des couteaux diviseurs dans les massifs de houille pour en isoler des blocs qui ensuite sont abattus au marteau. Avec une force de 3 chevaux, elle entaille ou have (*haver* est le terme technique) 10 mètres courants de houille par heure, sur 1 mètre de profondeur, avec une entaille haute de $0^m,07$; elle ne pèse qu'une tonne, et s'adapte à toute section de galerie et à toute largeur de voie ; elle est facile à transporter et peut être mise en train par de l'air comprimé aussi bien que par de l'eau qui transmet la force motrice.

Pour se rendre compte de ce mécanisme qui est un peu compliqué, il faut s'en référer à la figure de démonstration 230. Le bâti est monté sur quatre roues qui sont assez distantes pour pouvoir ramener le cylindre porte-couteaux *vs* dans l'axe de la voie, afin de pouvoir le faire circuler dans la galerie. On le tourne par le pignon *u* qui travaille à la crémaillère circulaire *suv* et on lui donne ainsi la direction voulue pour l'entaille du roc. Il va sans dire que l'eau ou l'air comprimé agit alternativement sur le piston dans le cylindre pour pousser ou pour retirer les couteaux.

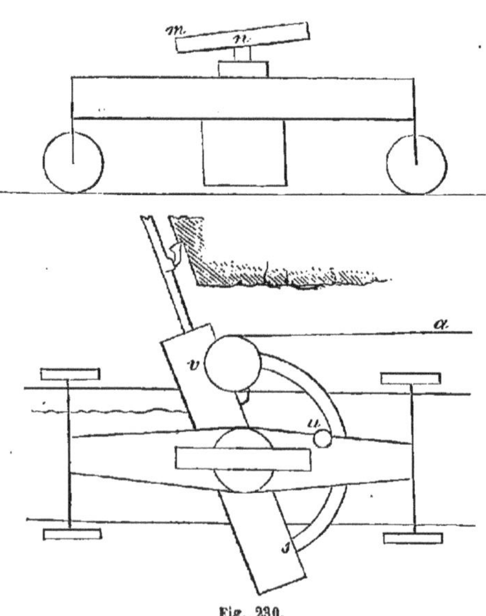

Fig. 230.

L'avancement du chariot a lieu pendant la course à vide au moyen d'une chaîne *a* qui s'enroule autour d'une poulie *v*, et qui est attachée à un point fixe *a* dans la galerie d'avancement.

Nous avons encore à parler de la pièce *nm*, appelée *béquille de calage ;* articulée au point *n*, elle s'arc-boute contre le toit de la galerie et donne ainsi la stabilité voulue au mineur mécanique. Pour que cette béquille puisse suivre les irrégularités du toit, elle est pressée par le moteur tantôt en dessus, tantôt en dessous dans son cylindre, avant le commencement de chaque entaille.

Connaissant la machine dans son ensemble, il nous est facile d'en étudier maintenant les détails.

L'élévation (fig. 231) nous fait voir le mineur mécanique pouvant rouler sur les rails à droite et à gauche. Les vis Y en haut aux deux

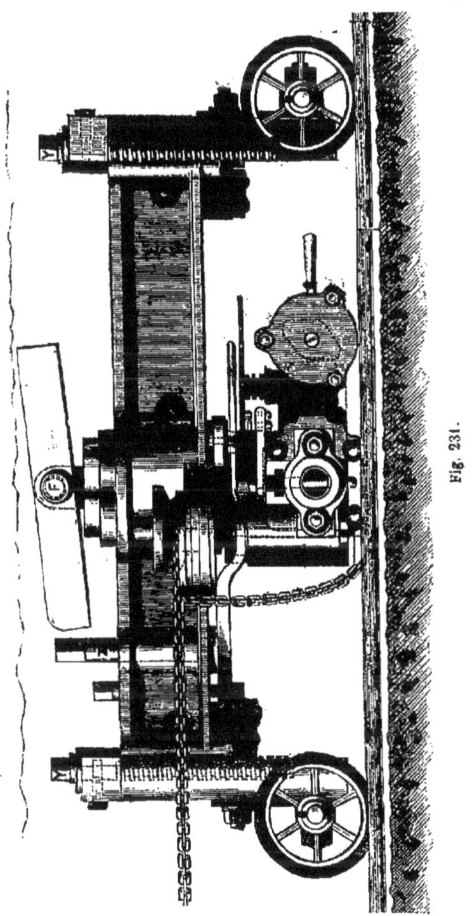

Fig. 231.

extrémités servent à élever ou à abaisser le porte-outil à la hauteur voulue. Au point F est articulée la béquille. Z est le pignon de la crémaillère circulaire qui fixe l'angle de pénétration de l'outil dans la roche ; les écrous *xx* règlent l'inclinaison de l'outil sur le front de taille quand les couteaux ne doivent pas travailler parallèlement au plan des rails.

Sur la projection horizontale (fig. 232), nous voyons les quatre

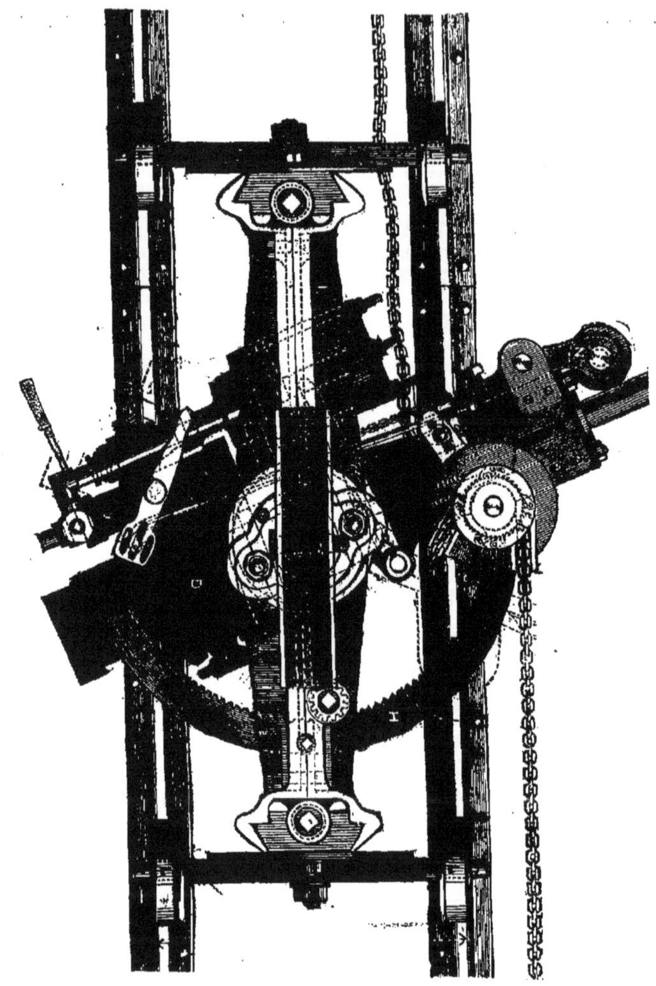

Fig. 232.

roues L qui portent le bâti ; Z le pignon de la crémaillère H ; Y les vis et F la béquille comme ci-dessus. D est le cylindre principal avec sa distribution hydraulique automotrice *oo* qui envoie à chaque course une certaine quantité d'eau alternativement au-dessus ou au-dessous

Fig. 233.

Fig. 234.

de la béquille. Celle-ci monte ou descend et suit ainsi les irrégularités du toit de la galerie, tout en immobilisant la machine qui se trouve arc-boutée contre les rails.

L'avancement du chariot sur les rails est dérivé du goujon *b* qui relie le porte-couteaux à la tige creuse du piston, et qui tire et pousse alternativement aux deux extrémités de la course du levier *d* ; ce dernier commande par l'intermédiaire d'un chien d'arrêt *e* et d'un rochet la poulie à gorge, dont la circonférence vient s'enrouler autour de la chaîne *i*, amarrée elle-même en avant à une ancre ou à quelque autre point fixe établi dans la galerie, et entraîne ainsi toute la machine. Enfin N est un galet qui guide le mouvement des couteaux B représentés dans la figure 233.

Le dessin (fig. 234) nous donne la vue de côté de la machine. Les lettres ont la même signification que ci-dessus.

Ce mineur mécanique à couteaux n'est pas seul dans son genre. Il y a encore une autre espèce de machine haveuse pour attaquer la houille au moyen d'un pic qui imite les mouvements du haveur. Ce pic en acier est emmanché sur la tige d'un piston et peut se placer dans toute direction.

Ces haveurs automates commencent à se répandre dans les houillères anglaises.

CHAPITRE XI.

MACHINES A TRAVAILLER LES PIERRES.

Le travail mécanique n'est encore appliqué aux pierres que pour les casser, pour les comprimer sur les chaussées, pour les scier en tablettes, pour les creuser, enfin pour les polir.

Quant aux machines destinées à dresser les pierres de taille, à les canneler, elles ne sont pas encore usitées. On a aussi essayé d'y couper des angles rentrants, mais on n'est pas arrivé à un résultat pratique. Les grands blocs sont difficiles à manier; la machine doit être mise en chantier à chaque nouvelle surface à entamer, ce qui serait très-dispendieux, tandis que les tailleurs de pierres avec leurs outils s'installent aisément autour de ces pierres qu'on n'a plus besoin de déplacer.

§ 1. — MACHINES A CASSER LES PIERRES.

(Pour mémoire). — Voir les *Machines d'exploitation des mines; Cassage des minerais.*

§ 2. — MACHINES A COMPRIMER LES PIERRES.

Pour comprimer les pierres sur les chaussées, on emploie les cylindres compresseurs. Ce sont des rouleaux en fonte lestés de 3 à 9 tonnes et traînés par douze chevaux. Ce mode de traction offre de sérieux inconvénients dans les villes. Les chevaux entravent la circulation, leurs manœuvres sont difficiles et lentes, puis ils arrachent l'empierrement à peine formé.

On a donc songé à un moteur plus commode; la machine à vapeur s'est alors présentée; on l'a installée sur le rouleau, puis, comme elle effrayait les chevaux dans les rues, nous parlons de Paris, on l'a cachée entre deux rouleaux. C'est à cette dernière combinaison que le service municipal s'est arrêté. Le cylindre compresseur double pèse 14 tonnes. Les machines légères donnent un travail meilleur que les machines lourdes qui écrasent les matériaux. La transmission du mouvement a lieu au moyen d'une chaîne articulée, comme dans les voitures à vapeur.

L'invention de cylindrer les routes date du commencement de ce siècle. Dans l'origine, on ne se servait de rouleaux compresseurs qu'aux abords des villes et sur les routes royales de la Prusse. Ce n'est que depuis 1840 qu'ils ont été appliqués en France sur les chemins vicinaux macadamisés du département du Bas-Rhin, par feu Schwilgué, l'ingénieur modèle, comme ses collègues MM. les inspecteurs généraux des ponts et chaussées l'avaient appelé à juste titre. Nous sommes forcé, pour ne pas dépasser le cadre de ce livre, de renvoyer à notre ouvrage des *Inventeurs*, où l'on trouvera, à l'article *Macadam*, l'historique de cette curieuse et utile opération du cylindrage.

§ 3. — MACHINES A SCIER LES PIERRES.

Les pierres tendres sont sciées avec des scies à dents, du même genre que celles dont on se sert pour les charpentes. Les pierres dures sont débitées avec des scies sans dents, et dont l'action est favorisée par du sable avec de l'eau, qu'on verse dans le trait de scie au fur et à mesure de l'avancement du travail.

Dans les scies mécaniques, on place plusieurs lames sur un seul châssis, auquel le moteur imprime un mouvement de va-et-vient, comme dans les scies à bois. Un bloc de pierre est coupé en autant de plaques qu'il y a de lames de scie, moins une.

En 1825, il existait près de Paris une pareille scierie pour débiter le marbre en tablettes ; elle avait 110 lames et 6 châssis.

On a aussi taillé des cylindres ou colonnes pour des monolithes ; la scie était un tube denté tournant sur son axe.

La figure 235 représente un modèle anglais d'une de ces scies.

Les blocs sont amenés à pied-d'œuvre sur un petit chemin de fer avec longuerines ; le cadre *ss'*, à 8 lames, est suspendu à des chaînes manœuvres par un engrenage *n*, et tenu en équilibre par un contrepoids *p*. Une poutre *rs'*, qui a son point de rotation en *r*, imprime par la bielle *m* un mouvement de va-et-vient au cadre des scies, qui glisse le long de cette poutre.

On construit également de ces scies avec des bâtis en fonte; mais les charpentes nous semblent préférables; elles offrent une certaine

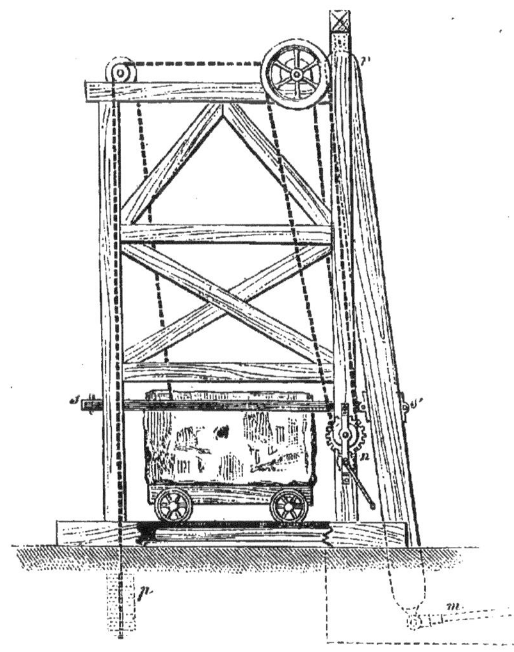

Fig. 295.

élasticité qui est nécessaire, attendu que le travail est variable par suite de la dureté plus ou moins grande des diverses couches de la pierre à débiter.

§ 4. — MACHINE A CREUSER LES DÉS EN PIERRES.

Sur plusieurs chemins de fer on est forcé, par suite de la cherté toujours croissante du bois, d'employer de nouveau les dés de pierres pour supports des rails. Ces dés sont perforés de trous cylindriques destinés aux chevilles des coussinets.

M. de Morlok, conseiller supérieur des chemins de fer royaux du Wurtemberg, a imaginé à cet effet une machine qui offre cette nouveauté, qu'elle travaille en dessous et qu'alors elle peut marcher sans interruption, car le détritus tombant de lui-même, les trous n'ont pas besoin d'être nettoyés avec des cuillers, comme les trous de mine.

Elle se compose d'un bâti en bois sur lequel est posée la pierre au-dessus du foret; sur cet outil est calée une roue dentée conique dans laquelle engrène une autre roue conique au bout d'une tige à manivelle. Un mouvement de rotation est donc substitué au mouvement rectiligne des sondes ordinaires qui agissent par choc et peuvent fendre la pierre à la fin de l'opération.

Les dés ont $0^m,60$ de base et $0^m,28$ de hauteur; suivant la dureté de la pierre, 2 ouvriers peuvent dans une heure percer 10 à 20 trous qui traversent les dés.

§ 5. — MACHINE A POLIR LES PIERRES.

Cette machine, aussi simple qu'ingénieuse, se compose d'un plateau horizontal, en fonte, qui tourne quarante fois dans une minute; sur ce plateau sont placées les pierres; une petite planchette mise en travers les empêche de tourner en même temps. On y verse du sable et de l'eau, qui s'écoulent dans une auge fixée autour de ce plateau; c'est en cela que consiste tout le travail de l'ouvrier.

L'effet d'une pareille machine équivaut à celui de quinze hommes, en moyenne, suivant le poids des pierres. La surface du plateau est à peu près celle des pierres à polir.

Voici les résultats obtenus pour quatre modèles de ces machines:

Force en chevaux	2	3	4	5
Diamètre du plateau en mètres	2,45	2,75	3,00	3,40
Poids des pierres en kilogrammes	6,600	8,000	10,000	13,000

Cette machine avait figuré à l'exposition universelle de 1867 (section anglaise).

CHAPITRE XII.

MACHINES D'AGRICULTURE.

Les machines agricoles ont pour objet d'exécuter les travaux des champs et des fermes avec précision, vitesse et économie, ainsi que de soustraire les agriculteurs à la merci d'ouvriers prétentieux, tels que les moissonneurs nomades.

Ces machines peuvent être classées en quatre groupes suivant le but qu'elles doivent atteindre : appropriation du sol, ensemencement, récolte, préparation des fruits destinés à la nourriture des hommes et des animaux.

Ce matériel subit des modifications d'après la nature du sol et les habitudes du cultivateur ; nous ne pourrons en présenter que les types les plus répandus, au sujet desquels il n'y a même pas de règles fixes à établir, car très-souvent ceux qui sont d'un bon usage dans une contrée, ne le sont plus dans une autre.

Jusqu'à présent les hommes et les animaux étaient les moteurs des machines agricoles ; aujourd'hui la vapeur commence à y jouer un grand rôle. Les Américains du Nord ont les premiers employé cette force motrice pour leurs exploitations rurales, qui s'étendent dans des régions immenses, où la population est clairsemée, et où la main-d'œuvre coûte très-cher.

L'Angleterre a suivi l'exemple donné par les États-Unis, et ces machines ont dû prospérer dans le premier pays, car la propriété agricole y est fort peu divisée et dispose des capitaux nécessaires pour l'acquisition d'un matériel dispendieux.

Si maintenant on demande pourquoi il n'en est pas de même en France, voici les réponses que l'on obtient :

Rien n'est plus difficile que d'y introduire ces sortes d'innovations ; on se heurte contre les mœurs séculaires des paysans, contre leur manque d'instruction, qui ne leur permet pas d'apprécier les améliorations industrielles.

Les laboureuses à vapeur, dit-on, exigent des terrains horizontaux, de grandes surfaces sans fossés ni clôtures; de pareils emplacements sont très-rares, car la plupart des terres sont morcelées. Quant aux moissonneuses elles ne sont pas nécessaires, car pendant les riches récoltes on trouve toujours des ouvriers qui laissent leurs occupations ordinaires pour la moisson, où ils gagnent, ainsi que leur famille, de bonnes journées.

Laboureuses et moissonneuses sont des engins compliqués, qui demandent tout un arsenal de pièces de rechange et qui sont d'un prix très-élevé. Comment trouver dans les campagnes, où un louis d'or est encore une curiosité, la somme de trente mille francs, prix d'une laboureuse à vapeur avec ses locomobiles, ses charrues en fer et ses câbles ?

Exposons maintenant les motifs qui plaident en faveur de ces machines.

Les habitudes des paysans ont déjà changé depuis près d'un siècle, et ces citoyens qui nomment le gouvernement ne ressemblent plus aux manants, qui ne servaient qu'un seigneur.

Quant à l'argent, il ne manque pas autant qu'on le croit. Du reste, on ne demande pas de grands capitaux. Si le cultivateur veut que la vapeur le transporte, il paye le tarif; quand il voudra qu'elle lui laboure son champ, il acquittera également la taxe dans une compagnie de machines de culture, qui iront de village en village labourer et faucher à façon, comme ces tailleurs campagnards qui confectionnent les habits dans les familles moyennant la nourriture, le coucher et un petit salaire.

Les sociétés par actions ont parfaitement réussi dans les travaux publics et dans toutes les grandes industries; elles doivent donner d'aussi bons résultats dans l'agriculture, qui est, en définitive, l'industrie mère, l'industrie par excellence. Du reste, une pareille compagnie agricole a déjà fonctionné à Châteauroux, dans le département de l'Indre.

A titre de conclusion, nous pouvons indiquer les moyens d'arriver à un résultat pratique.

Il y a lieu de simplifier le matériel agricole, et, à ce sujet, nous répéterons à satiété que le perfectionnement en toute chose consiste non pas dans la complication, mais dans la simplification, et qu'après la première invention, qui est la machine compliquée, on peut imaginer une deuxième invention, qui est la machine simplifiée.

Il y a convenance à créer des compagnies, non pas de matériel agricole ou fabrique de machines par actions, comme il y en a déjà beaucoup, mais des compagnies populaires d'exploitations rurales au moyen de machines, ce qui est bien différent.

Enfin, il y a urgence à développer par tous les moyens possibles l'instruction du peuple des campagnes, thèse que nous avons suffisamment discutée dans l'introduction de ce livre.

Quoi qu'il en soit, l'emploi des machines dans l'agriculture est un progrès, cela est incontestable; néanmoins il y a encore bien des personnes qui nient tout progrès, qui sont persuadées que le travail des champs reste stationnaire, et qu'on laboure, qu'on sème et qu'on récolte toujours comme du temps d'Abraham. Ces personnes sont priées de vouloir bien jeter un coup d'œil, rien que sur le titre d'un acte du Parlement d'Angleterre de 1634 : « Acte contre la coutume d'atteler les bœufs à la charrue par la queue et d'arracher la laine des moutons, au lieu de la tondre. »

§ 1. — MACHINES DE LABOURAGE.

La préparation des champs destinés à recevoir les semences exige plusieurs travaux préliminaires qui consistent à examiner la nature du sol, à défricher le terrain, à l'assainir, à le labourer et puis à en égaliser la surface.

Quant à la reconnaissance du sol, l'instrument qu'on y emploie est la sonde dont se servent également les mineurs.

Nous ne pouvons pas citer des *machines à défricher* les terres ; elles n'existent pas encore. On nous a parlé de combinaisons de leviers et de cabestans pour extraire les souches et qu'on a essayées en Algérie; mais on ne leur a pas attribué une grande importance. On est forcé de se contenter du travail lent et pénible de l'extraction des racines à coups de pioche, pour ne pas perdre les longues années qu'exigerait la décomposition de ces débris.

Nous n'aurons donc à nous occuper que des machines destinées aux autres opérations susmentionnées ; ce sont la draineuse, la charrue et la piocheuse à vapeur, les scarificateurs et herses mécaniques, enfin les rouleaux.

La draineuse. — Les Chinois, qui ont pratiqué de temps immémorial tous les travaux relatifs à la perforation du sol, connaissaient aussi le drainage; les Romains l'appliquaient également, mais au moyen âge il fut oublié. En Angleterre et en Ecosse les grands propriétaires drainent (du mot *drain*, sécher) leurs terres depuis près d'un siècle. Le drainage était à peine connu en France en 1850; il a fallu même quelque temps pour donner à ce terme anglais le droit de bourgeoisie dans notre langue. A cette époque, on a beaucoup parlé du drainage; mais on ne l'a pratiqué qu'après la vérification de ses effets excellents dans la Grande-Bretagne, et aujourd'hui, avec nos allures timides en fait de nouvelles inventions, on comprend avec difficulté, comment en si peu de temps, il ait pu faire son chemin.

Pour que les champs puissent donner de bonnes récoltes, il ne suffit pas qu'ils soient labourés et amendés, il faut aussi qu'ils soient assainis. Dans ce but, on a recours au drainage qui consiste à placer dans le sol des tuyaux en terre cuite par lesquels s'écoulent les eaux stagnantes. On ouvre dans le terrain humide une tranchée et au fond, on pose ces tuyaux, l'eau s'y infiltre par leurs bouts, qui se trouvent à une petite distance les uns des autres. Par suite de cette opération, on renverse le sol des tranchées, on jette les déblais sur le terrain cultivé, et on arrête, au moins momentanément, la croissance des plantes qui se trouvent étouffées.

Eviter ces inconvénients, marcher vite, et réduire les frais de la main-d'œuvre, tel est le but qu'on s'est proposé par la *draineuse*, qui se compose d'un couteau ou coutre destiné à fendre le terrain et à entraîner au fond, par un appendice dont il est muni, une corde sur laquelle se trouvent les tuyaux, comme sur un chapelet; le dernier tuyau pousse les premiers; de 100 mètres en 100 mètres, on taille une tranchée perpendiculaire, afin que la longueur de la corde ne devienne pas trop grande, et que l'ouvrier puisse diriger convenablement ce chapelet.

La charrue à vapeur. — La charrue est la première et la plus universellement connue des inventions; on la trouve à l'origine de toutes les histoires des peuples. Les anciens l'ont même divinisée; les Egyptiens l'attribuaient au dieu Osiris; les Grecs à la déesse Cérès.

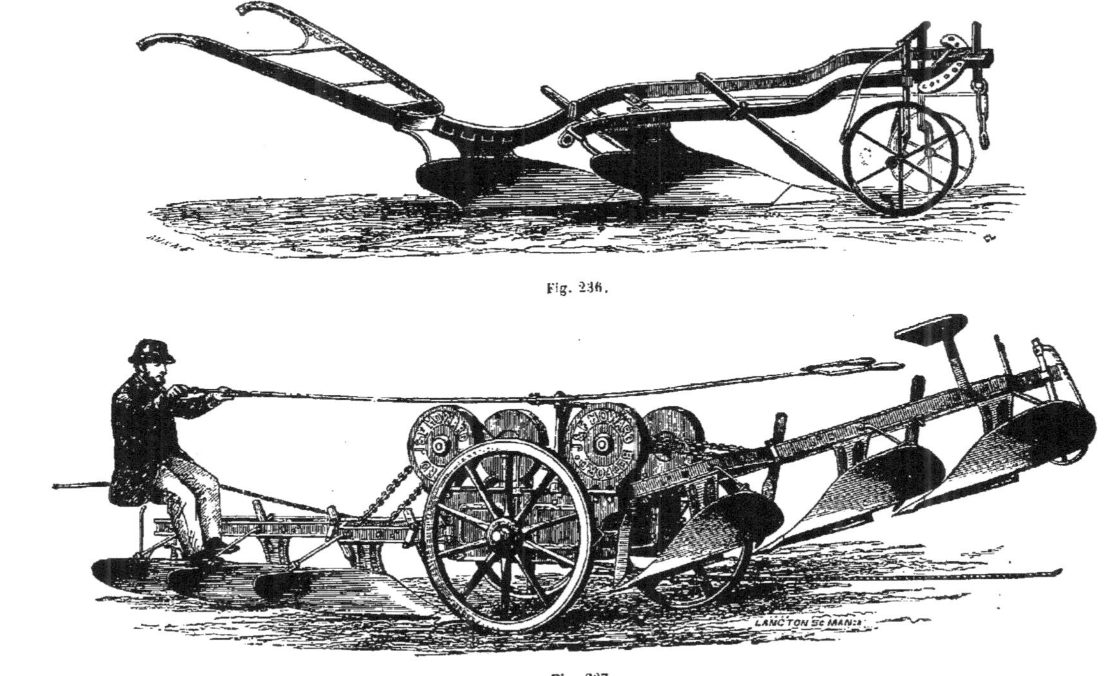

Fig. 236.

Fig. 237.

Tout le monde a vu fonctionner une charrue. Le soc porte les mottes de terre à la surface, le coutre les fend, et le versoir les renverse pour les exposer aux actions atmosphériques. La charrue est traînée par des esclaves, des chevaux, des éléphants, des bœufs, des dromadaires, des ânes, des mulets.

Les charrues sont généralement en bois et en fer ; l'emploi du fer seul est un notable progrès. Une telle charrue en fer est représentée par les figures 236 et 237 à la page précédente.

Il ne restait plus qu'un autre progrès à réaliser, c'était de substituer aux forces animales, la vapeur. Le labour à la vapeur est usité en Amérique et en Angleterre dans les grandes exploitations, et il commence à être introduit sur le continent européen.

L'expérience a déjà démontré qu'après le labourage mécanique, qui peut avoir lieu dans les moments opportuns, la préparation ultérieure du sol n'exige pas autant de peines que par le procédé ordinaire; ensuite, une fois labouré, le champ n'est plus piétiné et raffermi de nouveau.

Dans la figure 238, on voit toute l'opération du labourage à la vapeur. La machine motrice est une locomobile qui fait marcher des treuils sur lesquels s'enroule le câble de traction de la charrue. Ce câble sans fin en fil de fer est guidé par des poulies de renvoi soutenues par de petits chariots, afin qu'il ne traîne par terre.

La figure 237 indique la *charrue-balance* qui est composée de socs portant leurs pointes en sens inverse, de manière qu'on n'a pas besoin de la retourner à chaque voyage; elle trace quatre sillons à la fois. Les versoirs de labourage peuvent être soulevés et remplacés par de plus courts destinés à scarifier la terre.

Ce système de labourage avec une locomobile n'est pas le seul. On peut également travailler avec deux machines dont l'une enroule le câble et dont l'autre le déroule. Les deux locomobiles, quoique d'un emploi dispendieux, sont usitées pour la culture du coton et de la canne à sucre.

Cette manière de labourer avec les machines qui avancent au fur et à mesure du travail laisse en dehors de la culture les chemins parcourus par ces machines; ils doivent alors être repris par la charrue à chevaux.

Pour obvier à cet inconvénient, on fixe la charrue (fig. 239) à un câble sans fin qui s'enroule sur deux poulies à axe vertical, et renvoie le mouvement à la partie inférieure du câble, qui porte la charrue.

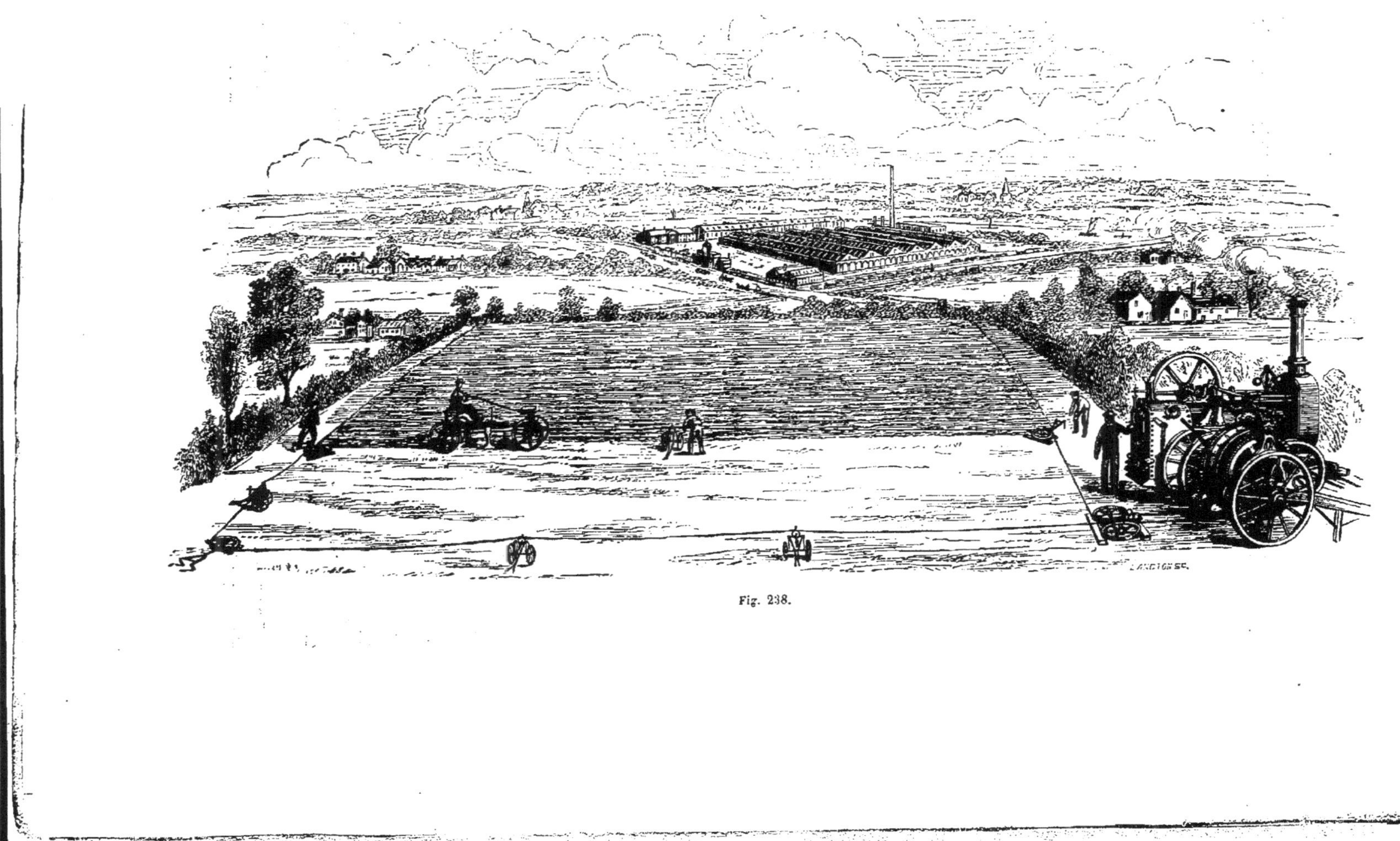

Fig. 238.

Dès que le sillon est tracé, on remonte les poulies inférieures vers les

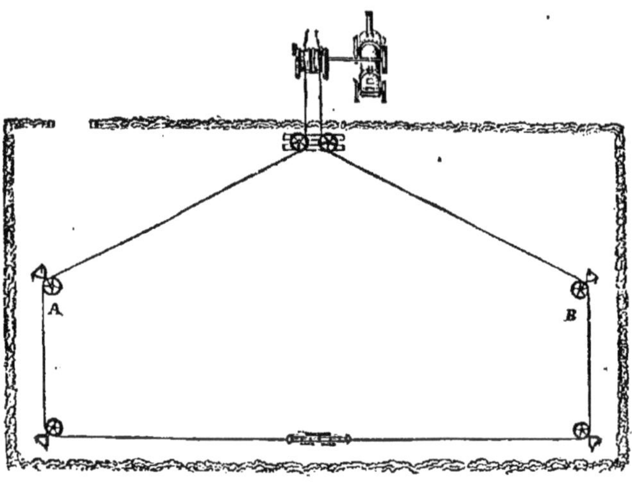

Fig. 239.

poulies A et B, qui sont remontées à leur tour au fur et à mesure de l'avancement du travail.

La piocheuse à vapeur. — C'est une locomobile qui circule librement dans les champs comme un attelage ordinaire; elle pioche et retourne le sol; à cet effet, elle est munie à l'arrière d'une barre dans laquelle sont enchâssés de grands couteaux, ou pioches, qu'elle fait pivoter. On peut l'employer dans les terres nouvellement défrichées, car si elle se prend dans des souches d'arbres oubliées ou des pierres, elle se soulève et ne casse pas comme la charrue mécanique, qui est toujours soumise au même effort de traction.

Elle pioche et retourne le sol sur $0^{m},40$ de profondeur et sur une étendue de 1 hectare et demi dans une journée de dix heures; elle marche seule, et n'a pas besoin d'un véhicule supplémentaire pour se rendre à pied d'œuvre.

Cette piocheuse, qui date de 1847, est une invention française; elle est due à MM. Barrat frères.

Le scarificateur ou extirpeur (fig. 240). — Il est composé de plusieurs coutres réunis sur une même traverse; il convient pour des labours légers ; il est destiné à égaliser le terrain, et en même temps à extirper les mauvaises herbes avec leurs racines. De chaque côté du

Fig. 240.

scarificateur se trouve un levier qui permet d'élever les roues pour suivre les inégalités du terrain. Il est conduit par deux chevaux.

Les herses. — Elles sont destinées à rendre le sol aussi égal que possible, afin que l'ensemencement puisse être opéré avec régularité ; elles brisent les mottes, ameublissent le terrain à la surface, afin qu'il puisse absorber l'azote de l'air, la pluie et la rosée. Elles arrachent l'ivraie et recouvrent les semences.

Les herses sont des grillages en bois munies de dents en bois ou en fer, convenablement espacées, afin que les mottes de terre reçoivent des chocs successifs ; elles doivent être larges et lourdes pour ne pas se soulever au moindre obstacle.

Il y a aussi des herses flexibles : ce sont des treillis en fer ; les dents, au lieu d'être fixées à un châssis rigide, sont attachées à un châssis à charnières et peuvent suivre toutes les inégalités du sol. En laissant du jeu aux dents, la herse fonctionne plus librement, et le sol se pulvérise mieux.

Les rouleaux brise-mottes. — Ils ont pour but de briser les mottes qui ont échappé à l'action de la herse, d'égaliser le sol, d'enterrer les semences, de raffermir les terres crevassées par les gelées, de faciliter la croissance des herbes dans les prairies artificielles.

Il y a des rouleaux en bois, en pierre, en tôle remplis d'eau. Le rouleau concasseur Croskill est composé de disques en fonte avec pointes, enfilées sur un axe.

§ 2. — MACHINES D'ENSEMENCEMENT.

Avec ces machines, on cherche à imiter et à perfectionner le travail de l'homme qui puise les graines dans le sac et les jette à la volée dans les sillons, travail incertain qui peut être contrarié par les vents, et laisser des places vides, d'autres trop garnies.

Pour obtenir des semis en lignes droites, on a recours aux machines ; mais leur usage ne se répand pas beaucoup, à cause de leur complication et de leur prix trop élevé pour la bourse des cultivateurs, qui ont toujours de la répugnance à remplacer la main-d'œuvre par de l'argent.

Il y a des semoirs de toutes sortes : des semoirs qu'un homme peut porter et manœuvrer comme une brouette, d'autres qui sont traînés par des chevaux. De là viennent les dénominations de *semoirs-brouettes* et de *semoirs à cheval.*

Leur principe est le même ; il s'agit de saisir les graines seules ou mélangées avec des engrais pulvérulents et de les faire couler par des tubes dans des sillons.

Voici quelques spécimens de ces machines à semer.

Le semoir à barillet. — C'est le plus simple ; il consiste dans un cylindre horizontal mobile, en tôle, percé de trous ; quand on le tourne, les grains tombent par ces trous sur le sol.

Le semoir à cuiller. — Les grains sont versés dans un demi-cylindre fixe et non percé de trous, dans lequel tournent des disques armés sur leur pourtour de petites cuillers, qui ramassent les grains et les projettent dans un tube d'où ils tombent par terre. Ce *semoir Smith* est très-répandu en Angleterre.

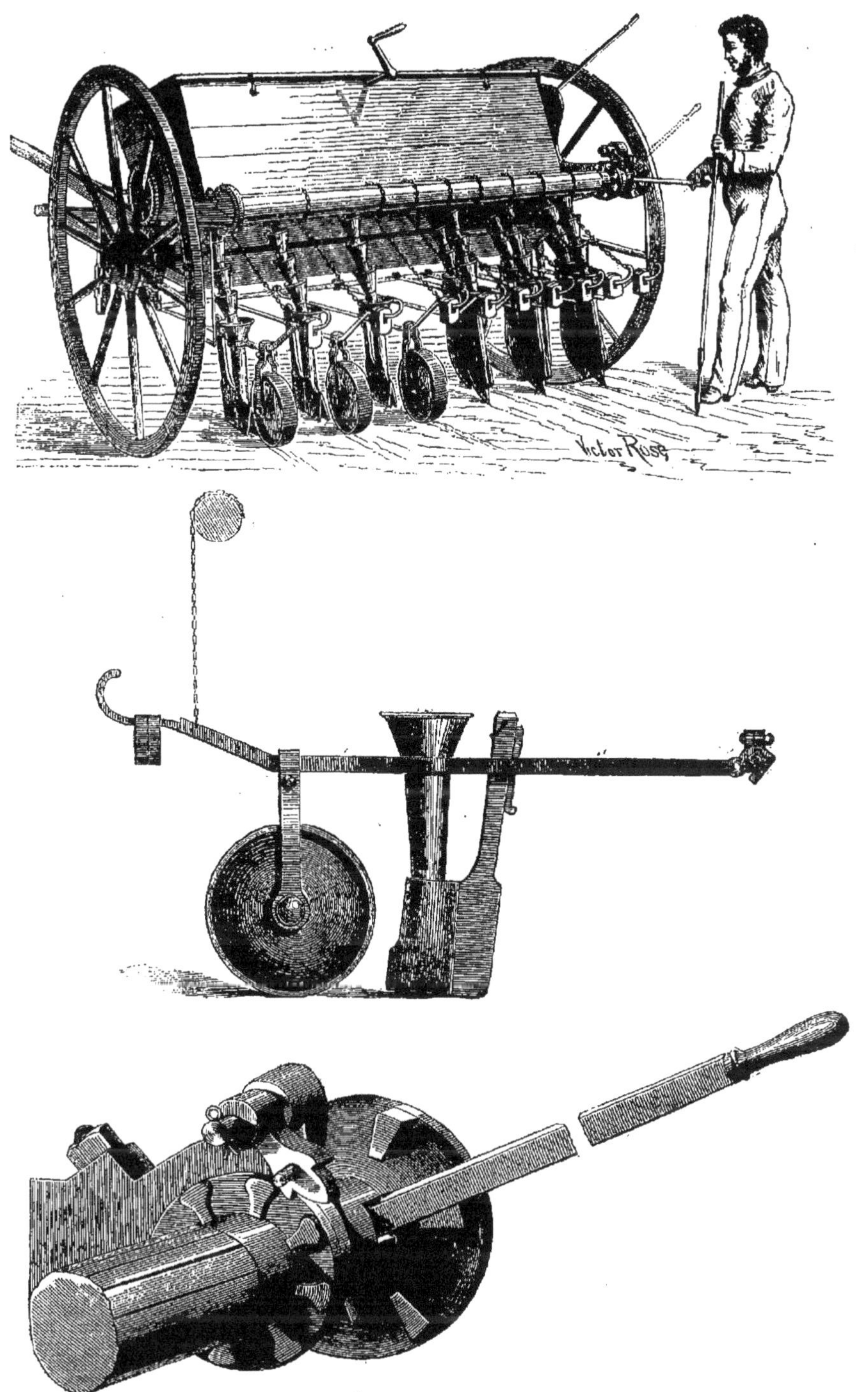

Fig. 241.

Le semoir à entailles. — Le cylindre porte des alvéoles, ou entailles; il tourne dans une trémie fendue, dont il ferme la fente. Quand les alvéoles passent devant la fente, elles y laissent tomber la graine.

Le semoir à soupapes. — Dans ce modèle, les dents du cylindre ouvrent des soupapes par lesquelles s'échappent les grains.

La figure 241 indique un pareil semoir dans tous ses détails. Nous appelons l'attention principalement sur le mode d'embrayage du cylindre.

Le semoir spécial destiné au répandage du guano. — Le guano est un des meilleurs engrais; mais, à cause de son activité, il ne doit être employé qu'avec modération; il ne faut donc pas le mêler directement avec les semences, comme on l'a déjà essayé; il détruit les germes, dès qu'ils commencent à se montrer. On le combine alors avec du charbon ou de la terre sèche, et on en forme un compost que l'on répand avec un semoir spécial qui a beaucoup d'analogie avec ceux que l'on vient d'indiquer.

Ce semoir comprend une caisse en bois, montée comme un tombereau sur l'essieu d'un attelage à deux chevaux. L'une des roues de cet essieu porte un engrenage en contact avec l'engrenage d'un arbre placé dans la boîte et muni de bagues en fonte dont les petites saillies écrasent les grumeaux du compost. Cet engrais se rend par une vanne dans un conduit, d'où il se répand sur le sol. On peut amender 3 hectares par jour avec un semoir de ce genre.

§ 3. — MACHINES DE RÉCOLTES.

Ces machines sont destinées à couper les blés et à en former des javelles; à faucher les herbes, à les faner, à ramasser le foin et à construire des meules. L'arrache-pommes-de-terre est un autre spécimen de machines de récoltes.

Les moissonneuses. — Les Gaulois employaient, pour la récolte des blés, des machines à moissonner. D'après Pline, elles étaient montées sur deux roues et leur partie antérieure était armée d'une longue scie à petites dents. Lorsque la moissonneuse était poussée par un bœuf ou un cheval contre le blé debout, les épis tombaient dans une caisse placée en arrière des scies. Ces machines, disparues avec la civilisation

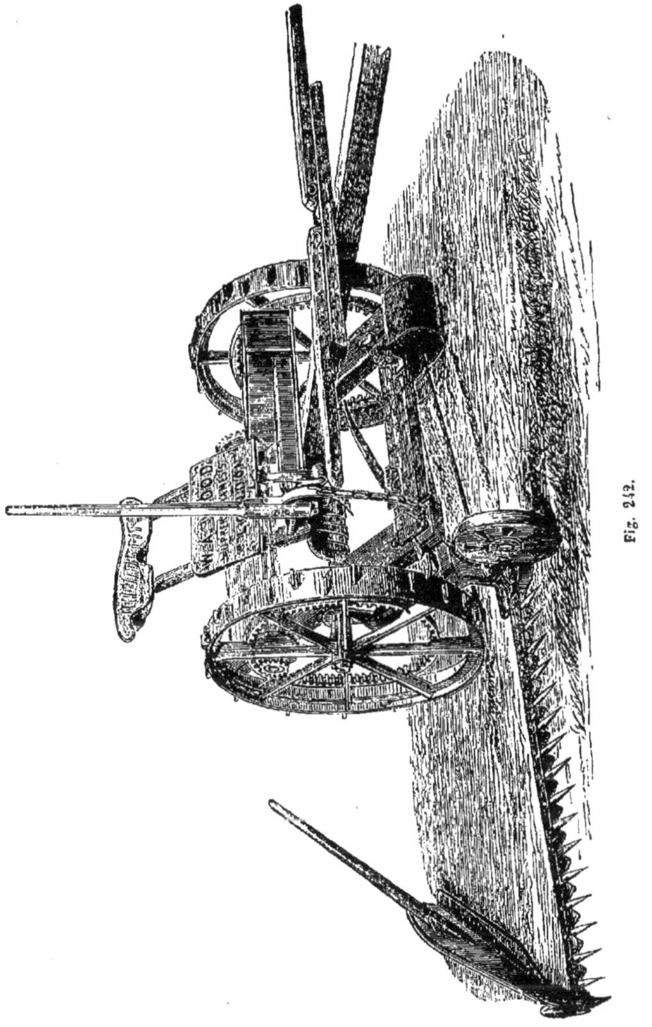

Fig. 242.

antique, appelèrent dix-huit siècles plus tard l'attention des fermiers anglais, auxquels la main-d'œuvre faisait souvent défaut.

L'Ecossais Patrick Bell, un des inventeurs des bateaux à vapeur, a conçu le plan des machines à moissonner modernes, et l'Américain

Fig. 243

Mac Cormick les a mises à la portée des cultivateurs, il y a environ quarante ans ; il en a importé des spécimens en Europe lors des expositions universelles de l'industrie.

Le principe mécanique des moissonneuses ou faucheuses est facile à comprendre. Deux chevaux traînent un chariot ; le mouvement des roues est communiqué, au moyen d'engrenages, à une scie qui coupe les blés à fleur de terre ; puis la machine place les javelles sur une plate-forme, les réunit en gerbes et les dépose délicatement sur le sol.

Il y a déjà plusieurs sortes de moissonneuses : à scie droite, à scie circulaire, à cisailles, à faux, à deux scies marchant en sens opposé.

La pratique a appris que ce mouvement très-rapide de va-et-vient est bien supérieur au mouvement circulaire.

La figure 242 représente une *moissonneuse américaine*. Un homme est assis à l'arrière de la voiture avec un râteau, et fait glisser la gerbe par terre.

On a cherché à remplacer le bras de l'ouvrier par un bras mécanique, dans la *moissonneuse Samuelson* faisant la javelle (fig. 243). Avec un attelage de deux chevaux, on peut couper et javeler 5 hectares par jour. Ce dernier travail est obtenu par quatre râteaux qui s'élèvent et s'abaissent tour à tour. Deux de ces râteaux sont lisses et courbent les épis pendant l'action des scies ; ils les rejettent ensuite sur le plateau où les râteaux à dents les saisissent pour les poser à terre en javelles prêtes à être liées.

La tondeuse de gazon. — C'est une espèce de brouette qu'un homme pousse et qu'un autre homme tire ; ils mettent ainsi en mouvement un arbre sur lequel sont adaptés des couteaux en hélice, qui coupent les herbes contre une lame fixée au brancard.

Pour aiguiser les couteaux, on met de l'huile et de l'émeri sur la lame fixe, et on fait tourner l'hélice en sens inverse.

La faneuse. — Quand les fourrages sont coupés, il faut les dessécher, les faner, pour pouvoir les emmagasiner dans les greniers, ou les entasser en meules. La machine de nouvelle invention qui doit exécuter ce travail, se compose d'un petit chariot à un cheval et à deux roues dont les moyeux forment des disques auxquels l'essieu est attaché en dehors de leur centre ; il porte de petites fourches qui saisissent le foin, le retournent et le lancent en l'air, en vertu de la force centrifuge. Les fourches, mobiles dans leurs alvéoles, sont disposées par séries de trois et forment ainsi une hélice qui rend le travail uniforme.

La machine à former des meules. — Elle est destinée à monter la paille ou le foin en meule. Elle se compose d'un chapelet pareil à celui de la drague. Seulement au lieu de palettes il y a de petits râteaux ; ils sont attachés à une chaîne sans fin qui passe sur deux tambours ; l'un en haut, l'autre en bas. C'est ce dernier qu'une locomobile met en mouvement.

Le chapelet, au fur et à mesure que la meule monte, est soulevé pour se rapprocher de la ligne verticale.

Le râteau mécanique dit *râteau à cheval*. — Il sert à ramasser les foins, les chaumes, les feuilles ; à ratisser les prairies après les inondations ; à couvrir les semences de trèfle ou de gazon.

Il se compose de longues dents recourbées, attachées à l'essieu d'un chariot à deux roues ; il est surmonté d'un siége destiné au conducteur, dont le poids fait équilibre au poids des dents. Avec une poignée, il soulève ce râteau quand il faut le décharger.

L'arrache-pommes-de-terre. — Dans un essieu porté par deux roues sont implantés de petits socs ou dents qui entrent dans la terre et relèvent les tubercules. Avec deux chevaux attelés à cette machine, on peut faire le travail de dix hommes. C'est une espèce de petite piocheuse.

§ 4. — MACHINES DE PRÉPARATION DES FRUITS.

Les machines destinées à la préparation des végétaux et des fruits pour la consommation des hommes et des animaux sont aujourd'hui très-nombreuses, et forment la majeure partie du matériel agricole. Nous en donnerons quelques spécimens, qui sont : le cribleur, le hache-paille, la machine à battre, les machines à farine, le concasseur, la machine à préparer le riz.

Le cribleur. — Cette machine est la répétition du trommel qui classe les minerais d'après leur grosseur. Dans l'agriculture, le cribleur est d'un usage continuel. Les enfants peuvent le tourner et trier 25 litres de blé par minute.

Le hache-paille. — L'inspection de la figure 244 suffit pour connaître cette machine, aussi simple qu'ingénieuse; elle est mue par

Fig. 244.

l'homme ou par une machine motrice qui fait avancer la paille au fur et à mesure que les couteaux tournent.

La machine à battre. — Le battage, ou égrenage, ou dépiquage, a pour but de séparer les grains des épis. Cette opération est exécutée soit par des chevaux qui marchent sur les gerbes, soit par des batteurs en grange avec leurs fléaux, soit par des rouleaux à dépiquer. Dans la Vieille-Castille, on emploie des traîneaux, espèces de planchers dans lesquels sont implantés des cailloux pointus ; on les leste avec de grosses pierres ; des mules les traînent sur des aires en terre battue. La paille, complétement pulvérisée, est séparée du grain par le vannage.

La machine à battre ou *batteuse* (fig. 245) a pour but de remplacer ces procédés primitifs. Son organe principal est le *batteur*, cylindre mobile horizontal sur lequel sont placés horizontalement des bâtons. Ce batteur est enveloppé d'un autre cylindre à claire-voie qui est le *contre-batteur*. Les gerbes sont introduites entre ces deux cylindres par un plan incliné supérieur. La paille et l'épi sont écrasés et les grains tombent sur la trémie du tarare. La paille est brisée, ce qui est avantageux, du moment qu'elle doit servir à la nourriture des animaux.

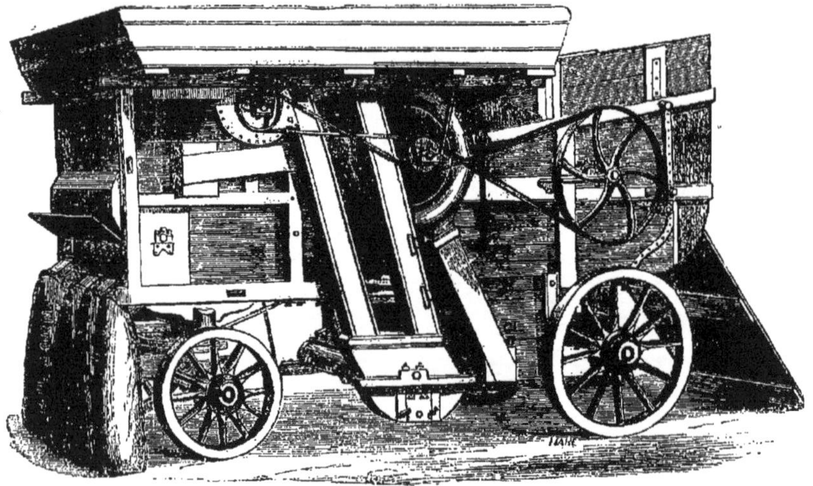

Fig. 245.

La transmission du mouvement a lieu au moyen d'une courroie, de façon que, s'il tombe un corps étranger dans les mécanismes, la courroie glisse de ses poulies et sa marche s'arrête aussitôt. La force motrice peut être produite aussi bien par une machine à vapeur que par un manége. Cette observation s'applique du reste à toutes les machines agricoles.

Avec une machine à battre de la force de 6 chevaux, on peut fournir 25 hectolitres de grains par jour.

Ces machines sont à poste fixe, ou elles sont locomobiles, et voyagent de ferme en ferme pour battre à façon.

Le moulin à farine. — Son invention se perd dans la nuit des temps. Samson tourna la meule chez les Philistins; Homère en parle également dans son *Odyssée;* les Romains s'en servaient après leur conquête en Asie; de l'Italie le moulin à farine passa en France. C'est la machine qui de tout temps a le plus exercé le génie des inventeurs. Nous savons, d'après la Bible, que les plus anciens appareils pour réduire le blé en farine comprenaient une petite meule en deux pierres dures, l'une au-dessus l'autre, que les esclaves ou les femmes faisaient tourner. Aujourd'hui la vapeur, l'eau et le vent en sont les moteurs uniques.

Le mécanisme d'un moulin à farine est très-simple. La meule inférieure ou *dormante* est fixe; elle supporte la meule supérieure ou *courante*. Elles ont des sillons tracés obliquement aux rayons. Ces sillons agissent en sens inverse et font l'effet de ciseaux; ils n'ont qu'une faible profondeur, qui diminue encore vers le bord du cercle.

L'enveloppe du grain, le son, est resté mêlé à la farine; on tamise ensuite ce mélange.

Avant d'être porté au moulin, le blé doit être nettoyé par une machine à ventiler, qui est le tarare, que nous avons mentionné parmi les machines à mouvoir les gaz.

On distingue trois espèces de moutures.

La *mouture économique* existe à la campagne; les meules y ont 2 mètres de diamètre et font un tour par seconde. Le blé est introduit au moyen d'une trémie dans l'ouverture de la meule supérieure; il s'engage entre ces deux meules, qui sont assez espacées pour briser le grain. La mouture, en sortant des meules, est conduite dans le blutoir, qui sépare la farine du son. Les premiers gruaux sont soumis une deuxième fois à l'action des meules qu'on rapproche davantage; elles fournissent une farine de premier gruau et de second gruau, qui donnent une nouvelle farine, et ainsi de suite; on recommence cette opération jusqu'à sept fois.

La *mouture américaine* consiste à écraser tout le blé d'un seul coup et à séparer ensuite au moyen de bluteries les sons et les différentes sortes de farine; les meules ont $1^{m},30$ de diamètre; elles font deux tours par seconde, et elles doivent être fort rapprochées pour produire le moins de gruau possible.

La *mouture à gruau* fournit les belles farines des pains de luxe; elle écrase le grain de manière à enlever l'enveloppe corticale et le pulvérise.

Le concasseur ou moulin universel.— Il est formé de deux cylindres lamineurs (fig. 246), avec manivelle, installés sur un bâti solide et surmontés d'une caisse dans laquelle on jette les grains à concasser : orge, avoine, graines de lin, fèves, maïs, tourteaux. Ces matières sont écrasées plus ou moins suivant le degré de la pression donné aux rou-

Fig. 246.

leaux par des vis régulatrices. Avec un manége à deux chevaux, on peut écraser 6 hectolitres de graines de lin dans une heure.

Au lieu de deux cylindres tournants, on a aussi un cylindre fixe, creux, dans lequel tourne un cylindre cannelé ou denté, afin que les corps à comprimer ne s'attachent pas à ses parois (fig. 247).

Si le cylindre se change en cône, on obtient un très-ingénieux appareil broyeur dont le modèle le plus connu est le moulin à café.

Fig. 247.

La machine à préparer le riz. — Le riz, immédiatement après sa récolte, est l'objet de plusieurs manipulations successives avant d'être livré au commerce en détail. Le grain de riz reste après le battage enveloppé de ses balles ou glumelles dont il faut le débarrasser, le décortiquer, mais plus proprement qu'on ne le fait avec le pilon ; ensuite il faut le perler, c'est-à-dire le débarrasser de la pellicule, ou péricarpe, qui lui reste encore après le décorticage.

Voici d'abord le moulin décortiqueur. Il se compose d'une trémie supérieure renfermant le rizon, ou grain de riz avec son enveloppe ; d'un bâti supportant deux paires de cylindres superposés, entre lesquels passe le grain sortant de la trémie, exactement comme d'un concasseur, dont il ne diffère que par l'addition d'un ventilateur aspirateur qui permet de faire disparaître les balles au moment où elles sont détachées du rizon et après leur passage entre chaque paire de cylindres.

La manœuvre de cette machine est très-simple; quand la trémie est chargée de rizon et la vanne régulatrice fermée, on tourne la manivelle. La vitesse est convenable lorsqu'on fait environ quarante tours à la minute, et que le ventilateur produit un certain ronflement que la pratique a bientôt appris à connaître. Dès que l'appareil est ainsi en marche, on ouvre la vanne régulatrice; le riz est aussitôt conduit entre les deux paires de cylindres animés de vitesses différentes, et le travail de décortication commence. Il faut alors s'assurer de l'état du riz décortiqué; s'il se brise, c'est que les cylindres sont trop rapprochés. Il faut les éloigner, en agissant sur leurs axes au moyen de volants manivelles que l'on tourne en sens opposé. Si, au contraire, il passe du riz non décortiqué, c'est que les cylindres ne sont pas assez serrés, et on opère alors leur rapprochement au moyen de ces mêmes volants. Lorsque, avec le riz décortiqué, il passe un peu de balle, cela ne peut provenir que de deux causes : soit parce que la manivelle tourne trop lentement, soit parce que les ouvertures d'aspiration de l'air sont trop fermées; elles se règlent facilement par des vannes, que l'on rapproche ou que l'on éloigne à volonté à l'aide de vis de pression. Un seul homme peut décortiquer environ 100 litres de riz à l'heure.

Pour perler le riz, on se sert d'une machine composée d'un cylindre en tôle percée de petits trous, auquel on imprime un mouvement de rotation, tandis que l'axe de ce cylindre tourne en sens contraire avec une plus grande vitesse et entraîne avec lui des palettes qui agitent sans cesse le riz. Lorsqu'on veut faire fonctionner cet appareil, on verse du riz dans le cylindre jusqu'au tiers environ de sa capacité; deux hommes tournent les manivelles pendant un quart d'heure. Au bout de ce délai, le perlage du riz est terminé.

Ce n'est pas sans intention que nous sommes entré dans ces détails; comme ils se présentent dans toutes les machines agricoles, il suffit de les mentionner une fois pour toutes, pour que le lecteur sache de quelle façon il faut envisager ces machines, quant à leur disposition, à leur marche et à la manière d'en évaluer le rendement.

CHAPITRE XIII.

MACHINES OUTILS.

On nomme particulièrement *machines outils* celles qui donnent à un bloc de bois ou de métal une forme géométrique, et qui remplacent le forgeron avec son marteau et sa lime, et le menuisier avec sa scie et son rabot.

A l'aide de ces machines, des résultats gigantesques peuvent être obtenus dans l'industrie des transports, comme dans l'art militaire; on leur doit les grands arbres de couche et les hélices des bateaux à vapeur, les cuirasses ou blindages des frégates, etc.

Elles se créent elles-mêmes, et on ne peut guère prévoir où ce progrès mécanique s'arrêtera, car tous les jours il s'élève de nouveaux établissements destinés à cette fabrication spéciale.

Leur utilité se manifeste dans la construction de toutes espèces de machines, principalement des machines manufacturières et de celles qui préparent les matières premières.

Ainsi une machine outil produit, par exemple, des étampes ou poinçons, et une autre des feuilles de tôle. Le manufacturier achète ces poinçons et cette tôle, et avec sa machine manufacturière il fabrique des capsules, des vases, des boîtes. Donc, si les diverses machines outils n'avaient pas bien fonctionné, leur sœur cadette, la machine manufacturière, d'abord serait mal construite, ensuite elle travaillerait mal une mauvaise matière, une tôle mal laminée, mal découpée, et par cette double raison ne pourrait pas fournir des marchandises de bonne qualité; tout, comme on le voit, se lie, s'enchaîne dans l'inépuisable industrie.

Mais le travail correct n'est encore qu'un seul des nombreux avantages que les machines outils bien exécutées nous offrent. Leur service capital c'est de remplacer la force de l'ouvrier par des forces plus grandes et moins précieuses. Et d'ailleurs, pourrait-on concevoir un atelier dans lequel des forgerons et des serruriers exécuteraient des ponts métalliques et des locomotives uniquement avec leurs mains et leurs faibles instruments, et surtout avec cette étonnante rapidité?

Aussi les machines outils sont-elles employées aujourd'hui par tous les métiers, excepté toutefois par ceux qui demandent un changement continuel dans la grandeur et la direction de la force motrice, ou dans la résistance à vaincre, ainsi que cela a lieu pour la maçonnerie, la ferblanterie, la bijouterie. Comme de nouvelles inventions ne permettent pas encore d'appliquer les machines outils à toute espèce de travail manuel, il faut se borner pour le moment à simplifier celles que l'usage a déjà consacrées, et à les livrer à des prix plus modestes, afin de les répandre davantage.

Pour atteindre ce but, on n'a qu'à se laisser guider par la pratique, car la science ne joue quant à présent qu'un rôle secondaire dans cette question.

On sait que la plupart des constructeurs adoptent un type de machines, cherchent à le répandre et le suivent dans sa carrière; ils s'informent des services qu'il rend, tiennent compte des défauts qu'on leur signale, le modifient sans cesse en augmentant ou en diminuant le calibre des organes, suivant les exigences des industriels; en somme, ils portent leur attention sur les points suivants, qui peuvent servir de principes dans la construction des machines outils :

« Les pièces fixes doivent être lourdes, solides et solidaires, afin d'assurer une très-grande stabilité à la machine;

« Le bâti sera formé d'un bloc en fonte creuse, ou en fer forgé au marteau pilon, ou au besoin d'une grosse charpente boulonnée;

« Les assemblages pouvant donner lieu à de fréquentes réparations doivent être soigneusement écartés;

« La machine doit marcher en évitant toute vibration, sinon elle ne fournira qu'un travail défectueux;

« Les surfaces attaquées par l'outil doivent être aussi allongées que possible, afin qu'on puisse les rendre parfaitement planes;

« Les porte-à-faux des organes de transmission, tels que engrenages, poulies, etc., ne peuvent être tolérés dans aucun cas; il faut installer ces organes près du sol, près des murs;

« Les machines lourdes appropriées aux gros ouvrages doivent posséder assez de précision pour servir également aux travaux fins;

« Les objets fournis par ces machines ne doivent pas être repris par des ajusteurs pour qu'ils les polissent et qu'ils fassent disparaître à la lime les sillons et les arêtes. Ce résultat doit être obtenu par des passes successives; les pièces à travailler doivent rester en place depuis le commencement de l'opération jusqu'à la fin, de manière que leur forme géométrique ne soit pas altérée et que la main-d'œuvre soit économisée;

« Les machines outils étant automatiques doivent se suffire à elles-mêmes dans tous leurs mouvements; il faut alors que l'outil avance ou recule par le déplacement de cliquets; le rôle de l'ouvrier se borne ainsi à une surveillance pure et simple;

« Les machines outils doivent être spécialisées et même être construites en vue des pièces de dimensions déterminées; c'est ainsi qu'on possède des machines à raboter des planches, puis des machines à raboter des clavettes; des machines à percer des plaques, puis des machines à percer des longerons de locomotives;

« L'outil peut être mobile et la pièce fixe, ou l'outil fixe et la pièce mobile; il peut être guidé par la main de l'ouvrier, ou par la machine elle-même, ou encore par un modèle, objets en relief ou en creux, tels que bois de fusil, etc.

« Faire un choix judicieux et bien réfléchi entre ces diverses positions : telle est la dernière règle qu'il y a lieu d'indiquer dans ce rapide exposé. »

En admirant, soit dans les ateliers de construction, soit dans les palais des expositions industrielles, les belles et ingénieuses machines outils, on doit évidemment se demander quelle est leur origine, quels sont les inventeurs qui les ont imaginées, quels sont les maîtres qui les premiers les ont exécutées.

Pour répondre à ces questions, il n'est pas nécessaire de remonter bien loin. Au commencement de ce siècle, la fabrication des machines en général ne se distinguait pas sensiblement des travaux ordinaires de la serrurerie, de la chaudronnerie, de la menuiserie; et tous les objets manufacturés, ainsi que le nom l'indique, étaient fabriqués à la main. Quand on regarde des mécanismes anciens, on voit que c'est l'ouvrier qui les a établis en entier, qu'il a ajusté ses pièces de bois et de fer, qu'il les a modifiées pour les mettre en rapport les unes avec les autres, qu'il les a montées pour savoir si elles fonctionnaient bien et si elles produisaient l'effet voulu; on voit enfin qu'il leur a donné par le tâtonnement une forme définitive sans se préoccuper de leur tracé géométrique.

Il faut en excepter néanmoins l'horlogerie, où, dans l'origine, de petites machines étaient destinées, comme elles le sont encore aujourd'hui, à tailler les roues, les engrenages, les pivots des appareils chronométriques.

Ce sont ces petites machines à tourner, à percer, à limer des plaques et des tiges de métal, qui ont inspiré à James Watt l'idée de construire de grandes machines pour produire de grandes plaques et de grandes tiges qui devinrent sous ses fécondes inspirations des chaudières, des pistons, des balanciers dans son établissement à Soho.

Ce résultat une fois obtenu, on ne s'est plus contenté de travailler uniquement les métaux avec des machines. Les substances du règne minéral et végétal : les terres, les pierres, les bois ont été livrés aux appareils mécaniques, mais dont quelques-uns restent encore à l'état d'essai.

Pendant un grand nombre d'années, on ne disposait que des modèles de provenance anglaise dont on s'est inspiré. Les machines outils se sont répandues d'abord en Amérique, où manque la main-d'œuvre ; vinrent ensuite la Belgique et l'Allemagne avec leurs nombreux chemins de fer et leurs bateaux à vapeur qui font une si énorme consommation de fer et de bois ouvrés. La France aussi, qui, en fait d'innovations techniques, marche lentement, mais sûrement, a suivi enfin l'impulsion générale, et ne craint déjà plus aucune concurrence, du moins en ce qui concerne les formes convenables de ces machines et leur exécution correcte.

§ 1. — MACHINES OUTILS POUR MÉTAUX.

Comme toutes les machines outils, on peut diviser celles qui sont destinées au travail des métaux en deux classes : les machines générales et les machines spéciales.

Les premières servent à forger, à couper, à limer, à percer et à tourner les pièces telles qu'elles sortent des usines métallurgiques.

Les secondes ont pour objet de fabriquer certains objets : des vis, des écrous, etc. ; elles rentrent dans la catégorie des machines manufacturières.

Plusieurs de ces machines outils pour métaux : la perceuse, la mortaiseuse, le tour servent également au travail du bois. Pour éviter les répétitions dans l'énoncé des détails, nous renvoyons au paragraphe suivant.

Les marteaux de forge. — Les forges sont situées généralement près des cours d'eau, près des mines et des fonderies. Les roues hydrauliques en sont les moteurs.

Au-dessus du marteau, se trouve une grosse poutre contre laquelle il se heurte, sans quoi il irait trop loin par suite de la vitesse acquise, et il ne pourrait plus donner le nombre de coups suffisant. Cette pièce de bois agit à l'instar d'un ressort ; la force perdue n'est donc pas considérable.

Comme la forge est une machine à choc, elle se trouve, comme ses pareilles, dans de mauvaises conditions de stabilité ; mais ce choc est son travail, et pour qu'il ne puisse pas ébranler les constructions voisines, on établit l'enclume sur une charpente élastique ; c'est en quelque sorte la main libre de l'homme sur laquelle il casse une pierre. Nous distinguerons deux espèces de marteaux.

Le *marteau à bascule*, dit *martinet*, sert au forgeage des petits fers. Son manche en bois de 3 mètres de longueur est abaissé par une roue à cames ; son point de rotation se trouve aux deux tiers à partir de sa tête, qui alors s'élève et frappe 200 coups par minute, à une hauteur de $0^m,40$; le nombre des cames est de 16.

Le *marteau frontal* représenté page 125 est soulevé par sa tête ou son front ; il pèse 2 500 à 4 000 kilogrammes et frappe 60 à 100 coups par minute avec une levée de 1 mètre. Il est tout en fonte.

Le *poids p du volant en fonte des marteaux* peut être déterminé d'après la formule suivante :

$$p = \frac{f}{r^2}.$$

(r est le rayon du volant ; f le coefficient = 20 000 à 30 000 pour un marteau frontal ; ou = 6 000 pour un martinet frappant 200 coups par minute.)

Il existe encore d'autres formules, mais elles sont trop compliquées ; la moindre erreur dans la pose des nombreux chiffres qu'elles renferment conduirait à un résultat absurde. Les praticiens ne s'en servent pas, et c'est pour nous une raison suffisante pour ne pas nous en occuper non plus.

Le marteau pilon ou marteau à vapeur (fig. 248). — Au-dessus de l'enclume se trouve un cylindre à vapeur porté par deux montants latéraux. Un piston se meut dans ce cylindre et soulève le marteau auquel il est lié par une tige. Ce marteau, bloc de fonte, est guidé dans son élévation et sa descente par une coulisse verticale fixée au montant. Quand le marteau est arrivé à la hauteur voulue, on laisse échapper la vapeur et il tombe sur les loupes à forger. L'entrée de la vapeur, la hauteur de chute, et, par conséquent, la fréquence et l'intensité du choc peuvent varier à volonté. Pour que le piston ne puisse pas dépasser la hauteur prescrite, on pratique dans le cylindre des trous par lesquels la vapeur s'échappe. Lorsque l'ouvrier veut vérifier l'état des pièces à marteler, il n'a pas besoin d'arrêter la marche du marteau; il peut le faire osciller au-dessus de l'enclume et attendre le moment opportun pour frapper.

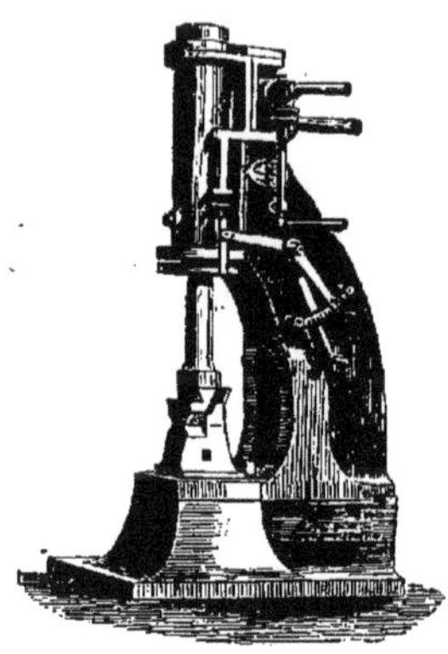
Fig. 248.

Le marteau pilon, par l'économie et la rapidité de son effet, a produit une révolution complète dans le travail du fer. Il fut inventé en 1840 par M. Bourdon, ingénieur des forges du Creusot, lors de la construction des premiers appareils des paquebots transatlantiques ; à la même époque, un brevet fut pris à Londres, pour ce marteau à vapeur, par M. Nasmith.

Les *dimensions moyennes d'un marteau pilon* sont les suivantes :

Diamètre du cylindre....................	0^m,60
Course du piston........................	2^m,00
Diamètre de la tige du pilon...............	0^m,10
Poids du pilon..........................	3 500 kilogrammes.
Pression de la vapeur....................	5 atmosphères.
Poids du bâti et de la plaque de fondation.....	24 tonnes.

On admet généralement que l'effet utile de ces marteaux varie de 35 à 40 pour 100.

Il y a aussi des marteaux à double effet ; la vapeur agit dans un sens pour soulever le marteau, et dans l'autre sens pour précipiter la chute et augmenter l'action de la pesanteur.

Il n'y a pas de règle générale à établir pour les marteaux pilons. On les construit de toutes les dimensions, de 100 à 4 000 kilogrammes même de 25 tonnes. La hauteur de chute est de 2 mètres à 2^m,50 avec 60 à 100 coups par minute.

Le marteau à excentrique (fig. 249). — Le principe du marteau pilon vient d'être modifié en ce sens que la vapeur, au lieu d'être employée à soulever le marteau, tourne une manivelle à laquelle est attaché un marteau qui fonctionne comme si le forgeron le tenait dans la main.

D'après ce système, le mouton *r* est suspendu à un ressort en acier et glisse dans une rainure. Ce mode de suspension a pour but d'empêcher le choc destructif résultant du coup donné sur une fondation sans matière élastique. La réaction verticale se produit donc de bas en haut, et est absorbée par ce ressort.

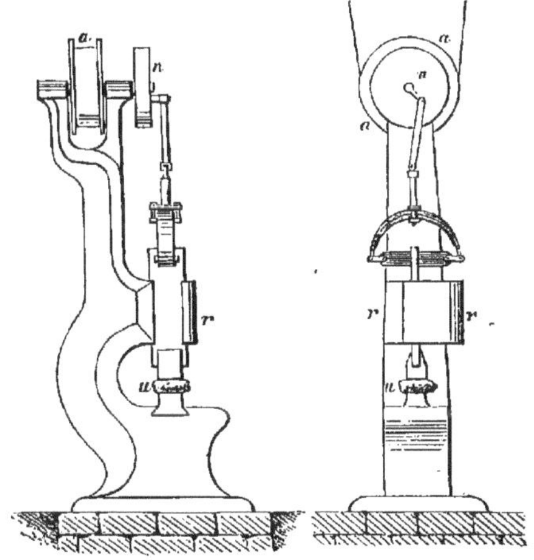

Fig. 249.

Ces marteaux à mouvement continu peuvent marcher au moyen de balanciers. Dans le présent spécimen, on se sert d'une manivelle excentrique *n*, de poulies *a* et de câbles de transmission qui prennent la source du mouvement sur un arbre de couche.

Cette machine ne demande qu'une force de 1 cheval ; elle donne 250 coups par minute avec un marteau d'un poids de 40 kilogrammes et elle forge une pièce de fer *u* de petites dimensions.

L'inventeur américain, M. Justice, a donné à ce pilon le nom de *marteau à coup terrible*, qu'on a transformé en celui de marteau à excentrique qui définit mieux ce système.

Les cisailles. — Elles sont destinées à couper et à diviser des barres et des feuilles de métal. Il y en a deux espèces : les cisailles droites et les circulaires.

Les premières (fig. 250) comprennent deux *lames droites* fixées par une cheville comme dans les ciseaux ordinaires des ménages ; l'une des lames *a* est fixe, l'autre *n* est mobile et manœuvrée avec un levier *v*.

Les mâchoires coupantes sont garnies de tranchants en acier rapportés avec des boulons, en sorte qu'on peut les remplacer à volonté. L'axe coudé *i* donne le mouvement. Le volant pèse 400 kilogrammes. Il y a aussi des cisailles dont la branche mobile roule sur un excentrique.

Les couteaux ne sont pas toujours attachés comme les lames des ciseaux. Dans les machines, dont le bâti entier est en fonte, les couteaux sont placés l'un sur l'autre. Celui qui est mobile descend sur celui qui est fixe, comme un marteau sur une enclume. Il est soulevé par une manivelle que porte un arbre avec une roue dentée qui reçoit le mouvement.

Le tranchant du couteau supérieur est souvent posé droit et attaque d'un seul coup la plaque ou barre en métal. Cette disposition est es-

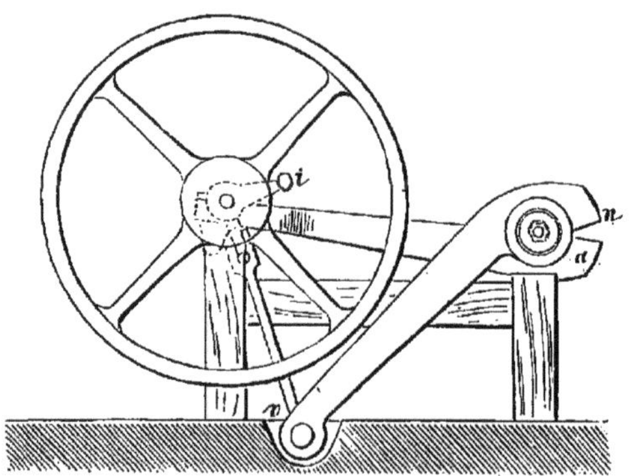

Fig. 250.

sentiellement vicieuse. Pour que la force motrice soit utilisée d'une manière convenable, il faut que le couteau agisse obliquement.

Les cisailles de la seconde espèce sont composées de deux disques en fonte auxquels s'appliquent des *lames circulaires* en acier tournant en sens inverse, et placées de manière à se toucher et à se croiser légèrement. Les deux disques sont portés sur deux arbres liés entre eux par un engrenage.

Si d'un côté de la cisaille est fixé un couteau et de l'autre côté un poinçon, on appelle cette machine une *poinçonneuse-cisaille*.

Le poinçon sert à trouer des plaques d'un seul coup. Le poinçon, petit cylindre, entre dans la plaque; immédiatement, un autre petit cylindre coupé dans cette plaque tombe, et le trou est fait; on avance la plaque et cette opération recommence avec assez de rapidité.

L'étau limeur ou la limeuse (fig. 251). — Un crochet ou burin trace une rainure sur la plaque métallique qu'on lui présente, puis recule et trace de nouveau une rainure à côté de la première et ainsi de suite.

Fig. 251.

La limeuse sert pour les petites pièces ; l'outil a une course de $0^m,22$.

La raboteuse pour métaux. — Elle est une limeuse de grandes dimensions; elle sert à planer les grandes pièces de métal. Il y a deux modèles de raboteuses ; dans l'un l'outil est fixe, et la plaque à dresser passe dessous; dans l'autre modèle c'est l'inverse. Le mouvement est donné par des engrenages et une chaîne Galle qui tire le chariot sur lequel la pièce est posée.

Il existe aussi des raboteuses verticales pour les plaques très-longues, qui sont faciles à mettre debout, mais difficiles à poser par terre, à cause de l'emplacement restreint des ateliers.

La machine à percer ou perceuse. — Son bâti est une colonne en fonte qui maintient par ses bras un ciseau en ligne verticale. Au moyen de poulies et d'engrenages, un double mouvement est donné à ce ciseau qui creuse le métal, et descend au fur et à mesure que le trou s'approfondit. Cette colonne a pour base une large table en fonte, sur laquelle se placent les plaques, barres, ou autres pièces à perforer. La pression du poinçon, mèche ou foret, est réglée par un contre-poids ; l'outil peut alors tourner sans mordre, et, par conséquent, sans se briser, lorsque l'obstacle dépasse une certaine limite.

La *machine à percer radiale* a la forme d'un cylindre creux se raccordant à sa base à une plaque carrée qui sert à le fixer. Il guide un bras radial qui est à coulisse et porte un chariot destiné au ciseau et à ses accessoires ; ils avancent ou reculent et percent des trous placés sur des circonférences de divers rayons, dont le centre est sur l'axe d'un arbre vertical. Cet arbre, placé au milieu du bâti, reçoit son mouvement de l'arbre de commande, et le transmet à ce bras, qui monte et descend à l'aide d'une vis sans fin. Ce bras radial, qui part de la colonne comme un rayon de son centre, est entièrement en porte à faux.

La mortaiseuse à métaux. — Une mortaise est une rainure, entaille ou échancrure pratiquée dans l'épaisseur d'une pièce pour y ajuster une autre pièce de même calibre, et produire ce qu'on appelle dans la charpenterie *un assemblage*.

Quant aux détails de construction, voir la mortaiseuse pour bois ; celle pour métaux n'en diffère que par les dimensions et la trempe des outils.

Le tour pour métaux. — Voir le tour du tourneur en bois ; même observation que précédemment.

La machine à aleser ou l'alesoir mécanique. — Elle a été inventée en 1750 par le mécanicien Focq de Maubeuge. *Aleser* veut dire : terminer, polir les surfaces intérieures d'un cylindre, d'un coussinet, etc.

Les machines outils destinées à ce travail sont assez variées. Quand les trous à aleser ne dépassent pas 0^{m},02, on fait tourner à la main les alesoirs qui sont des ciseaux droits. Mais dès qu'il s'agit de dimensions tant soit peu fortes, on emploie un arbre tournant, sur lequel on fixe plusieurs alesoirs à la fois.

La machine à aleser est généralement horizontale ; elle n'est verticale que pour les cylindres soufflants ; car leur épaisseur étant faible à l'égard de leur diamètre, ils pourraient s'affaisser et devenir ellip-tiques, s'ils étaient placés horizontalement.

La machine à tarauder. — *Tarauder* signifie tailler des pas de vis dans l'intérieur des pièces, des écrous par exemple. Cette machine est une espèce de tour à filtrer en creux. Le taraud (du grec τείρω, *user*, *percer*) est un morceau d'acier conique, taillé en vis.

La tréfilerie ou banc à tirer. — Cette machine est destinée à étirer des fils métalliques au moyen de la filière. La *filière* est une plaque d'acier percée de trous coniques dont le diamètre va en progression presque imperceptible. On garnit souvent les trous de pierres précieuses qui sont les plus dures. La fabrication de cet instrument est très-difficile et demande des soins tout particuliers. Les filières françaises étaient autrefois les plus estimées et se vendaient au poids de l'argent, même en Angleterre.

Le mécanisme de la tréfilerie n'est pas très-compliqué ; le fil, préalablement aminci au bout, est introduit d'abord dans l'ouverture la plus large, puis tiré au moyen de pinces, ou enroulé sur des tambours. On recommence cette opération dans le trou suivant, jusqu'à ce que le fil ait acquis la ténuité voulue.

La forerie. — Elle est destinée à forer, c'est-à-dire à percer une pièce suivant son axe. Ici, c'est l'inverse du percement ordinaire ; la pièce tourne et le foret n'a qu'un mouvement de progression limité par un balancier à contre-poids. Dans les pièces longues cependant, le foret est un fleuret qui tourne avec une rapidité extrême, par exemple dans les canons.

La machine à tailler les dents d'engrenage. — L'exécution rigoureuse des dents d'engrenage importe autant à la régularité des mouvements qu'au bon emploi de la force motrice. Quel que soit le soin apporté à la fonte par une bonne exécution des modèles, par le moulage, par l'exactitude de la division à la main et au compas, par l'emploi correct de la lime et du burin, on n'est jamais arrivé à un engrènement doux et facile. Une machine seule a pu conduire au but ; elle comprend un plateau circulaire ou plate-forme sur laquelle sont tracées des divisions. Chaque division est marquée par un trou conique. Une alidade mobile terminée par une pointe s'adapte dans un de ces trous, et y reste dans une position invariable. Sur l'axe de la plate-forme, on fixe la roue qu'il s'agit de diviser, et dont la position ne change qu'au fur et à mesure par suite du déplacement de l'alidade qui occupe successivement tous les trous d'un même cercle de la plate-forme. On présente donc des points régulièrement espacés à l'outil appelé *grain d'orge*, qui est fixé sur un arbre guidé et qui coupe alors les surfaces d'une façon régulière.

La machine à affûter les scies (fig. 252).— Avec une poignée, l'ouvrier appuie la meule sur la dent de la scie, afin de l'affûter ou la repasser. Au moyen de la manivelle on avance la scie de la longueur d'une dent. La scie elle-même est fortement tenue dans une mâchoire quand la lame est droite, ou dans une mordache quand c'est une scie circulaire. Ces machines à affûter remplacent avantageusement les limes ; les meules qui sont en émeri s'usent peu et servent alors indéfiniment ; la diminution de leur diamètre n'est pas sensible.

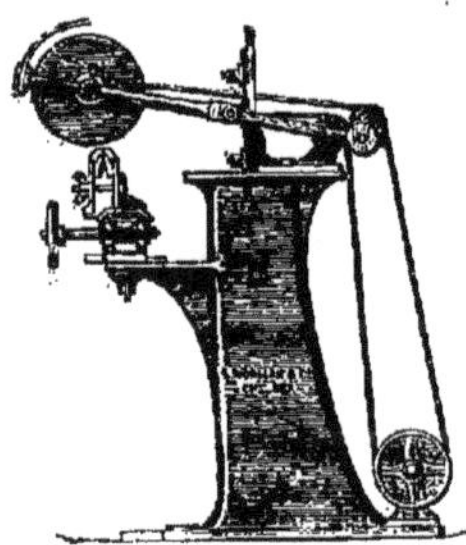
Fig. 252.

§ 2. — MACHINES OUTILS POUR BOIS.

Ayant vu fonctionner les machines outils pour métaux qui percent, qui liment, qui rabotent, on s'est demandé pourquoi elles ne travailleraient pas aussi bien les bois.

Telle est l'origine curieuse de ces machines outils destinées spécialement au façonnage de ces derniers matériaux de construction.

Les spécimens primitifs n'en ont pas réussi ; on avait voulu proportionner leur force à la résistance du bois, comparée à la résistance du métal ; et elles sont devenues trop faibles. C'étaient des machines mixtes en charpente avec des essieux en fer ; aussi dans les grandes vitesses se sont-elles détraquées, et il en est résulté que les pièces préparées à la mécanique étaient moins régulières que celles qu'on obtenait dans les ateliers de menuiserie. Ce n'est qu'à partir du moment où on a construit ces machines entièrement en fer, qu'elles ont commencé à travailler avec une exactitude qui ne laisse plus rien à désirer.

Les bois, pour pouvoir être livrés au commerce, demandent cinq opérations. Il faut abattre les arbres, les scier pour les transformer en pièces régulières, raboter ces pièces, les tourner et les façonner.

Quant à l'abatage des arbres, les machines ne sont pas encore parvenues à l'exécuter. On n'a pas essayé de scier les arbres sur pied. On a bien senti que la lame de scie, pressée par l'immense poids de l'arbre, n'avancerait pas, qu'elle casserait et qu'en définitive la hache du bûcheron serait plus expéditive.

Il n'y a donc que les quatre dernières opérations qui peuvent s'effectuer par des machines, dont les modèles sont très-nombreux ; nous avons essayé d'y faire un choix et nous présenterons ceux qui nous semblent les mieux conçus.

Les machines à scier les bois. — On en distingue trois espèces : les scies à *mouvement de va-et-vient;* les scies à *disques* ou à *plateau circulaire;* les scies à *rubans* ou scies *sans fin.*

Les premières (fig. 253), qui exécutent le travail du scieur en long,

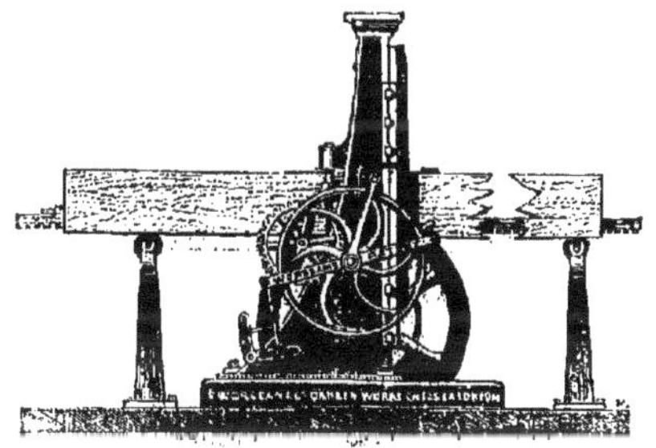

Fig. 253.

sont les plus simples. Elles se composent d'un arbre coudé, réuni à l'une de ses extrémités par une bielle à un balancier, qui supporte à l'autre extrémité le châssis de la scie, dont les dents sont déviées de chaque côté pour éviter le frottement de la lame contre le bois. Ceci est une observation générale qui s'applique à toutes les scies. Ces scieries existent depuis cinq cents ans dans toutes les montagnes où une roue hydraulique les met en action ; en Hollande, on utilise à cet effet des moulins à vent.

La figure 254 représente une scie alternative à découper de petites pièces de menuiserie ; son bâti est en fer.

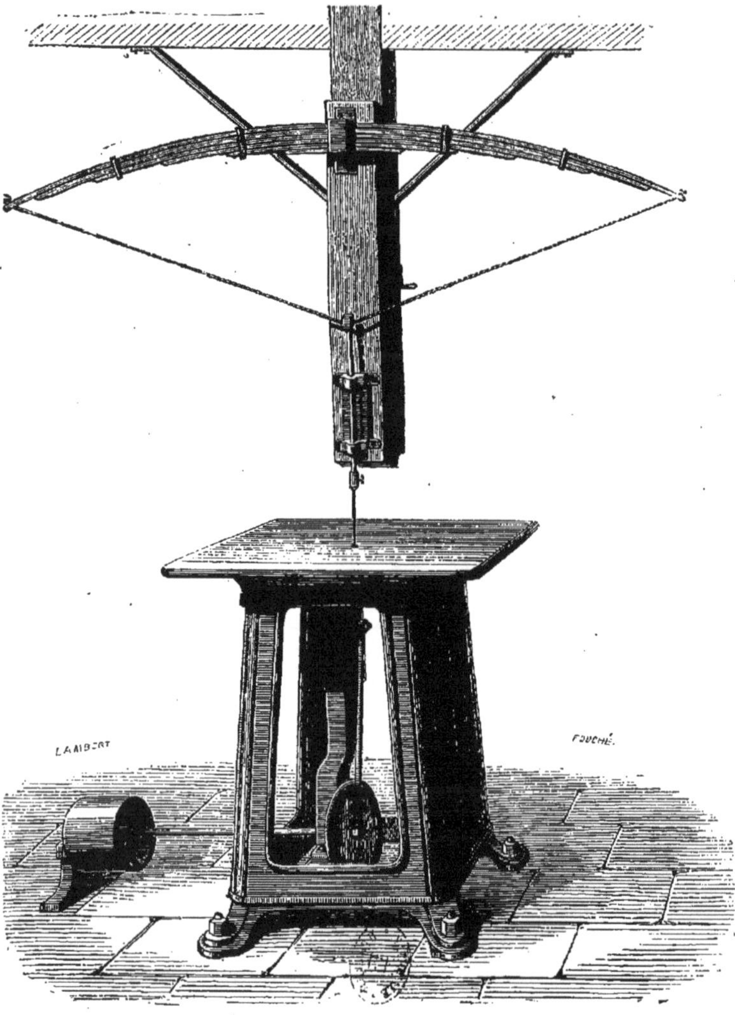

Fig. 254.

La deuxième espèce de scie (fig. 255 et 256) comprend un disque en tôle, de 1 mètre de diamètre, vers lequel est poussé le bloc à débiter.

Une des applications les plus importantes des scies à disques se rencontre dans la fabrication des rails de chemins de fer, que l'on

Fig. 255.

chauffe au rouge et que l'on place sur un cadre qui est approché vers la scie. On peut couper (*affranchir*, c'est le terme technique) 300 rails aux deux bouts par jour.

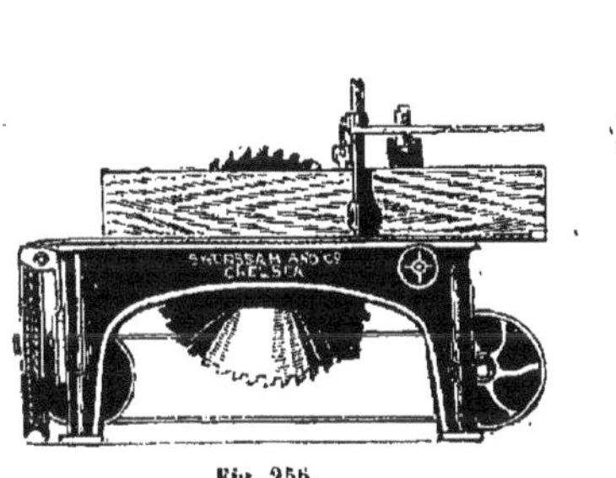

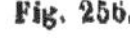

Fig. 256. Fig. 257.

La troisième espèce (fig. 257), la scie à ruban ou à bande, ou scie sans fin est de date plus récente. L'ingénieur Albert la fit breveter à Paris en 1799. La lame de scie est en acier fin, enroulée sur les deux roues, dont l'une est en haut, l'autre en bas ; on place sur la table le morceau de bois à façonner et on le pousse à volonté vers la scie qui peut produire toutes espèces de dessins.

Dans l'origine, ces scies sans fin n'étaient pas très-recherchées ; elles cassaient facilement au moindre nœud qu'elles rencontraient dans le bois. Aujourd'hui les proportions de toutes leurs pièces sont mieux calculées, leur bâti est plus solide, les poulies de renvoi du mouvement ont des dimensions plus convenables. Les ruptures deviennent donc plus rares ; elles n'ont lieu que par la maladresse de l'ouvrier, qui présente le bloc de bois trop brusquement quand la scie est déjà en marche. Un perfectionnement qui contribue beaucoup à la conservation des lames de scie est l'addition de deux plaques en caoutchouc sur lesquelles agit la vis de tension de ces lames auxquelles le mécanicien Perrin est parvenu à donner toute la solidité voulue ; aussi, dans l'industrie, on les appelle les *scies Perrin.*

Les machines à raboter les bois, les rabots mécaniques ou raboteuses.— Ces machines doivent opérer avec des outils, dont le tranchant ait la forme et la finesse nécessaires pour séparer les fibres du bois sans déchirures ni arrachements, ni éclats. Il convient d'attaquer à la fois le plus petit nombre de fibres possibles ; elles seront d'autant mieux tranchées qu'on agira successivement sur chacune d'elles, au lieu de les attaquer en masse.

La *raboteuse à outil droit* est représentée par deux modèles anglais. Elle est spécialement construite pour raboter et dégauchir la grosse et la petite charpente de bois dur ou tendre ; quelque déjetée que soit une pièce, elle sort de cette machine parfaitement dégauchie et avec une surface plane, prête à être collée. Les fers à rabots sont attachés à un bloc forgé, qui tourne avec une vitesse moyenne de 3 000 tours par minute ; on y fixe des fers tranchants de formes variées, afin de produire des moulures ou des cannelures. La table est en fonte, la surface en est planée ; à des intervalles de 1 mètre se trouvent des crampons, par lesquels la pièce de bois est solidement attachée. Plusieurs de ces pièces peuvent être cramponnées sur la table, les unes à côté des autres et être rabotées simultanément. La table avance avec une vitesse de 4 mètres par minute, mais elle recule avec une vitesse bien plus grande, par le simple déplacement des courroies.

Voici maintenant encore quelques détails sur l'effet de cette raboteuse.

Le premier modèle (fig. 258), du poids de 2 000 kilogrammes, de

Fig. 258.

2 chevaux de force, est employé pour des poutres d'un équarrissage de 0^m,30 sur 3 mètres de longueur.

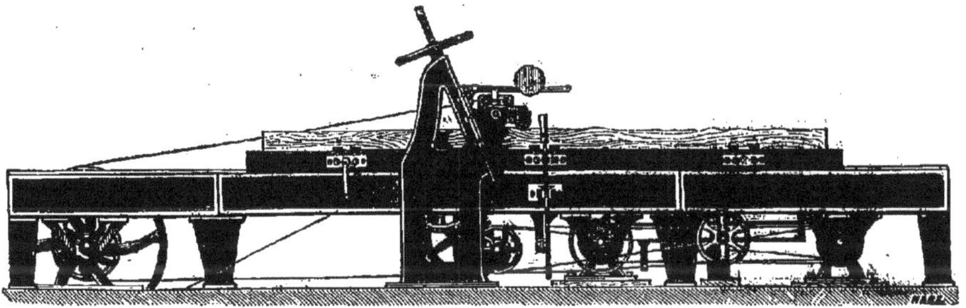

Fig. 259.

Le second modèle (fig. 259), du poids de 3 000 kilogrammes, de 4 chevaux de force, sert pour des poutres d'un équarrissage de 0^m,40 sur 5 mètres de longueur.

La *raboteuse à lames hélicoïdales* (fig. 260) a été inventée par MM. Mareschal et Godeau. Elle est munie d'un porte-outils rotatif, armé de lames tranchantes à biseau hélicoïdal. Ce porte-outils peut s'élever ou s'abaisser, suivant l'épaisseur des pièces à raboter. Quand on veut affûter les lames, on l'élève à sa position supérieure, et il est alors en contact avec une meule en émeri tournant à grande vitesse et susceptible d'un mouvement rectiligne, parallèle à l'axe du porte-outils. La traverse conductrice de la meule reçoit un support qui, marchant avec elle, s'engage sous le biseau d'une lame hélicoidale et le fait tourner graduellement, de sorte que tous les points du tranchant sont exactement à égale distance de l'axe du porte-outils ; ils engendrent, en

Fig. 260.

tournant, une surface cylindrique dont toutes les génératrices sont parfaitement parallèles au plateau qui porte le bois à raboter.

Ce plateau, mobile avec retour rapide, et muni de griffes de serrage, reçoit les pièces à travailler. Il peut être fixé, dans le cas où l'on doit raboter des planches minces; des cylindres d'amenage conduisent alors, en les faisant glisser sur le plateau, les planches sous le porte-outils qui les dresse et en régularise l'épaisseur.

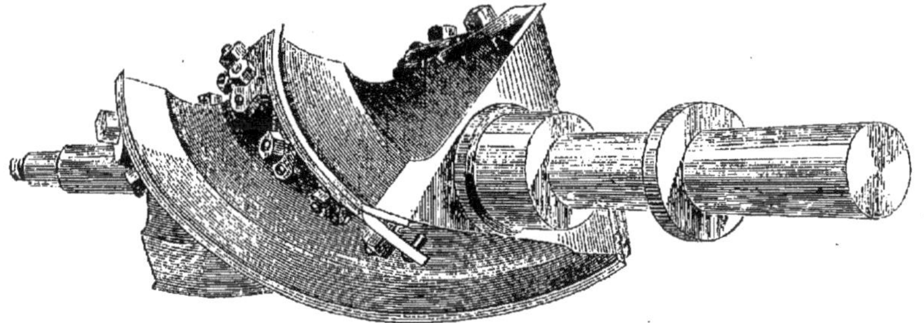

Fig. 261.

Au moyen de la lame hélicoïdale (fig. 261) qui fait 2000 tours par minute, on évite les chocs et on attaque le bois sous un angle constant le plus favorable au rabotage.

Les machines à tourner les bois.— On se sert de tours dans presque toutes les professions ; on a les tours du potier, du mouleur, de l'horloger, du guillocheur, etc. ; leur construction varie suivant leurs usages. Pour le moment, nous n'avons à nous occuper que des tours à façonner le bois, qui lui donnent soit intérieurement, soit extérieurement une forme ronde, cylindrique, conique, sphérique, hélicoïdale, etc. On distingue deux espèces de tours :

Le tour *parallèle*, dans lequel la pièce à travailler est placée horizontalement entre deux pointes qui sont supportées par des montants qu'on nomme *poupées*.

Le tour *en l'air* supporte la pièce par une de ses extrémités sur une seule pointe, l'autre extrémité reste en l'air.

La figure 262 représente un tour parallèle; on voit que le mouvement est transmis par des courroies aux poulies. Le petit chariot du milieu, portant l'outil, se déplace au fur et à mesure de l'opération ; il suffit alors d'établir un rapport convenable entre la marche de l'outil et la rotation de la pièce à tourner, et on y arrive par le

Fig. 262.

déplacement successif du petit chariot porte-outils représenté dans tous ses détails fig. 263. Par l'axe du banc, composé de deux montants en fonte, passe un cylindre taraudé dans lequel engrènent des vis sans fin que tourne l'ouvrier au moyen d'une manivelle après

Fig. 23[illegible].

chaque rotation complète de la pièce à façonner. L'outil est solidement fixé dans une embrasse avec une vis de pression. Cette fixation de l'outil n'a lieu que si le travail est uniforme; s'il doit changer, l'outil doit être changé également.

Nous voyons dans le petit tableau (fig. 264) la collection complète des outils de tourneur.

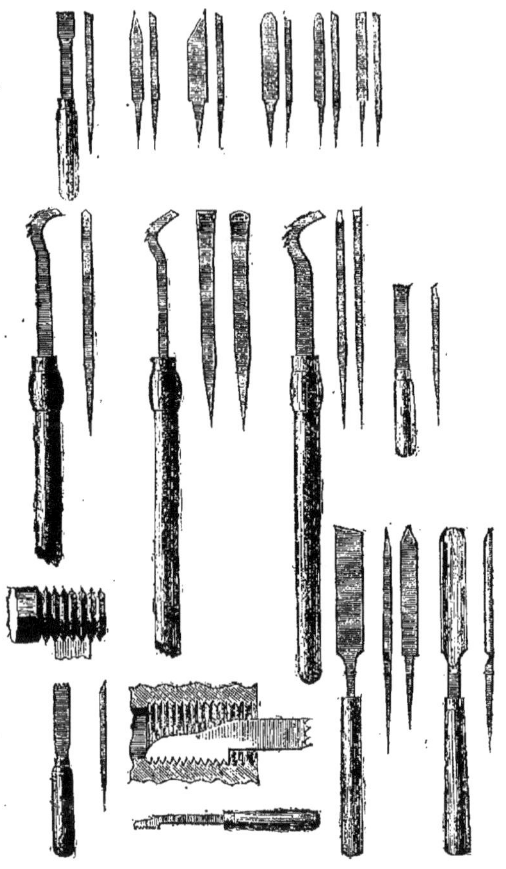

Fig. 264.

Les machines à façonner les bois. — Elles commencent à s'introduire dans tous les ateliers. Nous en présentons ci-après quelques spécimens.

La *mortaiseuse pour bois* sert, ainsi que nous l'avons vu, au sujet des machines outils pour métaux, à pratiquer une cavité dans une pièce ; on commence par y percer un trou circulaire à la profondeur voulue; on la fait avancer; on perce un deuxième trou à côté du premier, un troisième à côté du deuxième, et ainsi de suite jusqu'à la fin de l'entaille. On recule ensuite la pièce et on remplace le ciseau circulaire, ou mèche taillée en hélice, par un ciseau droit, qui par un mouvement alternatif de haut en bas enlève les aspérités provenant des

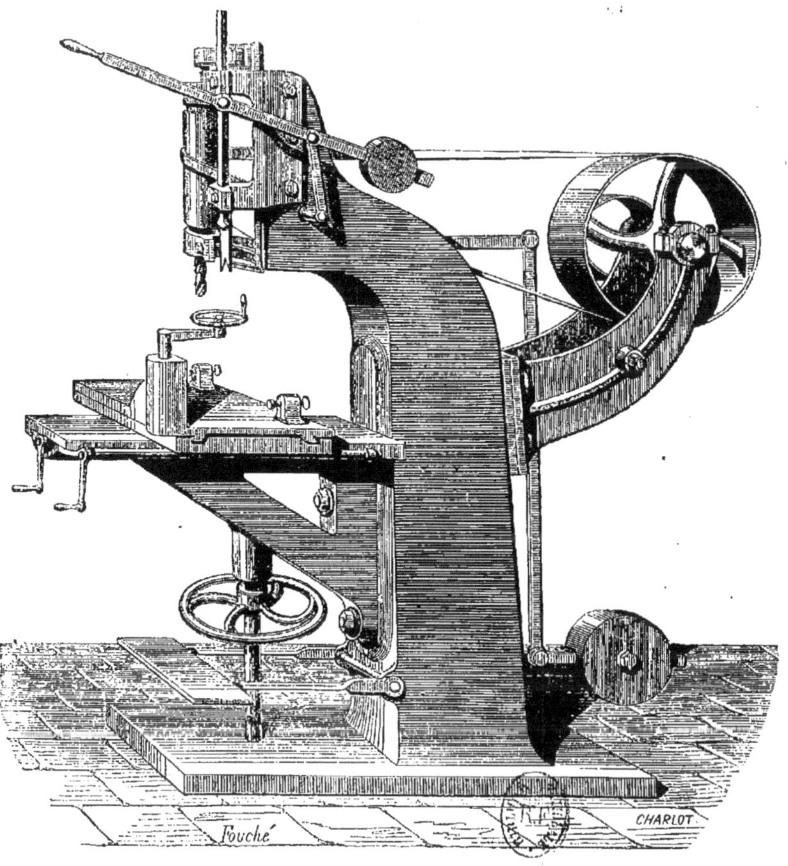

Fig. 265.

entailles circulaires consécutives; la mortaise devient alors un prisme rectangulaire, avec des arêtes bien tranchées.

La figure 265 indique suffisamment ce travail. Le dessin suivant (fig. 266) représente le moyeu mortaisé d'une roue. Ce moyeu est incliné, l'outil perforateur est vertical. Au moyen de deux vis de pression, espèce de poupées de tours, on serre sur un plateau en fonte ce moyeu, qui alors peut tourner par le levier à contre-poids, et se pré-

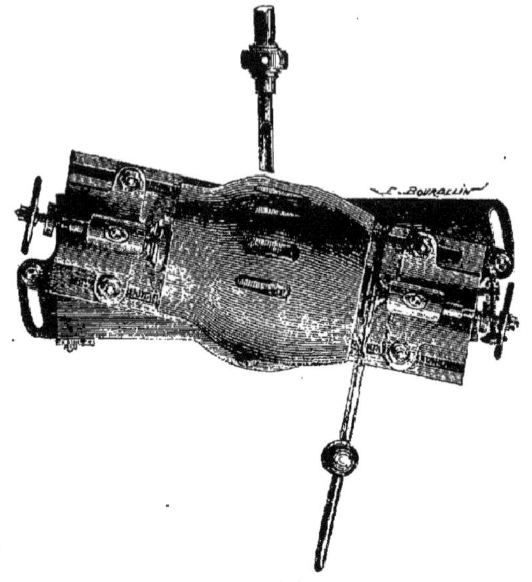

Fig. 266.

senter à des intervalles réguliers sous le foret. Il se place obliquement par les deux coulisses taillées dans les extrémités du plateau inférieur.

La *machine à mouler* peut servir à exécuter un grand nombre de travaux dans les ateliers de menuiserie : couper des moulures circulaires ou torses de tous profils pour panneaux, cadres et châssis de fenêtres, circulaires ou droits; tracer des rainures dans les rampes des escaliers. Un des principaux avantages de cette machine consiste à laisser passer le bois sous l'outil, qui peut ainsi agir sur le centre de la pièce, tandis que les autres machines du même genre ne peuvent attaquer que les côtés. On voit par la figure 267 que cette machine

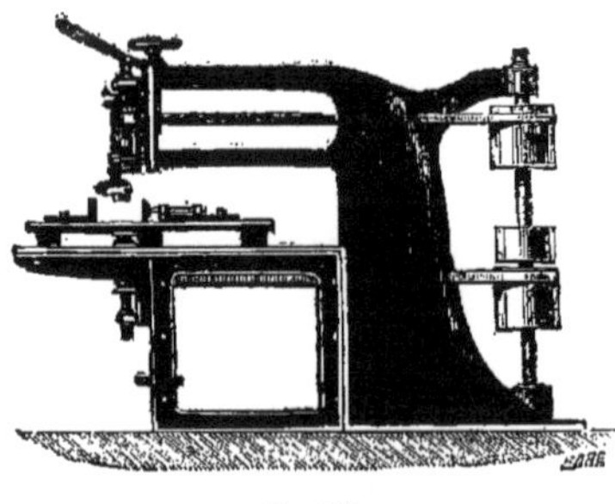

Fig. 267.

est très-solidement construite ; les bras qui portent l'outil s'étendent à une distance considérable, de sorte que les larges pièces de bois se meuvent librement dans toutes les directions. Il y a deux arbres verticaux : l'arbre supérieur, celui de l'outil, peut glisser dans une coulisse, monter ou descendre suivant la profondeur des entailles à exécuter; il est creux, afin de recevoir divers outils pour la ciselure, le moulage, etc.; l'axe de l'outil reste toujours fixe. On se sert de l'arbre inférieur quand il s'agit de creuser le bois en dessous. Ces deux arbres sont commandés par des courroies et des poulies.

Le poids de cette machine est près de 1 600 kilogrammes; la force nécessaire de 2 chevaux-vapeur; le diamètre de la poulie de 0m,25 ; la vitesse de rotation de l'outil est de 800 révolutions par minute.

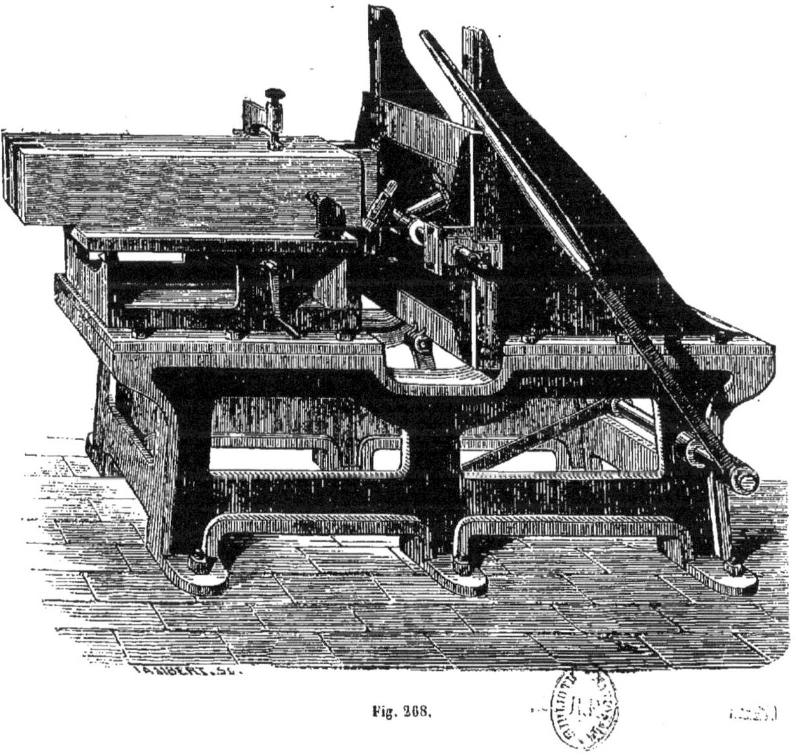

Fig. 268.

La *machine à couper les tenons simples ou doubles* rend d'excellents services dans la charronnerie; la figure 268 en représente un des spécimens les mieux étudiés. Sur le dessin (fig. 269), on voit l'outil, comme il entaille la pièce de bois.

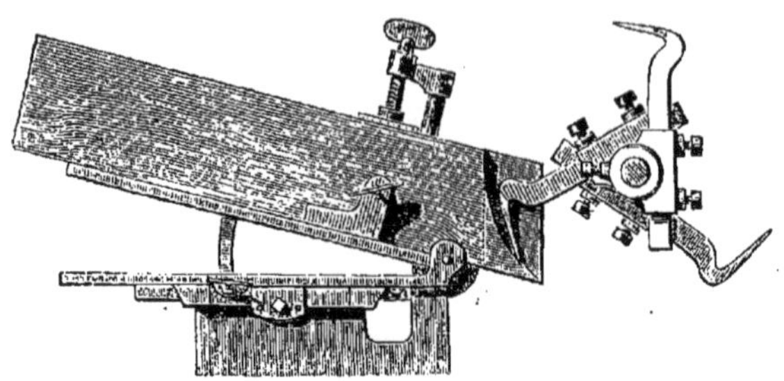

Fig. 269.

Le *menuisier universel* est le nom que les constructeurs anglais ont donné à une machine destinée à exécuter presque tous les genres de travaux dans un atelier de menuiserie. Elle sert à scier, à raboter, à mortaiser, à équarrir, à couper en travers, à produire des tenons

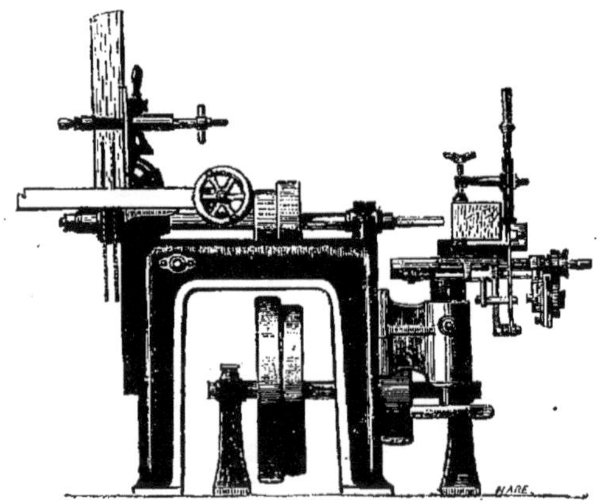

Fig. 270. Vue de face.

simples ou doubles, des rainures, des baguettes, des moulures, des coins, des cannelures, et ainsi de suite. — Cette machine doit être boulonnée sur un plancher solide (fig. 270). La force moyenne est de 2 chevaux-vapeur ; la vitesse de la scie varie de 1 500 à 2 000 tours par minute. La poulie de commande a un diamètre de 0^{m},30 ; la vitesse de rotation de l'arbre de commande est de 600 tours par mi-

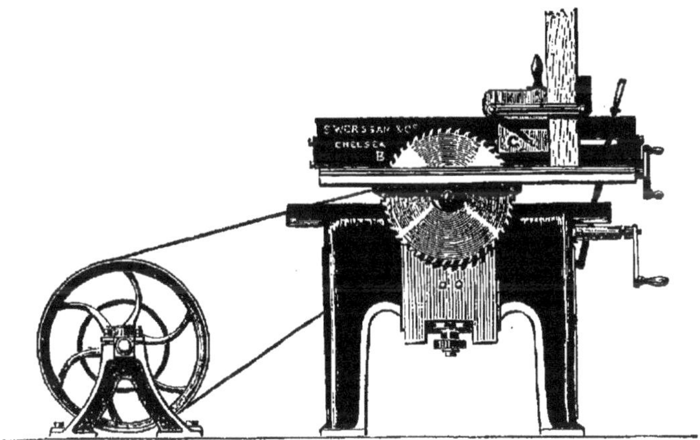

Fig. 270. Vue de côté.

nute. Le petit dessin (fig. 271) représente également un menuisier universel, mais qui fait des travaux plus délicats.

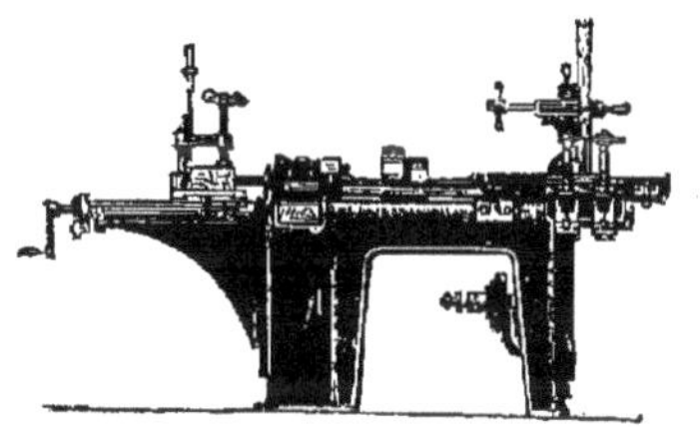

Fig. 271.

La *machine à fraiser* est une espèce d'établi avec un axe en acier qui tient les fraises ou petites scies circulaires destinées à creuser le bois. Elle sert aux menuisiers et aux ébénistes pour pratiquer des rainures et des moulures.

Nous terminerons ici l'énumération des machines outils destinées au façonnage des bois ; les spécimens que nous en avons choisis, et qui exécutent à peu près tous le même travail, suffisent pour en apprécier le mérite.

CHAPITRE XIV.

MACHINES MOTRICES A FORCES NATURELLES.

Pour éviter une certaine confusion, on devrait ajouter au titre *Machines motrices* celui de : *Machines qui mettent d'autres machines en mouvement ;* un moulin à vent fait tourner une meule à farine; une locomobile donne l'impulsion à une machine à battre les grains. Mais une locomotive n'agit pas sur une autre machine, pas plus qu'une machine à vapeur d'un bateau ; ces dernières sont des machines de transport, et comme telles on les classera dans des chapitres séparés.

Chaque industrie a généralement sa machine motrice spéciale, qui est choisie suivant la nature du travail à exécuter ; ainsi l'on ne prendra pas un manége pour graduer des instruments d'optique, ou une machine à électricité pour moudre le blé. Les localités déterminent aussi le choix des moteurs. Dans les villages, on a des roues hydrauliques ; dans les villes, des machines à vapeur.

Après avoir défini les machines motrices au point de vue général, nous pouvons maintenant envisager les machines à forces naturelles, qui forment l'objectif du présent chapitre.

Ces dernières se divisent en trois catégories : La première contient les machines à force vitale ; la deuxième, les machines à gravité ; la troisième, les machines à chaleur solaire.

Les forces naturelles y sont donc opposées aux forces artificielles qui renferment : la chaleur produite par des combustibles, et l'électricité obtenue par des réactions chimiques, en attendant qu'on prenne ce fluide moteur dans les espaces célestes et qu'on le fasse passer parmi les forces naturelles.

§ 1. — ÉVALUATION DE LA PUISSANCE DES MACHINES MOTRICES.

Les machines motrices, une fois livrées et mises en place, il s'agit d'en mesurer l'effet, pour savoir si leur puissance est bien celle qu'indique le contrat de vente conclu entre le constructeur et le manufacturier. Trois moyens se présentent pour arriver à ce but ; ils s'appliquent à toutes les machines indistinctement.

L'évaluation par le calcul. — Cette méthode demande souvent la connaissance approfondie des mathématiques transcendantes, et des lois qui régissent les forces et les résistances. Elle n'est guère pratique : le moindre oubli de certaines données peut conduire à des résultats faux ; elle permet tout au plus de critiquer le principe adopté pour une machine motrice. Elle se résume dans des équations généralement très-compliquées, mais qui ne sont néanmoins presque jamais, complètes ; car on n'y fait pas entrer les effets physiques des moteurs, par exemple : l'évaporation de l'eau dont dépend son volume et sa température, et, par conséquent, son poids qui agit dans les machines hydrauliques.

Il est vrai que des coefficients de réduction corrigent ces formules ; mais, comme ils n'ont pas des limites précises, ils modifient tout calcul laborieusement établi, qui n'offre alors plus que l'intérêt d'une étude spéculative.

L'évaluation par comparaison. — Elle demande une grande expérience, ne donne qu'une approximation, et ne peut servir utilement qu'à apprécier la force des machines de système pareil.

L'évaluation par des dynamomètres. — Cet essai a l'inconvénient de coûter du temps et de l'argent, car il faut interrompre le travail de la machine et se servir d'instruments très-précieux ; mais cette méthode, en somme la meilleure, est infaillible, en tant que de pareilles opérations peuvent l'être.

§ 2. — MACHINES MOTRICES A FORCES VITALES.

Il y a peu de machines spéciales pour l'emploi de la force animale. Quand les hommes ne marchent pas dans des roues ou ne tournent pas des manivelles qui donnent un travail immédiat, ils accumulent leur force dans des ressorts qu'ils tendent, dans de l'air qu'ils compriment, dans des poids qu'ils élèvent. Les animaux, s'ils ne travaillent pas à des manéges, servent de machines de transport.

Les machines motrices à force animale comprendraient alors : les machines à ressort et à poids (voir l'horlogerie et les manéges).

Les machines à ressort. — La plupart des engins de guerre jusqu'à l'invention de la poudre à canon étaient à ressort : des pièces de bois tendues par des cordages, ainsi qu'on peut le voir dans les arbalètes.

Quelquefois aussi l'homme comprime l'air qui fait fonction d'un ressort, comme dans les fusils à vent, etc., etc. (voir les *Machines à comprimer l'air*, chap. VII, § 2).

Le ressort par excellence est une lame d'acier ; elle retient sous un faible volume une assez grande puissance, et la dépense ensuite d'une façon très-commode, ainsi qu'on le voit dans les pendules, les montres et les automates.

Les *automates* représentent en général des êtres vivants qui se meuvent par une force cachée. Ils étaient connus dans l'antiquité. Dédale a construit des statues ambulantes; au moyen âge, l'évêque Albert le Grand produisit une figure humaine qui ouvrait des portes et faisait des saluts. Le mécanicien suisse, Frizard de Bienne, présenta au consul Bonaparte un vase qui se changeait en un arbre, au pied duquel filait une bergère. En France, les automates populaires furent ceux de Vaucanson; son joueur de flûte, son tambour qui exécutait des roulements, sont encore présents à notre mémoire.

En dehors des souris mécaniques et des locomotives qui courent dans des salons, et des petits bateaux qui se dirigent d'eux-mêmes sur des pièces d'eau dans des jardins, par les mouvements d'horlogerie, les automates ne sont plus de mode. Quoiqu'ils n'aient jamais eu un but directement utile, ils ont néanmoins préparé l'invention des machines manufacturières par leurs multiples et ingénieuses combinaisons qu'ils offraient à la curiosité du public (*).

Voici le spécimen d'un automate (fig. 272). Tous les cercles représentent des roues dentées. Une roue centrale *a* fait tourner par l'en-

(*) Vaucanson, célèbre mécanicien, né à Grenoble en 1709, mort à Paris à l'âge de soixante-quatorze ans. Près du marché aux oiseaux, dans le quartier Saint-Martin, se trouve la rue Vaucanson.

tremise de deux pignons les roues cc', dont les axes font mouvoir les pieds du cheval. L'axe de la roue c est coudé et chacun de ces coudes tourne dans une ouverture ovale d'un levier mobile autour de l'axe n, lequel communique avec la cuisse mobile autour de son axe par le moyen d'un simple secteur denté. La jambe et le sabot sont liés par des charnières; enfin une corde ou chaîne i guidée par des rouleaux de tension détermine le mouvement des articulations. Une roue dentée montée sur la roue a et engrenant avec la roue o qui engrène avec le pignon d'un volant u, régularise le mouvement.

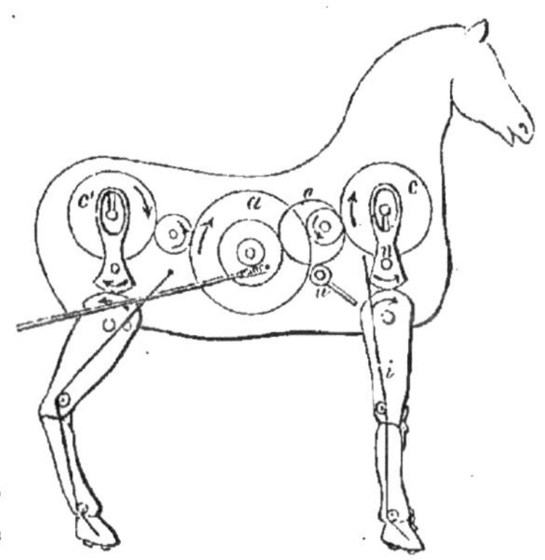

Fig. 272.

Les manéges. — Ce sont habituellement de tristes machines que les manéges, qui emploient les hommes — esclaves ou malfaiteurs — et les animaux arrivés au dernier échelon de leur dégradation; dans les caves, dans les endroits humides, on voit souvent des chevaux borgnes, aveugles, qui tournent et tournent toujours jusqu'au dernier souffle de leur vie, jusqu'au moment d'être livrés à l'équarrisseur. Mais nous n'avons pas à considérer les forces au point de vue de la morale; cette question est du domaine des législateurs et de la Société protectrice des animaux.

Les manéges sont les machines des paysans, des petits industriels, et ils ne peuvent d'ailleurs servir qu'à des opérations qui ne demandent pas une très-grande exactitude, telles que : épuisement des eaux, irrigations, travaux des fermes, fabrication des mortiers, etc.

On distingue les manéges fixes et les manéges locomobiles. Nous avons vu un spécimen de ces premiers dans le chapitre des *Machines à élever les eaux*. Voici (fig. 273) un autre spécimen.

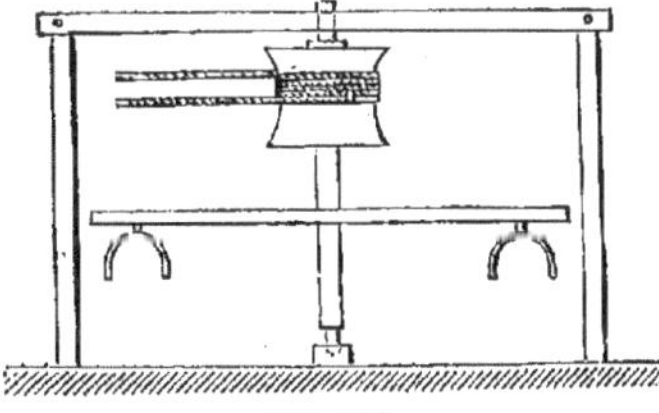

Fig. 273.

Les manéges mobiles sont transportés à pied-d'œuvre; le mécanisme de transmission est placé sur un châssis qu'on attache facilement au sol ; des engrenages font tourner une tringle à laquelle est attachée la poulie motrice. Ces attaches ont lieu avec des articulations ; et on s'imagine dans quel état elles se trouvent : généralement détraquées comme presque tous les mécanismes à la campagne, où l'on porte si peu de soin aux machines. Quand alors les manéges ne fonc-

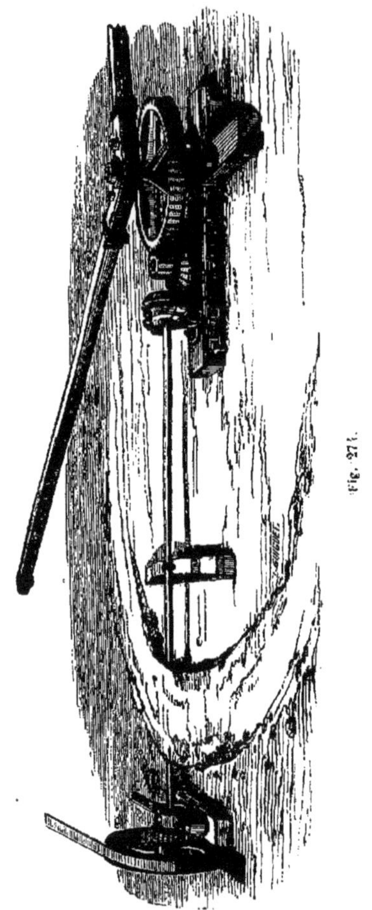

Fig. 274.

tionnent pas bien, et perdent la moitié de la force motrice, les cultivateurs donnent à leurs chevaux quelques coups de fouet de plus, qui tiennent lieu de réparation.

Dans le spécimen de manége locomobile (fig. 274), nous voyons deux poutres en croix ; au centre, il y a une roue dentée de 2 mètres de diamètre; sur son axe est un timon auquel le cheval est attelé. Cette roue engrène avec une roue plus petite, qui est surmontée d'un arbre terminé par une poulie dont la courroie transmet le mouvement à sa destination.

§ 3. — MACHINES MOTRICES A GRAVITÉ OU MACHINES HYDRAULIQUES.

Il n'y a qu'un seul corps que la nature élève pour le laisser retomber, et qui peut servir de moteur industriel : c'est l'eau, qui met des machines en mouvement, ou qui comprime l'air, ainsi que nous l'avons vu dans le chapitre des *Machines à mouvoir les gaz*.

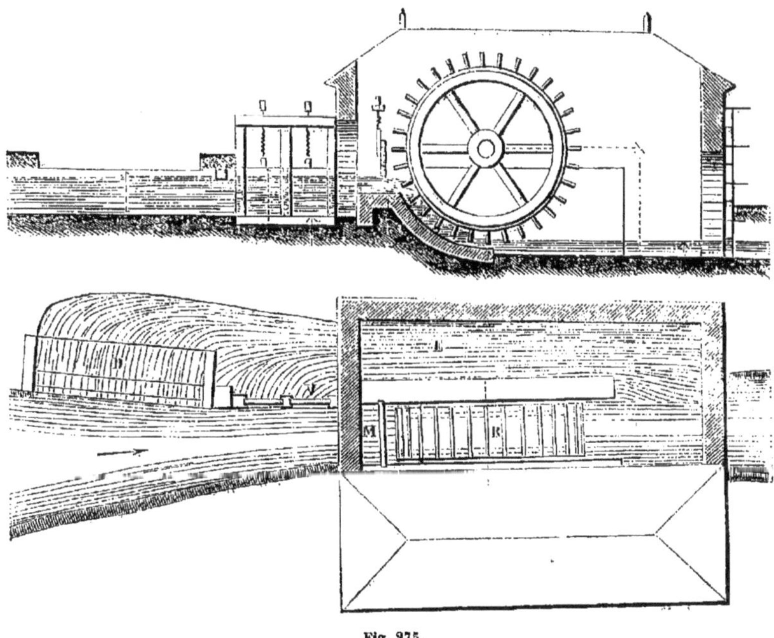

Fig. 275.

Les machines motrices à gravité sont donc les machines à eau ou machines hydrauliques. Elles sont très-répandues; on en voit partout où il y a des ruisseaux et des rivières avec barrages ou déversoirs, naturels ou artificiels. On en voit aussi aux bords de la mer. Là un canal communique avec la mer, qui remplit à la marée haute des réservoirs; ils se vident à la marée basse par un autre canal près duquel sont installés des moulins. Il existe de pareils *moulins à marée* en Bretagne; on les emploie à moudre le blé.

Le moteur des machines hydrauliques ne coûte rien; leur établissement n'est pas bien compliqué, et les règles qui doivent servir de guide dans leur construction ne sont pas difficiles à observer ni à énoncer. L'eau doit arriver dans ces machines avec une vitesse déterminée, sans choc, sans changements brusques dans la direction, et elle ne doit pas en sortir avec une grande vitesse, ce qui serait inutile. La vitesse est le résultat d'une certaine force, qui dans ce cas serait entièrement perdue.

Mais cette condition n'est guère remplie; aucune force du reste n'est utilisée totalement dans l'industrie; il y a toujours des pertes, par suite de l'imperfection des mécanismes et par suite des résistances passives. Cette considération est ici peu importante, puisque généralement il y a surabondance de force motrice dans les rivières surtout, où l'on place des roues sur des bateaux amarrés au fond du lit.

La figure 275 donne une image de l'installation d'une roue hydraulique dans un atelier. R (voir le plan) est la roue; D, le déversoir; V, la vanne de décharge; E, le canal de décharge; M, la vanne d'admission de l'eau motrice. Cette vanne n'est pas toujours verticale; souvent aussi elle est inclinée (fig. 276); dans ce cas elle est plus facile à manœuvrer, attendu que la pression de l'eau y est moindre.

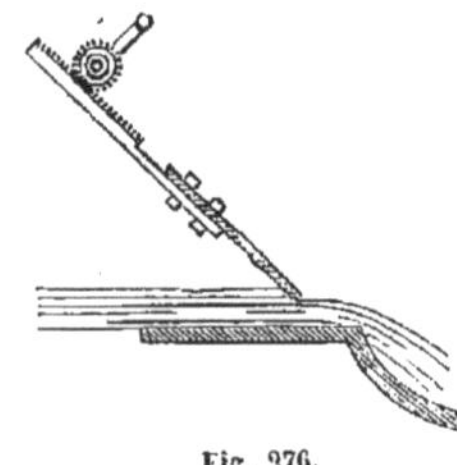

Fig. 276.

L'établissement des canaux et des écluses pour dériver les eaux destinées aux roues hydrauliques est en dehors du présent travail. On trouvera la solution pratique de ce problème dans le *Cours de construction* de M. Prud'homme, ingénieur civil.

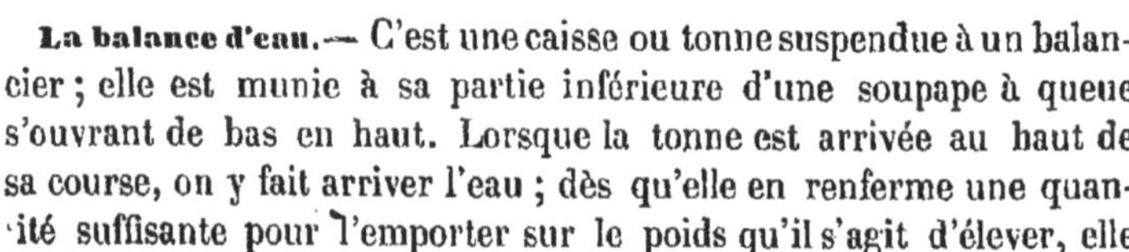

La balance d'eau. — C'est une caisse ou tonne suspendue à un balancier; elle est munie à sa partie inférieure d'une soupape à queue s'ouvrant de bas en haut. Lorsque la tonne est arrivée au haut de sa course, on y fait arriver l'eau; dès qu'elle en renferme une quantité suffisante pour l'emporter sur le poids qu'il s'agit d'élever, elle descend. Par son mouvement elle ferme le tuyau ou canal d'alimentation ; quand elle est arrivée au bas, la soupape s'ouvre, l'eau s'écoule, la tonne remonte d'elle-même, et rouvre le canal d'alimentation.

Voici le travail qu'elle exécute : à l'un des bouts du balancier est attachée la tige d'une pompe ; à l'autre bout est un contre-poids qui, en descendant, fait remonter la tonne. On emploie cette machine principalement dans les mines.

Le balancier hydraulique. — Deux vases oscillant autour d'un balancier se remplissent et se vident alternativement, comme dans la balance d'eau ; c'est donc une balance d'eau à double effet. Cette machine ne donne pas des mouvements bien réguliers ; aussi ne l'emploie-t-on que dans des cas exceptionnels, quand il y a de l'eau en très-grande abondance.

Les roues hydrauliques verticales. — Elles furent importées de l'Asie Mineure à Rome, par Jules César, et vinrent en France vers le onzième siècle.

Suivant la direction de l'eau qui les frappe, elles peuvent se diviser en roues en dessous, roues en dessus et roues de côté. En examinant avec quelque attention les dessins qui vont suivre, on se rend compte facilement du travail et de l'équilibre de ces machines motrices ; ces conditions ont été déterminées par la pratique d'après la chute d'eau et la vitesse de rotation, qui sont les deux éléments fixes basés sur le niveau moyen des eaux à diverses époques de l'année. Le mouvement de ces roues est transmis par un engrenage calé sur leur arbre.

Les *roues en dessous* ou *à choc* sont à palettes ou aubes, planes ou courbes ; elles reçoivent l'eau d'une vanne par le choc dans un canal ou coursier ; ou encore elles plongent dans une rivière et l'eau agit par pression continue. Donc l'action du liquide est due à la vitesse correspondant soit à la hauteur du niveau dans le bief supérieur, soit à la pente du lit de la rivière. Nous allons examiner ces deux cas.

Dans les *roues à coursier* (fig. 277), l'eau frappe contre des palettes droites, et elle sort avec une certaine vitesse qui est perdue. L'effet utile n'est que la moitié du travail dépensé.

La *roue Poncelet* à aubes courbes (fig. 278) obvie à cet inconvénient ; elle est construite d'une manière plus rationnelle que la précédente ; l'eau entre sans choc dans les palettes courbes, agit par

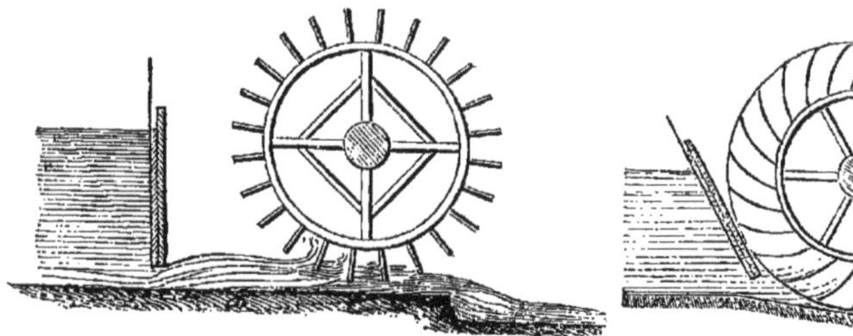

Fig. 277. Fig. 278.

pression, et s'écoule doucement avec une très-faible vitesse. La roue Poncelet peut donc tourner plus rapidement que les roues à palettes planes.

L'effet utile de cette roue à aubes courbes est de :

65 pour 100	dans les chutes de............	$1^{m},00$
60 —	—	1 ,50
55 —	—	2 ,00

Les *roues plongeantes* ou *moulins à eau* sont installées sur les flancs de bateaux amarrés dans les rivières ; comme la force y est illimitée, on ne s'occupe pas de l'économiser, et on construit ces engins primitifs de la façon la plus rustique possible (fig. 279). Le rayon de la roue est égal à la hauteur moyenne de la chute d'eau, plus deux fois l'épaisseur de la lame d'eau au-dessus de la vanne plongeante. La largeur de la roue $=\frac{A}{d}$(A la quantité d'eau à dépenser ; et d dépense par seconde pour la largeur d'un mètre). La hauteur des palettes ne doit pas être moindre que $0^{m},30$; ni plus grande que le quart du rayon de la roue ; leur écartement à la circonférence extérieure doit être égal à leur hauteur. La vitesse au centre des palettes est en moyenne la moitié de celle de l'eau à la surface du courant.

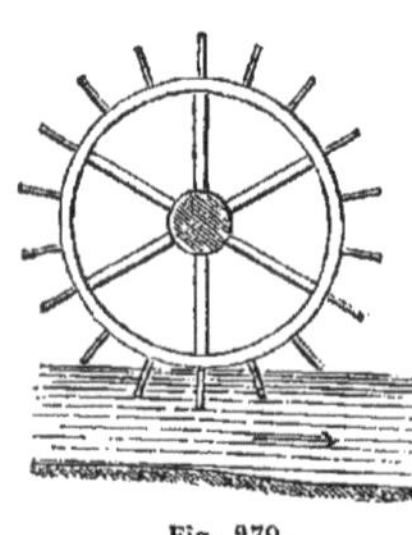

Fig. 279.

Le nombre de tours de la roue par minute $= \frac{60v}{2\pi r}$; (v est la vitesse de la circonférence de la roue.) Le nombre des aubes $= \frac{2\pi r}{0,30}$; les aubes sont généralement écartées de $0^m,30$ à $0^m,40$ à la circonférence extérieure.

Pour obtenir le maximum de travail il faut que la vitesse de la circonférence de la roue soit égale à la moitié de celle de l'eau. L'effet utile d'une roue plongeante est $= 80 \times av\,(v-v')\,v'$. ($a$, surface de l'aube immergée ; v, vitesse du courant à la surface ; v', la vitesse du centre de la partie de l'aube qui plonge dans l'eau.) Cet effet utile est le tiers du travail théorique.

Les *roues en dessus*, ou *roues à augets* (fig. 280). — L'eau remplit les augets; c'est son poids distribué d'un côté de la roue qui produit la force motrice ; il est donc essentiel que ces augets se vident le plus bas possible. Ces roues sont employées pour les chutes d'eau au-dessus de 3 mètres.

La largeur de l'orifice qui verse l'eau, et, par conséquent, la largeur de l'auget $= \frac{d}{c\sqrt{2ge}}$.

Fig. 280.

(d, dépense d'eau disponible par seconde ; h, hauteur de chute ; c, coefficient de perte $= 0,39$; e, épaisseur de la lame d'eau.) Cette largeur de l'auget dépasse celle de l'orifice de $0^m,05$.

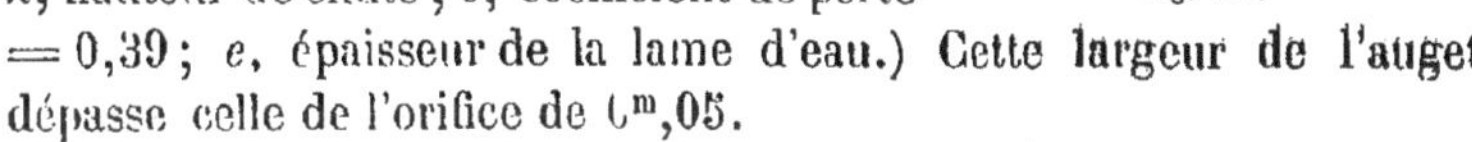

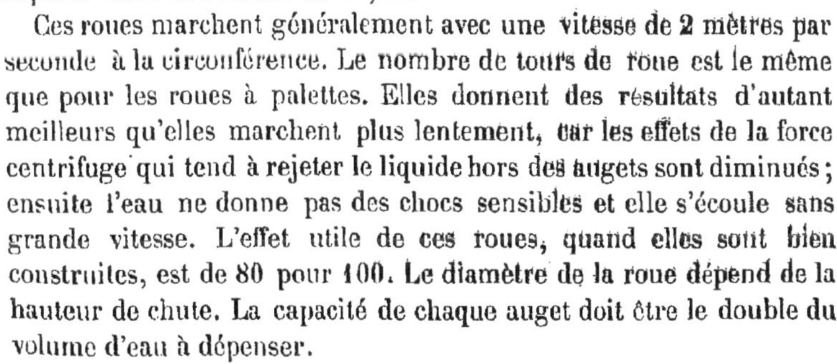

Ces roues marchent généralement avec une vitesse de 2 mètres par seconde à la circonférence. Le nombre de tours de roue est le même que pour les roues à palettes. Elles donnent des résultats d'autant meilleurs qu'elles marchent plus lentement, car les effets de la force centrifuge qui tend à rejeter le liquide hors des augets sont diminués ; ensuite l'eau ne donne pas des chocs sensibles et elle s'écoule sans grande vitesse. L'effet utile de ces roues, quand elles sont bien construites, est de 80 pour 100. Le diamètre de la roue dépend de la hauteur de chute. La capacité de chaque auget doit être le double du volume d'eau à dépenser.

Les *roues de côté* (fig. 281) sont à palettes planes et emboîtées dans un coursier circulaire ; l'eau arrive un peu au-dessous de l'axe ; elle agit d'abord par son choc au moment où elle entre dans la roue ; puis, comme le coursier la maintient, elle agit par son poids. La roue de côté est donc un terme moyen entre la roue en dessus et la roue en dessous. C'est suivant la hauteur de la chute qu'elle se rapproche plus de la première ou de la seconde.

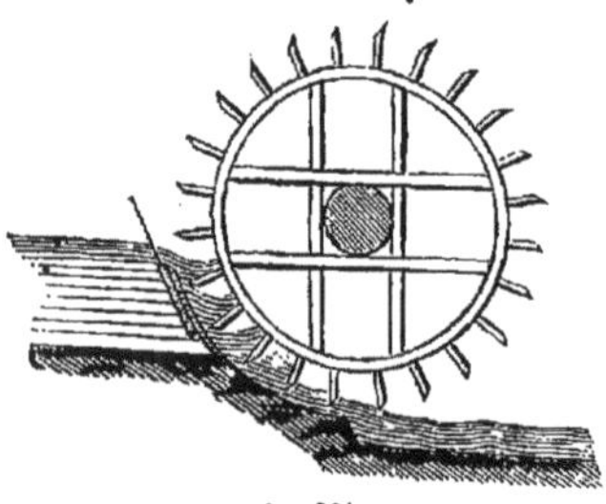

Fig. 281.

Dans cette espèce de roue il y a une perte d'eau entre les palettes et le coursier, et l'eau éprouve une certaine résistance dans le coursier même. Pour éviter la perte de l'eau, on fait marcher la roue de côté plus rapidement qu'une roue à augets ; elle donne de plus faibles résultats que cette dernière, mais elle est supérieure à la roue en dessous. On admet qu'en moyenne son effet utile est de 60 pour 100.

La grandeur des roues de côté dépend de la chute d'eau ; le rayon, pour des chutes de 2 à 3 mètres, doit être égal au moins à leur hauteur moyenne, plus deux fois l'épaisseur de la lame d'eau au-dessus de la vanne plongeante. La vitesse est la même que dans le cas précédent. Le coursier, dont le profil est concentrique à la roue, est en maçonnerie ou en bois.

La *roue hélice Girard* (fig. 282) est notre dernier spécimen de roues verticales. Elle est composée d'une série d'aubes courbes inclinées comme l'élément d'une hélice. Son axe est horizontal et placé dans le sens du courant. La partie d'amont conduit l'eau sur les aubes, la partie d'aval la laisse échapper. Ces deux parties forment une espèce de toupie qui, supportée par les bajoyères du canal, renferme les tourillons de l'axe. La roue est munie à son pourtour d'engrenages qui tournent l'arbre de l'usine ; on installe cette roue dans les cours d'eau à faibles pentes.

Fig. 282.

Les roues hydrauliques horizontales, sous-entendu **à axe vertical.** — Il y en a de plusieurs sortes ; voici d'abord la plus simple :

La *roue à cuiller* (fig. 283) ; l'eau amenée par un petit canal agit par choc sur des palettes creuses en bois qui ont la forme d'une cuiller ; cette roue utilise un tiers de la force motrice. Comme l'arbre de la roue porte une meule, il n'y a pas d'organes de transmission de mouvement. Elle est simple et convient pour des chutes hautes, mais qui ne fournissent pas beaucoup d'eau. Elle est très-usitée dans le midi de la France.

Fig. 283.

La *roue à cuve* est la roue précédente placée dans un coursier ou cuve en maçonnerie. L'eau, au lieu de frapper librement contre les cuillers, est guidée dans cette cuve, y tourne, entraîne la roue dans son mouvement de rotation, et sort par le bief d'aval. L'eau, dans son passage par la cuve, occasionne des frottements qui diminuent sa vitesse ; une partie du liquide s'écoule entre les cuillers et la maçonnerie sans effet ; en résumé, la force utilisée n'est que le quart de la force dépensée. On n'installe ces roues avec quelque avantage que dans les chutes faibles, mais qui fournissent beaucoup d'eau.

La *roue à réaction*. — Nous la citons comme démonstration mécanique et pour compléter notre liste ; c'est l'exécution en grand d'un appareil de physique. Un vase tournant est rempli d'eau ; en bas se trouve un tube recourbé en sens inverse aux extrémités ; l'eau s'écoule par ce tube, et le vase tourne, car l'eau changeant de direction à cause de la forme de ce tube réagit sur ces coudes, presse en sens contraire, et c'est cette pression qui donne le mouvement. En prenant un grand nombre de ces tubes on aura une de ces roues à réaction dont on voit beaucoup de spécimens dans les galeries de machines, mais fort peu dans les ateliers.

Les turbines (du latin *turbo*, toupie). — Le philosophe Euler en a donné une théorie il y a cent ans ; l'ingénieur Fourneyron les a mises en pratique vers 1830. Elles présentent un cas particulier des roues hydrauliques horizontales. Elles sont placées dans des cuves en fonte, ou en bois de chêne, au fond desquelles elles tournent par l'effet d'une chute d'eau ou par le courant, et comme la direction de l'eau qui passe par cette cuve est inclinée à l'égard de l'axe de la roue, cette dernière est frappée obliquement.

Les turbines présentent deux types distincts : dans le premier elles versent l'eau en dessous, dans le second l'eau est versée latéralement. Comme elles peuvent recevoir l'eau sur tout leur contour à la fois, on leur donne un petit diamètre et une vitesse de rotation très-grande.

Les turbines ont reçu de nombreux perfectionnements qui les ont mises au premier rang des machines hydrauliques, et si elles ne se répandent pas beaucoup, cela tient à ce que leur construction est trop dispendieuse, et leur prix trop élevé.

Comme règles de construction des turbines, on peut admettre les chiffres suivants : rayon r du réservoir ou de la turbine $= \frac{1}{2}\sqrt{\frac{d}{0,80v}}$; nombre de tours par seconde $= \frac{5v}{r}$; vitesse de l'eau dans le réservoir qui renferme la turbine $= 1/4$ de la vitesse v due à la hauteur de la chute.

La *turbine Fourneyron* (fig. 284) se compose d'un cylindre CC en fonte dans lequel passe l'eau du canal A à gauche ; ce cylindre est fermé à sa base et ouvert latéralement en q ; il descend au-dessous du niveau YY. Au moyen d'une vanne VV manœuvrée par les tringles tt, le cylindre peut être fermé ou rétréci. La roue DE est placée autour de l'ouverture q ; c'est la roue motrice ; elle est composée de deux disques qui sont réunis par des aubes courbes r et d, comme celles de la roue Poncelet ; elle est supportée par une calotte en fonte HH attachée à l'arbre B, qui transmet le mouvement par des engrenages. Cette turbine, dont le diamètre est de $1^{m},50$, fait 60 tours par minute et s'applique à des hauteurs de chute depuis 30 jusqu'à 100 mètres.

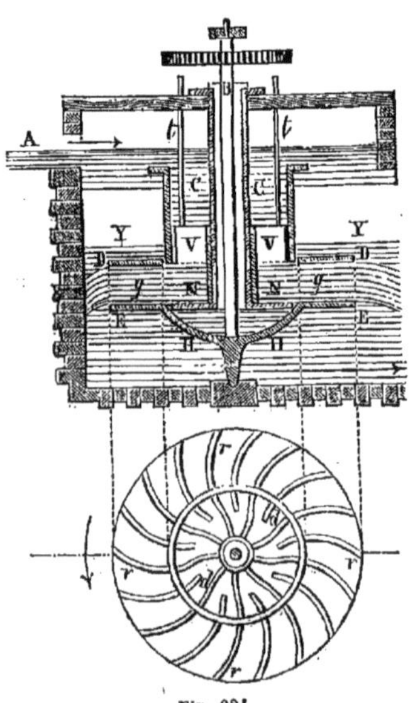

Fig. 284.

Elle n'utilise pas tout le travail de la chute. L'ouverture par laquelle l'eau sort du réservoir, comme nous venons de le dire pour se rendre dans la roue est rétrécie dans le sens vertical au moyen d'une vanne cylindrique qui règne autour du réservoir. La nappe d'eau a donc une épaisseur variable et elle ne remplit pas la roue dans toute sa hauteur ; il en résulte des remous, et par conséquent des pertes de vitesse et d'effet utile.

La *turbine Callon* a pour but de produire la variation de la quantité d'eau au moyen d'un grand nombre de vannes partielles qui correspondent aux différentes ouvertures par lesquelles l'eau passe du réservoir dans la roue. On diminue ainsi la quantité du liquide sans diminuer l'épaisseur de la lame, en fermant quelques-unes de ces vannes et en laissant les autres ouvertes ; mais il en résulte que la roue passe successivement devant des vannes ouvertes ou fermées, ce qui entraîne une diminution brusque de vitesse, donc une perte de travail, comme ci-dessus.

La *turbine Fontaine* possède dans le fond une ouverture annulaire par laquelle entre l'eau du réservoir pour agir sur la roue de haut en bas, et non pas horizontalement comme dans les turbines précédentes. La roue se trouve, au-dessous de cette ouverture, divisée en un grand nombre d'orifices distincts, par des cloisons courbes qui dirigent l'eau dans son écoulement.

Exemple. — Diamètre de la roue, 1m,50 ; nombre des aubes, 64 ; chute, 1m,4 ; eau dépensée par seconde, 1 400 litres ; force, 18 chevaux ; une turbine pareille fait marcher 5 paires de meules.

La *turbine Jonval Koechlin* est construite de manière à faciliter sa réparation, ce qui n'est guère possible dans les roues précédentes, à moins d'isoler le bief d'aval par un barrage, et d'épuiser ensuite l'eau avec une pompe. Pour éviter ces travaux dispendieux qui entraînent toujours un long chômage, on emploie un cylindre vertical par lequel passe l'eau du bief supérieur au bief inférieur, et c'est dans ce cylindre que la turbine est installée, non plus au fond, mais à une certaine hauteur. Il est vrai qu'on perd pour le travail cette hauteur, mais en fermant l'accès de l'eau, le cylindre se vide et la turbine, mise à sec, peut être visitée facilement.

La *turbine hydropneumatique Girard* combine l'eau avec l'air pour éviter les remous de l'eau et les pertes de vitesse qui se présentent dans toutes les turbines. Ces inconvénients n'existeront plus dès que la turbine marchera hors de l'eau, et dès qu'elle sera disposée de manière que l'intervalle des aubes ne soit jamais complètement rempli, et que le restant de l'espace occupé par l'air puisse communiquer avec l'atmosphère. Mais vouloir faire marcher la turbine dans l'eau et dans l'air en même temps, semble une contradiction que l'emploi de l'air comprimé cependant fait disparaître. La roue est donc couverte d'une cloche. L'air refoulé dans cette cloche, refoule à son tour l'eau, comme dans les fondations tubulaires. La turbine manœuvre elle-même la pompe à air, mais elle absorbe ainsi une partie de la force motrice.

On peut se rendre compte facilement de l'action de l'eau, en considérant que si le niveau inférieur se trouve au-dessus des bords de la cloche d'une certaine hauteur, l'excès de la pression de l'air dans la cloche sur l'atmosphère est égal à une colonne d'eau de cette même hauteur. L'écoulement de l'eau du réservoir dans la cloche où se trouve l'air comprimé, a lieu comme si cette compression n'existait pas, et comme si le niveau inférieur était en contre-bas de cette même hauteur. Cet écoulement s'opérera donc toujours en raison de la hauteur de chute, qui est la différence des niveaux entre les deux biefs.

Le bélier hydraulique. — C'est à Montgolfier qu'on doit le bélier hydraulique, dont le premier spécimen fut exécuté en 1796, au château de Saint-Cloud, près Paris.

Le hasard seul n'a pas conduit à cette invention. On croyait autrefois que faire remonter l'eau par elle-même à un niveau supérieur, d'où elle tombe, est un problème insoluble. Néanmoins plusieurs philosophes, convaincus que cette solution, au contraire, est possible, ne cessèrent de la chercher. Descartes disait qu'il y a dans toute matière une certaine quantité de mouvement qui n'augmente ni ne diminue jamais. Montgolfier posa aussi en principe la permanence des mouvements, et, fait digne de remarque, c'est cette idée fausse qui l'a dirigé dans la bonne voie, où il devait rencontrer le bélier hydraulique.

Nous avons déjà vu que cette machine motrice sert uniquement à élever à un niveau supérieur l'eau provenant d'une chute. Là où il n'y a pas une chute directe comme dans des ruisseaux ou des rivières, on recueille les eaux de pluie ou de source dans un réservoir pour les refouler sur les hauteurs environnantes et les distribuer dans les fermes, ou pour emplir des bassins et des mares.

La *construction du bélier hydraulique* (fig. 285) est très-simple. L'eau tombe d'un réservoir supérieur, passe par le canal *a* et s'écoule par la cloche *c* ; là elle rencontre une soupape librement suspendue ; dès que la vitesse du courant augmente, l'eau pousse cette soupape contre l'ouverture, la ferme, et n'ayant plus d'autre issue, monte dans le tube *s*, après avoir ouvert les soupapes *n* et *v* et s'être étendue dans la cloche o. La vitesse de l'eau qui a servi pour fermer la soupape c et pour ouvrir celles de n et v se trouve anéantie ; alors la soupape c retombe, l'eau s'écoule, les soupapes n, v se ferment et le jeu recommence.

Nous allons voir maintenant le rôle que l'air des récipients r et o joue dans la marche du bélier.

Lorsque l'écoulement de l'eau est arrêté par la fermeture de la soupape c, il se produit un choc qui ouvre, ainsi que nous l'avons dit, les soupapes n et v. Mais ce choc finirait par détruire les mécanismes,

Fig. 285.

si l'air comprimé du réservoir r ne l'amoindrissait pas. D'un autre côté, l'air de la cloche o repousse le liquide dans le tuyau d'ascension s.

Le *travail du bélier hydraulique* a été évalué pour la première fois par le célèbre hydraulicien Eitelwein, qui construisit en 1804, à Berlin, deux béliers de grandeur différente, avec lesquels il fit plus de mille expériences — ce qui peut paraître beaucoup pour un objet qui n'a pas une grande importance industrielle — et il parvint à établir des formules empiriques suffisamment exactes, mais qui ne se rapportent qu'à l'effet maximum ; aussi leur préfère-t-on la formule suivante, qui donne l'effet moyen :

$$Ph = 1,2.p\left(H - 0,2\sqrt{Hh}\right).$$

(P, poids de l'eau élevée; h, hauteur de l'élévation; p, poids de l'eau perdue par la soupape ; H, hauteur de chute.)

Plus la chute est haute, plus le débit est considérable. Les béliers peuvent refouler l'eau à trente fois la hauteur de sa chute ; le débit, bien entendu, est en raison inverse de la hauteur à laquelle l'eau doit être élevée.

Le bélier hydraulique est la machine motrice qui donne le plus de rendement ; son effet utile se rapproche le plus de son effet théorique ; il est près de 80 pour 100. La cause d'un résultat aussi favorable réside dans le travail direct de l'eau qui s'élève, sans l'entremise d'aucun mécanisme moteur. Une fois installé, le bélier travaille nuit et jour sans interruption, sans dépense et sans surveillance. Plusieurs béliers peuvent refouler l'eau dans un seul et même tuyau d'ascension.

Exemple.

Diamètre du tuyau conducteur	0^m,10	
Longueur du tuyau conducteur	30 ,00	
Hauteur de chute	11 ,00	
Eau fournie par la source (par seconde)	140	mètr. cub.
Eau élevée (par seconde)	18	—
Hauteur d'élévation	60	mètres.

Les machines à colonnes d'eau. — On les emploie quand la chute est considérable, et quand la quantité d'eau est faible, on rassemble dans une colonne composée de tuyaux en fonte, l'eau, qui par son poids imprime un mouvement de va-et-vient à un piston dans un corps de pompe ou cylindre, puis elle s'échappe. Ce mouvement est facile à transformer.

Si l'eau agit sur le piston, seulement pour le faire monter, la machine à colonne d'eau est à simple effet ; le piston descend alors par son propre poids.

Dans la machine à double effet (fig. 286), le cylindre moteur *a* est fermé des deux côtés. L'eau arrive par le tube *s* et passe tantôt au-dessus du piston *a* par le canal *c*, tantôt au-dessous par le canal *n*. Le jeu est réglé par les pistons *r* et *r'* attachés à une seule et même tige, laquelle est commandée, comme dans la machine à simple effet par la tige du grand piston. Dans le dessin la communication du tuyau *a* est fermée. Afin de se rendre compte de cette marche, on n'a qu'à marquer la course des pistons pour ouvrir le tuyau *c* et, par conséquent, pour fermer le tuyau *n*, c'est-à-dire pour établir ou intercepter leur communication avec le cylindre moteur.

Il ne nous reste plus qu'à examiner de quelle manière ce mouvement est réglé par la machine elle-même. On s'en rend parfaitement compte en regardant le dessin avec quelque attention. On y voit que la tige *rr'* porte un troisième piston *v*, espèce de régulateur qui monte ou qui descend alternativement par une disposition semblable à celle des pistons *r* et *r'*. Les conduits *s'*,*c'*,*n'* sont les pendants de *s*, *c*, *n*, de même que le grand tuyau de décharge au-dessus de la caisse en

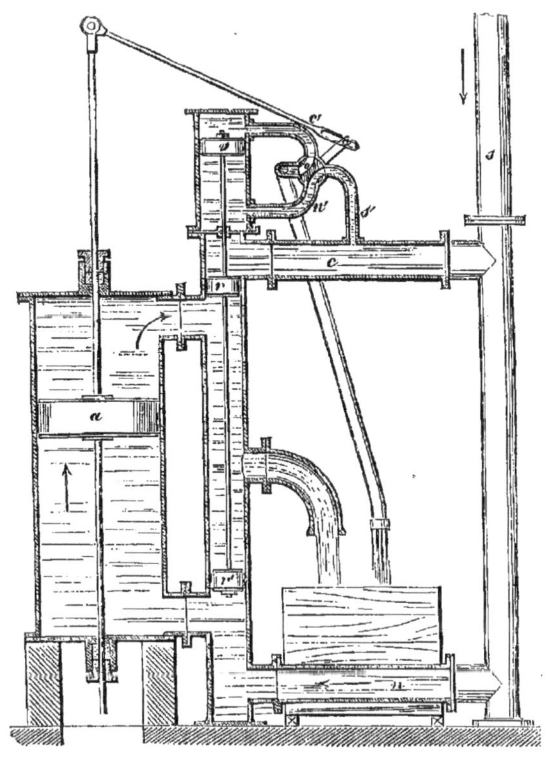

Fig. 286.

bas est le pendant du petit tuyau de décharge. Une valve manœuvrée par la tringle de la tige du piston *a* ouvre et ferme alternativement la communication avec les tubes *c'* et *n'*. Nous conseillerons aux élèves de copier notre dessin dans la position du piston montant et d'y marquer celle du piston descendant. Nous avons déjà dit qu'une heure de dessin vaut mieux qu'une journée de lecture.

Les machines à colonne d'eau, qui sont d'origine allemande, servent à l'épuisement des eaux des mines ou des salines; elles donnent le mouvement aux pompes.

Les plus beaux modèles de ces machines se trouvent dans les mines de Hongrie, à Freiberg en Saxe, à Huelgoat dans le département du Finistère.

Il peut être intéressant de connaître leurs dimensions principales et les quantités d'eau qu'elles mettent en mouvement.

Exemple. — Mines de Hongrie.

Hauteur de chute	80 mètres.
Eau dépensée en 24 heures	2 000 mètres cubes.
Hauteur d'élévation	200 mètres.
Eau élevée en 24 heures	1 000 mètres cubes.
Diamètre du piston	0m,30
Course du piston	2 ,00
Vitesse du piston	7 courses par minute.

Autre exemple. — Mines de Huelgoat (deux machines).

Hauteur de chute	60 mètres.
Eau dépensée en 24 heures	15 000 mètres cubes.
Hauteur d'élévation	230 mètres.
Eau élevée en 24 heures	2 600 mètres cubes.
Diamètre du piston	1 mètre.
Course du piston	2m,75
Vitesse du piston	8 courses par minute.

Les nouveaux systèmes de machines à colonne d'eau. — Ils ont surgi dans ces dernières années; les noms plus ou moins bien appropriés à leur construction et à leur travail n'ont pas manqué, tels que : moteurs alternatifs à action directe, machines à eau sous pression, monte-charges hydrauliques, treuils hydrauliques, etc., etc. Nous avons déjà mentionné ces derniers dans les machines à déplacer les fardeaux. Nous en donnons ici le dessin (fig. 287) comme spécimen d'une machine motrice à eau. On y voit que le mouvement de va-et-vient du piston n'est pas transformé, mais qu'il pourrait l'être pour tout usage industriel, au moyen de la tringle verticale attachée à la tige du piston ; elle règle par un levier la marche de la valve d'introduction et d'échappement de l'eau qui presse sur le piston tantôt en dessous tantôt en dessus.

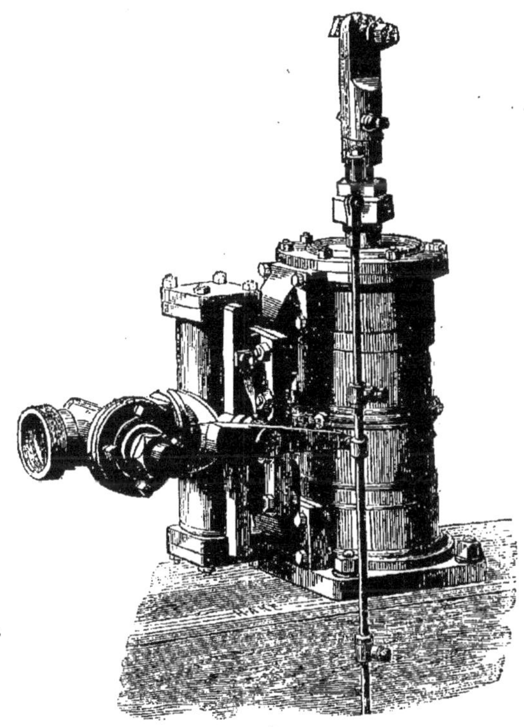

Fig. 287.

Le choix à faire entre les diverses machines motrices hydrauliques. — Il n'y a pas de règle fixe à établir pour se guider dans un pareil choix qui dépend principalement des circonstances locales, parmi lesquelles il faut ne pas perdre de vue : la simplicité de la construction ; la facilité des réparations ; la nature de la chute, c'est-à-dire sa hauteur et ses variations aux diverses saisons ; la nécessité d'utiliser une plus ou moins grande quantité d'eau ; le nombre des chevaux-vapeur qu'il faut employer pour mettre en mouvement des pompes, des moulins à farine, des métiers à tisser, des machines d'exploitation des mines, etc., etc., et surtout le prix.

D'après ces données, on calcule les dimensions des machines à eau, et on règle l'ouverture des vannes. Quant à l'effet utile que donnent les divers systèmes de moteurs hydrauliques, il doit être pris également en considération, dès qu'il s'agit d'économiser la force, ce qui du reste n'arrive que dans les circonstances exceptionnelles ; généralement il y a surabondance d'eau.

§ 4. — MACHINES MOTRICES A CHALEUR SOLAIRE.

Dans le paragraphe consacré au principe des puissances motrices, il a été question d'une manière générale des machines solaires. On y a vu que dans l'antiquité on avait cherché à utiliser la chaleur du soleil, comme aujourd'hui on se sert de la chaleur des combustibles, en la transmettant à des mécanismes par l entremise de la vapeur. Mais cette question n'a pas fait un pas de plus. L'unique machine à chaleur solaire est le moulin à vent, car c'est le soleil qui dilate l'air, d'où résulte le vent.

Le lecteur pourrait dire que le soleil ne produit que le changement de température des couches fluides, qui resteraient en place si la pesanteur n'intervenait pas, puisque c'est elle qui fait descendre les couches froides, qui fait monter les couches chaudes et qui donne ainsi naissance à un mouvement perpétuel dans l'atmosphère. Donc il serait plus correct d'appeler le moulin à vent : une machine à chaleur solaire et à gravité combinées. Nous n'en disconviendrions pas, mais à notre tour nous appellerions notre contradicteur un pédant.

S'il lui plaisait même de renverser tout notre édifice de la classification des forces de la nature, il n'aurait qu'à démontrer : que la gravité ne fait pas directement partie des forces motrices, puisque, à l'instar des ressorts, il lui faut d'abord, pour être mise en action, une autre force ; il faut que les rayons du soleil évaporent l'eau et la fassent remonter à ses sources. Il n'y aurait donc qu'une seule force motrice au monde : ce serait la chaleur, qui se manifeste également dans la vie et dans l'électricité.

Les moulins à vent. — Tout le monde les connaît. Aux endroits où ils ont disparu, on se rappelle encore ces tours en bois qui se meuvent sur un pivot, afin de toujours pouvoir présenter leurs ailes au vent. Ces ailes, au nombre de quatre, sont des châssis en bois, espèces d'échelles où s'étendent des voiles ; elles ont une certaine inclinaison sur l'arbre moteur. Au lieu de voiles, on emploie aussi des lattes comme dans les jalousies des fenêtres. Ces moulins avec des ailes sont très-anciens.

Le *moulin à disque* est moderne. Le nombre des ailes, placées obliquement, peut être augmenté bien au delà de celui indiqué par la figure 288 ; il y a des disques à 40 ailes. Ce moulin est monté, comme le premier, sur une pyramide en bois, et s'oriente lui-même. La charpente consiste en six pièces réunies à leur partie supérieure par deux manchons qui portent des galets sur lesquels tourne le moulin ; la partie inférieure repose sur le sol, et est entourée d'une tour qui abrite les mécanismes inférieurs. Ce moulin peut également être placé au-dessus des habitations ou des granges, sans que les bâtiments éprouvent le moindre ébranlement ; dans ce cas, la charpente est fixée aux murs ou à la toiture.

Fig. 288.

Les moulins à vent peuvent s'appliquer à tous les besoins de l'industrie agricole : moudre du blé, mettre en mouvement les machines à battre, les pompes pour les irrigations et les jets d'eau, enfin pour tous les travaux en général qui permettent des interruptions. La force du vent est réglée suivant l'usage auquel ces machines motrices sont destinées ; ainsi, pour moudre le blé, elles doivent marcher quand la vitesse de l'air est supérieure à 4 mètres par seconde ; si celle-ci dépasse le double, il faut serrer les voiles.

FIN DU TOME PREMIER.

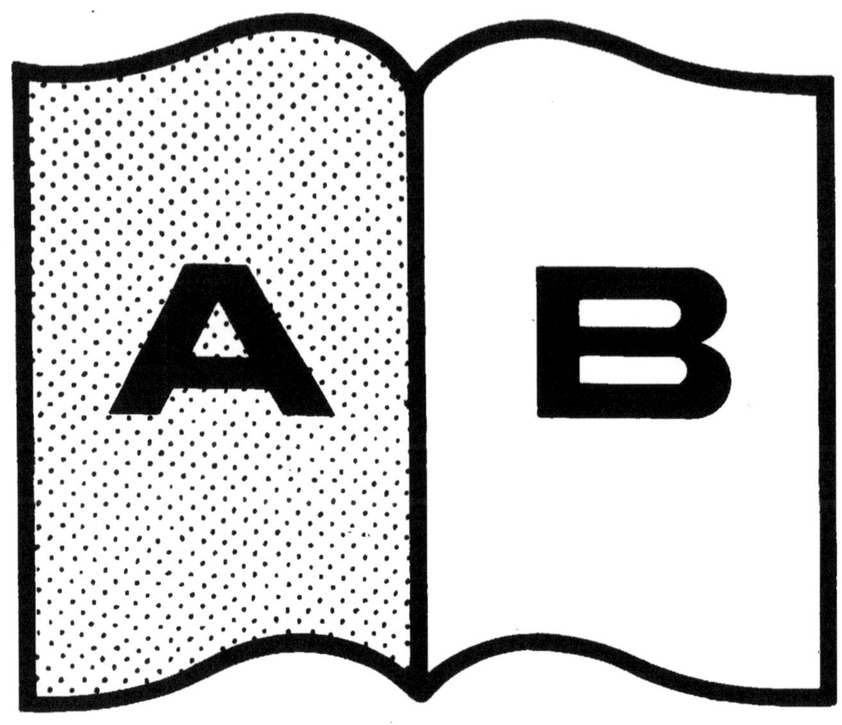

Contraste insuffisant

NF Z 43-120-14

www.ingramcontent.com/pod-product-compliance
Ingram Content Group UK Ltd.
Pitfield, Milton Keynes, MK11 3LW, UK
UKHW021844190726
13855UKWH00001B/140